大数据技术与应用丛书

Flink 基础入门

黑马程序员 编著

清华大学出版社

北京

内 容 简 介

本书以 Flink 1.16.0 为主线，全面介绍了 Flink 的核心概念和常用功能。全书共 9 章，分别讲解了 Flink 概述，Flink 部署与应用，DataStream API，DataSet API，时间与窗口，状态和容错机制，Table API&SQL 和 Flink CEP。

本书附有配套视频、教学课件、教学设计、测试题等资源，同时，为了帮助初学者更好地学习本书内容，还提供了在线答疑，欢迎读者关注。

本书可作为高等教育本、专科院校数据科学与大数据技术及相关专业的教材，还适合大数据开发初学者、大数据运维人员以及大数据分析与挖掘的从业者阅读。

图书在版编目（CIP）数据

Flink 基础入门/黑马程序员编著. —北京：清华大学出版社，2024.4（2025.2 重印）
（大数据技术与应用丛书）
ISBN 978-7-302-66173-3

Ⅰ．①F… Ⅱ．①黑… Ⅲ．①数据处理软件 Ⅳ．①TP274

中国国家版本馆 CIP 数据核字（2024）第 086421 号

责任编辑：袁勤勇　杨　枫
封面设计：杨玉兰
责任校对：刘惠林
责任印制：刘　菲

出版发行：清华大学出版社
　　　　网　　　址：https://www.tup.com.cn，https://www.wqxuetang.com
　　　　地　　　址：北京清华大学学研大厦 A 座　　　　　　邮　　编：100084
　　　　社 总 机：010-83470000　　　　　　　　　　　　　邮　　购：010-62786544
　　　　投稿与读者服务：010-62776969，c-service@tup.tsinghua.edu.cn
　　　　质量反馈：010-62772015，zhiliang@tup.tsinghua.edu.cn
　　　　课件下载：https://www.tup.com.cn，010-83470236
印 装 者：三河市龙大印装有限公司
经　　销：全国新华书店
开　　本：185mm×260mm　　　　**印　张**：21.5　　　　**字　数**：526 千字
版　　次：2024 年 5 月第 1 版　　　　　　　　　　　**印　次**：2025 年 2 月第 3 次印刷
定　　价：59.80 元

产品编号：098117-01

专家委员会

专委会主任：

黎活明

专委会成员（按姓氏笔画为序排列）：

王瑞兵　田敬军　张　磊　武兴睿　索丽敏

前　言

党的二十大指出"加快发展数字经济,促进数字经济和实体经济深度融合,打造具有国际竞争力的数字产业集群"。随着云时代的来临,移动互联网、电子商务、物联网以及社交媒体快速发展,全球的数据正在以几何速度呈暴发性增长,大数据吸引了越来越多的人关注,此时数据已经成为与物质资产和人力资本同样重要的基础生产要素,如何对这些海量的数据进行存储和分析处理成为了一个热门的研究课题,基于这种需求,众多分布式系统应运而生。

Flink 在实时数据处理和分析方面具有卓越的能力,它能够处理大规模数据流,并提供低延迟和高吞吐量的数据处理能力。同时,Flink 的灵活性和可扩展性使得它适用于各种不同的应用场景。在国内外的大型互联网公司、金融机构和电信运营商等领域,Flink 已经广泛应用,并被视为实时流处理的先驱和领导者。本书的目标是帮助读者快速掌握 Flink 的核心概念和技术,从而能够在实践中应用 Flink 来处理大规模数据流。

本书基于 Flink 1.16.0,循序渐进地介绍了 Flink 的相关知识,适合有一定 Java 编程基础和大数据基础的爱好者阅读。本书共分 9 章,其中,第 1 章主要带领大家了解数据处理架构和 Flink 的核心概念;第 2 章主要演示如何在 VMware Workstation 安装操作系统为 CentOS Stream 9 的虚拟机,并且分别基于 Standalone 和 Flink On YARN 模式部署 Flink,以及 Flink 的基础应用;第 3、4 章主要讲解了如何使用 DataStream API 和 DataSet API 实现 Flink 应用程序;第 5 章主要讲解了时间概念和窗口操作,并基于事件时间实现不同类型的窗口操作;第 6 章主要讲解了状态和容错机制,包括状态管理和使用、故障恢复、Checkpoint 等;第 7、8 章主要讲解了如何使用 Table API & SQL 实现 Flink 应用程序;第 9 章主要讲解了如何通过 Flink CEP 处理复杂事件。

在学习过程中,如果读者在理解知识点的过程中遇到困难,建议不要纠结于某个地方,可以先往后学习。通常来讲,通过逐渐深入的学习,前面不懂和有疑惑的知识点也就能够理解了。在学习编程和部署环境的过程中,一定要多动手实践,如果在实践的过程中遇到问题,建议多思考,理清思路,认真分析问题发生的原因,并在问题解决后总结出经验。

本书配套服务

为了提升您的学习或教学体验,我们精心为本书配备了丰富的数字化资源和服务,包括在线答疑、教学大纲、教学设计、教学 PPT、教学视频、测试题、源代码等。通过这些配套资源和服务,我们希望您的学习或教学变得更加高效。请扫描下方二维码获取本书配套资源和服务。

致谢

本书的编写和整理工作由江苏传智播客教育科技股份有限公司完成。全体编写人员在编写过程中付出了辛勤的汗水，此外，还有很多人员参与了本书的试读工作并给出了宝贵的建议，在此向大家表示由衷的感谢。

意见反馈

尽管我们尽了最大的努力，但书中难免会有不妥之处，欢迎各界专家和读者提出宝贵意见。您在阅读本书时，如果发现任何问题或有不认同之处，可以通过电子邮件与我们取得联系。请发送电子邮件至 itcast_book@vip.sina.com。

黑马程序员
2025 年 1 月
于北京

目 录

第 1 章

Flink概述

学习目标

- 了解数据处理架构的演变,能够简要说出不同数据处理结构的概念。
- 了解 Flink 的概念,能够说出 Flink 的作用。
- 熟悉 Flink 的关键特性,能够描述 Flink 的 5 个关键特性。
- 了解 Flink 的应用场景,能够简要说出常见的 Flink 程序。
- 掌握 Flink 集群运行时架构,能够描述作业管理器和任务管理器的作用。
- 熟悉 Flink 分层 API,能够描述不同 API 的作用。
- 了解 Flink 的程序结构,能够说出 Flink 程序的组成部分。

在当前数据量激增的时代,数据的时效性对于企业精细化运营越来越重要,如何从不断产生的海量数据中实时有效地挖掘出有价值的信息,已经成为各企业提高自身行业竞争力的有效手段。海量的数据之中隐藏着无数的信息,需要我们具有敏锐的观察力和分析力,以及对新知识、新信息的持续渴望。这种精神不仅适用于数据挖掘,也适用于日常生活和工作中,帮助人们不断学习新的知识,提升自我。

Flink 作为新一代流处理框架,因其强大的流式计算特性和数据处理性能,目前已经成为各大公司备受追捧的大数据处理框架。本章从数据处理架构开始,带领读者梳理数据处理架构的发展演变,进而认识 Flink、深刻理解 Flink 运行时架构原理以及 Flink 程序的相关内容。

1.1　数据处理架构的演变

数据处理形式分为批处理和流处理。其中,批处理针对的是有界数据,它首先获取整个数据集,然后执行数据统计或计算;流处理针对的是无界数据,由于无界数据输入是无限的,所以必须持续处理数据,获取到的数据需要立即处理,不可能等到所有数据到达再处理。

企业开发业务时,会设计并构建数据处理架构来存储和处理数据。随着数据量的不断增长,以及数据处理技术的不断更新,数据处理架构也在不断演进。下面介绍数据处理架构的演变过程。

1.1.1　传统数据处理架构

大多数企业构建的传统数据处理架构分为两种类型,分别是事务型处理架构和分析型处理架构,具体介绍如下。

1. 事务型处理架构

企业在日常运营中会用到各种类型的系统,如订单系统、客户管理系统、资源管理系统等,这些系统通常构建于事务型处理架构。事务型处理架构分为数据处理层和数据存储层,其中数据处理层用于处理业务逻辑;数据存储层用于存储业务数据,通常情况下,使用关系数据库存储业务数据。事务型处理架构示例如图 1-1 所示。

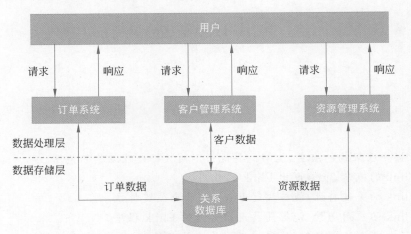

图 1-1　事务型处理架构示例

在图 1-1 中,数据处理层的系统与用户建立连接,并持续处理用户请求。系统接收到用户请求后,会访问数据存储层的关系数据库,并将访问结果返回用户。例如,用户在客户管理系统中查询客户信息时,首先会发请求给客户管理系统,客户管理系统根据请求访问关系数据库,并将关系数据库获取到的数据处理后返回给用户。

2. 分析型处理架构

通常情况下,不会直接在事务型处理架构的数据库中进行分析查询,而是将数据复制到数据仓库,数据仓库是对工作负载进行分析和查询的专用数据存储。将事务型处理架构中的数据复制到数据仓库的过程称为 ETL,ETL 负责从事务型处理架构中的关系数据库抽取数据,并按照指定规范对数据进行校验、去重、去除缺失值等一系列转换操作,最终把转换后的数据加载到数据仓库中。ETL 需要周期性地执行,从而保证传统关系数据库与数据仓库的数据是同步的。

数据加载到数据仓库后,通常会在数据仓库上执行两类查询,一类是定期报告(Reports)查询,另一类是即席查询,分析型处理架构如图 1-2 所示。

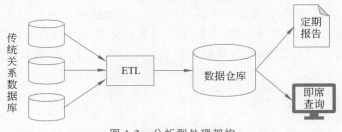

图 1-2　分析型处理架构

在图 1-2 中,定期报告查询通常用于计算与业务相关的统计信息,如收入、用户增长量,这些指标汇总到报告中,帮助管理者评估业务的整体状况。即席查询旨在提供特定问题的答案并支持关键业务决策。例如,将公司营收和投放广告的支出作为查询条件,以评估营销活动方案的有效性。

1.1.2　有状态流处理架构

传统数据处理架构中,事务型处理架构可以实时处理数据,但是无法支撑海量数据的计算。分析型处理架构可以实现海量数据的分析处理,但是无法实时处理,是离线的。人们追求的架构是可以实时处理海量数据的,也就是要满足高吞吐、低延迟要求,后来,出现了有状态流处理架构。

所有类型的数据都以事件流的形式产生,如订单提交、移动应用程序上的用户交互等。任何处理事件流的应用程序都需要具备状态,能够被存储和支持中间数据访问。对于状态的存储和访问,可以使用不同的介质,包括程序变量、内存、本地文件、嵌入式数据库或外部数据库系统等。有状态流处理架构如图 1-3 所示。

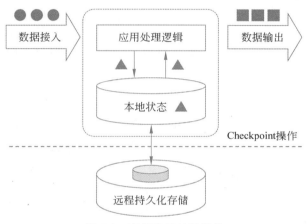

图 1-3　有状态流处理架构

从图 1-3 可以看出,基于有状态流处理架构的流处理应用在接收到输入数据时,能够从本地内存存储的状态获取数据,并基于应用的处理逻辑和中间结果,对输入数据进行处理。处理完的结果会作为中间数据存储在本地内存中的状态。不过为了提高基于有状态流处理架构的流处理应用的容错性,通常会通过 Checkpoint 操作定期存盘,周期性地将本地内存中的状态同步到外部存储系统实现持久化。这样做的目的是避免流处理应用故障、服务器宕机等造成本地内存中存储的状态丢失。

1.1.3　Lambda 架构

Lambda 架构的设计是为了处理大规模数据时,同时发挥流处理和批处理的优势。Lambda 对批处理和流处理的优势进行结合,通过批处理提供全面、准确的数据,通过流处理提供低延迟的数据,从而达到平衡延迟、吞吐量和容错性的目的。Lambda 架构如图 1-4 所示。

在图 1-4 中,当来自不同数据源的新数据进入系统时,将分别发送到批处理层和流处理层进行计算。批处理层将新数据存储为历史数据,并以离线处理的方式对历史数据进行批量计算,将计算结果转换为预计算视图。相反,流处理层将新数据视为增量数据进行实时计算,将

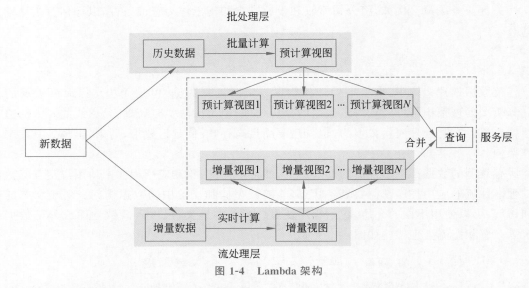

图 1-4   Lambda 架构

计算结果转换为增量视图。服务层可以整合批处理层和流处理层的计算结果，并为用户提供一个一致的接口进行查询。

1.1.4　新一代流处理架构

Lambda 架构虽然解决了高吞吐、低延迟问题，但是需要搭建批处理和流处理两套系统，这样的架构相对比较复杂。最终，人们对 Lambda 架构继续改进和完善，诞生了新一代流处理架构 Flink，Flink 架构的一套系统可以很好地完成 Lambda 架构两套系统的工作，并成为流处理架构的首选方案。Flink 流处理架构如图 1-5 所示。

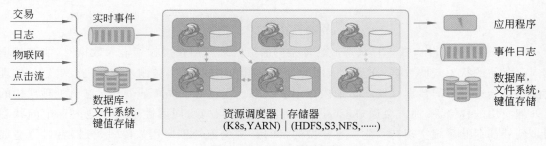

图 1-5   Flink 流处理架构

图 1-5 大致描述了 3 部分内容，左边是数据输入，中间是数据处理，右边是数据输出，关于这 3 部分的具体介绍如下。

1. 数据输入

输入 Flink 的数据可以是任意类型，包括交易、日志、物联网、点击流等。这些输入数据既可以是实时事件，也可以来自不同的数据源，如数据库、文件系统、键值存储。

2. 数据处理

Flink 在处理输入的数据时，通过资源调度器协调集群中资源的分配，Flink 支持 K8s、YARN 等多种资源调度器。Flink 在处理数据的过程中，通过存储器存储中间数据，Flink 支持 HDFS、S3、NFS 等多种存储器。

3. 数据输出

Flink 可以将处理后的数据输出到多种设备,包括应用程序、数据库、文件系统和键值存储。此外,Flink 还可以将执行过程记录在事件日志中,从而方便调试和监控。

1.2　初识 Flink

Flink 的前身是 2010 年在柏林工业大学实验室发起的 Stratosphere 项目,该项目的代码于 2014 年 4 月被贡献给 Apache 软件基金会,成为 Apache 软件基金会的孵化器项目,在项目孵化期间,项目名称由 Stratosphere 变更为 Flink,并且于同年 12 月成为 Apache 软件基金会的一个顶级项目。

Flink 在德语中表示快速和灵活的意思,用于体现 Flink 处理数据时速度快和灵活性强的特点,同时使用动物界中具有快速和灵活特点的松鼠作为 Flink 的 logo,也是为了突出 Flink 快速、灵活的特点。Flink 的 logo 如图 1-6 所示。

图 1-6　Flink 的 logo

时至今日,Flink 已成为 Apache 软件基金会大数据领域最活跃的项目之一,许多 Stratosphere 项目的代码贡献者仍然活跃在 Apache 的项目管理委员会里,为 Flink 社区持续做出贡献。

Flink 是一个框架和分布式处理引擎,用于对无界流和有界流进行有状态计算,其中无界流可以理解为无休止产生的数据;有界流可以理解为固定范围的数据,有关无界流和有界流的示意图如图 1-7 所示。

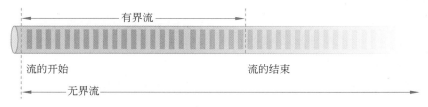

图 1-7　无界流和有界流的示意图

从图 1-7 可以看出,无界流定义了流的开始,没有定义流的结束。有界流既定义了流的开始,也定义了流的结束。Flink 对于无界流的计算可以看作实时计算,即流处理。流处理会持续对无界流的数据进行计算,并且当无界流中的数据被 Flink 摄取后便会立刻进行计算,而 Flink 对于有界流的计算可以看作批量计算,即批处理,批处理会摄取有界流的全部数据之后进行计算,由此再次说明了 Flink 既支持批处理,也支持流处理。

多学一招:Flink 与 Spark 对比

Spark 与 Flink 是两种常用的大数据处理引擎,它们都支持批处理和流处理。这里主要从数据处理方式和数据模型这两方面来介绍 Spark 与 Flink 的区别。

1. 数据处理方式

Spark 以批处理为根本,在批处理之上支持流处理,它将有界流视作一个大批次,而无界流则视作由一个一个无限的小批次组成。对于 Spark 的流处理框架 Spark Streaming 而言,其实并不是真正意义上的流处理,而是微批次(micro-batching)处理。而 Flink 则以流处理为最基本的操作,批处理也可以统一为流处理。

2. 数据模型

Spark 的数据模型是弹性分布式数据集(RDD),Spark Streaming 在进行微批次处理时,实际上处理的是一组组 RDD。相比之下,Flink 的基本数据模型是数据流(DataStream),其完全按照 Google 的 Dataflow 模型实现。

因此,Flink 更适合流处理的场景,Spark 更适合批处理的场景。虽然 Spark 2.0 之后新增的流处理框架 Structured Streaming 借鉴了 Dataflow 模型,在流处理方面进行了大量的优化,但就现阶段而言,Flink 在流处理方面仍然是更优的选择。

1.3 Flink 的关键特性

了解自己的特点有助于明确个人的优势和劣势,从而做出符合自己特性的选择,发挥自己的优势,改善自己的劣势。这种认知和发展能力,可以使我们在面对挑战时,更有自信、更有决心。同样地,在深入学习 Flink 之前,通过对 Flink 关键特性的学习,能够让我们更加全面地了解该技术,并更好地应用于实践中。Flink 的关键特性如下。

1. 同时支持高吞吐、低延迟

同时支持高吞吐、低延迟是流处理框架的核心,Flink 为了做到同时支持高吞吐和低延迟的处理能力,在数据的计算、传输、序列化等方面都做了大量优化,从而确保数据处理效率的同时,尽可能提高吞吐量。

2. 丰富的时间语义

时间语义对于流处理应用来说十分重要,基于时间语义的窗口计算是比较常见的流处理方式,Flink 支持基于处理时间和事件时间两种时间语义,其中基于事件时间实现的流处理应用,可以保证事件产生的时序性,尽可能避免因网络传输或硬件系统的影响出现事件乱序的现象。

3. 高度灵活的窗口计算支持

在流处理过程中,数据连续不断地产生,我们无法获取全部数据进行计算,因此,Flink 提供了多种类型的窗口计算,用于将无界流切割为多个有界流并划分到不同窗口中进行计算。Flink 支持多种类型的窗口计算,并且可以通过制定灵活的窗口计算触发条件,实现复杂的流处理。

4. 可靠的容错能力

Flink 在执行有状态计算时,基于轻量级分布式快照(Distributed Snapshot)机制,将流处理应用维护的状态制作成快照,每个快照可以视为一个检查点,检查点可以确保在 Flink 集群中执行的有状态计算因出现故障而停止执行时,可以通过最新的检查点恢复故障前的状态,除此之外,Flink 还支持 Exactly-Once 的数据一致性语义,确保有状态计算故障恢复后,不会出现数据丢失或者数据重复处理的现象。

5. 内存的自主管理

Flink 基于 JVM(Java Virtual Machine,Java 虚拟机)内存运行,JVM 内存可分为堆内存(On-Heap Memory)和堆外内存(Off-Heap Memory),默认情况下 Flink 采用堆内存进行处理,不过堆内存在设计之初是兼顾平衡的,对于处理大规模数据的 Flink 来说会存在内存溢出

(Out of Memory,OOM)和垃圾回收(Garbage Collection,GC)的问题。为了规避堆内存存在的问题,Flink 基于堆外内存实现自主内存管理,所谓堆外内存是指计算机中处于堆内存之外的内存,这些内存可以摆脱 JVM 的管理,并且可以由计算机的操作系统直接访问。

1.4　Flink 的应用场景

Flink 功能强大,可以开发和运行不同类型的应用程序。我们将常见的 Flink 程序分为 3 种类型,分别是事件驱动应用程序、数据分析应用程序和数据管道应用程序,具体介绍如下。

1. 事件驱动应用程序

事件驱动应用程序是一类有状态的应用程序,它从一个或多个事件流中提取事件,并通过触发计算、状态更新操作对传入的事件做出响应。

事件驱动应用程序是传统应用程序设计的演变,具有分离的计算和数据存储层。传统应用程序需要远程读写事务型数据库,而事件驱动应用程序不是远程访问数据库,而是在本地访问数据。关于传统应用程序与事件驱动应用程序的对比,如图 1-8 所示。

图 1-8　传统应用程序与事件驱动应用程序的对比

在图 1-8 中,传统应用程序的事件通常直接来自 Web 请求,需要远程读写事务型数据库。事件驱动应用程序的数据则以事件日志的形式摄入,这些数据可以在应用程序在本地维护的状态中访问。处理后的数据可以触发新事件或者写入事件日志。相比传统应用程序,事件驱动应用程序在吞吐量和延迟方面性能更好。另外,为了保证应用程序的容错性更好,事件驱动应用程序通过检查点操作周期性地完成异步和增量数据的同步。

常见的典型事件驱动应用程序包括欺诈识别、异常检测、基于规则的警报、业务流程监控、社交网络 Web 应用等。

2. 数据分析应用程序

数据分析应用程序用于从原始数据集中提取有价值的信息和指标进行分析,分析结果会应用到企业的决策、销售、管理等领域。传统的数据分析,使用批处理对有限数据集的分析,这些数据集通常是历史数据,因此分析结果不具备实时性。为了使分析结果具有实时性,基于流处理的实时数据分析应运而生。与传统数据分析不同的是,实时数据分析可以实时读取系统产生的数据,根据业务逻辑持续对产生的数据进行分析,并持续更新分析结果。

接下来,通过图 1-9 来描述数据分析应用程序的批处理和流处理。

在图 1-9 中,批处理的数据分析程序,从历史事件中读取数据,周期性对数据进行操作后,可以直接写入数据库或 HDFS,也可以直接生成报告。流处理的数据分析程序,可以从实时事件中提取数据,并产生连续的查询结果。这些查询结果可以更新到数据库中,也可以作为内部

图 1-9   数据分析应用程序的批处理和流处理

的状态被维护。实时报表或者仪表盘应用可以从数据库中读取最新的查询结果,也可以直接从应用的状态中读取最新的查询结果。

常见的典型数据分析应用程序包括电信网络的质量监控、移动应用中的产品更新分析和实验评估等。

3. 数据管道应用程序

ETL(Extract-Transform-Load,抽取-转换-加载)是一种在存储系统之间转换和移动数据的常用方法。通常会定期触发 ETL,将数据从事务型数据库复制到分析型数据库或数据仓库。

数据管道应用程序的用途与 ETL 类似,它同样可以将数据从一个存储系统转移到另外一个存储系统。不同的是,数据管道应用程序以连续流的方式运行,而不是周期性触发。接下来,通过图 1-10 描述周期性 ETL 和数据管道应用程序的区别。

图 1-10   周期性 ETL 和数据管道应用程序的区别

数据管道应用程序的明显优势是减少了将数据移动到目的地的延迟。典型的数据管道应用程序包括电子商务中的实时搜索索引构建以及持续 ETL 等。

1.5   Flink 运行时架构

1.5.1   整体架构

Flink 集群采用 Master-Slave 架构设计原则,运行时由两种类型的进程组成,分别是 JobManager 和 TaskManager。其中,JobManager 是作业管理器,负责管理、调度整个集群资源和作业(Job),它是真正意义上的"管理者",而 TaskManager 是任务管理器,负责执行任务(Task)。JobManager 和 TaskManager 在 Flink 集群中协同工作,以完成作业的执行和管理。

在 Flink 中作业和任务是密切相关的概念,一个作业是一个 Flink 程序的完整实例,通常由一个或多个任务组成,任务是作业的执行单元,每个任务代表一个数据处理操作的实例。这些任务可以并行地执行,从而实现高效的数据处理和计算。

Flink 集群运行时架构如图 1-11 所示。

在图 1-11 中,用户编写的程序代码(Program Code)以程序数据流(Program Dataflow)的

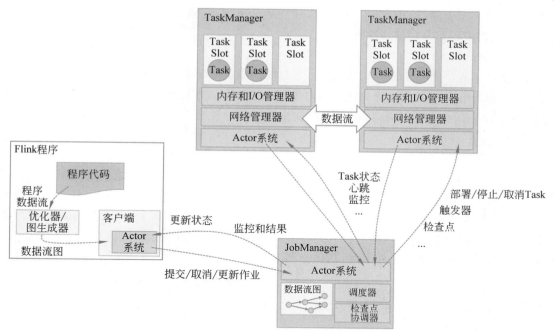

图 1-11　Flink 集群运行时架构

形式传输到优化器（Optimizer）和图生成器（Graph Builder），随后构建数据流图（Dataflow Graph）并将其传给客户端（Client）。客户端将数据流图以作业的形式提交给 JobManager。JobManager 将数据流图转换为可执行的执行图（Execution Graph），并分发给可用的 TaskManager。TaskManager 负责执行任务，多个 TaskManager 之间以数据流（Data Streams）的形式进行交互。

关于 JobManager 和 TaskManager 在 Flink 运行时架构中的更多介绍，将在接下来的 1.5.2 和 1.5.3 两节详细讲解。

需要说明的是，从严格意义上来说，客户端并不是 Flink 运行时或者程序的一部分，它只负责将数据流图以作业的形式提交给 JobManager。之后，客户端可以选择断开与 JobManager 的连接，也可以继续保持连接以接收进度报告。

1.5.2　作业管理器

作业管理器主要负责管理和调度 Flink 集群中的作业，这个过程由 3 个不同的部分组成，具体介绍如下。

1. JobMaster

JobMaster 是作业执行的核心组件，负责协调和管理作业的执行过程。Flink 集群中运行的每个作业都对应一个 JobMaster。

在提交作业时，JobMaster 会将数据流图转换为可执行的执行图，执行图包含了作业的所有任务，并且向 ResourceManager 发送请求，申请所需的资源，一旦获取到足够的资源，便会将执行图分发到 TaskManager 执行。

2. ResourceManager

ResourceManager 是资源管理器，负责 Flink 集群中资源的分配和管理。所谓资源，主要是指 TaskManager 的 Task Slot。Task Slot 表示任务槽,它是 Flink 集群中资源调度的单元,它包含一定的 CPU、内存和其他资源。

3. Dispatcher

Dispatcher 表示分发器,它负责接收来自客户端的作业提交请求,并将作业分配给 JobManager 执行。除此之外,Dispatcher 还提供了接口供用户查询和监控正在执行的作业,用户可以获取作业的运行状态、日志记录等,以便及时获取作业的执行情况。

1.5.3　任务管理器

在 Flink 中,每个任务管理器可以配置多个 Task Slot,Task Slot 的数量取决于任务管理器的可用资源,Flink 可以将任务管理器的可用资源平均分配到每个 Task Slot。每个 Task Slot 可以执行特定的子任务(Subtask),子任务是任务的具体执行实例,每个任务基于并行度可以被划分为多个子任务,这些子任务并行地在不同的线程(Threads)上执行,每个子任务都会单独占用任务管理器的一个线程,具体如图 1-12 所示。

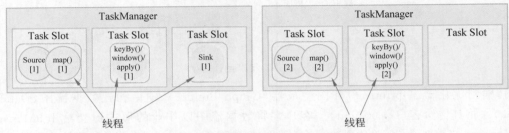

图 1-12　任务管理器的 Task Slot

在图 1-12 中,Source/map()是一个包含数据源(Source)算子和 map 算子的任务,这两个算子分别负责数据输入和数据转换,该任务基于并行度被划分为两个子任务 Source[1]/map()[1]和 Source[2]/map()[2],这两个子任务分别运行在不同的 Task Slot。

在默认情况下,Flink 允许来自同一个作业的子任务共享 Task Slot,即使它们是不同任务的子任务,因此,一个 Task Slot 可以执行多个子任务,这些子任务共享 Task Slot 的资源。接下来,通过图 1-13 描述子任务共享 Task Slot。

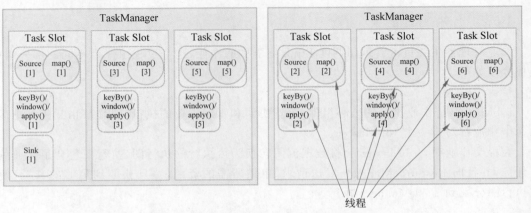

图 1-13　子任务共享 Task Slot

从图 1-13 可以看出,每个 Task Slot 都运行着不同任务的子任务。

【提示】 通常情况下,Flink 程序中的每个算子对应一个任务,Flink 为了提高执行效率,会将未分区的相邻算子合并到一个任务中执行,例如,在图 1-13 中,数据源算子和 map 算子之间未进行分区,此时这两个算子合并到一个任务执行,而 keyBy 算子进行了分区处理,此时无法与其他算子合并到一个任务执行。

1.6 Flink 分层 API

在 Flink 分层 API 中,主要包括 SQL、Table API、DataStream/DataSet API 和有状态流处理这 4 部分,它们提供了不同的 API,以满足不同场景下的数据处理需求,如图 1-14 所示。

关于图 1-14 所示的分层 API,具体介绍如下。

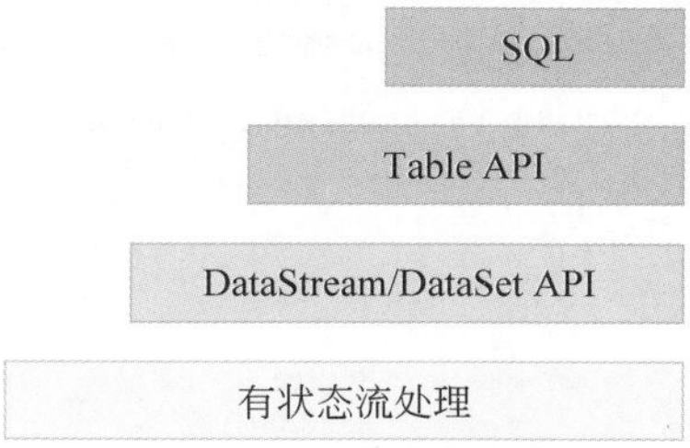

1. 有状态流处理

Flink 支持状态化的流处理,提供了对应的 API 来管理和访问状态。状态是指在流处理过程中需要保持和维护的中间结果。通过使用状态,用户可以实现更复杂的计算逻辑。

图 1-14 Flink 分层 API

2. DataStream/DataSet API

DataStream/DataSet API 是 Flink 的核心 API,它分别提供了面向流处理和批处理的 API,其中 DataStream API 主要面向流处理,而 DataSet API 主要面向批处理。DataStream/DataSet API 提供了丰富的算子来处理数据。

3. Table API

Table API 是 Flink 提供的高级 API,它是以表为中心的声明式编程,用户可以使用类似 SQL 的声明式语法来处理数据。Table API 集批处理和流处理于一身,将无界流或有界流转换为逻辑上的表,其中有界流转换的表是动态变化的,用户可以对这些表进行各种操作,如过滤、聚合、连接等。

相对于 DataStream/DataSet API 来说,Table API 可以使开发人员能够以更直观的方式来处理数据,减少了编写代码的工作量,使得 Flink 程序开发更加高效和便捷。同时,Table API 还具备优化器和查询优化的能力,可以自动推断和优化查询计划,提高执行效率。

4. SQL

Flink 分层 API 的顶层是 SQL,它允许开发人员使用类似于传统关系数据库的 SQL 语句来处理数据,使得熟悉 SQL 的开发人员能够快速上手并使用 Flink 进行数据处理。SQL 同样集批处理和流处理于一身。

随着 Flink 版本的升级,从 Flink 1.12 版本开始,已经完全实现了真正的批流一体,即 DataStream API、Table API 和 SQL 都支持批处理和流处理,因此作为仅支持批处理的 DataSet API 来说,实际应用越来越少,目前已经处于软性启用状态(soft deprecated),本书后续章节侧重介绍 DataStream API、Table API 和 SQL。

1.7　Flink 程序结构

Flink 程序执行时,被映射为流动的数据流(Streaming Dataflows),其构建模块包括流(Stream)和转换(Transformation)。每个数据流类似有向图,起始于一个或者多个 Source,并终止于一个或者多个 Sink。接下来,通过图 1-15 描述 Flink 程序结构。

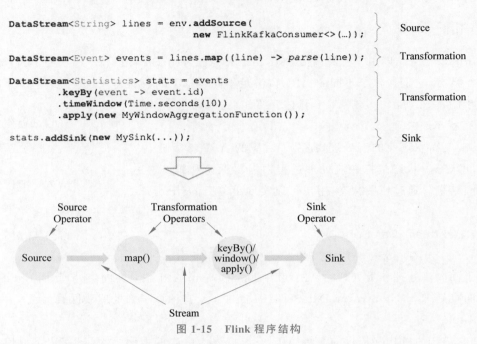

图 1-15　Flink 程序结构

在图 1-15 中,上半部分是程序,主要包括 Source、Transformation 和 Sink 这 3 部分,其中,Source 负责从数据源读取数据,Transformation 用于对读取的数据进行转换,Sink 负责输出数据。下半部分是程序对应的数据流,Flink 程序的 Source、Transformation 和 Sink 都有对应的算子(operator)。

1.8　本章小结

本章主要讲解了 Flink 的相关概念,使读者从理论层面对 Flink 有一个初步认识。首先,讲解了数据处理架构的演变,包括传统数据处理架构、有状态流处理架构、Lambda 架构和新一代流处理架构。其次,讲解了初识 Flink、Flink 关键特性和 Flink 应用场景。最后,讲解了Flink 运行时架构、Flink 分层 API 和 Flink 程序结构。通过本章的学习,希望读者可以掌握Flink 的基本概念,为后续更加深入学习 Flink 奠定基础。

1.9　课后习题

一、填空题

1. 传统数据处理架构分为事务型处理架构和_____。

2. Flink 用于对_____和有界流进行有状态计算。

3. Flink 集群运行时架构由_____和 TaskManager 进程组成。

4. 在 Flink 中，_____是资源调度的最小单位。

5. Flink 程序结构主要包括 Source、Transformation 和_____。

二、判断题

1. Flink 集群采用 Master-Worker 架构设计原则。（　　）

2. Flink 对于无界流的计算可以看作流处理。（　　）

3. Flink 只支持基于处理时间的流处理方式。（　　）

4. Spark 以批处理为根本，在批处理之上支持流处理。（　　）

5. Flink 的任务是 Flink 程序的完整实例。（　　）

三、选择题

1. 下列选项中，属于 Flink 集群中作业管理器组成部分的是（　　）。（多选）

　　A. JobMaster　　　　　　　　　　B. ResourceManager

　　C. Task Slot　　　　　　　　　　D. Dispatcher

2. 下列选项中，不属于 ETL 过程的是（　　）。

　　A. 抽取　　　　　　B. 加载　　　　　　C. 转换　　　　　　D. 计算

3. 下列选项中，关于传统数据处理架构中事务型处理架构描述正确的是（　　）。

　　A. 事务型处理架构分为数据输入层和数据存储层

　　B. 事务型处理架构分为数据获取层和数据处理层

　　C. 事务型处理架构分为数据处理层和数据输出层

　　D. 事务型处理架构分为数据处理层和数据存储层

4. 下列选项中，关于 Flink 的作业描述正确的是（　　）。

　　A. 作业是任务的执行单元

　　B. 一个作业只能包含一个任务

　　C. 作业是 Flink 程序的完整实例

　　D. 作业代表一个数据处理操作的实例

5. 下列选项中，关于 Flink 中的子任务描述错误的是（　　）。

　　A. 子任务是任务的具体执行实例

　　B. 任务管理器的每个 Task Slot 只能执行一个特定的子任务

　　C. 每个子任务都会占用任务管理器的一个线程

　　D. 任务基于并行度可以被划分为多个子任务

四、简答题

1. 简述 Flink 的五大关键特性。

2. 简述 Flink 运行时架构中作业管理器和任务管理器的作用。

第 2 章
Flink部署与应用

学习目标

- 了解虚拟机的创建过程,能够完成虚拟机的创建。
- 熟悉 Linux 操作系统的安装过程,能够在虚拟机中安装 CentOS Stream 9。
- 了解虚拟机的克隆方式,能够使用完整克隆的方式克隆新的虚拟机。
- 熟悉虚拟机的配置,能够配置虚拟机的网络参数、主机名、IP 映射、SSH 远程登录和 SSH 免密登录。
- 掌握 JDK 的安装,能够在 Linux 操作系统中独立完成 JDK 的安装。
- 熟悉 Flink 的部署模式,能够描述 Standalone 模式和 Flink On YARN 模式的区别。
- 掌握 Flink 的部署,能够使用不同模式部署 Flink。
- 掌握 Flink 的启动,能够使用不同模式启动 Flink。
- 熟悉 flink 命令,能够使用 flink 命令操作作业。
- 了解 Flink Web UI,能够使用 Flink Web UI 操作作业。

中国古代教育家孔子曾经说过"工欲善其事,必先利其器",比喻要做好一件事情,准备工具非常重要。同样,想要更加深入地学习 Flink,准备 Flink 环境也是至关重要的。本章演示如何部署 Flink。

2.1　基础环境搭建

部署 Flink 之前,需要先搭建运行 Flink 的基础环境,这里指的基础环境包括运行 Flink 的操作系统以及 Flink 运行时依赖的 JDK。Flink 支持在 macOS、Linux 和 Windows 这些主流操作系统中进行部署,考虑到 Flink 在企业中的实际应用场景,本书选用 Linux 操作系统的发行版 CentOS Stream 9 作为运行 Flink 的操作系统,并基于 CentOS Stream 9 部署 JDK。读者可以扫描下方二维码查看基础环境搭建的详细讲解。

2.2　Flink 部署模式

真正的智慧源于对事物本质的深入探索。当人们追求更深层次地学习 Flink 时,部署 Flink 变得尤为关键。Flink 是一种非常灵活的处理框架,可以与多种资源管理器集成,包括自身提供的资源管理器和第三方资源管理器,如 YARN 和 Kubernetes。本书重点介绍 YARN 资源管理器,因为它在实际应用中较为常见。

根据资源管理器的不同,可以将 Flink 的部署模式分为 Standalone 和 Flink On YARN 两种模式,以下是这两种模式的详细介绍。

1. Standalone 模式

在 Standalone 模式下,Flink 使用自带的资源管理器来管理和调度集群资源。这是 Flink 最基本的部署模式,其中 JobManager 和 TaskManager 以 Java 进程的形式运行。根据部署方式的不同,Standalone 模式可进一步细分为伪分布式、完全分布式和高可用完全分布式。

1) 伪分布式

伪分布式模式在单台计算机上运行 JobManager 和 TaskManager。这种部署方式只能利用单台计算机的资源进行计算,并且在计算机出现故障时,整个 Flink 集群将不可用。因此,伪分布式模式通常仅用于简单测试。

2) 完全分布式

完全分布式模式在不同计算机上运行 JobManager 和 TaskManager。相对于伪分布式模式,它可以利用多台计算机的资源进行计算。然而,Flink 集群仍然只能有一个 JobManager,如果运行 JobManager 的计算机出现故障,整个集群将不可用。因此,完全分布式模式通常用于开发和测试阶段。

3) 高可用完全分布式

高可用完全分布式模式允许 Flink 集群拥有多个 JobManager。为避免多个 JobManager 同时提供服务导致的问题,需要借助 ZooKeeper 的选举机制进行协调。这样可以确保集群中只存在一个提供服务的 JobManager,并在出现故障时从其他 JobManager 中选举一个新的 JobManager 接管服务。因此,高可用完全分布式模式适用于实际生产环境。

2. Flink On YARN 模式

Flink On YARN 模式使用 YARN 资源管理器来管理和调度 Flink 集群的资源。相比于 Flink 自带的资源管理器,YARN 可以根据需求动态分配资源,确保集群资源得到合理分配。因此,该模式在实际生产环境中较为常用。

为了更好地理解 YARN 如何管理和调度 Flink 集群的资源,接下来对 YARN 进行简要介绍。YARN(Yet Another Resource Negotiator,另一个资源协调者)是 Hadoop 提供的一种通用资源管理系统和协调平台,可以为上层应用提供统一的资源管理和调度。YARN 的引入为集群在资源利用率、资源统一管理和数据共享等带来了巨大的好处。

YARN 的体系结构如图 2-1 所示。

从图 2-1 可以看出,YARN 采用了 Master-Slave 架构的分布式框架。在这个架构中,Master 角色对应 ResourceManager,而 Slave 角色对应 NodeManager。以下是对图 2-1 内容的详细解释。

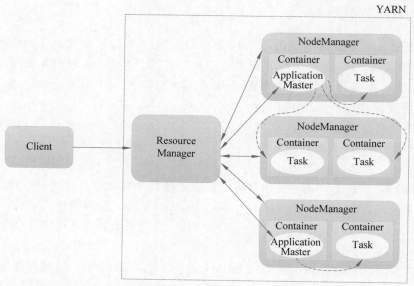

图 2-1　**YARN 的体系结构**

1）Client

Client 是 YARN 的客户端程序，用于向 YARN 提交应用程序（Application）。

2）Task

Task（任务）是 YARN 中的计算单元，提交到 YARN 的应用程序会根据实际情况划分为不同的 Task 执行。例如，将 MapReduce 程序提交到 YARN 运行时，MapReduce 程序被视为一个应用程序，而 MapReduce 程序的每个 Map 任务和 Reduce 任务都是一个单独的 Task。

3）ResourceManager

ResourceManager 是 YARN 的资源管理器，主要职责如下。

（1）处理客户端提交的应用程序的请求，并为当前提交的应用程序分配一个 Container（容器）来启动 ApplicationMaster。

（2）监控 NodeManager 和 ApplicationMaster 的健康状态，并在它们出现故障时进行相应处理。

（3）监控所有 NodeManager 的资源使用情况。

（4）根据 ApplicationMaster 的请求为应用程序分配用于执行 Task 的 Container。

4）NodeManager

NodeManager 是 YARN 的节点管理器，主要职责如下。

（1）定期向 ResourceManager 汇报资源使用情况和健康状态。

（2）接收来自 ApplicationMaster 的请求以启动或停止 Container，并在 Container 执行或关闭任务。

（3）监控自身 Container 的运行状态，并向对应的 ApplicationMaster 汇报 Container 的运行状态。

5）ApplicationMaster

ApplicationMaster 是 YARN 中每个应用程序的主进程，负责协调和管理应用程序的执行,其主要职责如下。

(1) 向 ResourceManager 申请应用程序运行所需的 Container。

(2) 监控所有 Task 的运行状态,并在 Task 运行失败时为其重新申请 Container 以重启 Task。

(3) 向 NodeManager 发送启动或停止 Container 请求。

(4) 将应用程序的 Task 分配到 Container,并通知 NodeManager 执行 Task。

(5) 监控应用程序的执行进度,并向 ResourceManager 报告应用程序的状态、进度和性能指标。

6) Container

Container 是一种资源封装和分配的单元,用于运行应用程序的 Task,其内容包含了任务执行所需的资源,如 CPU、内存等。

通过 Flink On YARN 模式部署 Flink 时,Flink 作为 YARN 的一个应用程序运行,在这种情况下,JobManager 和 TaskManager 会运行在不同的 Container 中。具体来说,JobManager 会运行在 ApplicationMaster 所在的 Container 中,并承担 ApplicationMaster 的职责。而 TaskManager 则运行在执行 Task 的 Container 中。

2.3　Standalone 模式之伪分布式

在 Standalone 模式下,基于伪分布式部署 Flink 的方式非常简单,只需要在一台包含 Java 运行环境的计算机中安装 Flink 便可以使用 Flink 的相关功能,几乎不需要修改 Flink 的任何配置文件。接下来讲解如何使用虚拟机 Flink01,在 Standalone 模式下,基于伪分布式部署 Flink,具体操作步骤如下。

1. 下载 Flink 安装包

访问 Flink 官网下载 Flink 安装包 flink-1.16.0-bin-scala_2.12.tgz。从 Flink 安装包的名称可以看到两部分信息,一部分是 Flink 的版本号 1.16.0,另一部分是当前 Flink 兼容的 Scala 版本为 2.12。

2. 上传 Flink 安装包

在虚拟机的/export/software 目录执行 rz 命令,将本地计算机中准备好的 Flink 安装包 flink-1.16.0-bin-scala_2.12.tgz 上传到虚拟机的/export/software 目录。

3. 创建目录

由于后续会使用虚拟机 Flink01 部署不同模式的 Flink,为了便于区分不同模式部署 Flink 的安装目录,这里在虚拟机 Flink01 创建/export/servers/local 目录,用于存放伪分布式模式部署 Flink 的安装目录,具体命令如下。

```
$ mkdir -p /export/servers/local
```

4. 安装 Flink

以解压方式安装 Flink,将 Flink 安装到/export/servers/local 目录,具体命令如下。

```
$ tar -zxvf /export/software/flink-1.16.0-bin-scala_2.12.tgz \
-C /export/servers/local
```

上述命令执行完成后,进入 Flink 的安装目录/export/servers/local/flink-1.16.0,在该目

录中执行 ll 命令查看 Flink 的目录结构,如图 2-2 所示。

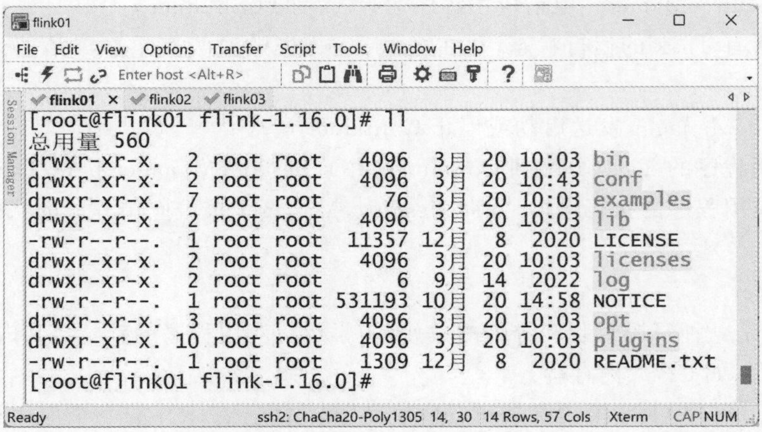

图 2-2　查看 Flink 的目录结构

从图 2-2 可以看出,Flink 的安装目录中包含多个目录和文件,这里针对一些核心的目录进行介绍,具体如下。

- bin 目录:用于存放 Flink 的执行程序。
- conf 目录:用于存放 Flink 的配置文件。
- examples 目录:用于存放 Flink 自带的案例程序。
- lib 目录:用于存放 Flink 的相关 jar 包。
- log 目录:用于存放 Flink 的日志文件。

至此便完成了在 Standalone 模式下,基于伪分布式部署 Flink 的相关操作,关于启动 Flink 的内容,会在 2.7 节进行讲解。

2.4　Standalone 模式之完全分布式

在 Standalone 模式下,基于完全分布式部署 Flink 时,需要在多台包含 Java 运行环境的计算机中安装 Flink,并且通过修改 Flink 的配置文件来指定运行 JobManager 和 TaskManager 的计算机。接下来讲解如何使用虚拟机 Flink01、Flink02 和 Flink03,在 Standalone 模式下,基于完全分布式部署 Flink,具体操作步骤如下。

1. 集群规划

集群规划主要是为了明确 JobManager 和 TaskManager 所运行的虚拟机,本节在 Standalone 模式下,基于完全分布式部署 Flink 的集群规划情况,如表 2-1 所示。

表 2-1　集群规划情况(1)

虚拟机	JobManager	TaskManager
Flink01	√	
Flink02		√
Flink03		√

从表 2-1 可以看出,虚拟机 Flink01 作为 Flink 集群的主节点运行着 JobManager,虚拟机

Flink02 和 Flink03 作为 Flink 集群的从节点运行着 TaskManager。

2. 创建目录

在虚拟机 Flink01 创建/export/servers/fully 目录,用于存放完全分布式模式部署 Flink 的安装目录,具体命令如下。

```
$ mkdir -p /export/servers/fully
```

3. 安装 Flink

以解压的方式将 Flink 安装到虚拟机 Flink01 的/export/servers/fully 目录,具体命令如下。

```
$ tar -zxvf /export/software/flink-1.16.0-bin-scala_2.12.tgz \
-C /export/servers/fully
```

4. 修改 Flink 配置文件 flink-conf.yaml

flink-conf.yaml 是 Flink 的核心配置文件,在 Standalone 模式下,基于完全分布式部署 Flink 时,主要针对该文件中的参数 jobmanager.rpc.address 和 jobmanager.bind-host 进行修改,具体介绍如下。

(1)参数"jobmanager.rpc.address"用于配置 JobManager 所运行的计算机。这里将该参数的参数值修改为 flink01,表示 JobManager 运行在主机名为 flink01 的虚拟机。

(2)参数"jobmanager.bind-host"用于配置 JobManager 绑定的网络接口地址。这里将该参数的参数值修改为 0.0.0.0,表示 JobManager 将绑定到所有可用的网络接口,即监听所有网络接口的请求,这样配置的目的是让 JobManager 能够接收来自任意网络接口的连接请求,从而实现分布式的作业提交和调度。

进入虚拟机 Flink01 的/export/servers/fully/flink-1.16.0/conf 目录,在该目录执行"vi flink-conf.yaml"命令编辑配置文件 flink-conf.yaml,对该文件中的参数"jobmanager.rpc.address"和"jobmanager.bind-host"进行修改,修改完成的效果如图 2-3 所示。

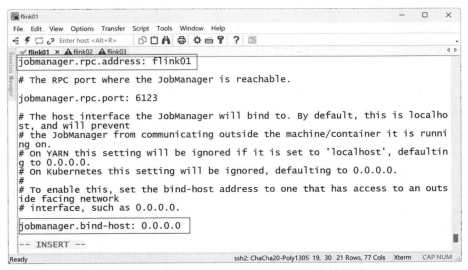

图 2-3　配置文件 flink-conf.yaml 修改完成的效果

上述内容修改完成后,保存并退出配置文件 flink-conf.yaml 即可。需要注意的是,在配置文件 flink-conf.yaml 中,参数后边的冒号与参数值之间存在一个空格。

5. 修改 Flink 配置文件 workers

workers 是 Flink 用于指定 TaskManager 所运行计算机的配置文件。进入虚拟机 Flink01 的/export/servers/fully/flink-1.16.0/conf 目录,在该目录执行"vi workers"命令编辑配置文件 workers,将该文件默认的 localhost 修改为如下内容。

```
flink02
flink03
```

上述内容表示 TaskManager 分别运行在主机名为 flink02 和 flink03 的虚拟机 Flink02 和 Flink03。配置文件 workers 修改完成后保存并退出即可。

6. 分发 Flink 安装目录

为了快捷地在虚拟机 Flink02 和 Flink03 安装和配置 Flink,这里将虚拟机 Flink01 的/export/servers/fully 目录分发至虚拟机 Flink02 和 Flink03 的/export/servers 目录,分别在虚拟机 Flink01 执行下列命令。

```
$ scp -r /export/servers/fully flink02:/export/servers
$ scp -r /export/servers/fully flink03:/export/servers
```

至此便完成了在 Standalone 模式下,基于完全分布式部署 Flink 的相关操作,关于启动 Flink 的内容会在 2.7 节进行讲解。

2.5 Standalone 模式之高可用完全分布式

在 Standalone 模式下,基于高可用完全分布式部署 Flink 时,不仅需要在多台包含 Java 运行环境的计算机安装 Flink,并通过修改 Flink 的配置文件来指定运行 JobManager 和 TaskManager 的计算机,而且还需要在计算机中部署 ZooKeeper,并通过修改 Flink 的配置文件来使用 ZooKeeper 为 Flink 提供高可用。

为了确保 ZooKeeper 集群自身具有高可用性和容错性,通常情况下 ZooKeeper 集群的节点数量为 2n+1 个,即至少使用 3 台计算机来部署 ZooKeeper。本书使用 ZooKeeper 的版本为 3.5.10。

接下来讲解如何使用虚拟机 Flink01、Flink02 和 Flink03,在 Standalone 模式下,基于高可用完全分布式部署 Flink,具体操作步骤如下。

1. 集群规划

集群规划主要是为了明确 JobManager、TaskManager 和 ZooKeeper 所运行的虚拟机,本节在 Standalone 模式下,基于高可用完全分布式部署 Flink 的集群规划情况如表 2-2 所示。

表 2-2　集群规划情况(2)

虚拟机	JobManager	TaskManager	ZooKeeper
Flink01	√		√
Flink02	√	√	√
Flink03		√	√

从表 2-2 可以看出，为了实现 Flink 的高可用，分别将虚拟机 Flink01 和 Flink02 作为 Flink 集群的主节点运行着 JobManager，并且为了确保 ZooKeeper 集群的节点数量为 3，分别在虚拟机 Flink01、Flink02 和 Flink03 运行 ZooKeeper。

2. 创建目录

在虚拟机 Flink01 创建/export/servers/high-fully 目录，用于存放高可用完全分布式模式部署 Flink 的安装目录，具体命令如下。

```
$ mkdir -p /export/servers/high-fully
```

3. 部署 ZooKeeper

在虚拟机 Flink01、Flink02 和 Flink03 部署 ZooKeeper 的操作步骤如下。

1）上传 ZooKeeper 安装包

在虚拟机 Flink01 的/export/software 目录执行 rz 命令，将本地计算机中准备好的 ZooKeeper 安装包 apache-zookeeper-3.5.10-bin.tar.gz 上传到虚拟机的/export/software 目录。

2）安装 ZooKeeper

以解压的方式将 ZooKeeper 安装到虚拟机 Flink01 的/export/servers 目录，具体命令如下。

```
$ tar -zxvf /export/software/apache-zookeeper-3.5.10-bin.tar.gz -C \
/export/servers/
```

上述命令执行完成后，在/export/servers 目录下生成名为 apache-zookeeper-3.5.10-bin 的目录，该目录为 ZooKeeper 的安装目录，这里为了方便后续使用 ZooKeeper，将 ZooKeeper 安装目录重命名为 zookeeper-3.5.10，在虚拟机 Flink01 的/export/servers 目录执行如下命令。

```
$ mv apache-zookeeper-3.5.10-bin/ zookeeper-3.5.10
```

3）修改 ZooKeeper 配置文件

进入虚拟机 Flink01 的/export/servers/zookeeper-3.5.10/conf 目录，通过复制该目录中 ZooKeeper 提供的模板文件 zoo_sample.cfg，创建 ZooKeeper 配置文件 zoo.cfg，具体命令如下。

```
$ cp zoo_sample.cfg zoo.cfg
```

上述命令执行完成后，执行"vi zoo.cfg"命令编辑配置文件 zoo.cfg 并修改其内容，配置数据持久化目录和 ZooKeeper 集群中每个节点的地址，配置文件 zoo.cfg 修改完成后的效果如文件 2-1 所示。

文件 2-1　zoo.cfg

```
1  # The number of milliseconds of each tick
2  tickTime=2000
3  # The number of ticks that the initial
4  # synchronization phase can take
5  initLimit=10
6  # The number of ticks that can pass between
```

```
 7   # sending a request and getting an acknowledgement
 8   syncLimit=5
 9   # the directory where the snapshot is stored.
10   # do not use /tmp for storage, /tmp here is just
11   # example sakes.
12   dataDir=/export/data/zookeeper/zkdata
13   # the port at which the clients will connect
14   clientPort=2181
15   # the maximum number of client connections.
16   # increase this if you need to handle more clients
17   #maxClientCnxns=60
18   #
19   # Be sure to read the maintenance section of the
20   # administrator guide before turning on autopurge.
21   #
22   # http://zookeeper.apache.org/doc/current/zookeeperAdmin.html#sc_maintenance
23   #
24   # The number of snapshots to retain in dataDir
25   #autopurge.snapRetainCount=3
26   # Purge task interval in hours
27   # Set to "0" to disable auto purge feature
28   #autopurge.purgeInterval=1
29   ## Metrics Providers
30   #
31   # https://prometheus.io Metrics Exporter
32   #metricsProvider.httpPort=7000
33   #metricsProvider.exportJvmInfo=true
34   server.1=flink01:2888:3888
35   server.2=flink02:2888:3888
36   server.3=flink03:2888:3888
```

在文件 2-1 中,第 12 行代码配置数据持久化目录为/export/data/zookeeper/zkdata。第 34 行代码配置 ZooKeeper 集群中编号为 1 的节点地址为 flink01:2888:3888,其中 flink01 表示该节点运行在虚拟机 Flink01;2888 表示当前节点与 Leader 进行通信的端口;3888 表示当前节点进行 Leader 选举时使用的端口。

第 35 行代码配置 ZooKeeper 集群中编号为 2 的节点地址为 flink02:2888:3888,其中 flink02 表示该节点运行在虚拟机 Flink02;2888 表示当前节点与 Leader 进行通信的端口; 3888 表示当前节点进行 Leader 选举时使用的端口。

第 36 行代码配置 ZooKeeper 集群中编号为 3 的节点地址为 flink03:2888:3888,其中 flink03 表示该节点运行在虚拟机 Flink03;2888 表示当前节点与 Leader 进行通信的端口; 3888 表示当前节点进行 Leader 选举时使用的端口。

上述内容修改完成后,保存并退出配置文件 zoo.cfg。

4) 创建数据持久化目录

在虚拟机 Flink01 创建数据持久化目录/export/data/zookeeper/zkdata,具体命令如下。

```
$ mkdir -p /export/data/zookeeper/zkdata
```

5）创建 myid 文件

myid 文件用于标识 ZooKeeper 集群中每个节点的编号，该文件需要存放在数据持久化目录，编号的内容与文件 zoo.cfg 中指定每个节点的编号一致。如在配置文件 zoo.cfg 指定 ZooKeeper 集群中编号为 1 的节点运行在虚拟机 Flink01，那么需要在虚拟机 Flink01 中的数据持久化目录创建 myid 文件，并在该文件中写入值 1，在虚拟机 Flink01 执行如下命令。

```
$ echo 1 > /export/data/zookeeper/zkdata/myid
```

6）配置 ZooKeeper 系统环境变量

为了方便后续对 ZooKeeper 进行操作，这里需要配置 ZooKeeper 的系统环境变量。在虚拟机 Flink01 执行“vi /etc/profile”命令编辑系统环境变量文件 profile，在该文件的底部添加如下内容。

```
export ZK_HOME=/export/servers/zookeeper-3.5.10
export PATH=$PATH:$ZK_HOME/bin
```

成功配置 ZooKeeper 系统环境变量后，保存并退出系统环境变量文件 profile。

为了让系统环境变量文件中添加的内容生效，执行“source /etc/profile”命令初始化系统环境变量，使添加的 ZooKeeper 系统环境变量生效。

7）分发 ZooKeeper 安装目录

为了便捷地在虚拟机 Flink02 和 Flink03 安装并配置 ZooKeeper，这里通过 scp 命令将虚拟机 Flink01 的 ZooKeeper 安装目录分发至虚拟机 Flink02 和 Flink03 的/export/servers/目录，在虚拟机 Flink01 执行如下命令。

```
$ scp -r /export/servers/zookeeper-3.5.10 flink02:/export/servers/
$ scp -r /export/servers/zookeeper-3.5.10 flink03:/export/servers/
```

8）分发系统环境变量文件

为了便捷地在虚拟机 Flink02 和 Flink03 配置 ZooKeeper 的系统环境变量，这里通过 scp 命令将虚拟机 Flink01 的系统环境变量文件 profile 分发至虚拟机 Flink02 和 Flink03 的/etc 目录，在虚拟机 Flink01 执行如下命令。

```
$ scp /etc/profile flink02:/etc
$ scp /etc/profile flink03:/etc
```

上述命令执行完成后，分别在虚拟机 Flink02 和 Flink03 中执行“source /etc/profile”命令初始化系统环境变量。

9）分发数据持久化目录

为了便捷地在虚拟机 Flink02 和 Flink03 创建数据持久化目录和 myid 文件，这里通过 scp 命令将虚拟机 Flink01 中创建的数据持久化目录分发至虚拟机 Flink02 和 Flink03 的/export/data 目录，在虚拟机 Flink01 执行如下命令。

```
$ scp -r /export/data/zookeeper/ root@flink02:/export/data/
$ scp -r /export/data/zookeeper/ root@flink03:/export/data/
```

10）修改 myid 文件

根据配置文件 zoo.cfg 可知，虚拟机 Flink02 和 Flink03 分别运行着 ZooKeeper 集群中编号为 2 和 3 的节点，因此需要分别将虚拟机 Flink02 和 Flink03 中 myid 文件的内容修改为 2

和 3,分别在虚拟机 Flink02 和 Flink03 中执行如下命令。

```
#在虚拟机 Flink02 执行
$ echo 2 > /export/data/zookeeper/zkdata/myid
#在虚拟机 Flink03 执行
$ echo 3 > /export/data/zookeeper/zkdata/myid
```

11) 启动 ZooKeeper

启动 ZooKeeper 时,需要在 ZooKeeper 集群的每个节点启动 ZooKeeper 服务。分别在虚拟机 Flink01、Flink02 和 Flink03 执行如下命令。

```
$ zkServer.sh start
```

12) 查看 ZooKeeper 运行状态

查看 ZooKeeper 运行状态时,需要查看 ZooKeeper 集群的每个节点中 ZooKeeper 服务的运行状态。分别在虚拟机 Flink01、Flink02 和 Flink03 执行如下命令。

```
$ zkServer.sh status
```

上述命令在 3 台虚拟机的执行效果如图 2-4 所示。

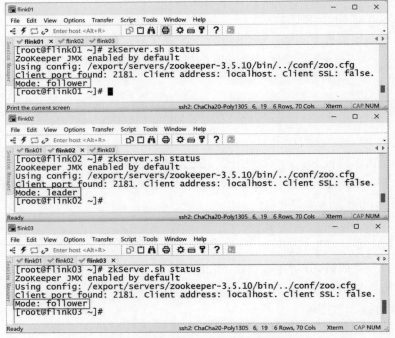

图 2-4　查看 ZooKeeper 运行状态

从图 2-4 可以看出,虚拟机 Flink01、Flink02 和 Flink03 成功启动 ZooKeeper 服务,此时 ZooKeeper 选举虚拟机 Flink02 运行的 ZooKeeper 为 Leader,其他两台虚拟机运行的 ZooKeeper 为 Follower,其中 Leader 为 ZooKeeper 集群主节点,Follower 为 ZooKeeper 集群从节点。关于 ZooKeeper 集群体系结构的相关概念,这里不做深入讲解,读者可自行查阅相关资料进行学习。

至此便完成了在虚拟机 Flink01、Flink02 和 Flink03 部署 ZooKeeper 的相关操作。

4．安装 Flink

以解压的方式将 Flink 安装到虚拟机 Flink01 的/export/servers/high-fully 目录，具体命令如下。

```
$ tar -zxvf /export/software/flink-1.16.0-bin-scala_2.12.tgz \
-C /export/servers/high-fully
```

5．修改 Flink 配置文件 flink-conf.yaml

flink-conf.yaml 是 Flink 的核心配置文件，该文件包含了以下参数用于配置 Flink 的高可用，具体介绍如下。

（1）参数 high-availability：用于启用 Flink 的高可用，需要将该参数的参数值指定为 zookeeper。

（2）参数 high-availability.storageDir：用于指定 Flink 集群存储状态和元数据的目录，该目录可以是本地文件系统的目录或 HDFS 的目录，不过在实际生产环境中通常使用 HDFS 的目录，以确保存储内容的可靠性。

（3）参数 high-availability.zookeeper.quorum：用于指定 ZooKeeper 集群每个节点的通信地址。

（4）参数 high-availability.cluster-id：用于指定 Flink 集群的唯一标识符，确保不同的 Flink 集群之间不会发生冲突，Flink 会根据标识符的名称在参数 high-availability.storageDir 所指定的目录下创建相应的子目录。

（5）参数 high-availability.zookeeper.path.root：用于指定 Flink 集群在 ZooKeeper 存储信息的 ZNode，该信息主要用于 Flink 集群各节点之间进行通信以及选举主节点。

进入虚拟机 Flink01 的/export/servers/high-fully/flink-1.16.0/conf 目录，在该目录执行 "vi flink-conf.yaml" 命令编辑配置文件 flink-conf.yaml，在该文件添加如下内容。

```
1  high-availability: zookeeper
2  high-availability.storageDir: file:///export/data/flink
3  high-availability.zookeeper.quorum: flink01:2181,flink02:2181,flink03:2181
4  high-availability.cluster-id: /flink_ha
5  high-availability.zookeeper.path.root: /flink
```

上述内容中，第 2 行代码用于指定 Flink 集群持久化元数据的目录为本地文件系统的/export/data/flink 目录，如果要使用 HDFS 的目录，例如 HDFS 的/flink 目录，那么需要将参数 high-availability.storageDir 的参数值指定为 hdfs：//flink01：9820/flink，其中参数值前半部分 hdfs：//flink01：9820 用于指定 HDFS 集群中 NameNode 的通信地址。

第 3 行代码用于指定 ZooKeeper 集群中每个节点的通信地址，并且通过逗号进行分隔。

第 4 行代码用于指定 Flink 集群的唯一标识符为/flink_ha。

第 5 行代码用于指定 Flink 集群在 ZooKeeper 存储信息的 ZNode 为/flink。

除了上述配置高可用的内容之外，还需要将配置文件 flink-conf.yaml 中参数 jobmanager.bind-host 的参数值修改为 0.0.0.0，表示 JobManager 将绑定到所有可用的网络接口。

上述内容修改完成后，保存并退出配置文件 flink-conf.yaml 即可。需要注意的是，在配置文件 flink-conf.yaml 中，参数后边的冒号与参数值之间存在一个空格。

6．修改 Flink 配置文件 masters

masters 是用于指定所有 JobManager 所运行计算机的配置文件，ZooKeeper 会通过选举机制从该文件指定的所有 JobManager 中选举出一个提供服务,其他 JobManager 则处于备用状态,当提供服务的 JobManager 出现故障时会从备用的 JobManager 中重新选举出新的 JobManager 提供服务。

进入虚拟机 Flink01 的/export/servers/high-fully/flink-1.16.0/conf 目录,在该目录执行"vi masters"命令编辑配置文件 masters,将该文件默认的 localhost 修改为如下内容。

```
flink01:8081
flink02:8081
```

上述内容表示 JobManager 分别运行在主机名为 flink01 和 flink02 的虚拟机 Flink01 和 Flink02,其中 8081 用于指定 Flink Web UI 占用的端口,关于 Flink Web UI 的内容会在后续章节进行讲解。配置文件 masters 修改完成后保存并退出即可。

7. 修改 Flink 配置文件 workers

workers 是 Flink 用于指定 TaskManager 所运行计算机的配置文件。进入虚拟机 Flink01 的/export/servers/high-fully/flink-1.16.0/conf 目录,在该目录执行"vi workers"命令编辑配置文件 workers,将该文件默认的 localhost 修改为如下内容。

```
flink02
flink03
```

上述内容表示 TaskManager 分别运行在主机名为 flink02 和 flink03 的虚拟机 Flink02 和 Flink03。配置文件 workers 修改完成后保存并退出即可。

8. 分发 Flink 安装目录

为了快捷地在虚拟机 Flink02 和 Flink03 安装和配置 Flink,这里将虚拟机 Flink01 的/export/servers/high-fully 目录分发至虚拟机 Flink02 和 Flink03 的/export/servers 目录,在虚拟机 Flink01 执行下列命令。

```
$ scp -r /export/servers/high-fully flink02:/export/servers
$ scp -r /export/servers/high-fully flink03:/export/servers
```

至此便完成了在 Standalone 模式下,基于高可用完全分布式部署 Flink 的相关操作。启动 Flink 的内容会在 2.7 节进行讲解。

📖 多学一招:配置文件 flink-conf.yaml 的其他常用配置

基于 Standalone 模式部署 Flink 时,除了使用完全分布式和高可用完全分布式需要在配置文件 flink-conf.yaml 中修改特定参数的默认参数值之外,该文件还提供了一些对 Flink 进行优化的参数,用户可以根据实际需求对这些参数的参数值进行调整,下面对配置文件 flink-conf.yaml 中用于优化 Flink 的常用参数进行介绍。

- jobmanager.memory.process.size:用于指定 JobManager 可以使用的最大内存,默认参数值为 1600m,表示 JobManager 可以使用的最大内存为 1600MB。
- taskmanager.memory.process.size:用于指定 TaskManager 可以使用的最大内存,默认参数值为 1728m,表示 TaskManager 可以使用的最大内存为 1728MB。
- taskmanager.numberOfTaskSlots:用于指定 TaskManager 可以使用 Task Slot 的数量,默认参数值为 1。需要注意的是,设置参数值大于 1 并不意味着 TaskManager 一定可以使用多个 Task Slot,TaskManager 可使用 Task Slot 的数量还受到自身可用资源的限制。

- parallelism.default：用于指定作业的并行度，默认参数值为 1，表示作业的每个任务使用 1 个子任务来处理。需要注意的是，并行度的设置可能会对作业的性能和资源消耗产生重大影响，较高的并行度可能会提高作业的吞吐量和响应速度，但也会占用更多的资源。因此，需要根据作业的特点和可用资源来设置合适的并行度。

2.6　Flink On YARN 模式

通过前面的学习可以了解到，基于 Flink On YARN 模式部署的 Flink，实质上是将 Flink 集群运行在 YARN 之上，而 YARN 是 Hadoop 的核心组件，因此基于 Flink On YARN 模式部署 Flink 的核心便是部署 Hadoop。

本书使用 Hadoop 的版本为 3.2.2，需要说明的是，Flink 1.16.0 版本仅支持 Hadoop 2.8.5 及以上的版本。接下来讲解如何使用虚拟机 Flink01、Flink02 和 Flink03 部署 Hadoop，具体操作步骤如下。

1. 集群规划

集群规划主要是为了明确 Hadoop 集群相关进程所运行的虚拟机，本节部署 Hadoop 的集群规划情况如表 2-3 所示。

表 2-3　集群规划情况（3）

虚拟机	NameNode	DataNode	SecondaryNameNode	ResourceManager	NodeManager
Flink01	√			√	
Flink02		√	√		√
Flink03		√			√

从表 2-3 可以看出，虚拟机 Flink01、Flink02 和 Flink03 分别运行着 Hadoop 集群的不同进程，其中 NameNode、DataNode 和 Secondary NameNode 是 Hadoop 另一个核心组件 HDFS 的进程；ResourceManager 和 NodeManager 是 YARN 的进程，关于 YARN 进程的介绍读者可参考 2.2 节，这里不再赘述。针对 HDFS 进程的介绍如下。

- NameNode：用于存储 HDFS 的元数据信息以及数据文件和数据块的对应信息。
- DataNode：用于存储数据文件并周期性向 NameNode 汇报心跳和数据块信息。
- Secondary NameNode：通过周期性地合并 EditLog 和 FsImage 来缩短 NameNode 的启动时间。通常情况下，将 Secondary NameNode 与 NameNode 部署在不同的虚拟机。

关于 HDFS 体系结构的相关内容这里不做深入讲解，读者可自行查阅相关资料进行学习。

2. 上传 Hadoop 安装包

在虚拟机的 /export/software 目录执行 rz 命令，将本地计算机中准备好的 Hadoop 安装包 hadoop-3.2.2.tar.gz 上传到虚拟机的 /export/software 目录。

3. 安装 Hadoop

以解压的方式将 Hadoop 安装到虚拟机 Flink01 的 /export/servers 目录，具体命令如下。

```
$ tar -zxvf /export/software/hadoop-3.2.2.tar.gz -C /export/servers
```

4. 配置 Hadoop 系统环境变量

在虚拟机 Flink01 执行"vi /etc/profile"命令,通过 vi 编辑器编辑 etc 目录中的系统环境变量文件 profile,在该文件末尾添加如下内容。

```
export HADOOP_HOME=/export/servers/hadoop-3.2.2/
export HADOOP_CLASSPATH=$($HADOOP_HOME/bin/hadoop classpath)
export PATH=$PATH:$HADOOP_HOME/bin:$HADOOP_HOME/sbin
```

上述内容的作用主要有两点,一是允许在虚拟机的任意目录下直接执行 Hadoop 相关命令,而无须进入 Hadoop 安装目录下的 bin 或 sbin 目录;二是在启动基于 Flink On YARN 模式部署的 Flink 或者向 Flink 提交作业时,可以获取 Hadoop 集群的配置信息。

Hadoop 系统环境变量配置完成后,保存并退出系统环境变量文件 profile。为了让系统环境变量文件中添加的内容生效,执行"source /etc/profile"命令初始化系统环境变量使添加的 Hadoop 系统环境变量生效。

5. 验证 Hadoop 系统环境变量是否配置成功

在虚拟机 Flink01 执行"hadoop version"命令查看当前虚拟机安装的 Hadoop 版本信息,如图 2-5 所示。

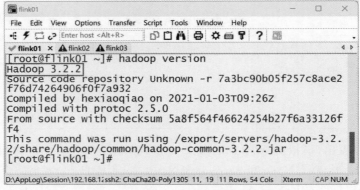

图 2-5　验证 Hadoop 是否安装成功

从图 2-5 可以看出,当前虚拟机安装的 Hadoop 版本信息为 Hadoop 3.2.2,说明成功配置了 Hadoop 的系统环境变量。

6. 修改 Hadoop 配置文件 hadoop-env.sh

hadoop-env.sh 是 Hadoop 运行环境的配置文件。在虚拟机 Flink01 的 /export/servers/hadoop-3.2.2/etc/hadoop/目录,执行"vi hadoop-env.sh"命令,在 hadoop-env.sh 文件的底部添加如下内容。

```
export JAVA_HOME=/export/servers/jdk1.8.0_333
export HDFS_NAMENODE_USER=root
export HDFS_DATANODE_USER=root
export HDFS_SECONDARYNAMENODE_USER=root
export YARN_RESOURCEMANAGER_USER=root
export YARN_NODEMANAGER_USER=root
```

上述内容添加完成后,保存并退出 hadoop-env.sh 文件。针对上述内容中的参数讲解如下。

- 参数 JAVA_HOME 用于设置 Hadoop 运行所需的 JDK 安装路径。
- 参数 HDFS_NAMENODE_USER 用于设置运行 NameNode 进程的用户 root。
- 参数 HDFS_DATANODE_USER 用于设置运行 DataNode 进程的用户 root。
- 参数 HDFS_SECONDARYNAMENODE_USER 用于设置运行 Secondary NameNode 进程的用户 root。
- 参数 YARN_RESOURCEMANAGER_USER 用于设置运行 ResourceManager 进程的用户 root。
- 参数 YARN_NODEMANAGER_USER 用于设置运行 NodeManager 进程的用户 root。

7. 修改 Hadoop 配置文件 core-site.xml

core-site.xml 是 Hadoop 的核心配置文件。在虚拟机 Flink01 的 /export/servers/hadoop-3.2.2/etc/hadoop/目录，执行"vi core-site.xml"命令，在文件的＜configuration＞标签中添加如下内容。

```
<property>
    <name>fs.defaultFS</name>
    <value>hdfs://flink01:9820</value>
</property>
<property>
    <name>hadoop.tmp.dir</name>
    <value>/export/servers/hadoop-3.2.2/tmp</value>
</property>
```

上述内容中，参数 fs.defaultFS 用于指定 HDFS 的通信地址，通信地址包括主机名和端口号，其中主机名 flink01 表示 NameNode 进程所运行的虚拟机为 Flink01；端口号 9820 表示 HDFS 通过虚拟机 Flink01 的 9820 端口进行通信。参数 hadoop.tmp.dir 用于指定 Hadoop 在运行时存储临时数据的目录。上述内容添加完成后，保存并退出 core-site.xml 文件。

8. 修改 Hadoop 配置文件 hdfs-site.xml

hdfs-site.xml 是 HDFS 的核心配置文件。在虚拟机 Flink01 的 /export/servers/hadoop-3.2.2/etc/hadoop/目录，执行"vi hdfs-site.xml"命令，在文件的＜configuration＞标签中添加如下内容。

```
<property>
    <name>dfs.replication</name>
    <value>2</value>
</property>
<property>
    <name>dfs.namenode.name.dir</name>
    <value>/export/data/hadoop/namenode</value>
</property>
<property>
    <name>dfs.datanode.data.dir</name>
```

```
        <value>/export/data/hadoop/datanode</value>
</property>
<property>
        <name>dfs.namenode.checkpoint.dir</name>
        <value>/export/data/hadoop/secondarynamenode</value>
</property>
<property>
        <name>dfs.namenode.http-address</name>
        <value>flink01:9870</value>
</property>
<property>
        <name>dfs.namenode.secondary.http-address</name>
        <value>flink02:9868</value>
</property>
```

上述内容添加完成后,保存并退出 hdfs-site.xml 文件。针对上述内容中的参数讲解如下。

* 参数 dfs.replication 用于指定 HDFS 的副本数。
* 参数 dfs.namenode.name.dir 用于指定 NameNode 持久化数据的目录,即 HDFS 元数据的存储目录。
* 参数 dfs.datanode.name.dir 用于指定 DataNode 持久化数据的目录,即 HDFS 数据块的存储目录。
* 参数 dfs.namenode.checkpoint.dir 用于指定 NameNode 存储检查点(checkpoint)的目录。
* 参数 dfs.namenode.http-address 用于指定 NameNode 的 HTTP 服务通信地址,通信地址包括主机名和端口号,其中主机名 flink01 表示 NameNode 进程所运行的虚拟机为Flink01;端口号 9870 表示 NameNode 通过虚拟机 Flink01 的 9870 端口进行通信。
* 参数 dfs.namenode.secondary.http-address 用于指定 Secondary NameNode 的 HTTP 服务通信地址,通信地址包括主机名和端口号,其中主机名 flink02 表示 Secondary NameNode进程所运行的虚拟机为 Flink02;端口号 9868 表示 Secondary NameNode 通过虚拟机Flink01 的 9868 端口进行通信。

9. 修改 Hadoop 配置文件 yarn-site.xml

yarn-site.xml 是 YARN 的核心配置文件。在虚拟机 Flink01 的 /export/servers/hadoop-3.2.2/etc/hadoop/目录,执行"vi yarn-site.xml"命令,在文件的<configuration>标签中添加如下内容。

```
<property>
        <name>yarn.nodemanager.aux-services</name>
        <value>mapreduce_shuffle</value>
</property>
<property>
        <name>yarn.resourcemanager.hostname</name>
        <value>flink01</value>
</property>
```

上述内容中，参数 yarn.nodemanager.aux-services 用于指定 NodeManager 运行的附属服务，这里只有将参数值配置成 mapreduce_shuffle，才能使 NodeManager 正确地启动 MapReduce Shuffle 服务来支持 MapReduce 程序的执行。参数 yarn.resourcemanager.hostname 用于指定 ResourceManager 所在虚拟机的主机名，这里指定主机名为 flink01。上述内容添加完成后，保存并退出 yarn-site.xml 文件。

10. 修改 Hadoop 配置文件 mapred-site.xml

mapred-site.xml 是 MapReduce 的核心配置文件。在虚拟机 Flink01 的 /export/servers/hadoop-3.2.2/etc/hadoop/目录，执行"vi mapred-site.xml"命令，在文件的＜configuration＞标签中添加如下内容。

```
<property>
    <name>mapreduce.framework.name</name>
    <value>yarn</value>
</property>
```

上述内容中，参数 mapreduce.framework.name 的参数值指定为 yarn 表示在 YARN 运行 MapReduce 程序。上述内容添加完成后，保存并退出 mapred-site.xml 文件。

11. 修改 Hadoop 配置文件 workers

workers 用于配置 Hadoop 集群中所有从节点所运行的服务器，从节点包括 DataNode 和 NodeManager。在虚拟机 Flink01 的 /export/servers/hadoop-3.2.2/etc/hadoop/目录，执行"vi workers"命令，将该文件默认的内容修改为如下内容。

```
flink02
flink03
```

上述内容指定 Hadoop 集群的 DataNode 和 NodeManager 运行在主机名为 flink02 和 flink03 的虚拟机 Flink02 和 Flink03。上述内容修改完成后，保存并退出 workers 文件。

12. 分发 Hadoop 安装目录

为了便捷地在虚拟机 Flink02 和 Flink03 安装 Hadoop，这里通过 scp 命令将虚拟机 Flink01 的 Hadoop 安装目录分发至虚拟机 Flink02 和 Flink03 的/export/servers 目录，具体命令如下。

```
$ scp -r /export/servers/hadoop-3.2.2/ flink02:/export/servers/
$ scp -r /export/servers/hadoop-3.2.2/ flink03:/export/servers/
```

13. 分发系统环境变量文件

为了便捷地在虚拟机 Flink02 和 Flink03 配置 Hadoop 的系统环境变量，这里通过 scp 命令将虚拟机 Flink01 的系统环境变量文件 profile 分发至虚拟机 Flink02 和 Flink03 的/etc 目录，具体命令如下。

```
$ scp /etc/profile flink02:/etc
$ scp /etc/profile flink03:/etc
```

上述命令执行完成后，分别在虚拟机 Flink02 和 Flink03 执行"source /etc/profile"命令初始化系统环境变量。

14. 格式化 HDFS

初次启动 Hadoop 集群之前，需要对 HDFS 进行格式化操作，在虚拟机 Flink01 执行如下命令格式化 HDFS。

```
$ hdfs namenode - format
```

上述命令执行完成后的效果如图 2-6 所示。

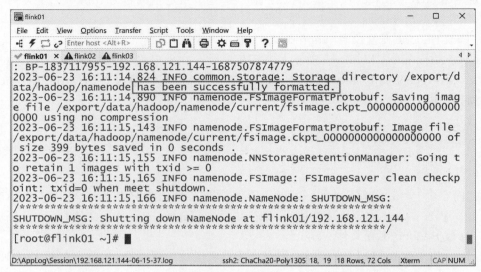

图 2-6   格式化 HDFS

从图 2-6 可以看到,出现"…successfully formatted."提示信息,说明 HDFS 格式化成功。

15. 启动 Hadoop 集群

通过 Hadoop 提供的一键启动脚本 start-dfs.sh 和 start-yarn.sh 启动 Hadoop 集群的 HDFS 和 YARN。在虚拟机 Flink01 执行如下命令启动 HDFS 和 YARN。

```
#启动 HDFS
$ start-dfs.sh
#启动 YARN
$ start-yarn.sh
```

如果要关闭 Hadoop 集群,那么可以在虚拟机 Flink01 分别执行"stop-dfs.sh"和"stop-yarn.sh"命令关闭 HDFS 和 YARN。

16. 查看 Hadoop 集群运行状态

由于 Hadoop 基于 JVM 运行,所以可以分别在虚拟机 Flink01、Flink02 和 Flink03 执行 jps 命令查看虚拟机的 JVM 中运行的 Java 进程及进程 ID,从而查看 Hadoop 集群运行状态,如图 2-7 所示。

从图 2-7 可以看出,虚拟机 Flink01 的 JVM 中运行着 HDFS 的 NameNode 进程和 YARN 的 ResourceManager 进程;虚拟机 Flink02 的 JVM 中运行着 HDFS 的 Secondary NameNode 和 DataNode 进程,以及 YARN 的 NodeManager 进程;虚拟机 Flink03 的 JVM 中运行着 HDFS 的 DataNode 进程和 YARN 的 NodeManager 进程。因此说明 Hadoop 集群启动成功。

17. 安装 Flink

由于基于 Flink On YARN 模式部署 Flink 时,Flink 集群将作为 YARN 的应用程序运行,所以无须再单独部署 Flink,这里只需要在任意一台虚拟机安装 Flink 即可,以便后续通过

图 2-7　查看 Hadoop 集群运行状态

Flink 提供的脚本文件将 Flink 集群提交到 YARN。

这里首先在虚拟机 Flink01 创建目录/export/servers/yarn，然后通过 tar 命令将 Flink 安装到该目录即可，分别执行下列命令。

```
#创建目录
$ mkdir -p /export/servers/yarn
#安装 Flink
$ tar -zxvf /export/software/flink-1.16.0-bin-scala_2.12.tgz -C \
/export/servers/yarn/
```

至此便完成了基于 Flink On YARN 模式部署 Flink 的操作。启动 Flink 的内容会在 2.7 节进行讲解。

2.7　启动 Flink

从 Flink 1.16.0 开始，Flink 支持 Session 模式和 Application 模式两种启动方式，以应用不同的应用场景，它们的区别主要在于资源的分配方式和 Flink 的生命周期。本节详细比较这两种模式的区别，并演示如何使用这两种模式来启动 Flink。

2.7.1　Session 模式

Session 模式是一种将 Flink 与作业分离的启动方式，在这种模式下，Flink 的生命周期独立于作业，用户需要先启动 Flink，才能够根据实际需求向 Flink 提交一个或多个作业，多个作业可以共享同一个 TaskManager 的资源，有助于提高资源利用率。

通过不同模式部署的 Flink 在使用 Session 模式启动时也有一些区别，接下来分别介绍如何使用 Session 模式启动 Standalone 和 Flink On YARN 模式部署的 Flink，具体内容如下。

1. 使用 Session 模式启动 Standalone 模式部署的 Flink

Flink 在其安装目录的 bin 目录下，提供了脚本文件 start-cluster.sh 用于通过 Session 模式启动 Standalone 模式部署的 Flink，可以在 Flink 安装目录执行"bin/start-cluster.sh"命令来启动 Flink。

下面以 Standalone 模式下，基于完全分布式部署的 Flink 为例，演示如何使用 Session 模式启动 Standalone 模式部署的 Flink，在虚拟机 Flink01 的 /export/servers/fully/flink-1.16.0 目录执行如下命令。

```
$ bin/start-cluster.sh
```

上述命令执行完成后，分别在虚拟机 Flink01、Flink02 和 Flink03 执行 jps 命令查看虚拟机的 JVM 中运行的 Java 进程及进程 ID，从而查看 Flink 运行状态，如图 2-8 所示。

图 2-8　查看 Flink 运行状态（1）

在图 2-8 中，虚拟机 Flink01 的 JVM 中运行着 StandaloneSessionClusterEntrypoint 进程，虚拟机 Flink02 和 Flink03 的 JVM 中运行着 TaskManagerRunner 进程，其中 StandaloneSessionClusterEntrypoint 表示 JobManager 的 Java 进程；TaskManagerRunner 表示 TaskManager 的 Java 进程。

【提示】　使用 Session 模式启动 Standalone 模式部署的 Flink，需要用户手动关闭，Flink 关闭的同时会停止运行的所有作业。Flink 在其安装目录的 bin 目录下，提供了脚本文件 stop-cluster.sh 用于关闭使用 Session 模式启动 Standalone 模式部署的 Flink，可以在 Flink 安装目录执行"bin/stop-cluster.sh"命令即可。

2. 使用 Session 模式启动 Flink On YARN 模式部署的 Flink

Flink 在其安装目录的 bin 目录下，提供了脚本文件 yarn-session.sh 用于通过 Session 模式启动 Flink On YARN 模式部署的 Flink，可以在 Flink 安装目录执行"bin/yarn-session.sh"命令来启动 Flink。

脚本文件 yarn-session.sh 提供了多个参数用于在启动 Flink 时，对 YARN 中运行的 Flink 进行配置，用户可以在启动 Flink 时，根据实际需求对 Flink 进行配置。有关脚本文件 yarn-session.sh 的常用参数介绍如下。

- -jm：用于指定 JobManager 可以使用的最大内存。默认情况下，JobManager 可以使用的最大内存为 1024MB。
- -tm：用于指定 TaskManager 可以使用的最大内存。默认情况下，TaskManager 可以使用的最大内存为 1024MB。
- -d：用于指定通过分离模式启动 Flink，分离模式是指当 Flink 启动完成后，并不会占用当前的操作窗口，而是将当前操作窗口的控制权返还给用户，以便用户执行其他命令。此时，Flink 会在后台运行，不会打印状态和日志信息。默认情况下，Flink 启动完成后会一直占用当前操作窗口，用户在当前操作窗口无法执行其他命令。如果关闭或退出当前操作窗口，那么 Flink 也会关闭。-d 参数没有参数值，直接使用即可。
- -nm：用于指定 Flink 的名称，默认名称为 Flink session cluster。
- -q：用于显示 YARN 的可用资源，在使用该参数时并不会启动 Flink。
- -qu：用于将启动的 Flink 分配到指定队列（Queue），默认情况下，启动的 Flink 会分配到名称为 default 的队列。如果指定了队列，那么必须确保指定的队列在 YARN 已创建。队列是 YARN 的逻辑概念，可以将 YARN 的不同应用程序分配到不同的队列，以便对队列内的资源进行管理和控制。
- -s：用于指定 TaskManager 可以使用 Task Slot 的数量，通常情况下无须指定，YARN 会根据资源使用情况进行动态分配。

接下来演示如何使用 Session 模式启动 Flink On YARN 模式部署的 Flink，在此之前需要确保 Hadoop 集群处于启动状态。在虚拟机 Flink01 的 /export/servers/yarn/flink-1.16.0 目录执行如下命令。

```
$ bin/yarn-session.sh -nm flink01
```

上述命令执行完成后便会启动 Flink，当 Flink 启动完成后的效果如图 2-9 所示。

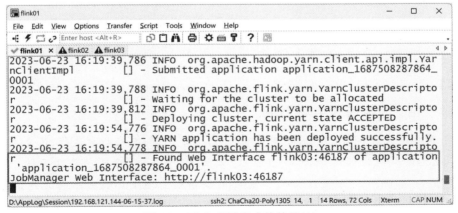

图 2-9　Flink 启动完成的效果（1）

从图 2-9 可以看出,当 Flink 启动完成后,在当前操作窗口会输出 YARN 中运行 Flink 的应用程序 ID,即 application_1687508287864_0001,以及 Flink Web UI 的访问地址 http：//flink03：46187,Flink Web UI 的内容会在后续进行讲解。

从 Flink Web UI 的访问地址可以看出,YARN 将当前 Flink 的 JobManager 运行在虚拟机 Flink03 的 Container。需要说明的是,使用 Session 模式启动 Flink On YARN 模式部署的 Flink 时,起初只会运行 JobManager,而不会运行 TaskManager,TaskManager 会在用户提交作业时,由 YARN 进行动态分配。

由于上述在演示使用 Session 模式启动 Flink On YARN 模式部署的 Flink 时,并没有指定参数-d,所以当 Flink 启动完成后,当前操作窗口便会一直处于占用状态,如果想要关闭 Flink,那么在当前窗口执行组合键 Ctrl＋C 即可,此时会解除当前操作窗口的占用状态并关闭 Flink。

使用 Session 模式启动 Flink On YARN 模式部署的 Flink 会作为 YARN 的应用程序运行,因此可以在本机的浏览器中输入地址"http：//192.168.121.144：8088/"访问 YARN Web UI,通过查看应用程序的详细信息来查看 Flink,如图 2-10 所示。

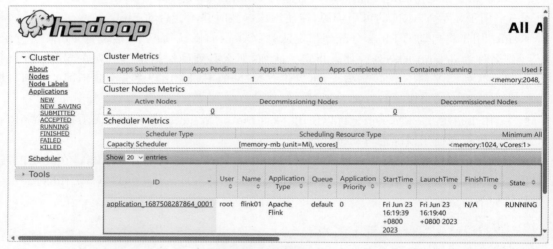

图 2-10   YARN Web UI

从图 2-10 可以看出,此时 YARN 中存在一个应用程序,该应用程序的 ID 为 application_1687508287864_0001,名称(Name)为 flink01,类型(Application Type)为 Apache Flink,状态(State)为 RUNNING(正在运行)。

【提示】 访问 YARN Web UI 的地址中,IP 地址为 ResourceManager 所在计算机的 IP。

多学一招：分离模式启动 Flink

使用分离模式启动 Flink 时,需要指定参数-d,此时 Flink 会在后台运行,不会占用当前操作窗口,因此无法单纯地通过组合键 Ctrl＋C 来关闭 Flink,此时可以通过两种方式来关闭 Flink,一种是使用 yarn 命令通过关闭指定应用程序来关闭 Flink;另一种是通过脚本文件 yarn-session.sh 的参数-id 来关闭 Flink,这两种方式的实现方式会在 Flink 启动完成后输出在

Flink 的启动信息中。

例如,使用分离模式启动名称为 flink02 的 Flink,在虚拟机 Flink01 的/export/servers/yarn/flink-1.16.0 目录执行如下命令。

```
$ bin/yarn-session.sh -nm flink02 -d
```

上述命令执行完成后便会启动 Flink,Flink 启动完成的效果如图 2-11 所示。

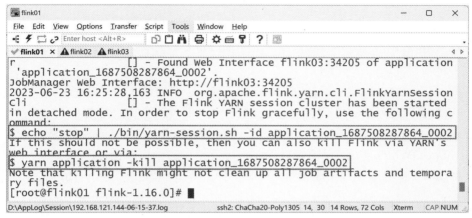

图 2-11　Flink 启动完成的效果(2)

从图 2-11 可以看出,当 Flink 启动完成后在 Flink 的启动信息中出现了关闭当前 Flink 的两种方式。需要注意的是,使用第一种方式关闭 Flink 时,需要在 Flink 的安装目录下执行。

2.7.2　Application 模式

Application 模式是一种将 Flink 与作业绑定在一起的启动方式,在这种模式下,Flink 的生命周期与作业的生命周期一致,用户无须单独启动 Flink,Flink 会在用户提交作业时随着作业一同启动,当作业运行结束或者停止时,Flink 也会随之自动关闭。

相比较于 Session 模式来说,Application 模式启动的 Flink 可以做到更好的资源隔离,提高作业运行的稳定性和安全性。因为每个作业都运行在自己的 Flink,避免多个作业都运行在同一 Flink 时,由于某个作业出现故障导致 Flink 出现问题,从而影响所有作业的执行。

通过不同模式部署的 Flink 在使用 Application 模式启动时也有一些区别,接下来分别介绍如何使用 Application 模式向 Standalone 和 Flink On YARN 模式部署的 Flink 提交作业,具体内容如下。

1. 使用 Application 模式向 Standalone 模式部署的 Flink 提交作业

在 Flink 安装目录的 bin 目录下,提供了脚本文件 standalone-job.sh 和 taskmanager.sh 用于使用 Application 模式向 Standalone 模式部署的 Flink 提交作业,其中 standalone-job.sh 用于指定提交的作业并启动 JobManager,作业对应的程序必须放在 Flink 安装目录的 lib 目录下;taskmanager.sh 用于启动 TaskManager 来执行作业。

需要注意的是,在 Application 模式下,JobManager 和 TaskManager 都会在执行脚本文件的本地启动,不会像 Session 模式那样,根据 Flink 配置文件中指定 JobManager 和

TaskManager 所运行的计算机来启动 JobManager 和 TaskManager。另外，每次执行脚本文件 taskmanager.sh 只会在本地启动一个 TaskManager。

下面以 Flink 提供的案例程序 TopSpeedWindowing.jar 为例，演示如何使用 Application 模式向 Standalone 模式部署的 Flink 提交作业，具体操作步骤如下。

（1）将 TopSpeedWindowing.jar 复制到/export/servers/fully/flink-1.16.0/lib 目录，在虚拟机 Flink01 的/export/servers/fully/flink-1.16.0 目录执行如下命令。

```
$ cp examples/streaming/TopSpeedWindowing.jar lib/
```

（2）提交作业并启动 JobManager，在虚拟机 Flink01 的/export/servers/fully/flink-1.16.0 目录执行如下命令。

```
$ bin/standalone-job.sh start --job-classname \
org.apache.flink.streaming.examples.windowing.TopSpeedWindowing
```

上述命令中，org.apache.flink.streaming.examples.windowing.TopSpeedWindowing 为案例程序 TopSpeedWindowing.jar 的入口类。

（3）启动 TaskManager，在虚拟机 Flink01 的/export/servers/fully/flink-1.16.0 目录执行如下命令。

```
$ bin/taskmanager.sh start
```

上述命令执行完成后，通过在虚拟机 Flink01 执行 jps 命令查看虚拟机的 JVM 中运行的 Java 进程及进程 ID，从而查看 Flink 运行状态，如图 2-12 所示。

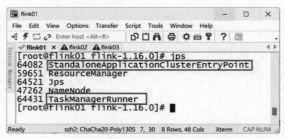

图 2-12　查看 Flink 运行状态（2）

在图 2-12 中，虚拟机 Flink01 的 JVM 中运行着 StandaloneApplicationClusterEntrypoint 和 TaskManagerRunner 进程，说明 Flink 启动成功，此时 Flink 运行着 Flink 提供的案例程序 TopSpeedWindowing.jar。

如果想要停止作业的执行，那么可以在虚拟机 Flink01 的/export/servers/fully/flink-1.16.0 目录分别执行"bin/standalone-job.sh stop"和"bin/taskmanager.sh stop"命令即可。

【提示】　Application 模式主要用于向 Flink On YARN 模式部署的 Flink 提交作业，向 Standalone 模式部署的 Flink 提交作业的操作不常用，读者只需要了解即可。

2. 使用 Application 模式向 Flink On YARN 模式部署的 Flink 提交作业

使用 Application 模式向 Flink On YARN 模式部署的 Flink 提交作业时，需要通过 Flink 提供的 flink 命令实现，因此关于这部分的内容会在 2.8 节进行详细讲解。

📖 **多学一招：Per-Job 模式**

除了使用 Session 和 Application 模式启动 Flink 之外，Flink 还支持使用 Per-Job 模式启动 Flink，该模式与 Application 模式启动 Flink 的方式相似，不过仅支持向 Flink On YARN 模式部署的 Flink 提交作业以启动 Flink，相较于 Application 模式来说，其在资源分配方面的灵活性较差。从 Flink 1.15.0 开始，Per-Job 模式被标记为 deprecated(已弃用)，因此本书不再针对 Per-Job 模式进行讲解，感兴趣的读者可以自行查阅相关资料。

2.8　flink 命令

flink 命令用于管理 Flink 作业。通过 flink 命令，用户可以轻松地将作业提交到 Flink 运行，监控作业的运行状态，以及对作业进行各种操作，如取消、停止等。本节针对 flink 命令的使用进行讲解。

2.8.1　flink 命令的使用

使用 flink 命令对作业进行操作时，只需要在 Flink 安装目录执行"bin/flink"即可。关于 flink 命令的语法格式如下。

```
flink <ACTION> [OPTIONS] [ARGUMENTS]
```

上述语法格式中，ACTION 用于指定操作作业的行为，如提交作业、停止作业等。OPTIONS 为可选，用于根据实际需求指定行为对应的选项，如指定作业的并行度。ARGUMENTS 为可选，用于指定选项对应的参数。

接下来对 flink 命令的常用行为进行介绍，具体如表 2-4 所示。

表 2-4　flink 命令的常用行为

行　　为	说　　明
run	用于向 Session 模式启动的 Flink 提交作业
run-application	用于使用 Application 模式向 Flink On YARN 模式部署的 Flink 提交作业
info	获取作业的执行计划
list	查看 Flink 中的作业
stop	停止正在运行的作业，并为其设置保存点(Savepoint)
cancel	取消正在运行的作业
savepoint	为正在运行的作业设置保存点，或者通过保存点恢复作业的执行

在表 2-4 中，保存点是 Flink 的一种分布式快照技术，它可以帮助我们在作业发生故障时实现作业的精确恢复，关于保存点的相关概念会在第 6 章进行详细讲解。

2.8.2　提交作业

通过 2.8.1 节的学习可以了解到，flink 命令提供了两种用于提交作业的行为，它们分别是 run 和 run-application，下面分别介绍这两种行为的使用方式。

1. run

在 flink 命令中使用行为 run 提交作业的语法格式如下。

```
bin/flink run [OPTIONS] <jar-file> [arguments]
```

上述语法格式中,OPTIONS 为可选,用于指定行为 run 的选项。jar-file 用于指定 Flink 程序的路径。arguments 为可选,用于指定作业的参数,这里的参数是指作业在运行时需要传递的参数,该参数与 Flink 程序实现时要求传递的参数有关。

行为 run 提供了多个选项,以便更好地控制作业的执行。下面对行为 run 的常用选项进行介绍,具体如表 2-5 所示。

表 2-5 行为 run 的常用选项

选 项	语 法 格 式	说 明
-c 或者 --class	-c <classname> 或者 --class <classname>	用于指定程序入口类,其中 classname 用于指定入口类,默认将程序中包含 main() 方法的类作为入口类
-p 或者 --parallelism	-p <parallelism> 或者 --parallelism <parallelism>	用于指定作业的并行度,其中 parallelism 用于指定并行度,默认以配置文件 flink-conf.yaml 指定的并行度为准
-s 或者 --fromSavepoint	-s <savepointPath> 或者 --fromSavepoint <savepointPath>	用于通过保存点恢复作业的执行,其中 savepointPath 用于指定保存点所在路径
-d 或者 --detached	-d 或者 --detached	用于以分离模式提交作业,在分离模式下,作业提交后将会在后台运行,而不会占用当前操作窗口
-D	-D <property=value>	用于根据配置文件 flink-conf.yaml 中的参数配置作业,其中 property 用于指定参数;value 用于指定参数值
-t 或者 --target	-t <arg> 或者 --target <arg>	用于将作业提交到不同模式部署的 Flink,该选项的参数值包括 local、remote 和 yarn-session,其中 local 和 remote 都是用于为 Standalone 模式部署的 Flink 提交作业;yarn-session 用于为 Flink On YARN 模式部署的 Flink 提交作业
-m 或者 --jobmanager	-m <arg> 或者 --jobmanager <arg>	用于指定 JobManager 的地址,表示将作业提交到指定的 Flink 运行,其中 arg 用于指定 JobManager 的地址,其格式为"主机名:端口号"
-Dyarn.application.id	-Dyarn.application.id=<id>	用于向 YARN 中启动的指定 Flink 提交作业,其中 id 用于指定应用程序的 ID,该应用程序运行着 Flink

在表 2-5 中，选项-t 的参数值 local 和 remote 的区别在于，local 表示将作业提交到当前集群环境中运行的 Flink，remote 表示将作业远程提交到其他集群环境运行的 Flink，此时需要配合选项-m 一同使用。

需要注意的是，当集群环境配置了 Hadoop 系统环境变量时，如果希望向 Standalone 模式部署的 Flink 提交作业，那么必须指定选项-t 的参数值为 local 或 remote，否则会向 YARN 提交作业。如果集群环境没有配置 Hadoop 的系统环境变量，那么当没有指定选项-t 时，默认会向当前集群环境中运行的 Flink 提交作业。

接下来演示如何使用 flink 命令的行为 run，分别向 Standalone 模式和 Flink On YARN 模式部署的 Flink 提交作业，具体内容如下。

1）向 Standalone 模式部署的 Flink 提交作业

以 Standalone 模式下，基于完全分布式部署的 Flink 为例，将 Flink 提供的案例程序 TopSpeedWindowing.jar 提交到 Flink 运行，具体操作步骤如下。

（1）启动 Flink。确保其他模式部署的 Flink 处于未启动的状态下，通过 Session 模式启动 Standalone 模式下，基于完全分布式部署的 Flink。在虚拟机 Flink01 的 /export/servers/fully/flink-1.16.0 目录执行如下命令。

```
$ bin/start-cluster.sh
```

（2）提交作业。将 Flink 提供的案例程序 TopSpeedWindowing.jar 提交到 Flink 运行，在虚拟机 Flink01 的 /export/servers/fully/flink-1.16.0 目录执行如下命令。

```
$ bin/flink run -t local examples/streaming/TopSpeedWindowing.jar
```

上述命令执行完成后，案例程序 TopSpeedWindowing.jar 便会在当前操作窗口运行，并输出运行结果，如图 2-13 所示。

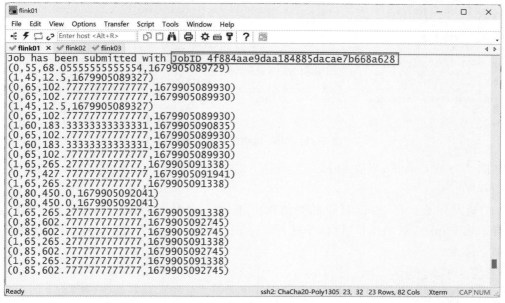

图 2-13　提交作业（1）

从图 2-13 可以看出，当作业提交成功之后，在当前操作窗口会显示作业的 ID(JobID)，以便用户后续根据该 ID 对指定作业进行操作。

需要说明的是，执行上述提交作业的命令时，并没有指定选项-d，使作业以分离模式运行，因此只需要在当前操作窗口执行组合键 Ctrl＋C 便可取消作业的执行。如果指定作业以分离模式运行，那么便需要通过 flink 命令的行为 stop 或 clean 来停止或取消作业的执行，关于这部分内容会在后续进行讲解。

2）向 Flink On YARN 模式部署的 Flink 提交作业

将 Flink 提供的案例程序 TopSpeedWindowing.jar 提交到 Flink On YARN 模式部署的 Flink 运行，具体操作步骤如下。

（1）启动 Hadoop。在虚拟机 Flink01 分别执行"start-dfs.sh"和"start-yarn.sh"命令启动 Hadoop。这里为了避免资源占用，建议暂时关闭其他模式部署的 Flink。

（2）启动 Flink。通过 Session 模式启动 Flink On YARN 模式部署的 Flink。在虚拟机 Flink01 的/export/servers/yarn/flink-1.16.0 目录执行如下命令。

```
$ bin/yarn-session.sh -nm submit_job
```

上述命令执行完成的效果如图 2-14 所示。

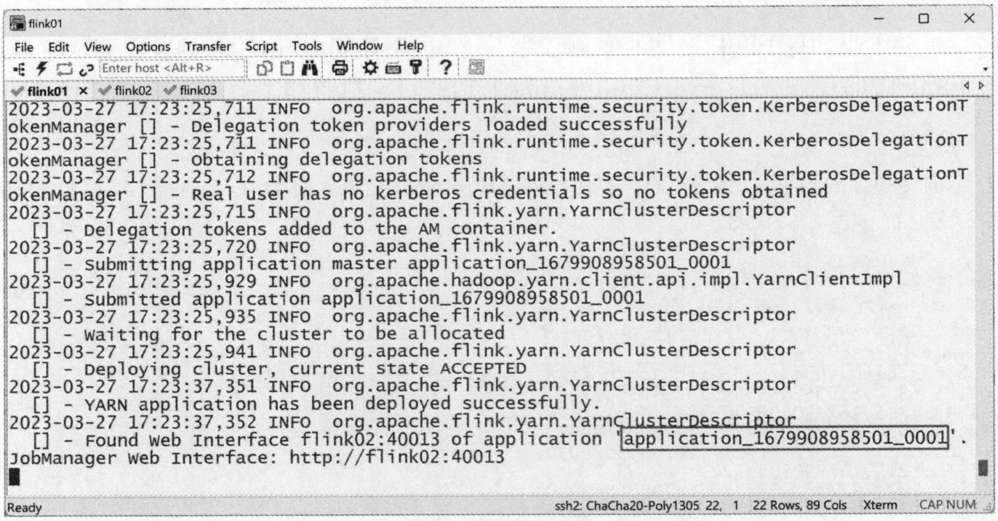

图 2-14　Flink 启动完成的效果（3）

从图 2-14 可以看出，当前 Flink 运行在 YARN 中 ID 为 application_1679908958501_0001 的应用程序。

（3）提交作业。将 Flink 提供的案例程序 TopSpeedWindowing.jar 提交到 Flink 运行。打开虚拟机 Flink01 新的操作窗口，并进入/export/servers/yarn/flink-1.16.0 目录，在该目录执行如下命令。

```
$ bin/flink run -t yarn-session \
-Dyarn.application.id=application_1679908958501_0001 \
examples/streaming/TopSpeedWindowing.jar
```

需要注意的是，读者在执行上述命令时，应用程序 ID 需要根据实际情况进行修改。上述命令执行完成的效果如图 2-15 所示。

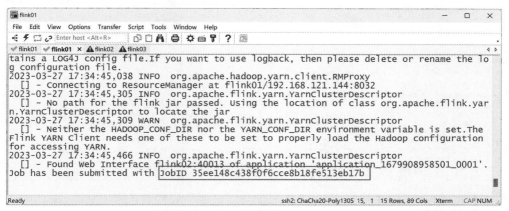

图 2-15　提交作业（2）

从图 2-15 可以看出，当作业提交成功之后，在当前操作窗口会显示作业的 ID(JobID)，以便用户后续根据该 ID 对指定作业进行操作。

【注意】　虽然在执行提交作业的命令时未指定选项-d,但是在当前窗口使用组合键 Ctrl＋C 无法取消作业执行，这只会释放当前操作窗口的占用，实际上作业仍将在 YARN 的 Flink 中运行。若要停止或取消作业运行，则可以通过 flink 命令的行为或者 Flink Web UI 进行操作，关于这部分内容会在后续进行讲解，由于本例仅用于测试，读者可以参照 2.7.1 节将"使用 Session 模式启动 Flink On YARN 模式部署的 Flink"进行关闭操作即取消作业的执行。

2. run-application

在 flink 命令中使用行为 run-application 提交作业的语法格式如下。

```
bin/flink run-application [OPTIONS] <jar-file> [arguments]
```

上述语法格式中，OPTIONS 为可选，用于指定行为 run-application 的选项。jar-file 用于指定 Flink 程序的路径。arguments 为可选，用于指定作业的参数，这里的参数是指作业在运行时需要传递的参数，该参数与 Flink 程序实现时要求传递的参数有关。

行为 run-application 的主要选项包括-D 和-t,这两个选项的语法格式和含义与行为 run 的选项-D 和-t 相同，因此这里不再赘述。不同的是，在行为 run-application 中，选项-t 包含的参数值为 yarn-application 和 kubernetes-application,其中 yarn-application 用于向 Flink On YARN 模式部署的 Flink 提交作业的同时启动 Flink。kubernetes-application 与资源管理器 Kubernetes 有关，本书不做讲解。

需要注意的是，向 Application 模式启动的 Flink 提交作业时，必须指定选项-t,否则会向 Standalone 模式部署的 Flink 提交作业。

接下来演示如何使用 flink 命令的行为 run-application,将 Flink 提供的案例程序 TopSpeedWindowing.jar 提交到 Flink On YARN 模式部署的 Flink 运行，并且启动 Flink。确保 Hadoop 集群处于启动的状态下，在虚拟机 Flink01 的/export/servers/yarn/flink-1.16.0 目录执行如下命令。

```
$ bin/flink run-application -t yarn-application \
examples/streaming/TopSpeedWindowing.jar
```

上述命令执行完成的效果如图 2-16 所示。

图 2-16　提交作业（3）

从图 2-16 可以看出，当作业提交完成后，并不会占用当前操作窗口。此时会在 YARN 中启动 Flink，该 Flink 运行在 ID 为 application_1679908958501_0002 的应用程序，并且 Flink Web UI 的地址为 http://flink02:39947。

【注意】　若要停止或取消作业运行，则可以通过 flink 命令的行为或者 Flink Web UI 进行操作，当然也可以直接停止 YARN 中应用程序的执行。

2.8.3　查看作业

flink 命令提供了两种查看作业的行为，它们分别是 info 和 list，下面分别介绍这两种行为的使用方式。

1. info

行为 info 用于在无须实际运行作业的情况下，获取作业的执行计划，这对于实际运行作业之前了解作业的结构和行为非常重要。在 flink 命令中使用行为 info 的语法格式如下。

```
bin/flink info [OPTIONS] <jar-file> [arguments]
```

上述语法格式中，OPTIONS 为可选，用于指定行为 info 的选项，其常用的选项为-p，用于指定作业的并行度，该选项的语法格式与行为 run 的选项-p 相同，因此这里不再赘述。jar-file 用于指定 Flink 程序的路径。arguments 为可选，用于指定作业的参数，这里的参数是指作业在运行时需要传递的参数，该参数与 Flink 程序实现时要求传递的参数有关。

接下来演示如何使用 flink 命令的行为 info，获取 Flink 提供的案例程序 TopSpeedWindowing.jar 的执行计划，在虚拟机 Flink01 的 /export/servers/yarn/flink-1.16.0 目录执行如下命令。

```
$ bin/flink info examples/streaming/TopSpeedWindowing.jar
```

上述命令执行完成的效果如图 2-17 所示。

图 2-17　执行计划

在图 2-17 中，Flink 将作业的执行计划以 JSON 格式输出，从当前输出的执行计划可以看到作业的结构如下。

（1）id 为 1 的节点（nodes）为数据源（Data Source），其并行度（parallelism）为 1，该数据源从内存读取数据（in-memory-source）。

（2）id 为 2 的节点为算子（Operator），其并行度为 1，该算子从 id 为 1 的节点接收数据，并且为数据添加时间戳（Timestamps）和水位线（Watermarks）。

（3）id 为 4 的节点为算子，其并行度为 1，该算子从 id 为 2 的节点接收数据，并且使用全局窗口（GlobalWindows）对数据进行窗口操作，在窗口中应用了触发器（DeltaTrigger）、时间驱逐器（TimeEvictor）、聚合函数（ComparableAggregator）和窗口函数（PassThroughWindowFunction）。

（4）id 为 5 的节点为接收器，其并行度为 1，该接收器从 id 为 4 的节点接收数据，并且将数据输出到控制台（Print to Std. Out）。

上述解读执行计划的内容中，涉及水位线、算子、窗口等相关观念，会在后续的内容进行详细讲解，读者在这里仅需要了解如何获取作业的执行计划，并且通过执行计划看懂作业的结构即可。

【注意】　Flink 优化器会根据算子的特性、数据特征和资源限制等因素，对节点进行优化和重组，以提高执行效率和性能。因此，有时候在执行计划中的节点的 id 可能不是连续的。

2. list

行为 list 可以查看 Flink 中正在运行的作业、计划执行的作业和已完成的作业，不过默认情况下，行为 list 仅可以查看正在运行的作业和计划执行的作业。在 flink 命令中使用行为 list 的语法格式如下。

```
bin/flink list [OPTIONS]
```

上述语法格式中，OPTIONS 为可选，用于指定行为 list 的选项。行为 list 提供了多个选项，用于查看不同状态的作业，具体如表 2-6 所示。

表 2-6　行为 list 的选项

选　　项	语 法 格 式	说　　明
-a 或者 --all	-a 或者 --all	用于查看 Flink 中正在运行的作业、计划执行的作业和已完成的作业
-r 或者 --running	-r 或者 --running	用于查看 Flink 中正在运行的作业
-s 或者 --scheduled	-s 或者 --scheduled	用于查看 Flink 中计划执行的作业
-yid 或者 --yarnapplicationId	-yid <arg> 或者 --yarnapplicationId <arg>	用于查看 YARN 中指定 Flink 的作业，其中 arg 用于指定应用程序的 ID，该应用程序运行着 Flink

在表 2-6 中，计划执行的作业是那些已提交但尚未运行的作业，通常是因为集群资源不足或正在等待其他作业完成。

需要注意的是，行为 list 可以查看当前集群环境中运行的 Flink 作业。如果集群环境配置了 Hadoop 的系统环境变量，那么即使启动的是 Standalone 模式部署的 Flink，也会显示 Flink On YARN 模式部署 Flink 的作业。除此之外，如果要查看 Standalone 模式下，基于伪分布式或者完全分布式部署 Flink 的作业,还需要将配置文件 flink-conf.yaml 中参数 rest.address 的参数值修改为 JobManager 所在虚拟机的主机名。

接下来演示如何使用 flink 命令的行为 list,查看不同模式部署 Flink 的作业,具体内容如下。

1)查看 Standalone 模式部署 Flink 的作业

以 Standalone 模式下,基于完全分布式部署的 Flink 为例,演示查看 Flink 的作业,具体操作步骤如下。

(1)修改系统环境变量。由于 2.6 节通过 Flink On YARN 模式部署 Flink 时,配置了 Hadoop 系统环境变量,所以在查看 Standalone 模式部署 Flink 的作业之前,需要注释系统环境变量文件 profile 中添加的 Hadoop 系统环境变量,虚拟机 Flink01 中系统环境变量文件 profile 修改完成的效果如图 2-18 所示。

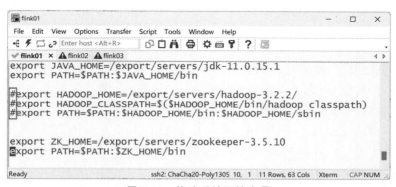

图 2-18　修改系统环境变量

在图 2-18 中,通过添加 # 来注释系统环境变量文件 profile 添加的 Hadoop 系统环境变量。

(2)分发系统环境变量文件。为了便捷地在虚拟机 Flink02 和 Flink03 修改系统环境变量,这里通过 scp 命令将虚拟机 Flink01 的系统环境变量文件 profile 分发至虚拟机 Flink02 和 Flink03 的/etc 目录,在虚拟机 Flink01 执行下列命令。

```
$ scp /etc/profile flink02:/etc
$ scp /etc/profile flink03:/etc
```

上述命令执行完成后,分别在虚拟机 Flink01、Flink02 和 Flink03 执行"source /etc/profile"命令初始化系统环境变量。

【注意】　如果初始化系统环境变量之后,在虚拟机执行 hdfs 命令仍然可以显示 hdfs shell 的相关信息,那么读者还需要断开 SecureCRT 的操作窗口并重新连接。

(3)启动 Flink。在虚拟机 Flink01 的/export/servers/fully/flink-1.16.0 目录执行"bin/start-cluster.sh"命令,使用 Session 模式启动 Flink。

(4)提交作业。将 Flink 提供的案例程序 WordCount.jar 和 TopSpeedWindowing.jar 提交到 Flink,在虚拟机 Flink01 的/export/servers/fully/flink-1.16.0 目录执行下列命令。

```
$ bin/flink run -d examples/streaming/WordCount.jar
$ bin/flink run -d examples/streaming/TopSpeedWindowing.jar
```

（5）查看作业。查看 Flink 中正在运行的作业、计划执行的作业和已完成的作业,在虚拟机 Flink01 的/export/servers/fully/flink-1.16.0 目录执行下列命令。

```
$ bin/flink list -a
```

上述命令执行完成的效果如图 2-19 所示。

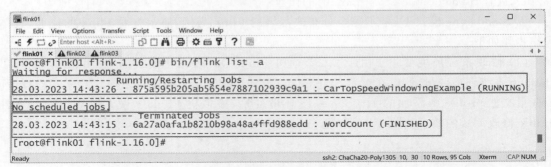

图 2-19　查看作业（1）

从图 2-19 可以看出,在 Flink 中,包含一个正在运行的作业,其 ID 为 875a595b205ab5654e7887102939c9a1,名称为 CarTopSpeedWindowingExample。在 Flink 中,包含一个运行完成的作业,其 ID 为 6a27a0afa1b8210b98a48a4ffd988edd,名称为 WordCount。在 Flink 中,不包含计划执行的作业。这里出于测试目的,可以通过关闭 Flink 来取消正在运行的作业。

2）查看 Flink On YARN 模式部署 Flink 的作业

具体操作步骤如下。

（1）修改系统环境变量。由于在查看 Standalone 模式部署 Flink 的作业时,将系统环境变量文件 profile 中添加的 Hadoop 系统环境变量进行了注释,所以需要修改系统环境变量,去除 Hadoop 系统环境变量的注释。

（2）分发系统环境变量文件。为了便捷地在虚拟机 Flink02 和 Flink03 修改系统环境变量,这里通过 scp 命令将虚拟机 Flink01 的系统环境变量文件 profile 分发至虚拟机 Flink02 和 Flink03 的/etc 目录,在虚拟机 Flink01 执行下列命令。

```
$ scp /etc/profile flink02:/etc
$ scp /etc/profile flink03:/etc
```

上述命令执行完成后,分别在虚拟机 Flink01、Flink02 和 Flink03 执行"source /etc/profile"命令初始化系统环境变量。

（3）启动 Hadoop。在虚拟机 Flink01 分别执行"start-dfs.sh"和"start-yarn.sh"命令启动 Hadoop。

（4）启动 Flink。在虚拟机 Flink01 的/export/servers/yarn/flink-1.16.0 目录执行"bin/yarn-session.sh -d"命令,使用 Session 模式启动 Flink,Flink 启动完成的效果如图 2-20 所示。

从图 2-20 可以看出,Flink 运行在 YARN 中 ID 为 application_1679987980986_0001 的应用程序,并且 Flink Web UI 的地址为 http://flink02:33039。

（5）提交作业。将 Flink 提供的案例程序 WordCount.jar 和 TopSpeedWindowing.jar 提交到 Flink,在虚拟机 Flink01 的/export/servers/yarn/flink-1.16.0 目录执行下列命令。

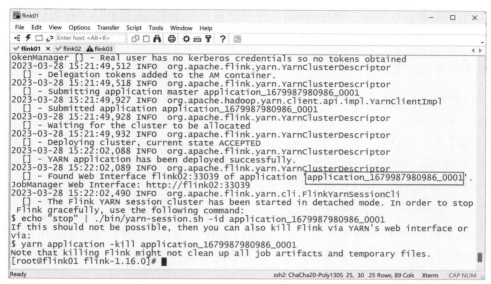

图 2-20　Flink 启动完成的效果（4）

```
$ bin/flink run -t yarn-session \
-Dyarn.application.id=application_1679987980986_0001 -d \
examples/streaming/WordCount.jar
$ bin/flink run -t yarn-session \
-Dyarn.application.id=application_1679987980986_0001 -d \
examples/streaming/TopSpeedWindowing.jar
```

需要注意的是，读者在执行上述命令时，应用程序 ID 需要根据实际情况进行修改。

（6）查看作业。查看 Flink 中正在运行的作业、计划执行的作业和已完成的作业，在虚拟机 Flink01 的/export/servers/yarn/flink-1.16.0 目录执行下列命令。

```
$ bin/flink list -yid application_1679987980986_0001 -a
```

需要注意的是，读者在执行上述命令时，应用程序 ID 需要根据实际情况进行修改。上述命令执行完成的效果如图 2-21 所示。

图 2-21　查看作业（2）

从图 2-21 可以看出，在 Flink 中，包含一个正在运行的作业，其 ID 为 805319cdb8d801254 b9f86ede7162187，名称为 CarTopSpeedWindowingExample。在 Flink 中，包含一个运行完成的作业，其 ID 为 ab8fe225c0959d81227c0f216c28592f，名称为 WordCount。在 Flink 中，不包

含计划执行的作业。这里出于测试目的,同样可以通过关闭 Flink 来取消正在运行的作业。

【注意】 当 Flink 或者 YARN 重新启动后,之前提交的作业便无法查看。

2.8.4　停止和取消作业

flink 命令分别提供了行为 stop 和 cancel 来停止或取消正在运行的作业,下面分别介绍这两种行为的使用方式。

1. stop

行为 stop 可以在停止作业的同时为作业生成保存点,便于后续通过保存点来恢复作业的运行。在 flink 命令中使用行为 info 的语法格式如下。

```
bin/flink stop [OPTIONS] <Job ID>
```

上述语法格式中,OPTIONS 为可选,用于指定行为 stop 的选项。Job ID 用于指定作业的 ID。行为 stop 提供了多个选项,用于停止不同模式部署 Flink 中运行的作业,其常用的选项如表 2-7 所示。

表 2-7　行为 stop 常用的选项

选　　项	语　法　格　式	说　　明
-p 或者 --savepointPath	-p <savepointPath> 或者 --savepointPath <savepointPath>	用于指定保存点的存放目录,可以是 HDFS 或者本地文件系统的目录,如果是本地文件系统,那么参数 savepointPath 应该为类似于"/savepoints"的本地目录。如果是 HDFS,那么参数 savepointPath 应该为类似于"hdfs:///savepoint"的 HDFS 目录
-yid 或者 --yarnapplicationId	-yid <arg> 或者 --yarnapplicationId <arg>	用于停止 YARN 中指定 Flink 运行的作业,其中 arg 用于指定应用程序的 ID,该应用程序运行着 Flink

在表 2-7 中所指的本地文件系统,实际上并不是执行 flink 命令停止作业时所在的文件系统,而是与 JobManager 所运行的虚拟机有关,不过通常情况下,建议读者通过 HDFS 的目录来存放保存点,以提高保存点的可靠性。

需要说明的是,如果在停止作业时未指定-p 选项,则保存点的存放目录将由配置文件 flink-conf.yaml 中的参数 state.savepoints.dir 决定。但是,默认情况下,Flink 并没有为参数 state.savepoints.dir 指定一个默认值,因此需要在配置文件 flink-conf.yaml 中指定参数 state.savepoints.dir 的参数值。

根据保存点存放位置的不同,指定参数 state.savepoints.dir 的参数值也有所不同。如果将保存点存放在本地文件系统中,则参数值应该为类似于"/path/to/savepoints"的本地目录。如果将保存点存放在 HDFS 中,则参数值应该为类似于"hdfs:// host:port/path/to/savepoints"的 HDFS 目录,其中 host 是 NameNode 所在虚拟机的主机名,port 是 NameNode 的端口号,/path/to/savepoints 是指定的目录。

接下来,以 Flink On YARN 模式部署的 Flink 为例,演示如何停止正在运行的作业,具体操作步骤如下。

1）启动 Flink

确保 Hadoop 处于启动的状态下，在虚拟机 Flink01 的/export/servers/yarn/flink-1.16.0 目录执行"bin/yarn-session.sh -d"命令，使用 Session 模式启动 Flink，Flink 启动完成的效果如图 2-22 所示。

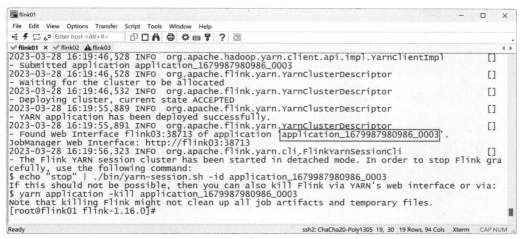

图 2-22　Flink 启动完成的效果（5）

从图 2-22 可以看出，Flink 运行在 YARN 中 ID 为 application_1679987980986_0003 的应用程序，并且 Flink Web UI 的地址为 http://flink03:38713。

2）提交作业

将 Flink 提供的案例程序 TopSpeedWindowing.jar 提交到 Flink，在虚拟机 Flink01 的/export/servers/yarn/flink-1.16.0 目录执行下列命令。

```
$ bin/flink run -t yarn-session \
-Dyarn.application.id=application_1679987980986_0003 -d \
examples/streaming/TopSpeedWindowing.jar
```

需要注意的是，读者在执行上述命令时，应用程序 ID 需要根据实际情况进行修改。上述命令执行完成的效果如图 2-23 所示。

从图 2-23 可以看出，作业的 ID 为 36f69c9a899949309d7df1ea95b57825。

3）停止作业

停止 ID 为 36f69c9a899949309d7df1ea95b57825 的作业，并指定保存点存放在 HDFS 的/savepoint 目录，在虚拟机 Flink01 的/export/servers/yarn/flink-1.16.0 目录执行下列命令。

```
$ bin/flink stop 36f69c9a899949309d7df1ea95b57825 -p hdfs:///savepoint
```

上述命令执行完成的效果如图 2-24 所示。

从图 2-24 可以看出，作业的保存点存放在当前集群环境中 HDFS 的/savepoint 目录，其名称为 savepoint-36f69c-436e9515cb73。

【注意】　行为 stop 默认会停止当前集群环境中 Flink 正在运行的作业，如果当前集群环境中配置了 Hadoop 的系统环境变量，那么即使当前集群环境中启动的是 Standalone 模式部署的 Flink，那么也会停止 Flink On YARN 模式部署 Flink 中正在运行的作业。

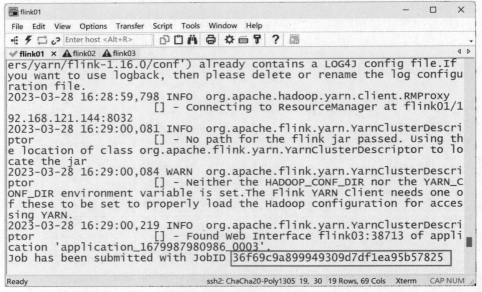

图 2-23　提交作业（3）

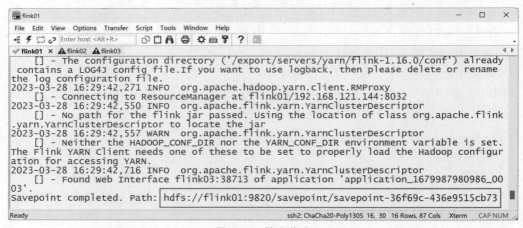

图 2-24　停止作业

2. cancel

在 flink 命令中使用行为 cancel 取消作业的语法格式如下。

```
bin/flink cancel [OPTIONS] <Job ID>
```

上述语法格式中，OPTIONS 为可选，用于指定行为 cancel 的选项，其常用的选项为-yid，其含义和语法格式与行为 stop 的选项-yid 相同，这里不再赘述。Job ID 用于指定作业的 ID。

接下来，以 Flink On YARN 模式部署的 Flink 为例，演示如何取消正在运行的作业，具体操作步骤如下。

1）启动 Flink

确保 Hadoop 处于启动的状态下，在虚拟机 Flink01 的/export/servers/yarn/flink-1.16.0 目录执行"bin/yarn-session.sh -d"命令，使用 Session 模式启动 Flink，Flink 启动完成的效果

如图 2-25 所示。

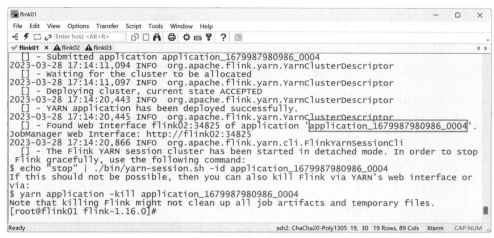

图 2-25　Flink 启动完成的效果（5）

从图 2-25 可以看出，Flink 运行在 YARN 中 ID 为 application_1679987980986_0004 的应用程序，并且 Flink Web UI 的地址为 http://flink02:34825。

2）提交作业

将 Flink 提供的案例程序 TopSpeedWindowing.jar 提交到 Flink，在虚拟机 Flink01 的/export/servers/yarn/flink-1.16.0 目录执行如下命令。

```
$ bin/flink run -t yarn-session \
-Dyarn.application.id=application_1679987980986_0004 -d \
examples/streaming/TopSpeedWindowing.jar
```

需要注意的是，读者在执行上述命令时，应用程序 ID 需要根据实际情况进行修改。上述命令执行完成的效果如图 2-26 所示。

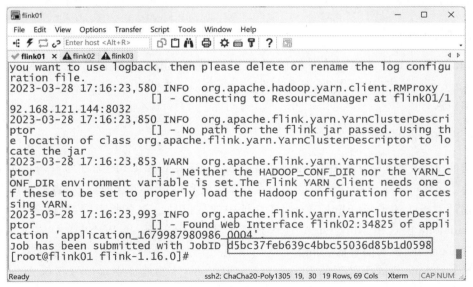

图 2-26　提交作业（4）

从图 2-26 可以看出,作业的 ID 为 d5bc37feb639c4bbc55036d85b1d0598。

3）取消作业

取消 ID 为 d5bc37feb639c4bbc55036d85b1d0598 的作业,在虚拟机 Flink01 的/export/servers/yarn/flink-1.16.0 目录执行下列命令。

```
$ bin/flink cancel d5bc37feb639c4bbc55036d85b1d0598
```

上述命令执行完成的效果如图 2-27 所示。

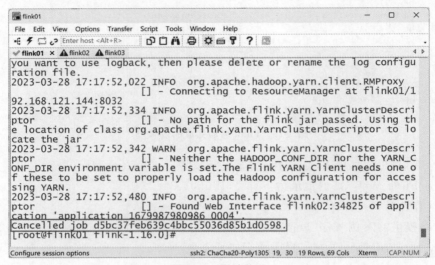

图 2-27　取消作业

从图 2-27 可以看出,ID 为 d5bc37feb639c4bbc55036d85b1d0598 的作业已经取消。

【注意】 行为 cancel 默认会取消当前集群环境中 Flink 正在运行的作业,如果当前集群环境中配置了 Hadoop 的系统环境变量,那么即使当前集群环境中启动的是 Standalone 模式部署的 Flink,也会停止 Flink On YARN 模式部署 Flink 中正在运行的作业。

2.9　Flink Web UI

Flink Web UI 是 Flink 提供的图形化用户界面,用于监控和管理 Flink,包括查看 JobManager 运行状态、提交作业、查看作业运行状态等。本节对 Flink Web UI 的访问和使用进行详细讲解。

2.9.1　Flink Web UI 的访问

要访问 Flink Web UI,只需要在浏览器中输入 Flink Web UI 的地址即可,Flink Web UI 的地址由 JobManager 所在计算机的主机名/IP 地址和端口号组合而成,两者通过“:”进行连接。根据部署模式的不同,Flink Web UI 地址中的端口号也会有所不同,下面分别介绍如何访问 Standalone 模式和 Flink On YARN 模式部署 Flink 的 Flink Web UI,具体内容如下。

1. Standalone 模式部署的 Flink

在 Standalone 模式下部署的 Flink,其 Flink Web UI 的地址中端口号默认为 8081,可以通过配置文件 flink-conf.yaml 中的参数 rest.port 进行修改。不过默认情况下,Standalone 模式部署的 Flink 不允许外部计算机访问 Flink Web UI，只能通过本地访问，可以将配置文件 flink-conf.yaml 中参数 rest.bind-address 的参数值修改为 0.0.0.0，表示允许外部计算机访问 Flink Web UI。

接下来，以 Standalone 模式下，基于完全分布式部署的 Flink 为例，演示如何访问 Flink Web UI，具体操作步骤如下。

1）修改配置文件 flink-conf.yaml

在虚拟机 Flink01 的 /export/servers/fully/flink-1.16.0/conf 目录执行 "vi flink-conf.yaml" 命令编辑配置文件 flink-conf.yaml，将参数 rest.bind-address 的参数值修改为 0.0.0.0，配置文件 flink-conf.yaml 修改完成后保存并退出即可。

2）分发配置文件 flink-conf.yaml

为了便捷地在虚拟机 Flink02 和 Flink03 修改配置文件 flink-conf.yaml，这里通过 scp 命令将虚拟机 Flink01 中 /export/servers/fully/flink-1.16.0/conf 目录下的配置文件 flink-conf.yaml 分发至虚拟机 Flink02 和 Flink03 的 /export/servers/fully/flink-1.16.0/conf 目录，在虚拟机 Flink01 的 /export/servers/fully/flink-1.16.0/conf 目录执行下列命令。

```
$ scp flink-conf.yaml flink02:$PWD
$ scp flink-conf.yaml flink03:$PWD
```

3）启动 Flink

在虚拟机 Flink01 的 /export/servers/fully/flink-1.16.0 目录执行 "bin/start-cluster.sh" 命令，使用 Session 模式启动 Flink。

4）访问 Flink Web UI

在本地计算机的浏览器中输入 "http://flink01:8081/" 访问 Flink Web UI，如图 2-28 所示。

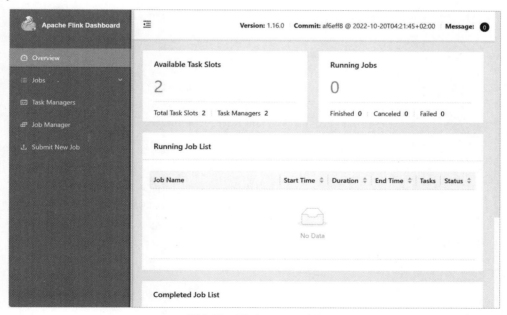

图 2-28　Flink Web UI（1）

从图 2-28 可以看出，Flink 包含两个 TaskManager 和任务槽。在 Flink Web UI 左侧的导航栏包括 5 部分，分别是 Overview、Jobs、Task Managers、Job Manager 和 Submit New Job。其中，Overview 用于查看 Flink 运行情况；Jobs 用于查看正在运行的作业以及运行完成的作业；Task Managers 用于查看 TaskManager 的运行状态；Job Manager 用于查看 JobManager 的运行状态；Submit New Job 用于提交作业。

【注意】　上述操作在访问 Flink Web UI 时，是通过虚拟机 Flink01 的主机名进行访问的，此时需要用户在本地计算机的 hosts 文件中添加虚拟机 Flink01 的主机名和 IP 地址的映射，具体内容如下。

```
192.168.121.144 flink01
```

读者也可以直接通过虚拟机 Flink01 的 IP 地址进行访问，不过使用 Flink Web UI 操作 Flink 的过程中，某些操作可能会重定向至主机名，因此，建议读者在 hosts 文件中添加映射。除此之外，由于 TaskManager 运行在虚拟机 Flink02 和 Flink03，并且 Flink On YARN 模式部署的 Flink 会将 JobManager 动态分配到虚拟机 Flink02 或 Flink03 运行，所以建议读者同时将虚拟机 Flink02 和 Flink03 的主机名和 IP 地址的映射添加到 hosts 文件中。

2. Flink On YARN 模式部署的 Flink

在 Flink On YARN 模式下部署的 Flink，其 Flink Web UI 地址中 JobManager 所运行计算机的主机名/IP 地址，以及端口号都是动态分配的，因此可以通过 Flink 启动完成后返回的信息来确认 Flink Web UI 的地址。

接下来演示如何访问 Flink On YARN 模式下部署 Flink 的 Flink Web UI，具体操作步骤如下。

1）启动 Flink

在虚拟机 Flink01 的 /export/servers/yarn/flink-1.16.0 目录执行"bin/yarn-session.sh -d"命令，使用 Session 模式启动 Flink，Flink 启动完成的效果如图 2-29 所示。

图 2-29　Flink 启动完成的效果（6）

从图 2-29 可以看出，Flink Web UI 的地址为 http://flink02:43167。

2）访问 Flink Web UI

在本地计算机的浏览器中输入"http://flink02:43167"访问 Flink Web UI,如图 2-30
所示。

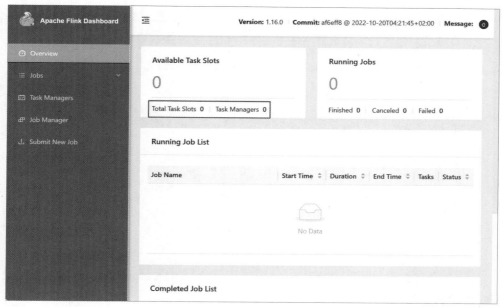

图 2-30　Flink Web UI(2)

从图 2-30 可以看出,使用 Session 模式启动 Flink On YARN 模式部署的 Flink 时,默认
不存在 TaskManager 和任务槽,这是因为 Flink 的资源是通过 YARN 动态分配的,因此只有
向 Flink 提交任务时,才会为 Flink 分配 TaskManager 和任务槽来执行作业。

2.9.2　使用 Flink Web UI 操作作业

使用 Flink Web UI 可以提交、查看和取消作业。下面以 Flink On YARN 模式部署的
Flink 为例,讲解如何使用 Flink Web UI 来操作作业,具体内容如下。

1. 提交作业

通过 Flink Web UI 可以将 Flink 程序以作业的形式提交到 Flink 运行,这里以 Flink 提
供的案例程序 TopSpeedWindowing.jar 为例演示如何提交作业,具体操作步骤如下。

(1) 在虚拟机 Flink01 的/export/servers/yarn/flink-1.16.0/examples/streaming 目录执
行"sz TopSpeedWindowing.jar"命令,将案例程序 TopSpeedWindowing.jar 下载到本地计算
机,读者可以在 SecureCRT 依次选择 Options→Session options...命令,并且在弹出的窗口选
择"X/Y/Zmodem"选项进行查看,如图 2-31 所示。

从图 2-31 可以看出,案例程序 TopSpeedWindowing.jar 默认下载到本地计算机的 D:\
Users\Downloads 目录。

(2) 访问 Flink Web UI 并选择左侧导航栏的 Submit New Job 选项,进入 Uploaded Jars
界面,如图 2-32 所示。

(3) 在图 2-32 中,单击＋Add New 按钮弹出"打开"窗口,在该窗口找到并双击下载的案

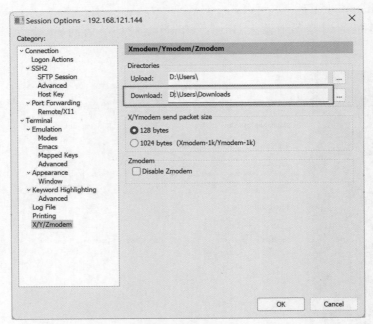

图 2-31   查看下载位置

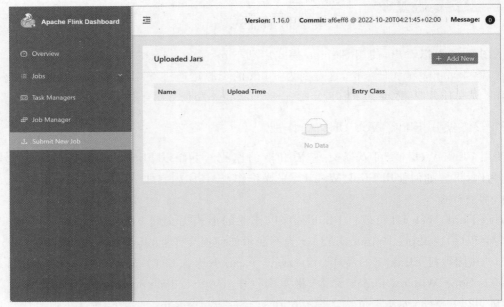

图 2-32   Uploaded Jars 界面(1)

例程序 TopSpeedWindowing.jar,此时在图 2-32 所示界面会显示添加的 Flink 程序,如图 2-33 所示。

在图 2-33 中,可以通过单击 Flink 程序对应的 Delete 按钮来删除该 Flink 程序。

(4)在图 2-33 中单击名称(Name)为 TopSpeedWindowing.jar 的 Flink 程序,对其进行配置,如图 2-34 所示。

图 2-33　Uploaded Jars 界面（2）

图 2-34　Uploaded Jars 界面（3）

在图 2-34 中,①标注的位置用于修改 Flink 程序的入口类,Flink 程序默认的入口类为 main()方法所在的类,通常无须修改。②标注的位置用于指定 Flink 程序的参数。③标注的位置用于指定作业的并行度。④标注的位置用于指定保存点的目录,用于根据保存点恢复指定作业的执行。Submit 按钮用于将 Flink 程序以作业的形式提交到 Flink 执行。读者可以根据实际需求在①～④标注的位置进行修改。

（5）在图 2-34 中单击 Submit 按钮,将名称（Name）为 TopSpeedWindowing.jar 的 Flink 程序以作业的形式提交到 Flink 执行。

2．查看作业

通过 Flink Web UI 可以查看 Flink 正在运行的作业,以及运行完成的作业。接下来演示如何查看作业,具体操作步骤如下。

（1）访问 Flink Web UI 并选择左侧导航栏的 Jobs 选项,此时会展开该选项的内容,如图 2-35 所示。

在图 2-35 中,Running Jobs 选项用于查看正在运行的作业,Completed Jobs 选项用于查看已经运行完成的作业。

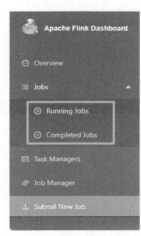

图 2-35　展开 Jobs 选项

（2）在图 2-35 中选择 Running Jobs 选项查看正在运行的作业，如图 2-36 所示。

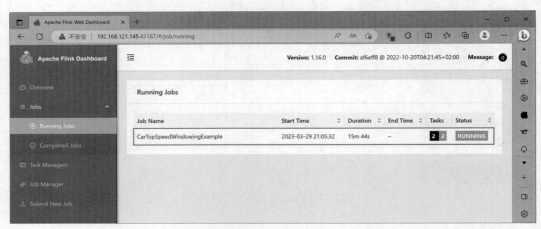

图 2-36　查看正在运行的作业

从图 2-36 可以看出，Flink 运行着一个名称（Job Name）为 CarTopSpeedWindowingExample 的作业，该作业运行的起始时间为 2023-03-29 21:05:32，运行时长（Duration）为 15min44s，作业包含两个 Task，作业的状态（Status）为 RUNNING 表示正在运行。

3. 取消作业

通过 Flink Web UI 可以取消 Flink 正在运行的作业。接下来演示如何取消作业，具体操作步骤如下。

（1）访问 Flink Web UI 查看正在运行的作业，单击要取消的作业查看该作业的详细信息。例如，在图 2-36 中单击名称为 CarTopSpeedWindowingExample 的作业，如图 2-37 所示。

图 2-37　查看作业的详细信息

在图 2-37 中显示了当前作业的详细信息，此时存在 Cancel Job 按钮用于取消当前作业。

（2）在图 2-37 中，单击 Cancel Job 按钮来取消名称为 CarTopSpeedWindowingExample 的作业，此时会弹出一个提示框提示用户是否确认取消作业，在确认无误的情况下，可以单击提示框中的 Yes 按钮来取消作业，如图 2-38 所示。

在图 2-38 中，单击 Yes 按钮之后便会取消作业的运行，此时可以在已经运行完成的作业中查看该作业的信息，读者可以自行操作。

图 2-38　提示框

2.10　本章小结

本章主要讲解了 Flink 的部署与应用,使读者从实际使用的角度对 Flink 有一个更加深入的认识。首先,介绍了基础环境搭建,包括创建虚拟机、安装 Linux 操作系统、克隆虚拟机、配置虚拟机和安装 JDK。其次,介绍了 Flink 部署模式以及使用不同模式部署 Flink,包括 Standalone 模式之伪分布式、Standalone 模式之完全分布式、Flink On YARN 模式等。再次,介绍了使用不同模式启动 Flink,包括 Session 模式和 Application 模式。最后,介绍了使用 flink 命令和 Flink Web UI 操作作业,包括提交作业、查看作业和取消作业等。通过本章的学习,读者可以掌握 Flink 的部署和应用,为读者奠定了 Flink 运维工作的基础。

2.11　课后习题

一、填空题

1. Flink 支持的部署模式包括＿＿＿＿＿＿模式和 Standalone 模式。

2. 在 Standalone 模式下,使用单台计算机部署的 Flink 是＿＿＿＿＿。

3. 在 Standalone 模式下,Flink Web UI 默认的端口号是＿＿＿＿＿。

4. ＿＿＿＿＿为远程登录会话提供安全性的协议。

5. VMware Workstation 提供了两种类型的克隆方式,分别是＿＿＿＿＿和链接克隆。

二、判断题

1. 更新虚拟机网卡的命令是 nmclic up ens33。　　　　　　　　　　　　　（　　）

2. 使用 Session 模式启动 Flink On YARN 模式部署的 Flink 默认没有 TaskManager。

　　　　　　　　　　　　　　　　　　　　　　　　　　　　　（　　）

3. 通过完整克隆方式创建的新虚拟机不和原始虚拟机共享任何资源。　　（　　）

4. 虚拟机在克隆操作执行前需要关闭。　　　　　　　　　　　　　　　（　　）

5. NameNode 用于存储真实数据文件。　　　　　　　　　　　　　　　（　　）

三、选择题

1. 下列选项中,属于 YARN 进程的是(　　　　)。

　A. ResourceManager　　　　　　　　B. DataNode

　C. NameNode　　　　　　　　　　　 D. Secondary NameNode

2. 下列选项中,属于 Flink 资源管理器的是(　　　　)。(多选)

　A. YARN　　　　　B. Kubernetes　　　　C. ZooKeeper　　　　D. MapReduce

3. 下列选项中,用于指定 Flink 作业并行度的参数是(　　　　)。

　A. parallelism.default　　　　　　　B. parallelism.num

    C. parallelisms   D. parallelism.nums

4. 下列选项中,用于查看 Hadoop 版本信息的命令是(   )。

    A. hadoop -version   B. hadoop -v

    C. hadoop version   D. hadoop v

5. 下列配置文件中,用于指定 HDFS 通信地址的是(   )。

    A. hadoop-env.sh   B. core-site.xml

    C. hdfs-site.xml   D. httpfs-site.xml

四、简答题

1. 简述 YARN 体系结构中 ResourceManager 和 NodeManager 的作用。

2. 简述 Session 模式和 Application 模式启动 Flink 的区别。

第 3 章

DataStream API

学习目标

- 熟悉 DataStream 程序开发流程,能够说出开发 DataStream 程序的 5 个步骤。
- 了解 DataStream 的数据类型,能够说出 DataStream 程序常用的数据类型。
- 熟悉执行环境,能够在 DataStream 程序中创建和配置执行环境。
- 掌握数据输入,能够灵活运用 DataStream API 提供的数据源算子读取数据。
- 掌握数据转换,能够灵活运用 DataStream API 提供的转换算子对 DataStream 对象进行转换。
- 掌握数据输出,能够灵活运用 DataStream API 提供的接收器算子输出 DataStream 对象的数据。
- 掌握应用案例——词频统计,能够独立实现词频统计的 DataStream 程序。

Flink 作为一种实时计算的流处理框架,它提供了 DataStream API 支持原生流处理,通过 DataStream API 可以让开发者灵活且高效地编写 Flink 程序。不过 DataStream API 在设计之初,仅用于实现处理无界流的 Flink 程序,即流处理程序。随着 Flink 逐渐向批流一体靠拢,DataStream API 同时兼顾了实现处理有界流的 Flink 程序,即批处理程序。本章针对 DataStream API 实现 Flink 程序的相关知识进行讲解。

3.1 DataStream 程序的开发流程

DataStream API 允许在 Flink 中实现流处理程序,这些程序称为 DataStream 程序。DataStream 程序遵循 Flink 程序结构,包括 Source、Transformation 和 Sink 三部分,这三部分共同构成了程序的执行逻辑。然而,仅凭执行逻辑还不足以让 DataStream 程序正常运行。需要在程序中创建执行环境(Execution Environment)并添加执行器(Execute)来触发程序执行。

DataStream 程序开发流程的详细介绍如下。

1. 创建执行环境

实现 DataStream 程序的第一步是创建执行环境。执行环境类似于程序的说明书,它告知 Flink 如何解析和执行 DataStream 程序。

2. 读取数据源

在创建执行环境之后,需要通过读取数据源获取数据。数据输入来源通常称为数据源。

3. 定义数据转换

在从数据源获取数据之后,根据实际业务逻辑对读取的数据定义各种转换操作。数据转换是流处理过程中的重要环节,通过对读取的数据进行转换操作,可以对数据进行清洗、加工、重组等处理,以适应实际的业务需求。

4. 输出计算结果

数据经过转换后的最终结果将被写入外部存储,以便为外部应用提供支持。

5. 添加执行器

DataStream 程序开发的最后一步是添加执行器,执行器负责实际触发读取数据源、数据转换和输出计算结果的操作。默认情况下,这些操作仅在作业中定义并添加到数据流图中,并不会实际执行。

在 DataStream 程序中添加执行器的过程相对简单,下面通过示例进行简要说明。在 DataStream 程序中,执行器的添加通过调用执行环境的 execute()方法来实现,同时可以向这个方法传递一个参数以指定作业的名称,其示例代码如下。

```
executionEnvironment.execute("itcast");
```

上述示例代码中,executionEnvironment 为 DataStream 程序的执行环境,itcast 为指定的作业名称。需要注意的是,尽管在大多数情况下,DataStream 程序按照上述 5 个步骤进行开发,但在某些特殊场景中,可以跳过定义数据转换这一步。例如,在调试 DataStream 程序中读取数据源的操作时,可以不定义数据转换,而是直接输出读取到的数据。

3.2   DataStream 的数据类型

DataStream 是 Flink 中用于表示数据集合的类,它是一种抽象的数据结构,实现的 DataStream 程序其实就是基于这个类的处理,通过在类中使用泛型来描述数据集合中每个元素的数据类型。

DataStream 支持多种数据类型,可以方便地处理不同结构的数据,其中常用的数据类型包括基本数据类型、元组(Tuple)类型和 POJO 类型,具体介绍如下。

1. 基本数据类型

DataStream 支持 Java 和 Scala 的基本数据类型,如整数、浮点数、字符串等。例如,定义 DataStream 的数据类型为字符串的示例代码如下。

```
DataStream<String> stringStream = env.fromElements("A", "B", "C", "D");
```

上述示例代码中,env 为 DataStream 程序的执行环境,fromElements()方法为 DataStream API 提供的预定义数据源算子。

2. 元组类型

Flink 中的元组(Tuple)是一种特殊的数据类型,用于封装不同类型的元素。Flink 支持的元组类型有 Tuple1 到 Tuple25,分别表示包含 1 ~ 25 个元素的元组。例如,定义 DataStream 的数据类型为元组的示例代码如下。

```
DataStream<Tuple2<String, Integer>> tupleStream =
env.fromElements(Tuple2.of("A", 1), Tuple2.of("B", 2));
```

上述示例代码中,元组的类型为 Tuple2,表示元组具有两个元素,其中第一个元素的数据类型为 String(字符串),第二个元素的数据类型为 Integer(整数)。

3. POJO 类型

POJO(Plain Old Java Object)是一个符合特定条件的 Java 类,它用于表示具有多个属性的数据结构。在定义数据类型为 POJO 的 DataStream 时,需要注意以下几点。

(1) POJO 必须是公共的。

(2) POJO 具有公共的无参构造方法。

(3) POJO 的属性可以是私有的,也可以是公共的。如果属性是私有的,那么必须具有 getter()和 setter()方法。

例如,定义 DataStream 的数据类型为 POJO 的示例代码如下。

```
1  public class Person {
2      private String name;
3      private int age;
4      public Person() {
5      }
6      public Person(String name, int age) {
7          this.name = name;
8          this.age = age;
9      }
10     public int getAge() {
11         return age;
12     }
13     public void setAge(int age) {
14         this.age = age;
15     }
16     public String getName() {
17         return name;
18     }
19     public void setName(String name) {
20         this.name = name;
21     }
22 }
23 DataStream<Person> personStream =
24 env.fromElements(new Person("Alice", 30), new Person("Bob", 25));
```

上述示例代码中,Person 为定义的 POJO,它具有两个属性 name 和 age,其中属性 name 的数据类型为 String,属性 age 的数据类型为 int。

3.3 执行环境

执行环境在 DataStream 程序中扮演着至关重要的角色,它负责任务调度、资源分配以及程序的执行。因此,在实现 DataStream 程序时,首先需要创建一个合适的执行环境,并且基于执行环境配置 DataStream 程序。同样,在工作和学习中,我们都应当考虑到个体的实际情况,寻找最适合个体的方法和策略,而非盲目跟随或者一刀切。

DataStream API 提供了一个 StreamExecutionEnvironment 类用于创建和配置执行环境,具体内容如下。

1. 创建执行环境

StreamExecutionEnvironment 类提供了 3 种方法用于创建执行环境,它们分别是 createLocalEnvironment()、createRemoteEnvironment()和 getExecutionEnvironment(),具

体介绍如下。

1）createLocalEnvironment()

该方法创建的执行环境为本地执行环境，它会在本地计算机创建一个本地环境来执行 DataStream 程序，通常用于在 IDE（集成开发环境）内部执行 DataStream 程序。

使用 createLocalEnvironment()方法创建执行环境的示例代码具体如下。

```
StreamExecutionEnvironment localEnvironment =
        StreamExecutionEnvironment.createLocalEnvironment();
```

2）createRemoteEnvironment()

该方法创建的执行环境为远程执行环境，它会将 DataStream 程序提交到指定的 Flink 执行，使用该方法时需要依次传入参数 host 和 port，它们分别用于指定 Flink Web UI 的 IP 和端口号。

使用 createRemoteEnvironment()方法创建执行环境的示例代码具体如下。

```
StreamExecutionEnvironment remoteEnvironment =
        StreamExecutionEnvironment.createRemoteEnvironment(
            "192.168.121.144",
            8081
        );
```

上述代码中，192.168.121.144 和 8081 分别表示 Flink Web UI 的 IP 和端口号。

3）getExecutionEnvironment()

该方法创建的执行环境基于运行 DataStream 程序的环境，如果 DataStream 程序在 IDE 运行，那么创建的执行环境为本地执行环境。如果 DataStream 程序被提交到 Flink 运行，那么创建的执行环境为远程执行环境。

使用 getExecutionEnvironment()方法创建执行环境的示例代码具体如下。

```
StreamExecutionEnvironment executionEnvironment =
        StreamExecutionEnvironment.getExecutionEnvironment();
```

需要说明的是，使用 getExecutionEnvironment()方法创建执行环境的方式较为常用，因为它能够根据 DataStream 程序的运行环境自动创建本地执行环境或远程执行环境，使用起来较为便捷，后续实现的 DataStream 程序主要使用 getExecutionEnvironment()方法创建执行环境。

2. 配置执行环境

StreamExecutionEnvironment 类提供了多个方法用于配置 DataStream 程序，这里介绍基础且常用的两个方法 setRuntimeMode()和 setParallelism()，具体内容如下。

1）setRuntimeMode()

该方法用于配置 DataStream 程序的执行模式，DataStream 程序支持两种执行模式，分别是流处理（STREAMING）和批处理（BATCH），其中流处理是 DataStream 程序默认使用的执行模式，用于实时处理无界流；批处理是专门用于处理有界流的执行模式。除此之外，DataStream 程序还支持通过自行判断选择使用的执行模式，称为自动模式，自动模式根据读取数据源的数据是否有界，自行选择 DataStream 程序使用的执行模式为流处理还是批处理。

由于 DataStream 程序默认使用的执行模式为流处理，所以这里重点介绍指定批处理或自动模式的执行模式,在 DataStream 程序中,可以调用执行环境的 setRuntimeMode()方法显式指定执行模式为批处理或自动模式,具体示例代码如下。

```
//指定执行模式为批处理
executionEnvironment.setRuntimeMode(RuntimeExecutionMode.BATCH);
//指定执行模式为自动模式
executionEnvironment.setRuntimeMode(RuntimeExecutionMode.AUTOMATIC);
```

2) setParallelism()

该方法用于配置 DataStream 程序的并行度,如指定 DataStream 程序的并行度为 3 的示例代码如下。

```
executionEnvironment.setParallelism(3);
```

需要说明的是,基于执行环境配置的并行度,其优先级要高于配置文件 flink-conf.yaml 和 flink 命令指定的并行度。除此之外,setParallelism()方法还可以为 DataStream 程序中的不同算子单独配置并行度,其优先级要高于执行环境配置的并行度。

综上所述,不同方式配置并行度的优先级从高到低依次为算子配置的并行度、执行环境配置的并行度、flink 命令配置的并行度,配置文件配置的并行度。

【注意】　算子配置的并行度会受到自身具体实现的约束,如 socketTextStream 是一个非并行的数据源算子,此时配置的并行度对该算子是无效的。

3.4　数据输入

要处理数据,就必须先获取数据。因此,在创建执行环境后,首要任务就是将数据从数据源读取到 DataStream 程序中。DataStream 程序可以从各种数据源中读取数据,并通过 DataStream API 提供的算子将其转换为 DataStream 对象,这些算子称为数据源算子(Source Operator),可以看作 StreamExecutionEnvironment 类提供的一类方法。

如果想要从文件、Socket 或集合读取数据,那么可以直接使用 DataStream API 提供的预定义数据源算子即可。如果想要从外部系统读取数据,如 Kafka、RabbitMQ 等,或者读取自定义 Source 的数据,那么可以使用 DataStream API 提供的数据源算子 addSource 来实现。本节针对 DataStream 程序的数据输入进行详细讲解。

3.4.1　从集合读取数据

DataStream API 提供了预定义数据源算子 fromCollection 和 fromElements,用于从集合读取数据,具体介绍如下。

1. fromCollection

使用预定义数据源算子 fromCollection 从集合读取数据时,需要传递一个集合类型的参数,其语法格式如下。

```
fromCollection(collection)
```

上述语法格式中,collection 用于指定集合。

2. fromElements

使用预定义数据源算子 fromElements 从集合读取数据时,可以传递任意数量的 Java 对象作为参数，Java 对象可以是集合类型、数组类型、字符串类型等，其语法格式如下。

```
fromElements(T, T, T, ...)
```

上述语法格式中，T,T,T,…表示给定的对象序列，对象序列中每个 T 表示一个 Java 对象。需要注意的是，对象序列中所有 Java 对象的类型必须相同。

接下来通过一个案例演示如何从集合读取数据。在实现本案例之前先说明相关的环境要求，本书使用 IntelliJ IDEA 作为集成开发环境，并且使用 JDK 8 构建 Java 运行环境，因此希望读者在实现 DataStream 程序之前，确保计算机中安装了 IntelliJ IDEA 和 JDK 8。为了后续知识讲解便利，这里将分步骤讲解本案例的实现过程，具体步骤如下。

1）创建 Java 项目

在 IntelliJ IDEA 中基于 Maven 创建 Java 项目，指定项目使用的 JDK 为本地安装的 JDK 8，以及指定项目名称为 Flink_Chapter03。Flink_Chapter03 项目创建完成后的效果如图 3-1 所示。

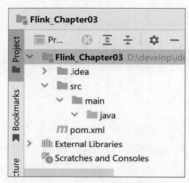

图 3-1　Flink_Chapter03 项目创建完成后的效果

2）构建项目目录结构

在 Java 项目的 java 目录中创建包 cn.datastream.demo 用于存放实现 DataStream 程序的类。

3）添加依赖

在 Java 项目的 pom.xml 文件中添加依赖，依赖添加完成的效果如文件 3-1 所示。

文件 3-1　pom.xml

```
1   <?xml version = "1.0" encoding = "UTF-8"?>
2   <project xmlns = "http://maven.apache.org/POM/4.0.0"
3           xmlns:xsi = "http://www.w3.org/2001/XMLSchema-instance"
4           xsi:schemaLocation = "http://maven.apache.org/POM/4.0.0
5   http://maven.apache.org/xsd/maven-4.0.0.xsd">
6       <modelVersion>4.0.0</modelVersion>
7       <groupId>cn.itcast</groupId>
8       <artifactId>Flink_Chapter03</artifactId>
9       <version>1.0-SNAPSHOT</version>
10      <properties>
11          <maven.compiler.source>8</maven.compiler.source>
12          <maven.compiler.target>8</maven.compiler.target>
13          <project.build.sourceEncoding>UTF-8</project.build.sourceEncoding>
14      </properties>
```

```
15 <dependencies>
16    <dependency>
17        <groupId>org.apache.flink</groupId>
18        <artifactId>flink-streaming-java</artifactId>
19        <version>1.16.0</version>
20    </dependency>
21    <dependency>
22        <groupId>org.apache.flink</groupId>
23        <artifactId>flink-clients</artifactId>
24        <version>1.16.0</version>
25    </dependency>
26 </dependencies>
27 </project>
```

在文件 3-1 中，第 15～26 行代码为添加的内容，其中第 16～20 行代码表示 DataStream API 的核心依赖；第 21～25 行代码表示 Flink 客户端依赖。

依赖添加完成后，确认添加的依赖是否存在于 Java 项目中，在 IntelliJ IDEA 主界面的右侧单击 Maven 选项卡展开 Maven 窗口，在 Maven 窗口单击 Dependencies 折叠框，如图 3-2 所示。

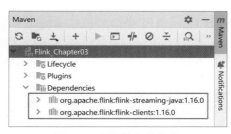

图 3-2　查看添加的依赖

从图 3-2 可以看出，依赖已经成功添加到 Java 项目中，如果这里未显示添加的依赖，则可以单击 🔄 按钮重新加载 pom.xml 文件。

4）实现 DataStream 程序

创建一个名为 ReadCollectionDemo 的 DataStream 程序，该程序能够从集合中读取数据并将其输出到控制台，具体代码如文件 3-2 所示。

文件 3-2　ReadCollectionDemo.java

```
1  public class ReadCollectionDemo {
2      public static void main(String[] args) throws Exception {
3          //创建执行环境
4          StreamExecutionEnvironment executionEnvironment =
5              StreamExecutionEnvironment.getExecutionEnvironment();
6          //指定执行模式为自动模式
7          executionEnvironment.setRuntimeMode(RuntimeExecutionMode.AUTOMATIC);
8          List<Tuple2<String,Integer>> list = new ArrayList();
9          list.add(new Tuple2<String, Integer>("user01", 23));
10         list.add(new Tuple2<String, Integer>("user02", 25));
11         list.add(new Tuple2<String, Integer>("user03", 26));
```

```
12       DataStream<Tuple2<String,Integer>> fromCollectionDataStream =
13            executionEnvironment.fromCollection(list);
14       DataStream<Tuple2<String, Integer>> fromElementsDataStream =
15            executionEnvironment.fromElements(
16            new Tuple2<String, Integer>("user04", 22),
17            new Tuple2<String, Integer>("user05", 23),
18            new Tuple2<String, Integer>("user06", 27));
19       fromCollectionDataStream.print("fromCollectionDataStream的数据");
20       fromElementsDataStream.print("fromElementsDataStream的数据");
21       executionEnvironment.execute();
22    }
23 }
```

上述代码中,第 8~11 行代码创建集合 list,并且向集合中插入 3 个元素。第 12、13 行代码使用预定义数据源算子 fromCollection 从集合 list 读取数据,并将其转换为 DataStream 对象 fromCollectionDataStream,该对象的数据类型与集合 list 中元素的数据类型一致。

第 14~18 行代码使用预定义数据源算子 fromElements 从类型为 Tuple2 的对象序列读取数据,并将其转换为 DataStream 对象 fromElementsDataStream,该对象的数据类型与对象序列中每个对象的类型一致。

第 19、20 行代码使用 DataStream API 提供的预定义输出算子 print,分别将 DataStream 对象 fromCollectionDataStream 和 fromElementsDataStream 的数据输出到控制台。

文件 3-2 的运行结果如图 3-3 所示。

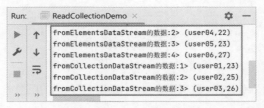

图 3-3   文件 3-2 的运行结果

从图 3-3 可以看出,fromCollectionDataStream 的数据与集合 list 的数据相同,fromElementsDataStream 的数据与对象序列的数据相同。因此说明,成功使用了预定义数据源算子 fromCollection 和 fromElements 从集合读取数据。

3.4.2   从文件读取数据

DataStream API 提供了预定义数据源算子 readTextFile,用于从指定文件系统的文件读取数据,如本地文件系统、HDFS 等,其语法格式如下。

```
readTextFile(path)
```

上述语法中,参数 path 用于指定文件的目录。

接下来通过一个案例来演示如何从文件读取数据。本案例将分别从本地文件系统的 D:\FlinkData\Flink_Chapter03 目录和 HDFS 的/FlinkData/Flink_Chapter03 目录读取文件 Person.csv 和 Person。关于这两个文件的内容如图 3-4 所示。

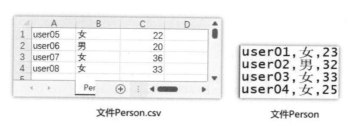

图 3-4　文件 Person.csv 和 Person 的内容

　　创建一个名为 ReadFileDemo 的 DataStream 程序，该程序能够从文件 Person.csv 和 Person 中读取数据并将其输出到控制台，具体代码如文件 3-3 所示。

文件 3-3　**ReadFileDemo.java**

```
1  public class ReadFileDemo {
2      public static void main(String[] args) throws Exception {
3          StreamExecutionEnvironment executionEnvironment =
4                  StreamExecutionEnvironment.getExecutionEnvironment();
5          executionEnvironment.setRuntimeMode(RuntimeExecutionMode.AUTOMATIC);
6          DataStream<String> HDFSFileDataStream =
7                  executionEnvironment.
8                          readTextFile("hdfs://192.168.121.144:9820/" +
9                                  "FlinkData/Flink_Chapter03/Person");
10         DataStream<String> LocalFileDataStream =
11                 executionEnvironment
12                 .readTextFile("D:\\FlinkData\\Flink_Chapter03\\Person.csv");
13         HDFSFileDataStream.print("HDFSFileDataStream 的数据");
14         LocalFileDataStream.print("LocalFileDataStream 的数据");
15         executionEnvironment.execute();
16     }
17 }
```

　　上述代码中，第 6～9 行代码使用预定义数据源算子 readTextFile 从文件 Person 读取数据，并将其转换为 DataStream 对象 HDFSFileDataStream。第 10～12 行代码使用预定义数据源算子 readTextFile 从文件 Person.csv 读取数据，并将其转换为 DataStream 对象 LocalFileDataStream。

　　由于文件 3-3 实现的 DataStream 程序从 HDFS 的文件读取数据，所以在运行文件 3-3 之前，需要在 Java 项目的依赖管理文件 pom.xml 的＜dependencies＞标签中添加 Hadoop 客户端依赖，具体内容如下。

```
1  <dependency>
2      <groupId>org.apache.hadoop</groupId>
3      <artifactId>hadoop-client</artifactId>
4      <version>3.2.2</version>
5  </dependency>
```

　　确保 Hadoop 处于启动状态，以及上述依赖成功添加到 Java 项目之后，文件 3-3 的运行结果如图 3-5 所示。

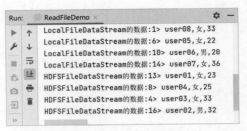

图 3-5　文件 3-3 的运行结果

从图 3-5 可以看出，HDFSFileDataStream 的数据与文件 Person 的数据相同，LocalFileDataStream 的数据与文件 Person.csv 的数据相同。因此说明，成功使用了预定义数据源算子 readTextFile 从文件读取数据。

3.4.3　从 Socket 读取数据

DataStream API 提供了预定义数据源算子 socketTextStream，用于从 Socket 读取数据，其语法格式如下。

```
socketTextStream(hostname,port)
```

上述语法格式中，参数 hostname 用于指定 Socket 的主机名或 IP 地址；port 用于指定 Socket 的端口号。

接下来通过一个案例来演示如何从 Socket 读取数据，具体操作步骤如下。

（1）本案例通过网络工具 Ncat 建立 TCP 连接，以此来演示如何从 Socket 获取数据。在虚拟机 Flink01 执行如下命令在线安装 Ncat。

```
$ yum install - y nc
```

（2）在虚拟机 Flink01 中通过 Ncat 工具建立 TCP 连接，并指定端口号为 9999，具体命令如下。

```
$ nc -lk 9999
```

上述命令执行完成后的效果如图 3-6 所示。

图 3-6　建立 TCP 连接

在图 3-6 中成功建立了 TCP 连接，并等待发送数据。

（3）创建一个名为 ReadSocketDemo 的 DataStream 程序，该程序能够读取 TCP 连接发送的数据并将其输出到控制台，具体代码如文件 3-4 所示。

文件 3-4　ReadSocketDemo.java

```
1  public class ReadSocketDemo {
2    public static void main(String[] args) throws Exception {
3      StreamExecutionEnvironment executionEnvironment =
4          StreamExecutionEnvironment.getExecutionEnvironment();
5      executionEnvironment.setRuntimeMode(RuntimeExecutionMode.AUTOMATIC);
6      DataStream<String> socketDataStream = executionEnvironment
7          .socketTextStream("192.168.121.144", 9999);
8      socketDataStream.print("socketDataStream 的数据");
9      executionEnvironment.execute();
10   }
11 }
```

第 6、7 行代码使用预定义数据源算子 socketTextStream 从虚拟机 Flink01 的 TCP 连接读取数据，并将其转换为 DataStream 对象 socketDataStream。

文件 3-4 的运行效果（1）如图 3-7 所示。

图 3-7　文件 3-4 的运行效果（1）

在图 3-7 中，当文件 3-4 运行完成后，会等待虚拟机 Flink01 的 TCP 连接发送数据。

在图 3-6 所示的界面输入"apple，banana，pear"之后按 Enter 键发送数据，此时查看图 3-7 所示界面，文件 3-4 的运行效果（2）如图 3-8 所示。

图 3-8　文件 3-4 的运行效果（2）

从图 3-8 可以看出，socketTextStream 的数据与 TCP 连接发送的数据相同。因此说明，成功使用了预定义数据源算子 socketTextStream 从 Socket 读取数据。

3.4.4　从 Kafka 读取数据

DataStream API 提供了数据源算子 addSource 用于从外部系统读取数据，其语法格式如下。

addSource(**sourcefunction**)

上述语法格式中，sourcefunction 用于指定实现连接外部系统的方式，不同外部系统的实现方式有所不同。这里以常用的外部系统 Kafka 为例进行讲解。

Kafka 是由 Apache 软件基金会开发的一个开源流处理平台，它是一种高吞吐量的分布式发布订阅消息系统。在实时流处理的应用场景中，通常将 Kafka 和 Flink 进行结合使用，其中

Kafka 负责数据的收集和传输，Flink 负责从 Kafka 读取数据进行计算。这种结合使用不同技术的思维方式提醒人们在面对复杂的问题和挑战时，需要将来自不同领域的知识、技能和资源进行有效整合，通过跨界合作和交叉思维来发掘更多可能的解决方案。这种思维方式有助于我们打破独立思考的限制，拓宽视野，发现更多创新的思路和方法。

接下来通过一个案例来演示如何从 Kafka 读取数据，具体操作步骤如下。

1. 安装 Kafka

实现本案例的首要任务便是安装 Kafka，本书使用 Kafka 的版本为 3.3.0，这里以虚拟机 Flink01 为例，演示如何安装 Kafka，具体操作步骤如下。

1）上传 Kafka 安装包

使用 rz 命令将本地计算机中准备好的 Kafka 安装包 kafka_2.12-3.3.0.tgz 上传到虚拟机的/export/software/目录。

2）安装 Kafka

使用 tar 命令将 Kafka 安装到虚拟机的/export/servers/目录，具体命令如下。

```
$ tar -zxvf /export/software/kafka_2.12-3.3.0.tgz -C /export/servers/
```

3）启动 Kafka 内置的 ZooKeeper

Kafka 的运行与 ZooKeeper 有着密不可分的关系，如 Kafka 通过 ZooKeeper 来存储元数据。在实际应用场景中，Kafka 通常基于独立部署的 ZooKeeper 来运行，不过出于便捷性考虑，本案例使用的 Kafka 是基于其内置的 ZooKeeper 来运行的。

为了避免端口号冲突，需要提前关闭第 2 章在虚拟机 Flink01 中启动的 Zookeeper 服务后，在虚拟机的/export/servers/kafka_2.12-3.3.0 目录执行如下命令启动 Kafka 内置 ZooKeeper。

```
$ bin/zookeeper-server-start.sh config/zookeeper.properties
```

上述命令通过 Kafka 提供的脚本文件 kafka-server-start.sh 启动 Kafka 内置 ZooKeeper。Kafka 内置 ZooKeeper 启动完成的效果如图 3-9 所示。

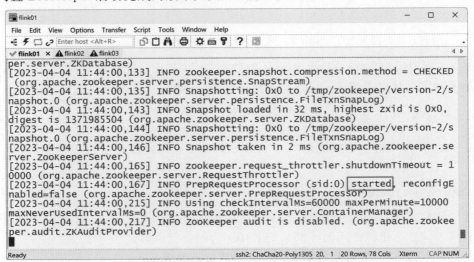

图 3-9　Kafka 内置 ZooKeeper 启动完成的效果

在图 3-9 中,若启动信息中出现 started,则证明 Kafka 内置 ZooKeeper 启动成功。需要注意的是,Kafka 内置 ZooKeeper 启动完成后,会占用当前操作窗口,用户无法在当前窗口进行其他操作。如果关闭该窗口,Kafka 内置 ZooKeeper 会停止运行。

4）启动 Kafka

启动 Kafka 的本质是在虚拟机中启动一个消息代理服务（Broker Service）,消息代理服务是 Kafka 运行的依据。在 SecureCRT 中,为虚拟机 Flink01 克隆一个新的操作窗口用于启动 Kafka。

在虚拟机的/export/servers/kafka_2.12-3.3.0 目录执行如下命令启动 Kafka。

```
$ bin/kafka-server-start.sh config/server.properties
```

上述命令通过 Kafka 提供的脚本文件 kafka-server-start.sh 启动 Kafka。Kafka 启动完成的效果如图 3-10 所示。

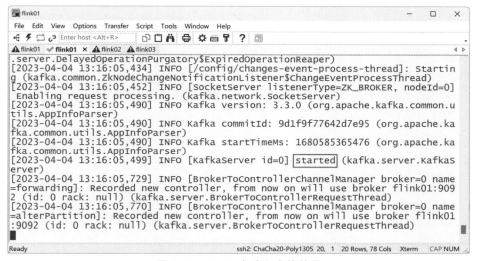

图 3-10　Kafka 启动完成的效果

在图 3-10 中,若启动信息中出现 started,则证明 Kafka 启动成功。需要注意的是,Kafka 启动完成后,会占用当前操作窗口,用户无法在当前窗口进行其他操作。如果关闭该窗口,Kafka 会停止运行。

5）测试 Kafka

测试 Kafka 的主要目的是验证 Kafka 生产者（producer）向指定主题（topic）发布的消息,是否可以被订阅该主题的 Kafka 消费者（consumer）所接收,具体实现过程如下。

（1）在 SecureCRT 中,为虚拟机 Flink01 克隆一个新的操作窗口用于创建主题。在虚拟机的/export/servers/kafka_2.12-3.3.0 目录执行如下命令创建主题。

```
$ bin/kafka-topics.sh --create --topic kafka-source-topic \
--bootstrap-server 192.168.121.144:9092
```

上述命令通过 Kafka 提供的脚本文件 kafka-topics.sh 操作主题,其中参数--create 用于创建主题;参数--topic 用于指定主题名称,这里指定的主题名称为 kafka-source-topic;参数--bootstrap-server 用于指定 Kafka 的 IP 地址和端口号,Kafka 默认的端口号是 9092。主题创建完成的效果如图 3-11 所示。

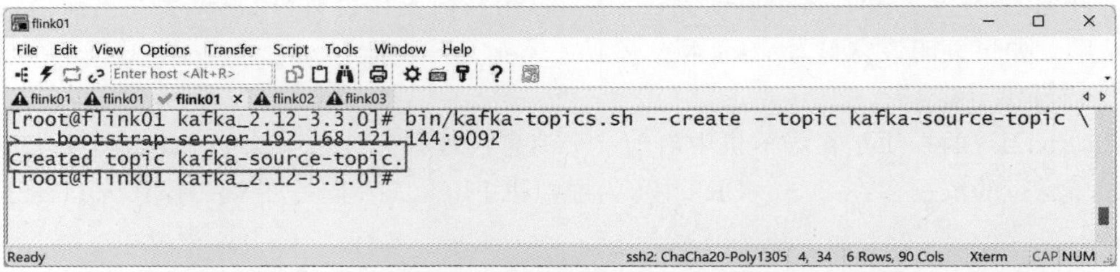

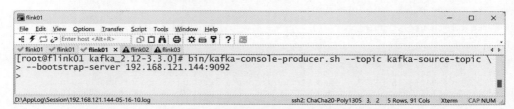

图 3-11　主题创建完成的效果

在图 3-11 中,若主题创建完成后出现"Created topic kafka-source-topic.",则证明成功在 Kafka 创建名称为 kafka-source-topic 的主题。

(2)启动 Kafka 生产者,该生产者向主题 kafka-source-topic 发布消息,在/export/ servers/kafka_2.12-3.3.0 目录执行如下命令。

```
$ bin/kafka-console-producer.sh --topic kafka-source-topic \
--bootstrap-server 192.168.121.144:9092
```

上述命令通过 Kafka 提供的脚本文件 kafka-console-producer.sh 启动 Kafka 生产者,其中参数--topic 用于指定主题名称;参数--bootstrap-server 用于指定 Kafka 的 IP 地址和端口号。Kafka 生产者启动完成的效果如图 3-12 所示。

图 3-12　Kafka 生产者启动完成的效果

在图 3-12 中,当 Kafka 生产者启动完成后,便可以在">"位置输入要发布到主题 kafka-source-topic 的消息。

(3)在 SecureCRT 中,为虚拟机 Flink01 克隆一个新的操作窗口来启动 Kafka 消费者,该消费者通过订阅主题 kafka-source-topic 接收 Kafka 生产者发布的消息。

在虚拟机的/export/servers/kafka_2.12-3.3.0 目录执行如下命令启动 Kafka 消费者。

```
$ bin/kafka-console-consumer.sh --topic kafka-source-topic \
--from-beginning --bootstrap-server 192.168.121.144:9092
```

上述命令通过 Kafka 提供的脚本文件 kafka-console-consumer.sh 启动 Kafka 消费者,其中参数--topic 用于指定主题名称;参数--bootstrap-server 用于指定 Kafka 的 IP 地址和端口号。参数--from-beginning 表示 Kafka 消费者从主题的第一条消息开始消费。Kafka 消费者启动完成的效果如图 3-13 所示。

在图 3-13 中,当 Kafka 消费者启动完成后,会等待 Kafka 生产者向主题 kafka-source-topic 发布消息。

(4)在 Kafka 生产者输入"This is my first event"之后按 Enter 键发布消息,此时,查看

图 3-13　Kafka 消费者启动完成的效果

Kafka 消费者是否可以接收消息，如图 3-14 所示。

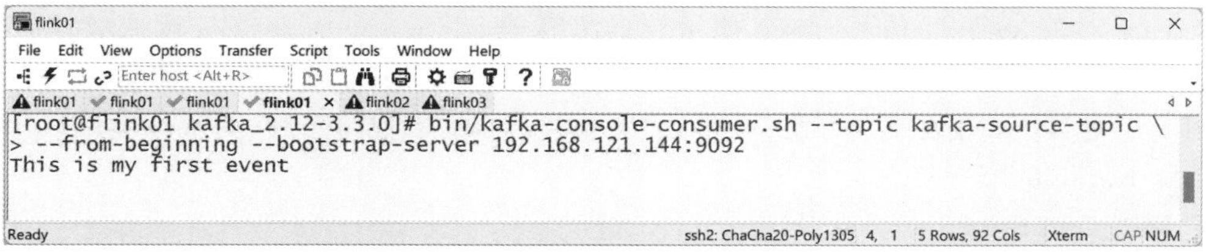

图 3-14　发布消息

从图 3-14 可以看出，Kafka 消费者可以成功接收到 Kafka 生产者向主题 kafka-source-topic 发布的消息 This is my first event，因此说明成功安装 Kafka。

需要说明的是，若想要关闭 Kafka 生产者或消费者，则可以通过组合键 Ctrl＋C 实现。

2．添加依赖

Flink 提供了与 Kafka 建立连接的连接器，但是需要通过添加依赖才能使用。在 Java 项目的依赖管理文件 pom.xml 的＜dependencies＞标签中添加以下内容，即添加与 Kafka 建立连接的连接器依赖。

```
1  <dependency>
2      <groupId>org.apache.flink</groupId>
3      <artifactId>flink-connector-kafka</artifactId>
4      <version>1.16.0</version>
5  </dependency>
```

3．实现 DataStream 程序

创建一个名为 ReadKafkaDemo 的 DataStream 程序，该程序能够从 Kafka 读取数据并将其输出到控制台，具体代码如文件 3-5 所示。

文件 3-5　ReadKafkaDemo.java

```
1   public class ReadKafkaDemo {
2     public static void main(String[] args) throws Exception {
3        StreamExecutionEnvironment executionEnvironment =
4              StreamExecutionEnvironment.getExecutionEnvironment();
5        executionEnvironment.setRuntimeMode(RuntimeExecutionMode.AUTOMATIC);
6        Properties properties = new Properties();
7        properties.setProperty("bootstrap.servers","192.168.121.144:9092");
8        properties.setProperty("group.id","kafkasource");
9        DataStream<String> kafkaDataStream =
10             executionEnvironment.addSource(
11                   new FlinkKafkaConsumer<>("kafka-source-topic",
```

```
12                              new SimpleStringSchema(),
13                              properties));
14          kafkaDataStream.print("kafkaDataStream 的数据");
15          executionEnvironment.execute();
16      }
17 }
```

上述代码中，第 6～8 行代码用于指定 Kafka 的配置信息，其中第 7 行代码用于指定 Kafka 的 IP 地址和端口号；第 8 行代码用于指定 Kafka 消费者的 GroupId。

第 9～13 行代码使用数据源算子 addSource 从 Kafka 读取数据，并将其转换为 DataStream 对象 kafkaDataStream。使用数据源算子 addSource 从 Kafka 读取数据时，需要在数据源算子 addSource 中实例化 FlinkKafkaConsumer 类的同时传递三个参数，其中第一个参数用于指定 Kafka 主题名称；第二个参数负责将接收的消息反序列化为字符串；第三个参数用于指定 Kafka 的配置信息。

4. 测试 DataStream 程序

为了避免在运行文件 3-5 时，DataStream 程序将 IP 地址重定向至主机名，导致无法连接到 Kafka，可以在本地计算机的 hosts 文件中添加虚拟机 Flink01 的主机名和 IP 地址的映射。

在虚拟机 Flink01 分别启动 Kafka 内置 ZooKeeper、Kafka 和 Kafka 生产者，其中 Kafka 生产者指定的主题名称需要与文件 3-5 中指定的主题名称一致。

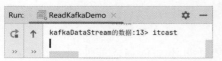

图 3-15   此时查看文件 3-5 的运行结果

运行文件 3-5，在 Kafka 生产者发布一条消息 itcast，此时查看文件 3-5 的运行结果，如图 3-15 所示。

从图 3-15 可以看出，kafkaDataStream 的数据与 Kafka 生产者发布的消息一致。因此说明，成功使用了数据源算子 addSource 从 Kafka 读取数据。

3.4.5 自定义 Source

如果在实际使用过程中遇到特殊需求，如需要从外部系统读取数据源，但是 Flink 没有提供相应的连接器，或者预定义的数据源算子无法满足实际需求，那么可以自定义 Source 来解决这个问题。自定义 Source 允许根据特定需求编写自己的数据源逻辑，以满足定制化的数据读取需求。

自定义 Source 时，可以通过实现 SourceFunction 接口自定义生成数据的逻辑。SourceFunction 接口定义了两个方法，分别是 run() 和 cancel()，其中 run() 方法用于自定义生成数据的逻辑并发送生成的数据，在该方法中用户可以通过 while 循环不断地生成数据；cancel() 方法用于终止生成数据，在该方法中用户可以设置一个特殊的标记来终止数据的生成。关于自定义 Source 的程序结构如下。

```
public class MySource implements SourceFunction<dataType> {
    @Override
public void run(SourceContext<dataType> sourceContext) throws Exception{
    }
    @Override
```

```
     public void cancel() {
     }
}
```

上述程序结构中,dataType 用于指定生成数据的数据类型。

接下来通过一个案例来演示如何自定义 Source,具体代码如文件 3-6 所示。

文件 3-6　MySource.java

```
1   public class MySource implements
2           SourceFunction<Tuple2<String,Integer>> {
3       private Boolean label = true;
4       @Override
5       public void run(SourceContext<Tuple2<String,Integer>> sourceContext)
6               throws Exception {
7           Random random = new Random();
8           int count = 0;
9           String[] fruits = {"apple","banana","pear","orange","cherry","grape"};
10          while (label){
11              String fruit = fruits[random.nextInt(6)];
12              Integer buyNum = random.nextInt(100);
13              sourceContext.collect(new Tuple2<>(fruit,buyNum));
14              count++;
15              if(count == 10){
16                  cancel();
17              }
18          }
19      }
20      @Override
21      public void cancel() {
22          label = false;
23      }
24  }
```

上述代码中,第 3 行代码定义的变量 label 用于标记自定义数据源是否正在运行。第 10~18 行代码通过 while 循环来不断生成元组类型的数据,元组的第一个元素随机从数组 fruits 选取,而第二个元素为 100 以内的随机整数,并且通过 collect( )方法发送生成的每条数据。第 15~17 行代码用于判断生成数据的数量是否为 10,当生成数据的数量等于 10 时,调用 cancel( ) 方法终止生成数据。

在 DataStream 程序中,如果需要从自定义 Source 读取数据,只需要在数据源算子 addSource 中实例化自定义 Source 的类即可。下面通过一个案例来演示如何从自定义 Source 读取数据,创建一个名为 ReadMySource 的 DataStream 程序,该程序能够从自定义 Source 读取数据并将其输出到控制台,具体代码如文件 3-7 所示。

文件 3-7　ReadMySource.java

```
1   public class ReadMySource {
2       public static void main(String[] args) throws Exception {
3           StreamExecutionEnvironment executionEnvironment =
4                   StreamExecutionEnvironment.getExecutionEnvironment();
```

```
5            executionEnvironment.setRuntimeMode(RuntimeExecutionMode.AUTOMATIC);
6        DataStream<Tuple2<String, Integer>> mySourceDataStream =
7            executionEnvironment.addSource(new MySource());
8        mySourceDataStream.print("mySourceDataStream 的数据");
9        executionEnvironment.execute();
10    }
11 }
```

上述代码中，第 6、7 行代码使用数据源算子 addSource 从自定义 Source 读取数据，并将其转换为 DataStream 对象 mySourceDataStream，该对象的数据类型与自定义 Source 生成数据的数据类型一致。

文件 3-7 的运行结果如图 3-16 所示。

| Run: | ReadMySource × | ⚙ — |

```
mySourceDataStream的数据:4> (apple,75)
mySourceDataStream的数据:3> (pear,6)
mySourceDataStream的数据:5> (orange,49)
mySourceDataStream的数据:2> (orange,65)
mySourceDataStream的数据:7> (pear,84)
mySourceDataStream的数据:15> (apple,80)
mySourceDataStream的数据:1> (apple,84)
mySourceDataStream的数据:16> (orange,8)
mySourceDataStream的数据:6> (banana,29)
mySourceDataStream的数据:8> (banana,78)
```

图 3-16   文件 3-7 的运行结果

从图 3-16 可以看出，mySourceDataStream 包含 10 条数据，并且每条数据与自定义 Source 中 run() 方法指定生成数据的逻辑一致。因此说明，成功使用了数据源算子 addSource 从自定义 Source 读取数据。

3.5   数据转换

从不同的数据源读取数据之后，便可以使用 DataStream API 提供的算子对 DataStream 对象进行转换，这些算子称为转换算子（Transformation Operator）。转换算子可以将一个或多个 DataStream 对象转换为新的 DataStream 对象，这些转换算子可以实现各种数据处理逻辑，从而让用户可以灵活地操作数据。本节针对常见的转换算子进行介绍。

3.5.1   map

map 用于对 DataStream 对象的每条数据进行转换，形成新的 DataStream 对象。例如，使用 map 对 DataStream 对象进行转换，将每条数据乘以 2，其转换过程如图 3-17 所示。

图 3-17   map 转换过程

从图 3-17 可以看出，map 每转换一条数据便输出一条数据作为转换结果。有关使用 map 对 DataStream 对象进行转换的程序结构如下所示。

```
DataStream<OutputDataType> newDataStream = dataStream.map(
    new MapFunction<InputDataType, OutputDataType>() {
    @Override
    public OutputDataType map(InputDataType inputData) throws Exception {
        return resultData;
    }
});
```

上述程序结构中，OutputDataType 用于指定转换结果的数据类型；newDataStream 用于指定新生成 DataStream 对象的名称；dataStream 用于指定转换的 DataStream 对象；InputDataType 用于指定转换的 DataStream 对象的数据类型；inputData 表示转换的 DataStream 对象的每条数据；resultData 用于指定数据的转换结果。

接下来通过一个案例演示如何使用 map 对 DataStream 对象进行转换。创建一个名为 MapDemo 的 DataStream 程序，该程序将集合读取的每条数据乘以 2，具体代码如文件 3-8 所示。

文件 3-8　MapDemo.java

```
1  public class MapDemo {
2      public static void main(String[] args) throws Exception {
3          StreamExecutionEnvironment executionEnvironment =
4                  StreamExecutionEnvironment.getExecutionEnvironment();
5          executionEnvironment.setRuntimeMode(RuntimeExecutionMode.AUTOMATIC);
6          DataStream<Integer> inputDataStream =
7                  executionEnvironment.fromElements(1, 2, 3);
8          DataStream<Integer> mapDataStream =
9                  inputDataStream.map(new MapFunction<Integer, Integer>() {
10                 @Override
11                 public Integer map(Integer inputData) throws Exception {
12                     Integer resultData = inputData * 2;
13                     return resultData;
14                 }
15             });
16         mapDataStream.print("mapDataStream 的数据");
17         executionEnvironment.execute();
18     }
19 }
```

上述代码中，第 6、7 行代码使用预定义数据源算子 fromElements 从类型为 Integer 的对象序列读取数据，并将其转换为 DataStream 对象 inputDataStream，该对象的数据类型与对象序列中每个对象的类型一致。第 8～15 行代码使用 map 对 inputDataStream 进行转换，形成新的 DataStream 对象 mapDataStream。

文件 3-8 的运行结果如图 3-18 所示。

从图 3-18 可以看出，mapDataStream 的数据与 inputDataStream 中每条数据乘以 2 的结果一致。因此说

图 3-18　文件 3-8 的运行结果

明，使用 map 成功对 DataStream 对象进行转换。

3.5.2 flatMap

flatMap 用于对 DataStream 对象进行扁平化处理，将 DataStream 对象的每条数据按照特定规则拆分为多条数据，再对拆分后的每条数据进行转换，形成新的 DataStream 对象。例如，使用 flatMap 对 DataStream 对象进行转换，将每条数据通过字符","拆分成多条数据，拆分后的每条数据乘以 2，其转换过程如图 3-19 所示。

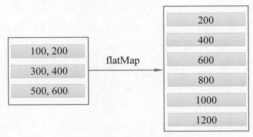

图 3-19　flatMap 转换过程

从图 3-19 可以看出，flatMap 将每条数据拆分为两条数据作为转换结果。有关使用 flatMap 对 DataStream 对象进行转换的程序结构如下所示。

```
DataStream<OutputDataType> newDataStream = dataStream.flatMap(
    new FlatMapFunction<InputDataType, OutputDataType>() {
    @Override
    public void flatMap(
            InputDataType inputData,
                Collector<OutputDataType> collector) throws Exception {
    collector.collect(resultData);
    }
});
```

上述程序结构中，OutputDataType 用于指定转换结果的数据类型；newDataStream 用于指定新生成 DataStream 对象的名称；dataStream 用于指定转换的 DataStream 对象；InputDataType 用于指定转换的 DataStream 对象的数据类型；inputData 表示转换的 DataStream 对象的每条数据；resultData 用于指定数据的转换结果；collector 用于收集输出的数据，通过调用 collector 提供的 collect()方法，可以将收集的数据输出到新生成的 DataStream 对象。

接下来通过一个案例演示如何使用 flatMap 对 DataStream 对象进行转换。创建一个名为 FlatMapDemo 的 DataStream 程序，该程序将集合读取的每条数据通过分隔符","进行拆分，拆分后的每条数据乘以 2，具体代码如文件 3-9 所示。

文件 3-9　**FlatMapDemo.java**

```
1  public class FlatMapDemo {
2      public static void main(String[] args) throws Exception {
3          StreamExecutionEnvironment executionEnvironment =
4              StreamExecutionEnvironment.getExecutionEnvironment();
```

```
5          executionEnvironment.setRuntimeMode(RuntimeExecutionMode.AUTOMATIC);
6          DataStream<String> inputDataStream =
7                  executionEnvironment.fromElements(
8                          "100,200",
9                          "300,400",
10                         "500,600");
11         DataStream<Integer> flatMapDataStream =
12           inputDataStream.flatMap(new FlatMapFunction<String, Integer>() {
13             @Override
14             public void flatMap(String inputData,
15                       Collector<Integer> collector) throws Exception {
16                 String[] datas = inputData.split(",");
17                 for(String data : datas) {
18                     Integer integerData = Integer.valueOf(data);
19                     collector.collect(integerData * 2);
20                 }
21             }
22         });
23         flatMapDataStream.print("flatMapDataStream的数据");
24         executionEnvironment.execute();
25     }
26 }
```

上述代码中,第 6～10 行代码使用预定义数据源算子 fromElements 从类型为 String 的对象序列读取数据,并将其转换为 DataStream 对象 inputDataStream。第 11～22 行代码使用 flatMap 对 inputDataStream 进行转换,形成新的 DataStream 对象 flatMapDataStream,其中第 16 行代码用于将每条数据拆分后存放到数组;第 17～20 行代码用于遍历数组获取拆分后的每条数据,并对其进行处理后输出。

文件 3-9 的运行结果如图 3-20 所示。

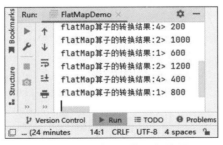

图 3-20　文件 3-9 的运行结果

从图 3-20 可以看出,flatMapDataStream 的数据与 inputDataStream 中每条数据拆分成多条数据后每条数据乘以 2 的结果一致。因此说明,使用 flatMap 成功对 DataStream 对象进行了转换。

3.5.3　filter

filter 可以根据过滤条件,过滤 DataStream 对象的每条数据,形成新的 DataStream 对象,新的 DataStream 对象中只包含符合过滤条件的数据。例如,使用 filter 对 DataStream 对象进行转换,指定过滤条件为数据大于 10,其转换过程如图 3-21 所示。

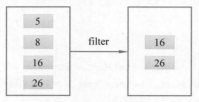

图 3-21   filter 转换过程

从图 3-21 可以看出,小于 10 的数据会被 filter 过滤掉。有关使用 filter 对 DataStream 对象进行转换的程序结构如下所示。

```
DataStream<OutputDataType> newDataStream = dataStream.filter(
    new FilterFunction<InputDataType>() {
    @Override
    public boolean filter(InputDataType inputData) throws Exception {
    return comparResult;
    }
});
```

上述程序结构中,OutputDataType 用于指定转换结果的数据类型;newDataStream 用于指定新生成 DataStream 对象的名称;dataStream 用于指定转换的 DataStream 对象;InputDataType 用于指定转换的 DataStream 对象的数据类型;inputData 表示转换的 DataStream 对象的每条数据;comparResult 表示过滤条件的结果,如果结果的值为 true,表示符合过滤条件,此时当前数据会输出到新的 DataStream 对象。如果结果的值为 false,表示不符合过滤条件,此时当前数据不会输出到新的 DataStream 对象。

接下来通过一个案例演示如何使用 filter 对 DataStream 对象进行转换。创建一个名为 FilterDemo 的 DataStream 程序,该程序将集合读取的每条数据进行过滤,指定过滤条件为数据大于 10,具体代码如文件 3-10 所示。

文件 3-10   FilterDemo.java

```
1  public class FilterDemo {
2      public static void main(String[] args) throws Exception {
3          StreamExecutionEnvironment executionEnvironment =
4                  StreamExecutionEnvironment.getExecutionEnvironment();
5      executionEnvironment.setRuntimeMode(RuntimeExecutionMode.AUTOMATIC);
6          DataStream<Integer> inputDataStream =
7                  executionEnvironment.fromElements(5, 8, 16, 26);
8          DataStream<Integer> filterDataStream =
9              inputDataStream.filter(new FilterFunction<Integer>() {
10             @Override
11             public boolean filter(Integer inputData) throws Exception {
12                 return inputData > 10;
13             }
14         });
```

```
15          filterDataStream.print("filterDataStream 的数据");
16          executionEnvironment.execute();
17     }
18 }
```

上述代码中，第 6、7 行代码使用预定义数据源算子 fromElements 从类型为 Integer 的对象序列读取数据，并将其转换为 DataStream 对象 inputDataStream。第 8～14 行代码使用 filter 对 inputDataStream 进行转换，形成新的 DataStream 对象 filterDataStream。

文件 3-10 的运行结果如图 3-22 所示。

从图 3-22 可以看出，filterDataStream 的数据为 inputDataStream 中大于 10 的数据。因此说明，使用 filter 成功对 DataStream 对象进行转换。

图 3-22　文件 3-10 的运行结果

3.5.4　keyBy

keyBy 根据指定的 Key 对 DataStream 对象中每条数据进行分区，将 Key 的 Hash 计算结果相同的数据分配到同一分区中，形成 KeyedStream 对象。KeyedStream 对象是一个特殊的 DataStream 对象，它们的区别在于，DataStream 对象的每条数据会随机分配到不同的子任务执行，而 KeyedStream 对象的每条数据会根据分区分配到相同的子任务执行，即同一分区的数据会分配到相同的子任务。需要说明的是，keyBy 通常用于对数据类型为元组或 POJO 的 DataStream 对象进行转换。

例如，使用 keyBy 对数据类型为元组的 DataStream 对象进行转换，将每条数据的第一个元素作为 Key 进行分区，其转换过程如图 3-23 所示。

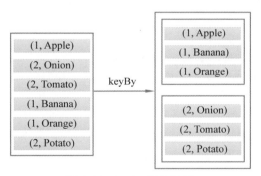

图 3-23　keyBy 转换过程

从图 3-23 可以看出，Key 为 1 和 2 的数据分别分配到不同的分区中。有关使用 keyBy 对 DataStream 对象进行转换的程序结构如下所示。

```
KeyedStream<OutputDataType,KeyDataType> newKeyedStream = dataStream.keyBy(
    new KeySelector<InputDataType,KeyDataType>() {
    @Override
    public KeyDataType getKey(InputDataType inputData) throws Exception {
    return Key;
    }
});
```

上述程序结构中,OutputDataType 用于指定转换结果的数据类型;KeyDataType 用于指定 Key 的数据类型;newKeyedStream 用于指定生成 KeyedStream 对象的名称;dataStream 用于指定转换的 DataStream 对象;InputDataType 用于指定 DataStream 对象的数据类型;inputData 表示 DataStream 对象的每条数据;Key 用于指定进行分区的 Key。

需要说明的是,keyBy 只是对数据进行分区,并不会改变数据的结构,因此 OutputDataType 和 InputDataType 指定的数据类型一致。

接下来通过一个案例演示如何使用 keyBy 对 DataStream 对象进行转换。创建一个名为 KeyByDemo 的 DataStream 程序,该程序对集合读取的每条数据进行分区,指定分区的 Key 为每条数据的第一个元素,具体代码如文件 3-11 所示。

文件 3-11   KeyByDemo.java

```
1   public class KeyByDemo {
2     public static void main(String[] args) throws Exception {
3       StreamExecutionEnvironment executionEnvironment =
4             StreamExecutionEnvironment.getExecutionEnvironment();
5       DataStream<Tuple2<Integer, String>> inputDataStream =
6             executionEnvironment.fromElements(
7             Tuple2.of(1, "Apple"),
8             Tuple2.of(2, "Onion"),
9             Tuple2.of(2, "Tomato"),
10             Tuple2.of(1, "Banana"),
11             Tuple2.of(1, "Orange"),
12             Tuple2.of(2, "Potato")
13       );
14       KeyedStream<Tuple2<Integer, String>, Integer> keyByDataStream =
15             inputDataStream.keyBy(
16                   new KeySelector<Tuple2<Integer, String>, Integer>() {
17             @Override
18       public Integer getKey(Tuple2<Integer, String> inputData)
19             throws Exception {
20                   return inputData.f0;
21             }
22       });
23       keyByDataStream.print("keyByDataStream 的数据");
24       executionEnvironment.execute();
25     }
26 }
```

上述代码中,第 5~13 行代码使用预定义数据源算子 fromElements 从类型为元组的对象序列读取数据,并将其转换为 DataStream 对象 inputDataStream。第 14~22 行代码使用 keyBy 对 inputDataStream 进行转换,形成 KeyedStream 对象 keyByDataStream,其中第 20 行代码的 inputData.f0 表示获取每条数据的第一个元素。

文件 3-11 的运行结果如图 3-24 所示。

从图 3-24 可以看出,在 keyByDataStream 的数

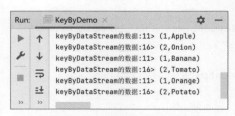

图 3-24   文件 3-11 的运行结果

据中,Key 相同的数据分配到本地计算机的同一线程处理,表示 Key 相同的数据分配到同一分区中,如 Key 为 1 的数据分配到线程序号为 11 的线程处理,Key 为 2 的数据分配到线程序号为 16 的线程处理。因此说明,使用 keyBy 成功对 DataStream 对象进行了转换。

需要说明的是,在 JDK 8 中引入了 Lambda 表达式的编程思想,它可以极大地简化 Java 开发中的代码编写,如通过 Lambda 表达式使用 keyBy 对文件 3-11 的 inputDataStream 进行转换时,可以将文件 3-11 的第 14～22 行代码简写为如下代码。

```
KeyedStream<Tuple2<Integer, String>, Integer> keyByDataStream =
    inputDataStream.keyBy(value -> value.f0);
```

上述代码中,value 表示 DataStream 对象的每条数据;value.f0 表示指定的 Key,这里指定的 Key 为 DataStream 对象每条数据的第一个元素。

【注意】　使用 keyBy 对 DataStream 对象进行转换时,Key 的数据类型不能为数组或者重写 hashCode()方法的 POJO。另外,keyBy 是根据 Key 的 Hash 计算结果进行分区的,当 Key 的值为字符串时,无法确保同一分区中数据的 Key 都相同。

📖 多学一招:其他用于分区的转换算子

在 DataStream 程序中,除了使用 keyBy 进行分区之外,DataStream API 还提供了 3 种用于分区的转换算子,它们分别是 shuffle、rescale 和 broadcast,具体介绍如下。

1. shuffle

shuffle 是随机分区,它可以将 DataStream 对象的每条数据随机分发至下游任务的子任务中,形成新的 DataStream 对象,每个子任务可以理解为一个独立的分区。这种分区方式通常用于需要随机分发数据并进行计算的场景,如随机采样、随机洗牌等。

使用 shuffle 进行分区的语法格式如下。

```
dataStream.shuffle();
```

需要说明的是,上述提到的下游任务是指,在 DataStream 程序处理数据的过程中,位于当前算子之后的任务。

2. rescale

rescale 是重平衡分区,它根据下游任务的子任务数量,将 DataStream 对象的每条数据进行重新平衡,形成新的 DataStream 对象,下游任务中每个子任务处理的数据量大致相等,即每个分区处理的数据量大致相等。这种分区方式通常用于需要平衡任务负载和提高数据并行度的场景,可以有效减少任务之间的数据倾斜。

使用 rescale 进行分区的语法格式如下。

```
dataStream.rescale();
```

3. broadcast

broadcast 是广播分区,它可以将 DataStream 对象的每条数据广播到下游的所有任务中,形成新的 DataStream 对象,所有的下游任务都会接收到相同的数据副本,可以独立地进行计算和处理。这种分区方式通常用于需要将一份数据广播到所有任务中,用于全局计算的场景。

使用 broadcast 进行分区的语法格式如下。

```
dataStream.broadcast();
```

3.5.5   reduce

reduce 用于对 KeyedStream 对象中相同 Key 的数据进行聚合运算，包括求最大值、求平均值、求和等。如果 DataStream 程序的执行模式为流处理，则 reduce 会将聚合运算的结果滚动输出到新生成的 DataStream 对象。如果 DataStream 程序的执行模式为批处理，则 reduce 会将最终的聚合运算的结果输出到新生成的 DataStream 对象。所谓滚动输出是指 reduce 每次都会将上一次聚合运算的结果输出到新生成的 DataStream 对象。

例如，在执行模式为流处理的 DataStream 程序中，首先使用 keyBy 对数据类型为元组的 DataStream 对象进行转换，将每条数据的第一个元素作为 Key 进行分区，形成 KeyedStream 对象。然后使用 reduce 对 KeyedStream 对象进行转换，根据每条数据的第三个元素对每个分区内相同 Key 的数据进行求和的聚合运算，其转换过程如图 3-25 所示。

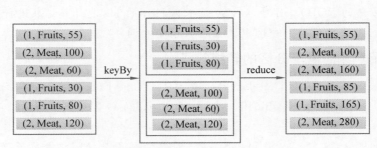

图 3-25   reduce 转换过程

从图 3-25 可以看出，首先 Key 为 1 和 2 的数据分别分配到不同的分区中，然后分别对每个分区内的数据进行聚合运算并滚动输出运算结果。有关使用 reduce 对 KeyedStream 对象进行转换的程序结构如下所示。

```
DataStream<OutputDataType> newDataStream = keyedStream.reduce(
    new ReduceFunction<InputDataType>() {
    @Override
    public OutputDataType reduce(InputDataType value1, InputDataType value2)
throws Exception {
    return ReduceLogic;
    }
});
```

上述程序结构中，OutputDataType 用于指定转换结果的数据类型；newDataStream 用于指定生成 DataStream 对象的名称；keyedStream 用于指定转换的 KeyedStream 对象；InputDataType 用于指定 KeyedStream 对象的数据类型；value1 表示上一次聚合运算的结果；value2 表示当前从 KeyedStream 对象获取的数据；ReduceLogic 表示聚合运算的结果。

需要说明的是，当同一分区的数据进行第一次聚合运算时，并不存在上一次聚合运算的结果，此时聚合运算的结果为当前从 KeyedStream 对象获取的数据。

接下来通过一个案例演示如何使用 reduce 对 KeyedStream 对象进行转换。创建一个名为 ReduceDemo 的 DataStream 程序，该程序对集合读取的每条数据进行分区，并根据每条数据的第三个元素对每个分区内相同 Key 的数据进行求和的聚合运算，具体代码如文件 3-12

所示。

文件 3-12　ReduceDemo.java

```
1  public class ReduceDemo {
2     public static void main(String[] args) throws Exception {
3        StreamExecutionEnvironment executionEnvironment =
4                StreamExecutionEnvironment.getExecutionEnvironment();
5        DataStream<Tuple3<Integer, String, Integer>> inputDataStream =
6           executionEnvironment.fromElements(
7                Tuple3.of(1, "Fruit", 55),
8                Tuple3.of(2, "Meat", 100),
9                Tuple3.of(2, "Meat", 60),
10               Tuple3.of(1, "Fruit", 30),
11               Tuple3.of(1, "Fruit", 80),
12               Tuple3.of(2, "Meat", 120)
13          );
14    KeyedStream<Tuple3<Integer, String, Integer>, Integer> keyByKeyedStream =
15                 inputDataStream.keyBy(value -> value.f0);
16       DataStream<Tuple3<Integer, String, Integer>> reduceDataStream =
17           keyByKeyedStream.reduce(
18               new ReduceFunction<Tuple3<Integer, String, Integer>>() {
19          @Override
20          public Tuple3<Integer, String, Integer> reduce(
21               Tuple3<Integer, String, Integer> value1,
22               Tuple3<Integer, String, Integer> value2
23          ) throws Exception {
24       return new Tuple3<>(value1.f0, value1.f1, value1.f2 + value2.f2);
25          }
26       });
27       reduceDataStream.print("reduceDataStream 的数据");
28       executionEnvironment.execute();
29    }
30 }
```

上述代码中,第 5～13 行代码使用预定义数据源算子 fromElements 从类型为元组的对象序列读取数据,并将其转换为 DataStream 对象 inputDataStream。第 14、15 行代码使用keyBy 对 inputDataStream 进行转换,指定 inputDataStream 中每条数据的第一个元素作为Key 进行分区,形成 KeyedStream 对象 keyByDataStream。

第 16～26 行代码使用 reduce 对 keyByDataStream 进行转换,形成 DataStream 对象reduceDataStream,其中第 24 行代码的 value1.f2 ＋ value2.f2 表示根据数据的第三个元素进行相加的聚合运算。

文件 3-12 的运行结果(1)如图 3-26 所示。

从图 3-26 可以看出,在 reduceDataStream 的数据中,Key 为 1 的分区进行了 3 次聚合运算,其运算过程如下。

(1) 从 KeyedStream 对象中获取 Key 为 1 的分区的第一条数据(1,Fruit,55)作为聚合运算的结果。

图 3-26　文件 3-12 的运行结果(1)

（2）从 KeyedStream 对象中获取 Key 为 1 的分区的第二条数据（1,Fruit,30），并将上一次聚合运算的结果（1,Fruit,55）的第三个元素 55，与当前获取数据（1,Fruit,30）的第三个元素 30 进行求和，即 85。

（3）从 KeyedStream 对象中获取 Key 为 1 的分区的第三条数据（1,Fruit,80），并将上一次聚合运算的结果（1,Fruit,85）的第三个元素 85，与当前获取数据（1,Fruit,80）的第三个元素 80 进行求和，即 165。

如果读者在执行模式为批处理的 DataStream 程序中，使用 reduce 对 KeyedStream 对象进行转换，则需要在文件 3-12 的 4、5 行代码之间添加指定 DataStream 程序的执行模式为批处理的代码，具体内容如下。

```
executionEnvironment.setRuntimeMode(RuntimeExecutionMode.BATCH);
```

上述代码添加完成后，再次运行文件 3-12，其运行结果（2）如图 3-27 所示。

图 3-27　文件 3-12 的运行结果（2）

从图 3-27 可以看出，reduceDataStream 的数据为每个分区中 Key 相同的数据的最终聚合运算结果。

📖 多学一招：聚合算子

在 DataStream 程序中除了使用 reduce 对 KeyedStream 对象进行聚合运算之外，还可以使用 DataStream API 内部封装好的聚合算子，如 sum、min、max 等。其中，sum 表示对 KeyedStream 对象中，同一分区内 Key 相同的数据进行求和的聚合运算；min 表示对 KeyedStream 对象中，同一分区内 Key 相同的数据进行求最小值的聚合运算；max 表示对 KeyedStream 对象中，同一分区内 Key 相同的数据进行求最大值的聚合运算，有关 sum、min、max 的程序结构如下。

```
DataStream<OutputDataType> newDataStream = keyByKeyedStream.sum(parameter);
DataStream<OutputDataType> newDataStream = keyByKeyedStream.min(parameter);
DataStream<OutputDataType> newDataStream = keyByKeyedStream.max(parameter);
```

上述语法格式中，parameter 表示聚合算子的参数，若 KeyedStream 对象的数据类型为元组，则指定整数作为参数，表示根据元组的某个元素进行聚合运算。需要说明的是，元组的第一个元素用 0 表示，第二个元素用 1 表示，以此类推。若 KeyedStream 对象的数据类型为 POJO，则指定字符串作为参数，表示根据 POJO 的某个属性进行聚合运算。

3.5.6　union

union 用于对多个具有相同数据类型的 DataStream 对象进行合并，形成新的 DataStream 对象。合并的过程并不会去除多个 DataStream 对象的相同数据。例如，使用 union 对两个数据类型为元组的 DataStream 对象进行转换，其转换过程如图 3-28 所示。

从图 3-28 可以看出，两个 DataStream 对象的数据合并到一个 DataStream 对象中。有关

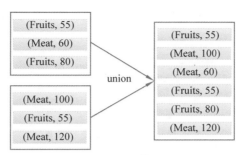

图 3-28 union 转换过程

使用 union 对 DataStream 对象进行转换的程序结构如下所示。

```
DataStream<OutputDataType> newDataStream = inputDataStream1.union(
inputDataStream2[, inputDataStream3,…])
```

上述程序结构中，OutputDataType 用于指定转换结果的数据类型；newDataStream 用于指定生成 DataStream 对象的名称；inputDataStream1、inputDataStream2 和 inputDataStream3 分别用于指定参与合并的 DataStream 对象。

接下来通过一个案例演示如何使用 union 对两个 DataStream 对象进行转换。创建一个名为 UnionDemo 的 DataStream 程序，该程序分别从两个集合读取数据，并将两个集合读取的数据进行合并，具体代码如文件 3-13 所示。

文件 3-13 UnionDemo.java

```
1  public class UnionDemo {
2      public static void main(String[] args) throws Exception {
3          StreamExecutionEnvironment executionEnvironment =
4              StreamExecutionEnvironment.getExecutionEnvironment();
5          DataStream<Tuple2<String, Integer>> inputDataStream1 =
6              executionEnvironment.fromElements(
7                  Tuple2.of("Fruits", 55),
8                  Tuple2.of("Meat", 60),
9                  Tuple2.of("Fruits", 80));
10         DataStream<Tuple2<String, Integer>> inputDataStream2 =
11             executionEnvironment.fromElements(
12                 Tuple2.of("Meat", 100),
13                 Tuple2.of("Fruits", 30),
14                 Tuple2.of("Meat", 120));
15         DataStream<Tuple2<String, Integer>> unionDataStream =
16             inputDataStream1.union(inputDataStream2);
17         unionDataStream.print("unionDataStream 的数据");
18         executionEnvironment.execute();
19     }
20 }
```

上述代码中，第 5～14 行代码分别使用预定义数据源算子 fromElements 从类型为元组的对象序列读取数据，并将其转换为 DataStream 对象 inputDataStream1 和 inputDataStream2。第 15、16 行代码使用 union 对 inputDataStream1 和 inputDataStream2 进行转换，形成 DataStream 对象 unionDataStream。

文件 3-13 的运行结果如图 3-29 所示。

图 3-29　文件 3-13 的运行结果

从图 3-29 可以看出，unionDataStream 的数据包含 inputDataStream1 和 inputDataStream2 的数据。因此说明，使用 union 成功对 DataStream 对象进行了转换。

3.6　数据输出

从数据源读取到 DataStream 程序的数据经过转换算子处理完成后，需要将处理结果进行输出，从而供开发人员查看，以及为外部应用提供支持。DataStream API 提供多种算子用于将 DataStream 程序中指定 DataStream 对象的数据输出到不同类型的设备，这些算子称为接收器算子(Sink Operator)。

如果想要将数据输出到控制台、文件或 Socket，那么可以直接使用 DataStream API 提供的预定义接收器算子即可。如果想要将数据输出到外部系统，如 Kafka、Redis 等，那么可以使用 DataStream API 提供的接收器算子 addSink 实现。本节针对 DataStream 程序的数据输出进行详细讲解。

3.6.1　输出到文件

DataStream API 提供了预定义接收器算子 writeAsText 和 writeAsCsv，这些算子可以将 DataStream 对象的数据输出到指定文件系统的文件中。然而，对于流处理模式的 DataStream 程序，这两种算子可能不适用。为此，DataStream API 提供了接收器算子 addSink，该算子能将 DataStream 对象的数据以滚动的方式持续输出到指定的文件系统的文件中，关于这 3 种算子的介绍如下。

1. writeAsText

使用预定义接收器算子 writeAsText 可以将 DataStream 对象中的每条数据作为单独的行输出到文件，其语法格式如下。

```
writeAsText(path,writeMode)
```

上述语法格式中，参数 path 用于指定数据输出的文件或目录。如果预定义接收器算子 writeAsText 的并行度为 1，那么数据会输出到指定文件中。如果预定义接收器算子 writeAsText 的并行度不为 1，那么数据会输出到指定目录的多个文件中。例如，若预定义接收器算子 writeAsText 的并行度设置为 2，数据就会被输出到指定目录的两个文件中。

参数 writeMode 为可选，用于指定写入数据的模式，其参数值包括 FileSystem.WriteMode.NO_OVERWRITE 和 FileSystem.WriteMode.OVERWRITE，其中前者为默认的参数值，表示写入数据的模式为不覆盖，此时如果指定的文件已存在或者指定目录中存在相同名称的文件，那么 DataStream 程序的运行会报错。后者表示写入数据的模式为覆盖，此时如果指定的文件或目录已存在,那么当前输出的数据将覆盖已有的文件或目录。

接下来通过一段示例代码,演示如何使用预定义接收器算子 writeAsText 将 DataStream 对象的数据输出到文件,具体代码如下。

```
1  tuple2DataStream.writeAsText(
2                "hdfs://192.168.121.144:9820" +
3                      "/FlinkData/Flink_Chapter03/Output_Person")
4        .setParallelism(1);
```

上述示例代码,通过指定预定义接收器算子 writeAsText 的并行度为 1,将 DataStream 对象 tuple2DataStream 的数据输出到 HDFS 中/FlinkData/Flink_Chapter03 目录的文件 Output_Person。

2. writeAsCsv

使用预定义接收器算子 writeAsCsv 可以将 DataStream 对象中的数据输出到文件的同时,指定 DataStream 对象中每条数据的分隔符,以及每条数据中每个元素的分隔符,这里指的元素可以理解为元组的每个元素或者 POJO 的每个属性,其语法格式如下。

```
writeAsCsv(path,writeMode, rowDelimiter, fieldDelimiter)
```

上述语法格式中,参数 path 和 writeMode 的含义与预定义接收器算子 writeAsText 的语法格式中相应参数的含义相同,这里不再赘述。同样地,如果预定义接收器算子 writeAsCsv 的并行度为 1,那么数据会输出到指定文件中。如果预定义接收器算子 writeAsCsv 的并行度不为 1,那么数据会输出到指定目录的多个文件中。例如,若预定义接收器算子 writeAsCsv 的并行度设置为 2,数据就会被输出到指定目录的两个文件中。

参数 rowDelimiter 为可选,用于指定每条数据的分隔符,该参数的默认值为\n,表示 DataStream 对象中的每条数据在写入文件时通过字符\n 进行分隔。参数 fieldDelimiter 为可选,用于指定每条数据中每个元素的分隔符,该参数的默认值为“,”,表示 DataStream 对象中的每条数据在写入文件时,每个元素通过字符“,”进行分隔。

需要注意的是,参数 rowDelimiter 和 fieldDelimiter 必须同时使用,并且在使用这两个参数时,还需要使用参数 writeMode。

接下来通过一段示例代码,演示如何使用预定义接收器算子 writeAsCsv 将 DataStream 对象的数据输出到文件,具体代码如下。

```
1  tuple2DataStream.writeAsCsv(
2        "D:\\FlinkData\\Flink_Chapter03\\Output_Person_CSV",
3        FileSystem.WriteMode.NO_OVERWRITE,
4        ":",
5        "-").setParallelism(2);
```

上述示例代码通过指定预定义接收器算子 writeAsCsv 的并行度为 2,将 DataStream 对象 tuple2DataStream 的数据输出到本地文件系统中 D:\\FlinkData\\Flink_Chapter03\\Output_Person_CSV 目录的两个文件中,并且每条数据以及每条数据中的每个元素,分别通过字符“:”和“-”进行分隔。

3. addSink

接收器算子 addSink 可以将流处理执行模式下 DataStream 对象的数据持续输出到指定

文件,其语法格式如下。

```
addSink(StreamingFileSink.forRowFormat(
    new Path(Path),
    new SimpleStringEncoder<DataType>(Encoder))
    .withRollingPolicy(
        DefaultRollingPolicy.builder()
            .withRolloverInterval(RolloverTime)
            .withInactivityInterval(InactivityTime)
            .withMaxPartSize(Size)
            .build())
    .build());
```

上述语法格式中,参数 Path 用于指定输出的目录,默认情况下,在指定目录下会根据系统时间创建一个新的目录,如 2022-10-10—17(年-月-日—时)。在新的目录下会根据 addSink 的并行度开启相应数量的文件来滚动写入数据;DataType 用于指定 DataStream 对象的数据类型;Encoder 用于指定编码,如 UTF-8。

withRolloverInterval()方法为可选,用于指定何时开启新的文件滚动写入数据。默认情况下,每 60 秒开启一个新的文件滚动写入数据。可以通过修改参数 RolloverTime 来调整默认的时间。例如,若要将时间调整为 200 秒,则可以将参数 RolloverTime 设置为 TimeUnit.SECONDS.toSeconds(200)。

withInactivityInterval()方法为可选,用于指定在没有接收到要写入数据的时间间隔后开启新的文件滚动写入数据。默认情况下,如果在 60 秒内没有接收到要写入的数据,则会开启新的文件滚动写入之前接收到的数据。可以通过修改参数 InactivityTime 来调整默认的时间间隔。例如,若要将时间间隔调整为 2 分钟,则可以将参数 InactivityTime 设置为 TimeUnit.MINUTES.toMinutes(2)。

withMaxPartSize()方法为可选,用于指定文件大小达到特定值时开启新的文件滚动写入数据。默认情况下,如果文件大小达到 128MB 时,会开启新的文件以继续滚动写入数据。可以通过修改参数 Size 来调整默认文件大小的阈值。例如,若将文件大小的阈值调整为 10MB,则可以将参数 Size 设置为 10 ×1024×1024。

withRolloverInterval()、withInactivityInterval()和 withMaxPartSize()方法都可以控制何时开启新的文件滚动写入数据。当这 3 个方法中的任何一个条件被触发时,都会开启新的文件,从而避免单个文件过大。

接下来通过一个案例演示,如何使用接收器算子 addSink 将 DataStream 对象的数据输出到文件。创建一个名为 WriteToHDFSFile 的 DataStream 程序,该程序从自定义 Source 读取数据,并将数据输出到指定文件,具体代码如文件 3-14 所示。

文件 3-14　WriteToHDFSFile.java

```
1   public class WriteToHDFSFile {
2       public static void main(String[] args) throws Exception {
3           System.setProperty("HADOOP_USER_NAME","root");
4           String path =
5           "hdfs://192.168.121.144:9820/FlinkData/Flink_Chapter03/WriteFile";
6           StreamExecutionEnvironment executionEnvironment =
```

```
7                 StreamExecutionEnvironment.getExecutionEnvironment();
8         DataStream<Tuple2<String, Integer>> fruitDataStream
9             = executionEnvironment.addSource(new MySource());
10        fruitDataStream.addSink(StreamingFileSink.forRowFormat(
11            new Path(path),
12            new SimpleStringEncoder<Tuple2<String, Integer>>("UTF-8")
13                .withRollingPolicy(DefaultRollingPolicy.builder()
14                    .withRolloverInterval(TimeUnit.SECONDS.toSeconds(200))
15                    .withInactivityInterval(TimeUnit.MINUTES.toMinutes(2))
16                    .withMaxPartSize(10 * 1024 * 1024)
17                    .build())
18                .build()).setParallelism(1);
19        executionEnvironment.execute();
20    }
21 }
```

上述代码中，第 8、9 行代码使用数据源算子 addSource 从类型为元组的自定义 Source 读取数据，并将其转换为 DataStream 对象 fruitDataStream。这里使用 3.4.5 节实现的自定义 Source。第 10～18 行代码使用接收器算子 addSink 将 fruitDataStream 的数据输出到 HDFS 的/FlinkData/Flink_Chapter03/WriteFile 目录。

为了展示接收器算子 addSink 可以持续地将 DataStream 对象的数据输出到指定文件，需要对 3.4.5 节实现的自定义 Source 进行调整，使其能够持续并缓慢地生成数据。这里对文件 3-6 中的第 14～17 行代码进行如下修改。

```
TimeUnit.SECONDS.sleep(1);
```

上述代码表示自定义 Source 每间隔 1 秒生成 1 条数据。

文件 3-14 运行一段时间后，访问 HDFS Web UI 查看/FlinkData/Flink_Chapter03/WriteFile 目录下的内容，如图 3-30 所示。

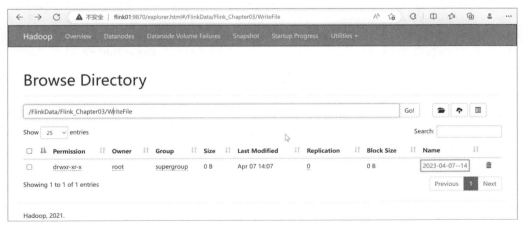

图 3-30　访问 HDFS Web UI

从图 3-30 可以看出，在/FlinkData/Flink_Chapter03/WriteFile 目录下生成了一个新的目录 2023-04-07—14，该目录中的文件存放了接收器算子 addSink 输出的数据。因此说明，使用接收器算子 addSink 成功将 DataStream 对象的数据输出到文件。

【提示】　由于接收器算子 addSink 指定的并行度为 1,所以同一时刻在/FlinkData/Flink_ Chapter03/WriteFile/2023-04-07—14 目录下,只会存在一个文件来滚动写入数据,当滚动写入数据的文件符合特定条件时才会生成新的文件来滚动写入数据。

3.6.2　输出到 Socket

DataStream API 提供了预定义接收器算子 writeToSocket,用于将 DataStream 对象的数据输出到指定 Socket,其语法格式如下。

```
writeToSocket(hostname,port,schema)
```

上述语法格式中,参数 hostname 用于指定 Socket 的主机名或 IP 地址;port 用于指定 Socket 的端口号;参数 schema 用于指定数据的序列化方式。

接下来通过一个案例来演示如何使用预定义接收器算子 writeToSocket 将 DataStream 对象的数据输出到 Socket。创建一个名为 WriteSocketDemo 的 DataStream 程序,该程序从自定义 Source 读取数据,并将数据输出到指定 Socket,具体代码如文件 3-15 所示。

文件 3-15　WriteSocketDemo.java

```java
1  public class WriteSocketDemo {
2    public static void main(String[] args) throws Exception {
3      StreamExecutionEnvironment executionEnvironment =
4          StreamExecutionEnvironment.getExecutionEnvironment();
5      DataStream<Tuple2<String, Integer>> fruitDataStream
6          = executionEnvironment.addSource(new MySource());
7      fruitDataStream.writeToSocket(
8          "192.168.121.144",
9          9999,
10          new SerializationSchema<Tuple2<String, Integer>>() {
11        @Override
12  public byte[] serialize(Tuple2<String, Integer> stringIntegerTuple2) {
13    byte[] stringBytes = (stringIntegerTuple2.f0+"-")
14              .getBytes(StandardCharsets.UTF_8);
15    byte[] integerBytes = String.valueOf(stringIntegerTuple2.f1 + "\n")
16              .getBytes(StandardCharsets.UTF_8);
17          return byteMerger(stringBytes,integerBytes);
18      }
19    });
20      executionEnvironment.execute();
21    }
22    public static byte[] byteMerger(byte[] byte1, byte[] byte2){
23      byte[] result = new byte[byte1.length+byte2.length];
24      System.arraycopy(byte1, 0, result, 0, byte1.length);
25      System.arraycopy(byte2, 0, result, byte1.length, byte2.length);
26      return result;
27    }
28  }
```

上述代码中,第 5、6 行代码使用数据源算子 addSource 从类型为元组的自定义 Source 读取数据,并将其转换为 DataStream 对象 fruitDataStream。这里使用 3.4.5 节实现的自定义

Source,该自定义 Source 在 3.6.1 节进行了修改。

第 7～19 行代码使用预定义接收器算子 writeToSocket 将 fruitDataStream 的数据输出到虚拟机 Flink01 建立的 TCP 连接,该连接的端口号为 9999。其中第 10～19 行代码用于将输出的数据序列化为字节数组,同时为了便于查看输出结果,在序列化的过程中进行格式化处理。

第 22～27 行代码定义的 byteMerger() 方法用于合并两个字节数组。

在虚拟机中执行"nc -lk 9999"命令,通过 Ncat 工具建立 TCP 连接。接着运行文件 3-15,观察虚拟机 Flink01 的操作窗口效果,如图 3-31 所示。

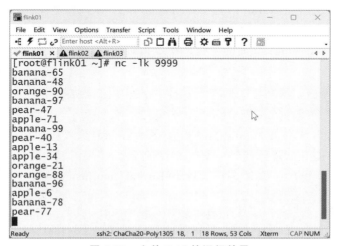

图 3-31　文件 3-15 的运行效果

从图 3-31 可以看出,虚拟机 Flink01 的操作窗口输出了自定义 Source 生成的数据。因此说明,成功使用了预定义接收器算子 writeToSocket 将 DataStream 对象的数据输出到Socket。

3.6.3　输出到 Kafka

DataStream API 提供了接收器算子 addSink 用于将 DataStream 对象的数据输出到外部系统,其中常用的外部系统之一是 Kafka。下面是将 DataStream 对象的数据输出到 Kafka 的语法格式。

```
addSink(new FlinkKafkaProducer<>(
        Topic,
        SerializationSchema,
        Properties,
        Consistency
    ));
```

上述语法格式中,参数 Topic 用于指定 Kafka 的主题,表示向 Kafka 的特定主题发布消息。参数 SerializationSchema 用于指定数据的序列化方式。参数 Properties 用于指定 Kafka 的配置信息,配置信息至少包含 Kafka 的 IP 地址和端口号。

参数 Consistency 用于指定 Kafka 的一致性语义,可选值有 FlinkKafkaProducer.Semantic.NONE、

FlinkKafkaProducer. Semantic. EXACTLY _ ONCE 和 FlinkKafkaProducer. Semantic. AT _ LEAST_ONCE,分别表示无、精确一次和至少一次。其中精确一次意味着所有数据仅被处理一次,这在实际应用中是一种较为常用的一致性语义;至少一次表示所有数据至少会被处理一次,可能出现数据重复处理的现象。

需要说明的是,使用接收器算子 addSink 将 DataStream 对象的数据输出到 Kafka 时,接收器算子 addSink 扮演着 Kafka 生产者的角色。

接下来通过一个案例,演示如何使用接收器算子 addSink 将 DataStream 对象的数据输出到 Kafka,这里使用 3.4.4 节在虚拟机 Flink01 安装的 Kafka,具体操作步骤如下。

（1）在虚拟机依次启动 Kafka 内置 ZooKeeper 和 Kafka,具体操作可参考 3.4.4 节,这里不再赘述。

（2）创建名为 kafka-sink-topic 的主题。在虚拟机的/export/servers/kafka_2.12-3.3.0 目录执行如下命令。

```
$ bin/kafka-topics.sh --create --topic kafka-sink-topic \
--bootstrap-server 192.168.121.144:9092
```

（3）创建一个名为 WriteKafkaDemo 的 DataStream 程序,该程序从自定义 Source 读取数据,并将数据输出到 Kafka,具体代码如文件 3-16 所示。

文件 3-16   WriteKafkaDemo.java

```
1   public class WriteKafkaDemo {
2       public static void main(String[] args) throws Exception {
3           StreamExecutionEnvironment executionEnvironment =
4                   StreamExecutionEnvironment.getExecutionEnvironment();
5           DataStream<Tuple2<String, Integer>> fruitDataStream =
6                   executionEnvironment.addSource(new MySource());
7           Properties properties = new Properties();
8           properties.setProperty("bootstrap.servers", "192.168.121.144:9092");
9           fruitDataStream.addSink(
10              new FlinkKafkaProducer<Tuple2<String, Integer>>(
11                  "kafka-sink-topic",
12                  new KafkaSerializationSchema<Tuple2<String, Integer>>() {
13                      @Override
14                      public ProducerRecord<byte[], byte[]> serialize(
15                          Tuple2<String, Integer> element,
16                          @Nullable Long aLong) {
17                          String topic = "kafka-sink-topic";
18                          String data = element.f0 + ","
19                              + String.valueOf(element.f1);
20                          return new ProducerRecord<>(
21                              topic,
22                              data.getBytes(StandardCharsets.UTF_8));
23                      }
24                  },
25                  properties,
26                  FlinkKafkaProducer.Semantic.EXACTLY_ONCE)
27          );
```

```
28          executionEnvironment.execute();
29      }
30 }
```

上述代码中,第5、6行代码使用数据源算子 addSource 从类型为元组的自定义 Source 读取数据,并将其转换为 DataStream 对象 fruitDataStream。这里使用 3.4.5 节实现的自定义 Source,该自定义 Source 在 3.6.1 节进行了修改。第7、8行代码用于指定 Kafka 的配置信息。第9~27行代码使用接收器算子 addSink 将 fruitDataStream 的数据发布到 Kafka 的主题 kafka-sink-topic,其中第12~24行代码用于将数据序列化为字节数组。

（4）为了验证接收器算子 addSink 算子是否将数据发布到 Kafka 的主题 kafka-sink-topic,这里创建一个 Kafka 消费者,该消费者订阅主题 kafka-sink-topic。在虚拟机的/export/servers/kafka_2.12-3.3.0 目录执行如下命令。

```
$ bin/kafka-console-consumer.sh --topic kafka-sink-topic \
--bootstrap-server 192.168.121.144:9092
```

（5）在运行文件 3-16 之前,为了避免 DataStream 程序将 IP 地址重定向至主机名,导致无法连接到虚拟机启动的 Kafka,需要在本地计算机的 hosts 文件中添加虚拟机 Flink01 的主机名和 IP 地址的映射。接着运行文件 3-16,观察虚拟机的操作窗口效果,如图 3-32 所示。

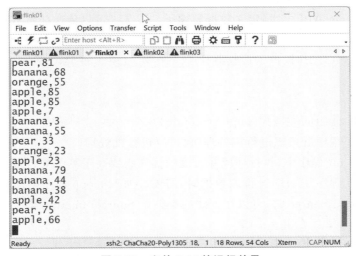

图 3-32　文件 3-16 的运行效果

从图 3-32 可以看出,虚拟机的操作窗口输出了自定义 Source 生成的数据。因此说明,成功使用了接收器算子 addSink 将 DataStream 对象的数据输出到 Kafka。

【注意】　使用接收器算子 addSink 将 DataStream 对象的数据输出到 Kafka 时,同样需要添加 Flink 与 Kafka 建立连接的连接器依赖,具体内容可参考 3.4.4 节。

3.7　应用案例——词频统计

本案例通过 DataStream 程序实现词频统计,实时统计每个单词出现的次数。读者可以扫描下方二维码查看应用案例——词频统计的详细讲解。

3.8　本章小结

　　本章主要深入探讨了如何运用 DataStream API 实现 DataStream 程序,让读者从开发者的角度全面了解 Flink。首先详细阐述了 DataStream 程序的开发流程以及 DataStream 的数据类型。接着分析了执行环境、数据输入、数据转换和数据输出的实现方法。最后通过一个实际案例将本章的知识点整合,展示了如何运用 DataStream API 进行综合开发。通过本章的学习,读者能够更好地掌握 DataStream API 的运用,从而提高在实际项目中的开发能力。

3.9　课后习题

一、填空题

1. 在 DataStream API 中,用于创建执行环境的类是_____。

2. 在 DataStream API 中,用于指定并行度的方法是_____。

3. 在 DataStream API 中,预定义数据源算子_____可以传递任意数量的 Java 对象。

4. 在 DataStream API 提供了数据源算子_____,用于从外部系统读取数据。

5. 在 DataStream API 提供了接收器算子_____,用于将 DataStream 对象的数据输出到外部系统。

二、判断题

1. 在 Flink 中,元组的类型为 Tuple1～Tuple26。　　　　　　　　　　　　　（　　）

2. DataStream 程序既可以进行流处理,也可以进行批处理。　　　　　　　　（　　）

3. 在 DataStream 程序中,执行环境并行度的优先级要高于算子并行度。　　（　　）

4. DataStream 程序从 HDFS 读取数据时,需要添加 Hadoop 客户端依赖。　　（　　）

5. 用户在自定义 Source 时,可以在创建的类继承 SourceFunction 类。　　　（　　）

三、选择题

1. 下列转换算子中,无法形成新的 DataStream 对象的是（　　）。

　　A. shuffle　　　　　　B. keyBy　　　　　　C. reduce　　　　　　D. union

2. 下列选项中,属于 DataStream API 提供用于扁平化处理的转换算子是（　　）。

　　A. flatMap　　　　　　B. map　　　　　　C. union　　　　　　D. rescale

3. 下列转换算子中,用于随机分区的是（　　）。

　　A. shuffle　　　　　　B. rescale　　　　　　C. broadcast　　　　　　D. keyBy

4. 下列选项中,关于 keyBy 的描述正确的是（　　）。

　　A. 根据 Key 的 Hash 计算结果进行分区

　　B. Key 的数据类型可以是数组

　　C. 可以确保同一分区中数据的 Key 相同

　　D. Key 的数据类型不可以是 POJO

5. 下列方法中,用于指定何时开启新的文件滚动写入数据的是(　　　)。

    A. withRolloverInterval( )

    B. withInactivityInterval( )

    C. withMaxPartSize( )

    D. withRolloverTime( )

四、简答题

1. 简述 DataStream 程序的开发流程。

2. 简述批处理和流处理的 DataStream 中使用 reduce 的区别。

第 4 章

DataSet API

学习目标

- 熟悉 DataSet 程序的开发流程，能够说出开发 DataSet 程序的 5 个步骤。
- 熟悉执行环境，能够在 DataSet 程序中创建和配置执行环境。
- 掌握数据输入，能够灵活运用 DataSet API 提供的数据源算子读取数据。
- 掌握数据转换，能够灵活运用 DataSet API 提供的转换算子对 DataSet 对象进行转换。
- 掌握数据输出，能够灵活运用 DataSet API 提供的接收器算子输出 DataSet 对象的数据。
- 掌握应用案例——统计热门品牌 Top10，能够独立实现统计热门品牌 Top10 的 DataSet 程序。

Flink 的大部分应用场景是流处理，但是它也提供了原生的 DataSet API，以支持批处理。然而，随着 Flink 的不断完善，DataStream API 和 Table API&SQL 逐渐具备了实现批处理的能力，因此 DataSet API 逐渐被淡化，并将最终被 DataStream API 和 Table API&SQL 所取代。本章重点介绍使用 DataSet API 编写 Flink 程序的相关知识。

4.1 DataSet 程序的开发流程

DataSet API 允许在 Flink 中实现批处理程序，这些程序称为 DataSet 程序。DataSet 程序同样遵循 Flink 程序结构，包括 Source、Transformation 和 Sink 三部分，这些部分共同构成了程序的执行逻辑。与此同时，还需要像 DataStream 程序一样，在程序中创建执行环境（Execution Environment）并添加执行器（Execute）来触发程序执行。

以下是 DataSet 程序开发流程的详细介绍。

1. 创建执行环境

实现 DataSet 程序的第一步是创建执行环境。执行环境类似于程序的说明书，用于告知 Flink 如何解析和执行 DataSet 程序。

2. 读取数据源

在创建执行环境之后，需要从数据源中读取数据。数据输入来源通常被称为数据源。

3. 定义数据转换

在获取数据源的数据后，根据实际业务逻辑对读取的数据定义各种转换操作。数据转换是流处理过程中的重要环节，通过对数据进行转换操作，可以进行清洗、加工、重组等处理，以满足实际的业务需求。

4. 输出计算结果

经过转换后的数据会被写入外部存储,以便为外部应用提供支持。

5. 添加执行器

DataSet 程序开发的最后一步是添加执行器,执行器负责实际触发读取数据源、数据转换和输出计算结果的操作。默认情况下,这些操作仅在作业中定义并添加到数据流图中,并不会实际执行。

添加执行器的过程相对简单,这里通过一个示例进行简要说明。在 DataSet 程序中,可以通过调用执行环境的 execute()方法来添加执行器。同时,可以向该方法传递一个参数来指定作业的名称,其示例代码如下。

```
executionEnvironment.execute("itcast");
```

上述示例代码中,executionEnvironment 表示 DataSet 程序的执行环境。itcast 为指定的作业名称。需要注意的是,虽然大多数情况下,DataSet 程序按照上述 5 个步骤进行开发,但在某些特殊场景中,可以跳过定义数据转换的步骤。例如,在调试 DataSet 程序中的读取数据源操作时,可以直接输出读取到的数据,而不进行数据转换。

【注意】　在 DataSet API 中,一些算子会隐式地触发程序的执行,因此不需要在 DataSet 程序中显式地添加执行器。例如,当使用预定义接收器算子 print 将处理结果输出到控制台时,如果没有指定接收器标识符,那么 Flink 会自动触发程序执行。

📖 **多学一招:DataSet 的数据类型**

DataSet 是 Flink 中用于表示数据集合的类,它是一种抽象的数据结构,实现的 DataSet 程序实际上是基于这个类进行处理的,通过在类中使用泛型来描述数据集合中每个元素的数据类型。

DataSet 支持多种数据类型,便于处理不同结构的数据。常用的数据类型包括 Java 和 Scala 的基本数据类型、元组(Tuple)类型和 POJO 类型。定义不同数据类型的 DataSet 与 DataStream 的实现方式相似。例如,这里定义一个元素为字符串类型的 DataSet,具体示例代码如下。

```
DataSet<String> stringDataSet =
executionEnvironment.fromElements("apple","banana","pear");
```

上述示例代码中,executionEnvironment 表示 DataSet 程序的执行环境。fromElements()方法为 DataSet API 提供的预定义数据源算子。

4.2　执行环境

执行环境在 DataSet 程序中扮演着重要的角色,负责任务调度、资源分配和程序的执行。因此,在实现 DataSet 程序时,首先需要创建一个合适的执行环境,然后在该执行环境上配置 DataSet 程序。

DataSet API 提供了一个 ExecutionEnvironment 类来创建和配置执行环境,具体内容如下。

1. 创建执行环境

ExecutionEnvironment 类提供了 4 个方法用于创建执行环境,分别是 createLocalEnvironment()、 createCollectionsEnvironment()、createRemoteEnvironment()和 getExecutionEnvironment()，具体介绍如下。

1）createLocalEnvironment()

该方法创建的执行环境为本地执行环境，它会在本地计算机创建一个本地环境来执行DataSet 程序，通常用于在 IDE（集成开发环境）内部执行 DataSet 程序。

使用 createLocalEnvironment()方法创建执行环境的示例代码具体如下。

```
LocalEnvironment localEnvironment =
            ExecutionEnvironment.createLocalEnvironment();
```

2）createCollectionsEnvironment()

该方法创建的执行环境是一种特殊的本地执行环境，它提供了低开销执行 DataSet 程序的方法，主要用于对小规模数据集进行测试和调试。

使用 createCollectionsEnvironment()方法创建执行环境的示例代码具体如下。

```
CollectionEnvironment collectionsEnvironment =
            ExecutionEnvironment.createCollectionsEnvironment();
```

3）createRemoteEnvironment()

该方法创建的执行环境为远程执行环境，它会将 DataSet 程序提交到指定的 Flink 执行，使用该方法时需要依次传入参数 host 和 port，它们分别用于指定 Flink Web UI 的 IP 地址和端口号。

使用 createRemoteEnvironment()方法创建执行环境的示例代码具体如下。

```
ExecutionEnvironment remoteEnvironment =
            ExecutionEnvironment.createRemoteEnvironment(
                "192.168.121.144",
                8081
            );
```

4）getExecutionEnvironment()

该方法创建的执行环境基于运行 DataSet 程序的环境，如果 DataSet 程序在 IDE 运行，那么创建的执行环境为本地执行环境，这里所说的本地执行环境不包括 createCollectionsEnvironment()方法创建的执行环境。如果 DataSet 程序被提交到 Flink 运行，那么创建的执行环境为远程执行环境。

使用 getExecutionEnvironment()方法创建执行环境的示例代码具体如下。

```
ExecutionEnvironment executionEnvironment =
            ExecutionEnvironment.getExecutionEnvironment();
```

一般情况下，常用 getExecutionEnvironment()方法创建执行环境，因为它能够根据DataSet 程序的运行环境自动创建本地执行环境或远程执行环境。本书后续实现的 DataSet程序主要使用 getExecutionEnvironment()方法创建执行环境。

2. 配置执行环境

ExecutionEnvironment 类提供了多种方法用于配置 DataSet 程序，这里先介绍常用且基础的方法 setParallelism()，该方法用于指定 DataSet 程序的并行度。例如，指定 DataSet 程序的并行度为 3 的示例代码如下。

```
executionEnvironment.setParallelism(3);
```

setParallelism()方法也可以为 DataSet 程序中的不同算子单独配置并行度。在 DataSet 程序中,不同方式配置并行度的优先级规则与 DataStream 程序相同。

4.3　数据输入

要处理数据,首先需要获取数据。因此,在创建执行环境后,首要任务就是将数据从数据源读取到 DataSet 程序中。DataSet 程序可以从各种数据源中读取数据,并通过 DataSet API 提供的算子将其转换为 DataSet 对象,这些算子称为数据源算子(Source Operator),可以被看作 ExecutionEnvironment 类提供的一类方法。

如果想要从文件或集合读取数据,可以直接使用 DataSet API 提供的预定义数据源算子。而如果想要从外部系统中读取数据,如数据库,则可以使用 DataSet API 提供的数据源算子 createInput 实现。本节详细介绍 DataSet 程序中的数据输入。

4.3.1　从文件读取数据

DataSet API 提供了预定义数据源算子 readTextFile、readCsvFile 和 readFileOfPrimitives,用于从指定文件系统的文件中读取数据,如本地文件系统、HDFS 等,具体介绍如下。

1. readTextFile

该预定义数据源算子逐行读取文件的内容,并将每一行作为字符串返回,其语法格式如下。

```
readTextFile(filePath,charsetName)
```

上述语法格式中,filePath 用于指定文件目录。charsetName 为可选,用于指定解码文件内容的字符集,默认使用的字符集为 UTF-8。

2. readCsvFile

该预定义数据源算子可以根据指定规则解析文件的内容,并将每一行作为指定的数据类型返回,其语法格式如下。

```
readCsvFile(filePath)
    .lineDelimiter(lineDelimiter)
    .fieldDelimiter(fieldDelimiter)
    .ignoreFirstLine()
    .includeFields(mask)
    .types(field1TypeClass,field2TypeClass,...)
```

对于上述语法格式进行如下讲解。

- filePath 用于指定文件的目录。
- lineDelimiter(lineDelimiter)方法为可选,用于指定行分隔符,默认行分隔符为"\n"。若需要自定义行分隔符,则通过该方法的参数 lineDelimiter 指定。
- fieldDelimiter(fieldDelimiter)方法为可选,用于指定字段分隔符,默认字段分隔符为","。若需要自定义字段分隔符,则通过该方法的参数 fieldDelimiter 指定。
- ignoreFirstLine()方法为可选,用于忽略文件的第一行内容。默认情况下,不会忽略第一行内容。

- includeFields(mask)方法为可选,用于选择每行获取的字段,默认获取每行的所有字段。当指定该方法时,参数 mask 用于指定获取的字段。参数 mask 是一个由 0 和 1 组成的字符串,字符串的长度等于字段的数量,其中 1 表示获取相应位置的字段;0 表示不获取相应位置的字段。例如,文件每行解析为 5 个字段,若只需要获取每行的第一个和第三个字段,则参数 mask 的值为 10100。除此之外,0 和 1 也可以用 false 和 true 表示,并且使用逗号进行分隔。例如,10100 等同于"true,false,true,false,false"。
- types(field1TypeClass,field2TypeClass,…)方法用于指定获取字段的数据类型。例如,将第一个字段的数据类型设置为 String,此时参数 field1TypeClass 应为 String.class。

接下来通过一个案例来演示如何使用预定义数据源算子 readCsvFile 从文件读取数据。本案例将分别从本地文件系统的 D:\FlinkData\Flink_Chapter04 目录读取文件 area 和 area.csv。关于这两个文件的内容如图 4-1 所示。

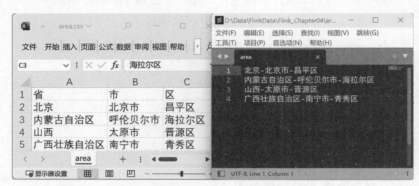

图 4-1　文件 area 和 area.csv 的内容

为了后续知识讲解便利,这里分步骤讲解本案例的实现过程,具体操作步骤如下。

(1) 创建 Java 项目。

在 IntelliJ IDEA 基于 Maven 创建 Java 项目,指定项目使用的 JDK 为本地安装的 JDK 8,以及指定项目名称为 Flink_Chapter04。

(2) 构建项目目录结构。

在 Java 项目的 java 目录创建包 cn.dataset.demo 用于存放实现 DataSet 程序的类。

(3) 添加依赖。

在 Java 项目的 pom.xml 文件中添加依赖,依赖添加完成的效果如文件 4-1 所示。

文件 4-1　pom.xml

```
1  <?xml version = "1.0" encoding = "UTF-8"?>
2  <project xmlns = "http://maven.apache.org/POM/4.0.0"
3          xmlns:xsi = "http://www.w3.org/2001/XMLSchema-instance"
4          xsi:schemaLocation = "http://maven.apache.org/POM/4.0.0
5  http://maven.apache.org/xsd/maven-4.0.0.xsd">
6      <modelVersion>4.0.0</modelVersion>
7      <groupId>cn.itcast</groupId>
8      <artifactId>Flink_Chapter04</artifactId>
9      <version>1.0-SNAPSHOT</version>
```

```
10      <properties>
11         <maven.compiler.source>8</maven.compiler.source>
12         <maven.compiler.target>8</maven.compiler.target>
13         <project.build.sourceEncoding>UTF-8</project.build.sourceEncoding>
14      </properties>
15      <dependencies>
16         <dependency>
17            <groupId>org.apache.flink</groupId>
18            <artifactId>flink-java</artifactId>
19            <version>1.16.0</version>
20         </dependency>
21         <dependency>
22            <groupId>org.apache.flink</groupId>
23            <artifactId>flink-clients</artifactId>
24            <version>1.16.0</version>
25         </dependency>
26      </dependencies>
27 </project>
```

在文件 4-1 中,第 15~26 行代码为添加的内容,其中第 16~20 行代码表示 DataSet API 的核心依赖;第 21~25 行代码表示 Flink 客户端依赖。

(4)实现 DataSet 程序。

创建一个名为 ReadCsvFileDemo 的 DataSet 程序,该程序能够从文件读取数据并将其输出到控制台,具体代码如文件 4-2 所示。

文件 4-2　ReadCsvFileDemo.java

```
1  public class ReadCsvFileDemo {
2     public static void main(String[] args) throws Exception {
3        ExecutionEnvironment executionEnvironment =
4            ExecutionEnvironment.getExecutionEnvironment();
5        DataSet<Tuple3<String, String, String>> readCsvDataSet01 =
6            executionEnvironment
7               .readCsvFile("D:\\FlinkData\\Flink_Chapter04\\area")
8               .fieldDelimiter("-")
9               .types(String.class,String.class,String.class);
10       DataSet<Tuple2<String, String>> readCsvDataSet02 =
11           executionEnvironment
12             .readCsvFile("D:\\FlinkData\\Flink_Chapter04\\area.csv")
13               .ignoreFirstLine()
14               .includeFields("011")
15               .types(String.class, String.class);
16       //指定预定义接收器算子 print 的接收器标识符为 readCsvDataSet01 的数据
17       readCsvDataSet01.print("readCsvDataSet01 的数据");
18       //指定预定义接收器算子 print 的接收器标识符为 readCsvDataSet02 的数据
19       readCsvDataSet02.print("readCsvDataSet02 的数据");
20       executionEnvironment.execute();
21    }
22 }
```

上述代码中,第 5～9 行代码使用预定义数据源算子 readCsvFile 从文件 area 读取数据,并将其转换为 DataSet 对象 readCsvDataSet01,该对象的数据类型为元组,元组中元素的数量与文件中每行获取字段的数量相同。指定字段分隔符为字符"-",获取字段的数据类型为 String。

第 10～15 行代码使用预定义数据源算子 readCsvFile 从文件 area.csv 读取数据,并将其转换为 DataSet 对象 readCsvDataSet02,该对象的数据类型为元组,元组中元素的数量与文件中每行获取字段的数量相同。指定跳过文件的第一行内容,获取每行的第二个和第三个字段,以及获取字段的数据类型为 String。

文件 4-2 的运行结果如图 4-2 所示。

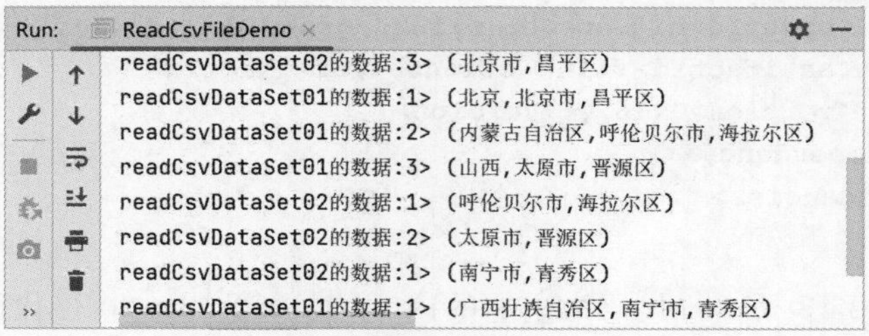

图 4-2　文件 4-2 的运行结果

从图 4-2 可以看出,readCsvDataSet01 的数据与文件 area 的内容一致,readCsvDataSet02 的数据不包含文件 area.csv 的第一行内容,并且只包含文件 area.csv 的第二个和第三个字段。因此说明,成功使用了预定义数据源算子 readCsvFile 从文件读取数据。

【注意】　如果 readCsvFile 算子将读取文件的数据转换为 POJO 类型的 DataSet 对象,那么 types(...)方法的写法更换为如下内容。

```
pojoType(area.class,"province","city","region")
```

上述内容中,area.class 表示创建的 POJO;province、city 和 region 表示 POJO 的属性。

3. readFileOfPrimitives

该预定义数据源算子可以根据指定分隔符将文件中的每行拆分成多行,并且将拆分后的每一行作为指定数据类型返回,其语法格式如下。

```
readFileOfPrimitives(filePath,delimiter,typeClass)
```

上述语法格式中,filePath 用于指定文件目录。delimiter 为可选,用于指定分隔符,如果未指定分隔符,那么文件的每行不做拆分处理。typeClass 用于指定每行的数据类型。

接下来通过一个案例来演示如何使用预定义数据源算子 readFileOfPrimitives 从本地文件系统的 D:\\FlinkData\\Flink_Chapter04 目录中的文件 area 读取数据,文件 area 的内容如图 4-1 所示。

创建一个名为 ReadFileOfPrimitivesDemo 的 DataSet 程序,该程序能够从文件读取数据并将其输出到控制台,具体代码如文件 4-3 所示。

文件 4-3　ReadFileOfPrimitivesDemo.java

```
1  public class ReadFileOfPrimitivesDemo {
2      public static void main(String[] args) throws Exception {
```

```
3          ExecutionEnvironment executionEnvironment =
4              ExecutionEnvironment.getExecutionEnvironment();
5      DataSet<String> readTextDataSet =
6          executionEnvironment.readFileOfPrimitives(
7                  "D:\\FlinkData\\Flink_Chapter04\\area",
8                  "-",
9                  String.class);
10         //未指定预定义接收器算子 print 的接收器标识符
11         readTextDataSet.print();
12     }
13  }
```

上述代码中，第 5～9 行代码使用预定义数据源算子 readFileOfPrimitives 从文件 area 读取数据，并将其转换为 DataSet 对象 readTextDataSet，分别指定分隔符和数据类型为"-"和 String。

文件 4-3 的运行结果如图 4-3 所示。

从图 4-3 可以看出，readTextDataSet 的数据与文件 area 的每行通过分隔符"-"拆分为多行的内容一致。因此说明，成功使用了预定义数据源算子 readFileOfPrimitives 从文件读取数据。

图 4-3　文件 4-3 的运行结果

📖 多学一招：递归读取目录中的多个文件

如果需要一次性读取某个目录下的多个文件，那么可以通过递归读取目录的方式实现。递归读取目录中的多个文件时，需要为相关预定义数据源算子添加参数"recursive.file.enumeration"，并将参数值设置为 true。这里以预定义数据源算子 readTextFile 为例，演示如何递归读取目录中的多个文件，具体示例代码如下。

```
1  Configuration parameters = new Configuration();
2  parameters.setBoolean("recursive.file.enumeration",true);
3  DataSet<String> localTextDataSet =
4          executionEnvironment
5                  .readTextFile("D:\\FlinkData\\Flink_Chapter04\\")
6                  .withParameters(parameters);
```

上述代码中，第 1、2 行代码用于指定参数 recursive.file.enumeration 的参数值为 true。第 6 行代码为预定义数据源算子 readTextFile 添加指定的参数。

4.3.2　从集合读取数据

DataSet API 提供了预定义数据源算子 fromCollection、fromElements 和 generateSequence，用于从集合读取数据，具体介绍如下。

1. fromCollection

使用该预定义数据源算子时，需要传递一个集合类型的 Java 对象，其语法格式如下。

```
fromCollection(collection)
```

上述语法格式中,collection 用于指定集合类型的 Java 对象。

2. fromElements

使用该预定义数据源算子时,可以传递任意数量的 Java 对象,Java 对象可以是集合类型、数组类型、字符串类型等,其语法格式如下。

```
fromElements (T,T,T,...)
```

上述语法格式中,T,T,T,…表示给定的对象序列,对象序列中每个 T 表示一个 Java 对象。需要注意的是,对象序列中所有 Java 对象的类型必须相同。

3. generateSequence

使用该预定义数据源算子时,需要传递一个范围区间,根据指定的范围区间生成数字序列,其语法格式如下。

```
generateSequence(from,to)
```

上述语法格式中,from 和 to 的数据类型是 Long,分别用于指定范围区间的起始值和结束值。需要注意的是,如果预定义数据源算子 generateSequence 的并行度大于 1,那么最终生成的数字序列是无序的。

DataSet 程序中使用预定义数据源算子 fromCollection 和 fromElements 从集合读取数据的方法与 DataStream 程序中使用相同算子的方法类似。因此,这里主要以预定义数据源算子 generateSequence 为例进行演示。

创建一个名为 ReadGenerateDemo 的 DataSet 程序,该程序能够从集合读取数据并将其输出到控制台,具体代码如文件 4-4 所示。

文件 4-4   **ReadGenerateDemo.java**

```
1  public class ReadGenerateDemo {
2      public static void main(String[] args) throws Exception {
3          ExecutionEnvironment executionEnvironment =
4                  ExecutionEnvironment.getExecutionEnvironment();
5          DataSet<Long> longDataSet =
6                  executionEnvironment.generateSequence(10L, 20L);
7          longDataSet.print();
8      }
9  }
```

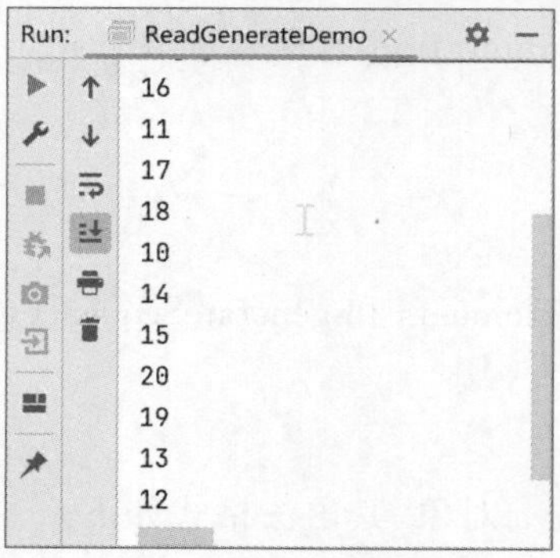

图 4-4   文件 4-4 的运行结果

上述代码中,第 5、6 行代码使用预定义数据源算子 generateSequence 从集合读取数据,并将其转换为 DataSet 对象 longDataSet,这里指定的区间为 10～20。

文件 4-4 的运行结果如图 4-4 所示。

从图 4-4 可以看出,longDataSet 的数据为 10～20 的数字序列,并且由于预定义数据源算子 generateSequence 的并行度不为 1,所以数字序列是无序的。因此说明,成功使用了预定义数据源算子 generateSequence 从集合读取数据。

4.3.3　从 MySQL 读取数据

DataSet API 提供了数据源算子 createInput 用于从外部系统读取数据，本节以常用的关系数据库 MySQL 为例，介绍数据源算子 createInput 的用法。关于数据源算子 createInput 的语法格式如下。

```
createInput(sourcefunction)
```

上述语法格式中，sourcefunction 用于实现连接外部系统的方式，不同外部系统的实现方式有所不同。

接下来通过一个案例来演示如何从 MySQL 读取数据，具体操作步骤如下。

1. 安装 MySQL

实现本案例的首要任务便是安装 MySQL，本书使用 MySQL 的版本为 8.0，这里以虚拟机 Flink03 为例，演示如何安装 MySQL，具体操作步骤如下。

（1）安装 wget 工具，该工具用于下载 MySQL 的 yum 源配置文件，具体命令如下。

```
$ yum -y install wget
```

（2）下载 MySQL 的 yum 源配置文件，具体命令如下。

```
$ wget http://dev.mysql.com/get/mysql80-community-release-el9-1.noarch.rpm
```

上述命令执行完成后，会自动下载 MySQL 的 yum 源配置文件，如图 4-5 所示。

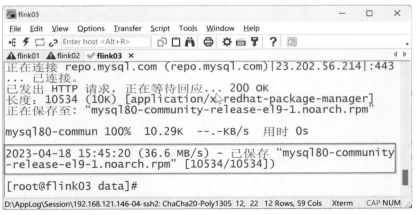

图 4-5　下载 MySQL 的 yum 源配置文件

在图 4-5 中，出现"已保存 "mysql80-community-release-el9-1.noarch.rpm""的提示信息，说明 MySQL 的 yum 源配置文件下载成功，该文件会下载到当前目录下。

（3）为了在当前虚拟机上使用 yum 命令安装 MySQL，需要先配置 MySQL 的 yum 源。在 MySQL 的 yum 源配置文件所在目录下，执行如下命令。

```
$ yum -y install mysql80-community-release-el9-1.noarch.rpm
```

上述命令执行完成后的效果如图 4-6 所示。

在图 4-6 中，出现"已安装：mysql80…"的提示信息，说明成功配置 MySQL 的 yum 源。

（4）使用 yum 命令安装 MySQL，具体命令如下。

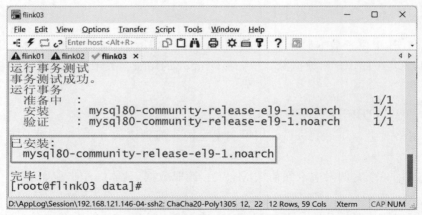

图 4-6　配置 MySQL 的 yum 源

```
$ yum install mysql-community-server -y
```

上述命令执行完成后，成功安装 MySQL 的效果如图 4-7 所示。

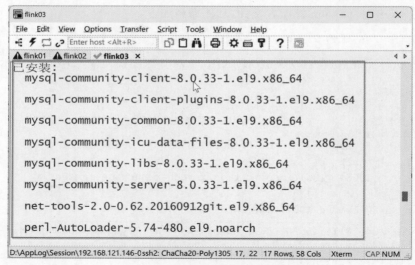

图 4-7　成功安装 MySQL

从图 4-7 可以看出，虚拟机已经安装了 MySQL。

2. 启动 MySQL 服务

在虚拟机执行如下命令启动 MySQL 服务。

```
$ systemctl start mysqld
```

上述命令执行完成后，可执行"systemctl status mysqld"命令查看 MySQL 服务的运行状态，如图 4-8 所示。

在图 4-8 中，出现"active (running)"的提示信息，说明 MySQL 服务正在运行。为了便于每次重新启动虚拟机时，无须单独启动 MySQL 服务，这里可以执行"systemctl enable mysqld"命令设置 MySQL 服务开机自动启动。

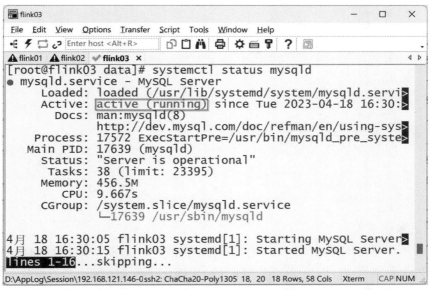

图 4-8　查看 MySQL 服务的运行状态

3. 查看 MySQL 初始密码

MySQL 默认为 root 用户提供了初始密码，查看该初始密码的命令如下。

```
$ grep 'temporary password' /var/log/mysqld.log
```

上述命令执行完成后的效果如图 4-9 所示。

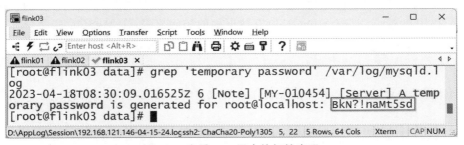

图 4-9　查看 root 用户的初始密码

在图 4-9 中，MySQL 为 root 用户提供的初始密码为"BKN?!naMt5sd"。需要注意的是，每次安装 MySQL 时 root 用户的初始密码都不一样。

4. 登录 MySQL

使用 root 用户登录 MySQL，具体命令如下。

```
$ mysql -u root -p
```

上述命令执行完成后，会提示输出 root 用户的密码，此时输入图 4-9 显示的密码即可，成功登录 MySQL 的效果如图 4-10 所示。

从图 4-10 可以看出，成功登录 MySQL 之后，会进入 MySQL 的命令行界面，此时便可以执行 SQL 语句操作 MySQL。

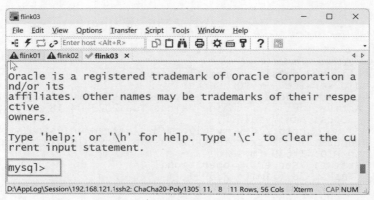

图 4-10　成功登录 MySQL

5. 开启远程登录

默认情况下，MySQL 仅允许 root 用户在本地登录，为了便于后续在 DataSet 程序中读取 MySQL 的数据，需要创建一个新的用户 itcast 用于远程登录 MySQL，具体操作步骤如下。

（1）在创建新的用户之前，必须修改 MySQL 为 root 用户提供的初始密码。这里将 root 用户的密码修改为 Itcast@2023，在 MySQL 的命令行界面执行如下命令。

```
> ALTER USER 'root'@'localhost' IDENTIFIED BY 'Itcast@2023';
```

（2）创建远程登录用户 itcast，指定该用户的密码为 Itcast@2023，在 MySQL 的命令行界面执行如下命令。

```
> CREATE USER 'itcast'@'%' IDENTIFIED WITH mysql_native_password BY 'Itcast@2023';
```

（3）授权用户 itcast 具有 MySQL 所有数据库的访问权限，在 MySQL 的命令行界面执行如下命令。

```
> GRANT ALL PRIVILEGES ON *.* TO 'itcast'@'%' WITH GRANT OPTION;
```

（4）重新加载 MySQL 的系统权限表并使更改立即生效。在 MySQL 的命令行界面执行如下命令。

```
> FLUSH PRIVILEGES;
```

此时当执行 exit 命令退出 MySQL 登录之后，再次使用 root 用户登录 MySQL 时，便需要输入密码 Itcast@2023。

6. 创建数据库

在 MySQL 创建数据库 dataset。在 MySQL 的命令行界面执行如下命令。

```
> CREATE DATABASE dataset;
```

7. 创建表

在数据库 dataset 中创建表 person，该表包含 user_id、user_name、user_age 和 user_gender 这 4 个字段。在 MySQL 的命令行界面执行如下命令。

```
> CREATE TABLE dataset.person (
  user_id INT PRIMARY KEY AUTO_INCREMENT,
```

```
  user_name VARCHAR(50),
  user_age INT,
  user_gender VARCHAR(10)
);
```

8. 插入数据

向数据库 dataset 中的表 person 插入 10 条数据,用于后续测试 DataSet 程序是否能够从 MySQL 读取数据。在 MySQL 的命令行界面执行如下命令。

```
> INSERT INTO dataset.person (user_name, user_age, user_gender) VALUES
('zhangsan', 23, 'male'),
('lisi', 25, 'female'),
('wangwu', 21, 'male'),
('zhaoliu', 27, 'female'),
('chenqi', 22, 'male'),
('heba', 24, 'female'),
('maqi', 26, 'male'),
('liujiu', 28, 'female'),
('sunshi', 29, 'male'),
('yangshi', 20, 'female');
```

9. 查询数据

查询数据库 dataset 中表 person 的数据。在 MySQL 的命令行界面执行如下命令。

```
> SELECT * FROM dataset.person;
```

上述命令执行完成的效果,如图 4-11 所示。

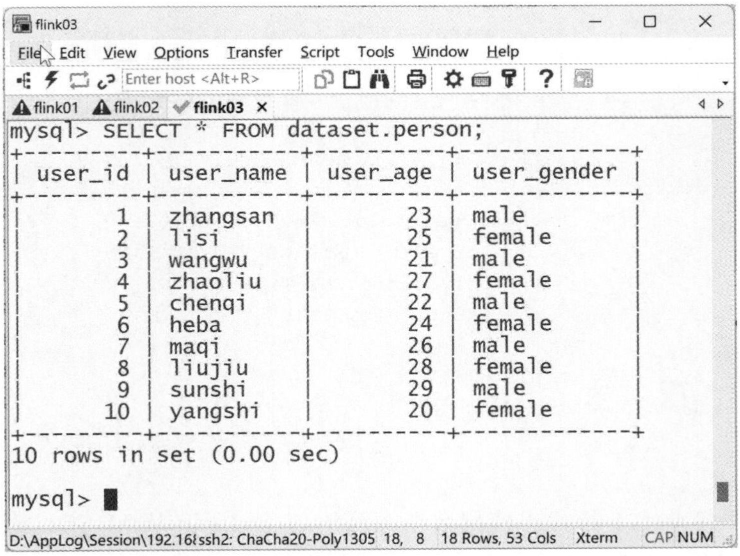

图 4-11　查询数据库 dataset 中表 person 的数据

从图 4-11 可以看出,数据库 dataset 中的表 person 存在 10 条数据。

10. 添加依赖

Flink 提供了 JDBC 连接器用于与 MySQL 建立连接,该连接器需要通过添加依赖来使用。在 Java 项目的依赖管理文件 pom.xml 的＜dependency＞标签中添加以下内容。

```
1  <dependency>
2      <groupId>org.apache.flink</groupId>
3      <artifactId>flink-connector-jdbc</artifactId>
4      <version>1.16.0</version>
5  </dependency>
6  <dependency>
7      <groupId>mysql</groupId>
8      <artifactId>mysql-connector-java</artifactId>
9      <version>8.0.32</version>
10 </dependency>
```

上述内容中，第 1～5 行代码用于添加 JDBC 连接器的依赖。第 6～10 行代码用于添加 MySQL 的 JDBC 驱动依赖。

11. 实现 DataSet 程序

创建一个名为 ReadMySQLDemo 的 DataSet 程序，该程序能够从数据库 dataset 的表 person 中读取数据并将其输出到控制台，具体代码如文件 4-5 所示。

文件 4-5 ReadMySQLDemo.java

```
1  public class ReadMySQLDemo {
2      public static void main(String[] args) throws Exception {
3          ExecutionEnvironment executionEnvironment =
4                  ExecutionEnvironment.getExecutionEnvironment();
5          DataSet<Row> jdbcDataSet = executionEnvironment.createInput(
6                  JdbcInputFormat
7                      .buildJdbcInputFormat()
8                      .setDrivername("com.mysql.cj.jdbc.Driver")
9                  .setDBUrl("jdbc:mysql://192.168.121.146:3306/dataset?" +
10                          "useSSL=false&serverTimezone=UTC")
11                      .setUsername("itcast")
12                      .setPassword("Itcast@2023")
13              .setQuery("select user_name,user_age,user_gender from person")
14                      .setRowTypeInfo(new RowTypeInfo(
15                          BasicTypeInfo.STRING_TYPE_INFO,
16                          BasicTypeInfo.INT_TYPE_INFO,
17                          BasicTypeInfo.STRING_TYPE_INFO
18                      ))
19                      .finish());
20          jdbcDataSet.print();
21      }
22 }
```

上述代码中，第 5～19 行代码使用数据源算子 createInput 从 MySQL 读取数据，并将其转换为 DataSet 对象 jdbcDataSet，该对象的数据类型为 Row，其中 setDrivername()方法用于指定 MySQL 的 JDBC 驱动名称；setDBUrl()方法用于指定连接 MySQL 的 URL。setUsername()方法用于指定连接 MySQL 的用户名；setPassword()方法用于指定连接 MySQL 的密码；setQuery()方法用于指定读取数据的 SQL 语句；setRowTypeInfo()方法用于指定读取数据的结果中每个字段的数据类型。

12. 测试 DataSet 程序

确保 MySQL 服务处于启动状态，文件 4-5 的运行结果如图 4-12 所示。

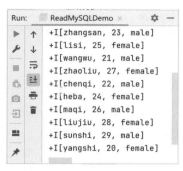

图 4-12 文件 4-5 的运行结果

从图 4-12 可以看出，jdbcDataSet 的数据与数据库 dataset 中表 person 的数据一致。因此说明，成功使用了数据源算子 createInput 从 MySQL 读取数据。

📖 **多学一招：读取不同存储格式的文件**

DataSet 程序主要的应用场景是对有界流进行离线处理，而有界流通常来源于文件，其中 HDFS 中的文件存在多种存储格式，如 TextFile、SequenceFile、ORC 等。

DataSet API 提供的预定义数据源算子仅可以从存储格式为 TextFile 的文件读取数据，如果想要从其他存储格式的文件读取数据，那么需要使用数据源算子 createInput 实现，这里以读取存储格式为 SequenceFile 的文件为例进行演示说明，具体示例代码如下。

```
1  DataSet<Tuple2<IntWritable, Text>> readSequenceFile =
2      executionEnvironment
3          .createInput(
4              HadoopInputs.readSequenceFile(
5                  IntWritable.class,
6                  Text.class,
7                  "hdfs://192.168.121.144:9820/FlinkData/SequenceFile"));
```

上述代码中，第 4～7 行代码，调用类 HadoopInputs 的 readSequenceFile() 方法读取存储格式为 SequenceFile 的文件，其中，第一个参数用于指定文件中 key 的数据类型；第二个参数用于指定文件中 value 的数据类型；第三个参数用于指定文件在 HDFS 的路径。

通过数据源算子 createInput 读取存储格式为 SequenceFile 的文件时，需要在项目的依赖管理文件中添加如下内容。

```
<!--从存储格式为 SequenceFile 的文件中读取数据的依赖-->
<dependency>
    <groupId>org.apache.flink</groupId>
    <artifactId>flink-hadoop-compatibility_2.12</artifactId>
    <version>1.16.0</version>
</dependency>
<!--Hadoop 客户端依赖-->
<dependency>
```

```
    <groupId>org.apache.hadoop</groupId>
    <artifactId>hadoop-client</artifactId>
    <version>3.2.2</version>
</dependency>
```

4.4 数据转换

从不同的数据源读取数据之后,便可以使用 DataSet API 提供的算子对 DataSet 对象进行转换,这些算子称为转换算子(Transformation Operator)。转换算子可以将一个或多个 DataSet 对象转换为新的 DataSet 对象。

在 DataSet API 和 DataStream API 中,都提供了常见的转换算子,如 map、flatMap、filter、reduce 和 union 等。这些转换算子的使用方式和作用相似,因此在本节中不再重复介绍。

4.4.1 去重

精简高效的精神体现在提倡简洁和减少冗余上。如同数据去重一样,我们在工作和学习中也应追求简洁和效率,减少不必要的重复和浪费。这种简洁高效的思维方式有助于我们更快地完成任务,提高工作和学习的效率。

DataSet API 提供了转换算子 distinct 用于对 DataSet 对象的数据进行去重,并形成新的 DataSet 对象,其转换过程如图 4-13 所示。

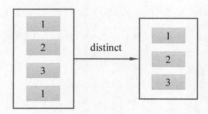

图 4-13 distinct 转换过程

有关使用 distinct 对 DataSet 对象进行转换的程序结构如下。

```
DataSet<OutputDataType> newDataSet = dataSet.distinct(arg);
```

上述程序结构中,OutputDataType 用于指定转换结果的数据类型。dataSet 用于指定转换的 DataSet 对象。arg 为可选,它用于根据每条数据中指定的属性或元素,对数据类型为 POJO 或元组的 DataSet 对象进行去重。例如,distinct("name")表示根据 name 属性对数据类型为 POJO 的 DataSet 对象进行去重,而 distinct(1)则表示根据第二个元素对数据类型为元组的 DataSet 对象进行去重。默认情况下,会将 DataSet 对象中的每条数据视为一个整体进行去重。

【注意】 如果需要同时指定多个属性或元素,则每个属性或者元素之间使用逗号进行分隔。

接下来通过一个案例演示,如何使用 distinct 对 DataSet 对象进行转换。创建一个名为 DistinctDemo 的 DataSet 程序,该程序根据每条数据进行去重,具体代码如文件 4-6 所示。

文件 4-6　**DistinctDemo.java**

```
1  public class DistinctDemo {
2      public static void main(String[] args) throws Exception {
3          ExecutionEnvironment executionEnvironment =
4                  ExecutionEnvironment.getExecutionEnvironment();
5          DataSet<Integer> input =
6                  executionEnvironment.fromElements(1, 2, 3, 1);
7          DataSet<Integer> output = input.distinct();
8          output.print();
9      }
10 }
```

上述代码中，第 7 行代码使用 distinct 对 input 进行转换，形成新的 DataSet 对象 output。

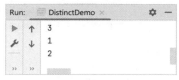

文件 4-6 的运行结果如图 4-14 所示。

从图 4-14 可以看出，output 的数据中仅存在一个 1。因此说明，使用 distinct 成功对 DataSet 对象进行了转换。

图 4-14　文件 4-6 的运行结果

4.4.2　连接

DataSet API 提供了转换算子 join、leftOuterJoin、rightOuterJoin 和 fullOuterJoin，用于根据指定条件连接两个 DataSet 对象，形成新的 DataSet 对象。参与连接的 DataSet 对象，通常为 POJO 或元组类型。后续主要以元组类型的 DataSet 对象为例，对这 4 个转换算子进行介绍。

1. join

join 在 DataSet 程序中的转换过程与关系数据库中的内连接相似，它会将两个 DataSet 对象中相互关联的数据合并为一条数据，而未关联的数据会被丢弃。关联条件是根据两个 DataSet 对象中指定元素的数据是否相等来确定，如果相等则认为它们是关联的，否则视为不关联。

例如，使用 join 对两个元组类型的 DataSet 对象进行转换，指定关联条件为判断两个 DataSet 对象中每条数据的第一个元素是否相等，其转换过程如图 4-15 所示。

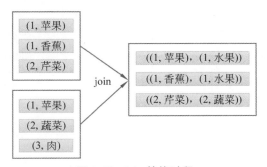

图 4-15　join 转换过程

从图 4-15 可以看出，在两个 DataSet 对象中，第一个元素相等的数据合并为一条数据，而第一个元素不相等的数据被丢弃。有关使用 join 对 DataSet 对象进行转换的程序结构如下所示。

```
DataSet<OutputDataType> newDataSet =
dataSet1.join(dataSet2)
    .where(arg1)
    .equalTo(arg2)
    .with(new JoinFunction<
        dataSet1DataType,
        dataSet2DataType,
        OutputDataType>() {
    @Override
    public OutputDataType join(
        dataSet1DataType input1,
        dataSet2DataType input2) throws Exception {
    return result;
    }
});
```

上述程序结构中，dataSet1 和 dataSet2 分别表示参与连接的 DataSet 对象。arg1 用于指定 dataSet1 中作为关联条件的元素。arg2 用于指定 dataSet2 中作为关联条件的元素。with()方法为可选，用于对连接的结果进行处理，其中 dataSet1DataType 用于指定 dataSet1 的数据类型；dataSet2DataType 用于指定 dataSet2 的数据类型；OutputDataType 用于指定处理结果的类型；result 用于指定处理结果。

2. leftOuterJoin

leftOuterJoin 在 DataSet 程序中的转换过程与关系数据库中的左外连接相似，它会将两个 DataSet 对象中相互关联的数据合并为一条数据，而未关联的数据中，左侧 DataSet 对象的数据会与 null 合并为一条数据，右侧 DataSet 对象的数据将被丢弃，关联条件与 join 相同。

例如，使用 leftOuterJoin 对两个元组类型的 DataSet 对象进行转换，指定关联条件为判断两个 DataSet 对象中每条数据的第一个元素是否相等，其转换过程如图 4-16 所示。

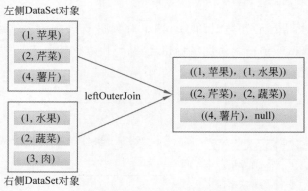

图 4-16   leftOuterJoin 转换过程

从图 4-16 可以看出，在两个 DataSet 对象中，第一个元素相等的数据合并为一条数据，而第一个元素不相等的数据中，左侧 DataSet 对象的数据与 null 合并为一条数据，右侧 DataSet 对象的数据被丢弃。

有关使用 leftOuterJoin 对 DataSet 对象进行转换的程序结构如下。

```
DataSet<OutputDataType> newDataSet =
dataSet1.leftOuterJoin(dataSet2)
        .where(arg1)
        .equalTo(arg2)
        .with(new JoinFunction<
                dataSet1DataType,
                dataSet2DataType,
                OutputDataType>() {
            @Override
            public OutputDataType join(
                    dataSet1DataType input1,
                    dataSet2DataType input2) throws Exception {
                return result;
            }
        });
```

上述程序结构中,dataSet1 表示左侧的 DataSet 对象。dataSet2 表示右侧的 DataSet 对象。与 join 不同的是,在 leftOuterJoin 的程序结构中必须指定 with()方法,用于处理连接结果中的 null,避免出现空指针异常的错误。

3. rightOuterJoin

rightOuterJoin 在 DataSet 程序中的转换过程与关系数据库中的右外连接相似,它会将两个 DataSet 对象中相互关联的数据合并为一条数据,而未关联的数据中,右侧 DataSet 对象的数据会与 null 合并为一条数据,左侧 DataSet 对象的数据将被丢弃,关联条件与 join 相同。

例如,使用 rightOuterJoin 对两个元组类型的 DataSet 对象进行转换,指定关联条件为判断两个 DataSet 对象中每条数据的第一个元素是否相等,其转换过程如图 4-17 所示。

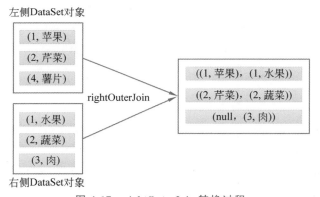

图 4-17　rightOuterJoin 转换过程

从图 4-17 可以看出,在两个 DataSet 对象中,第一个元素相等的数据合并为一条数据,而第一个元素不相等的数据中,右侧 DataSet 对象的数据与 null 合并为一条数据,左侧 DataSet 对象的数据被丢弃。

有关使用 rightOuterJoin 对 DataSet 对象进行转换的程序结构如下。

```
DataSet<OutputDataType> newDataSet =
dataSet1.rightOuterJoin(dataSet2)
        .where(arg1)
```

```
        .equalTo(arg2)
        .with(new JoinFunction<
                dataSet1DataType,
                dataSet2DataType,
                OutputDataType>() {
            @Override
            public OutputDataType join(
                    dataSet1DataType input1,
                    dataSet2DataType input2) throws Exception {
                return result;
            }
        });
```

上述程序结构中，dataSet1 表示左侧的 DataSet 对象。dataSet2 表示右侧的 DataSet 对象。在 rightOuterJoin 的程序结构中，同样必须指定 with() 方法用来处理连接结果中的 null。

4. fullOuterJoin

fullOuterJoin 在 DataSet 程序中的转换过程与关系数据库中的全外连接相似，它会将两个 DataSet 对象中相互关联的数据合并为一条数据，而未关联的数据会与 null 合并为一条数据，关联条件与 join 相同。

例如，使用 fullOuterJoin 对两个元组类型的 DataSet 对象进行转换，指定关联条件为判断两个 DataSet 对象中每条数据的第一个元素是否相等，其转换过程如图 4-18 所示。

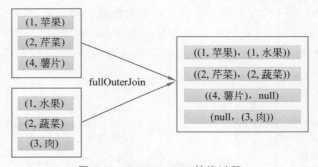

图 4-18　fullOuterJoin 转换过程

从图 4-18 可以看出，在两个 DataSet 对象中，第一个元素相等的数据合并为一条数据，而第一个元素不相等的数据与 null 合并为一条数据。

有关使用 fullOuterJoin 对 DataSet 对象进行转换的程序结构如下。

```
DataSet<OutputDataType> newDataSet =
dataSet1.fullOuterJoin(dataSet2)
        .where(arg1)
        .equalTo(arg2)
        .with(new JoinFunction<
                dataSet1DataType,
                dataSet2DataType,
                OutputDataType>() {
            @Override
            public OutputDataType join(
```

```
             dataSet1DataType input1,
             dataSet2DataType input2) throws Exception {
        return result;
    }
});
```

上述程序结构中,dataSet1 和 dataSet2 表示参与连接的 DataSet 对象。在 fullOuterJoin 的程序结构中,同样必须指定 with()方法处理连接结果的 null。

接下来以 leftOuterJoin 为例,通过一个案例演示如何连接两个元组类型的 DataSet 对象。创建一个名为 LeftOuterJoinDemo 的 DataSet 程序,该程序根据两个 DataSet 对象的第一个元素进行连接,具体代码如文件 4-7 所示。

文件 4-7　LeftOuterJoinDemo.java

```java
1  public class LeftOuterJoinDemo {
2      public static void main(String[] args) throws Exception {
3          ExecutionEnvironment executionEnvironment =
4              ExecutionEnvironment.getExecutionEnvironment();
5          DataSet<Tuple2<Integer, String>> inputDataSet1 =
6              executionEnvironment.fromElements(
7                  Tuple2.of(1, "苹果"),
8                  Tuple2.of(2, "芹菜"),
9                  Tuple2.of(4, "薯片")
10             );
11         DataSet<Tuple2<Integer, String>> inputDataSet2 =
12             executionEnvironment.fromElements(
13                     Tuple2.of(1, "水果"),
14                     Tuple2.of(2, "蔬菜"),
15                     Tuple2.of(3, "肉")
16             );
17         DataSet<Tuple2<String, String>> output =
18             inputDataSet1.leftOuterJoin(inputDataSet2)
19                 .where(0)
20                 .equalTo(0)
21                 .with(new JoinFunction<
22                     Tuple2<Integer, String>,
23                     Tuple2<Integer, String>,
24                     Tuple2<String, String>>() {
25                     @Override
26                     public Tuple2<String, String> join(
27                         Tuple2<Integer, String> input1,
28                        Tuple2<Integer, String> input2) throws Exception {
29                         if(input2 != null) {
30          String input1Res = String.valueOf(input1.f0) + "-" + input1.f1;
31          String input2Res = String.valueOf(input2.f0) + "-" + input2.f1;
32                         return new Tuple2<>(input1Res, input2Res);
33                         }
34          String result = String.valueOf(input1.f0) + "," + input1.f1;
```

```
35                    return new Tuple2<>(result, "不关联");
36                }
37            });
38        output.print();
39    }
40 }
```

上述代码中,第 17~37 行代码使用 leftOuterJoin 对 inputDataSet1 和 inputDataSet2 进行转换,形成新的 DataSet 对象 output。指定 inputDataSet1 的第一个元素和 inputDataSet2 的第一个元素作为关联条件的元素。指定连接结果中 null 的处理逻辑是将 null 替换为字符串"不关联"。

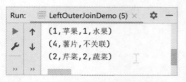

图 4-19　文件 4-7 的运行结果

文件 4-7 的运行结果如图 4-19 所示。

从图 4-19 可以看出,inputDataSet1 中的数据(1,苹果)和 inputDataSet2 中的数据(1,水果),由于它们的第一个元素相等,所以合并为一条数据(1,苹果,1,水果),然而,inputDataSet1 中的数据(4,薯片)在 inputDataSet2 中没有找到第一个元素相匹配的数据,因此,它与字符串"不关联"合并为一条数据(4,薯片,不关联)。因此说明,使用 leftOuterJoin 成功对 DataSet 对象进行转换。

4.4.3　聚合

DataSet API 提供了转换算子 aggregate,用于根据内置聚合函数对 DataSet 对象的数据进行求最大值、求最小值和求和的聚合运算,并形成新的 DataSet 对象。进行聚合运算的 DataSet 对象,通常为 POJO 或元组类型。有关使用 aggregate 对 DataSet 对象进行转换的程序结构如下。

```
DataSet<OutputDataType>newDataSet =
dataSet.aggregate(Aggregations.MAX|MIN|SUM,field);
```

上述程序结构中,OutputDataType 用于指定转换结果的数据类型,该数据类型与 dataSet 的数据类型一致。MAX、MIN 和 SUM 分别对应内置聚合函数 max()、min() 和 sum(),它们用于执行求最大值、求最小值或求和的聚合运算。field 用于根据每条数据中指定的属性或元素,对数据类型为 POJO 或元组的 DataSet 对象进行聚合运算。

例如,aggregate(Aggregations.MAX,"price")表示根据 price 属性对数据类型为 POJO 的 DataSet 对象进行求最大值的聚合运算,而 aggregate(Aggregations.MAX,1)则表示根据第二个元素对数据类型为元组的 DataSet 对象进行求最大值的聚合运算。

接下来通过一个案例演示如何使用 aggregate 对元组类型的 DataSet 对象进行转换。创建一个名为 AggregateDemo 的 DataSet 程序,该程序根据 DataSet 对象中每条数据的第二个元素进行求最大值的聚合运算,具体代码如文件 4-8 所示。

文件 4-8　AggregateDemo.java

```
1 public class AggregateDemo {
2    public static void main(String[] args) throws Exception {
3        ExecutionEnvironment executionEnvironment =
```

```
 4                ExecutionEnvironment.getExecutionEnvironment();
 5        DataSet<Tuple2<String, Integer>> input =
 6          executionEnvironment.fromElements(
 7              Tuple2.of("xiaoming", 200),
 8              Tuple2.of("xiaohong", 400),
 9              Tuple2.of("xiaogang", 600)
10          );
11        DataSet<Tuple2<String, Integer>> output =
12                input.aggregate(Aggregations.MAX, 1);
13        output.print();
14    }
15  }
```

上述代码中,第 11、12 行代码使用 aggregate 对 input 进行转换,形成新的 DataSet 对象 output。

文件 4-8 的运行结果如图 4-20 所示。

图 4-20　文件 4-8 的运行结果

从图 4-20 可以看出,在 input 的所有数据中,第二个元素的最大值为 600,其对应的数据为(xiaogang,600)。因此说明,使用 aggregate 成功对 DataSet 对象进行了转换。

4.4.4　分组

DataSet API 提供了转换算子 groupBy,用于根据指定 Key 对 POJO 或元组类型的 DataSet 对象进行分组,分组结果需要进行聚合运算或者排序之后,才能形成新的 DataSet 对象。下面从分组聚合和分组排序两个层面来介绍 groupBy,具体内容如下。

1. 分组聚合

分组聚合表示对每组数据进行聚合运算。例如,使用 groupBy 对元组类型的 DataSet 对象进行转换,将每条数据的第一个元素作为 Key 进行分组,并根据每组数据的第二个元素进行求和的聚合运算,其转换过程如图 4-21 所示。

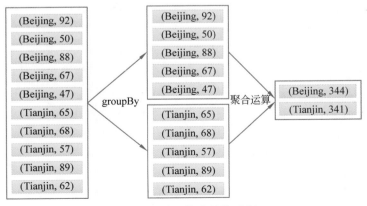

图 4-21　分组聚合转换过程

从图 4-21 可以看出，DataSet 对象基于每条数据的第一个元素被分为两组，并且每组数据的第二个元素进行了求和的聚合运算。有关使用 groupBy 进行分组聚合的程序结构如下。

DataSet**<OutputDataType> newDataSet = dataSet**.groupBy(**key**)**.function**;

上述程序结构中，key 用于指定分组的 Key，如果 dataSet 的数据类型为元组，则 key 通过整数来指定元素。如果 dataSet 的数据类型为 POJO，则 key 通过字符串来指定属性。function 用于指定聚合运算，聚合运算可以通过 DataSet API 提供的内置聚合函数 max()、min() 或 sum() 实现，也可以通过转换算子 reduce 或 aggregate 实现，其中使用内置聚合函数实现聚合运算时，需要向函数传递一个参数，用于根据指定属性或元素进行聚合运算。

接下来通过一个案例演示如何使用 groupBy 对元组类型的 DataSet 对象进行转换。创建一个名为 GroupAggregationDemo 的 DataSet 程序，该程序根据 DataSet 对象的第一个元素进行分组，并根据每组数据的第二个元素进行求和的聚合运算，具体代码如文件 4-9 所示。

文件 4-9   GroupAggregationDemo.java

```java
1  public class GroupAggregationDemo {
2     public static void main(String[] args) throws Exception {
3         ExecutionEnvironment executionEnvironment =
4                 ExecutionEnvironment.getExecutionEnvironment();
5         DataSet<Tuple2<String, Integer>> input =
6                 executionEnvironment.fromElements(
7                         Tuple2.of("BeiJing", 92),
8                         Tuple2.of("BeiJing", 50),
9                         Tuple2.of("BeiJing", 88),
10                        Tuple2.of("BeiJing", 67),
11                        Tuple2.of("BeiJing", 47),
12                        Tuple2.of("TianJin", 65),
13                        Tuple2.of("TianJin", 68),
14                        Tuple2.of("TianJin", 57),
15                        Tuple2.of("TianJin", 89),
16                        Tuple2.of("TianJin", 62)
17                );
18         DataSet<Tuple2<String, Integer>> output =
19                 input.groupBy(0).sum(1);
20         output.print();
21     }
22 }
```

上述代码中，第 18、19 行代码使用 groupBy 对 input 进行转换，并且通过内置聚合函数 sum() 对每组数据进行求和的聚合运算，形成新的 DataSet 对象 output。

文件 4-9 的运行结果如图 4-22 所示。

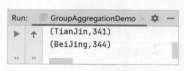

图 4-22   文件 4-9 的运行结果(1)

从图 4-22 可以看出，output 包含两组数据，其中第一组数据聚合运算的结果为 341，第二组数据聚合运算的结果为 344。

2. 分组排序

分组排序表示根据指定排序规则对每组数据进行排序。例如，使用 groupBy 对元组类型的 DataSet 对象进行转换，将每条数据的第一个元素作为 Key 进行分组，并根据降序的排序规则,对每组数据的第二个元素进行排序,其转换过程如图 4-23 所示。

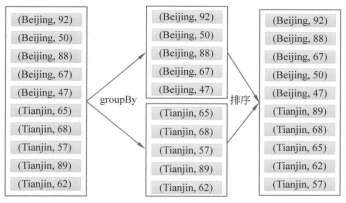

图 4-23　分组排序的转换过程

从图 4-23 可以看出,DataSet 对象的数据根据第一个元素被分为两组,并且每组数据的第二个元素进行了降序的排序。有关使用 groupBy 进行分组排序的程序结构如下。

```
DataSet<OutputDataType> newDataSet =
        dataSet.groupBy(key)
                .sortGroup(field, order)
                .first(num);
```

上述程序结构中,sortGroup 是一个用于排序的转换算子,其中 field 用于根据每条数据中指定的属性或元素进行排序;order 用于指定排序规则,其可选值包括 Order.DESCENDING 和 Order.ASCENDING,前者表示排序规则为降序,后者表示排序规则为升序。

first 是一个转换算子,它用于获取每组数据中排序结果的前 N 条数据。使用 first 是为了避免每组的数据量过大,导致排序结果内容过多,出现异常。N 通过 num 指定。需要说明的是,使用 groupBy 进行分组排序时,必须使用 first 限制排序结果的数据。

接下来通过一个案例演示如何使用 groupBy 对元组类型的 DataSet 对象进行转换,根据 DataSet 对象的第一个元素进行分组,并根据降序的排序规则,对每组数据的第二个元素进行排序,取每组排序结果的前 3 条数据,将文件 4-9 的第 18、19 行代码修改为如下内容。

```
DataSet<Tuple2<String, Integer>> output =
            input.groupBy(0)
                    .sortGroup(1, Order.DESCENDING)
                    .first(3);
```

上述代码使用 groupBy 对 input 进行转换,并通过转换算子 sortGroup 根据每组数据的第二个元素进行降序排序,获取每组排序结果的前 3 条数据,形成新的 DataSet 对象 output。

文件 4-9 的运行结果如图 4-24 所示。

从图 4-24 可以看出,Key 为 TianJin 的组中,根据第二个元素进行降序排序的前 3 条数据分别是 (TianJin,89)、(TianJin,68)和(TianJin,65)。

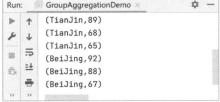

图 4-24　文件 4-9 的运行结果(2)

多学一招：reduceGroup

reduceGroup 是 DataSet API 提供的用于分组聚合的转换算子,相比较 reduce 来说,可以减少分组聚合过程中,聚合运算的次数,这主要是因为,reduce 在进行聚合运算时,每个分组中的每条数据都会进行一次聚合运算,而 reduceGroup 进行聚合运算时,仅仅是每个分组进行一次聚合运算。

有关使用 groupBy 和 reduceGroup 进行分组聚合的程序结构如下。

```java
DataSet<OutputDataType> newDataSet =
    input.groupBy(key).reduceGroup(
    new GroupReduceFunction<
        InputDataType,
        OutputDataType>() {
    @Override
    public void reduce(
            Iterable<InputDataType> iterable,
            Collector<OutputDataType> collector) throws Exception {
        collector.collect(result);
        }
    });
```

上述程序结构中,iterable 表示一个迭代器,该迭代器中包含当前分组的所有数据,通过遍历迭代器可以获取当前分组的所有数据,并基于这些数据进行聚合运算。result 用于指定聚合运算的结果。

例如,将如下代码替换文件 4-9 的第 18、19 行代码,可以实现图 4-22 的同样效果。

```java
DataSet<Tuple2<String, Integer>> output =
    input.groupBy(0).reduceGroup(
    new GroupReduceFunction<
        Tuple2<String, Integer>,
        Tuple2<String, Integer>>() {
    @Override
    public void reduce(
            Iterable<Tuple2<String, Integer>> iterable,
    Collector<Tuple2<String, Integer>> collector) throws Exception {
        String key = "";
        int count = 0;
        for (Tuple2<String, Integer> data : iterable) {
            key = data.f0;
            count = data.f1 + count;
        }
        collector.collect(new Tuple2<>(key, count));
        }
    });
```

4.4.5 分区

分类管理的精神体现在理性分析上。当面临海量信息和复杂任务时,我们需要如同处理数据分区一样,进行细致的分类和整理,明确每部分的特点和关联性,从而做出更为理性的判断。这种思维方式能够帮助我们在处理问题时更加冷静和清晰,提升工作和学习的效率。

在 DataSet 程序中同样可以将 DataSet 对象的数据进行分区,并形成新的 DataSet 对象。分区的数量取决于并行度,每个分区会分配给不同的子任务进行并行处理,从而实现分布式计算,提升数据处理的效率。DataSet API 提供了转换算子 rebalance、partitionByHash、partitionByRange 和 sortPartition,用于对 DataSet 对象的数据进行分区,具体介绍如下。

1. rebalance

将 DataSet 对象的数据均匀地分配到不同的分区,可以有效地解决数据倾斜的问题,其程序结构如下。

```
DataSet<OutputDataType> newDataSet = dataSet.rebalance();
```

上述程序结构中,OutputDataType 指定的数据类型与 dataSet 的数据类型一致。

2. partitionByHash

基于指定属性或元素的哈希值,对数据类型为 POJO 或元组的 DataSet 对象进行分区,将哈希值相同的数据放入同一分区,适用于随机分配数据的场景,可以确保分区的均衡性,其程序结构如下。

```
DataSet<OutputDataType> newDataSet = dataSet.partitionByHash(filed);
```

上述程序结构中,filed 用于指定属性或元素。

3. partitionByRange

基于指定属性或元素,对数据类型为 POJO 或元组的 DataSet 对象进行范围分区。每个分区用于存放特定区间的数据,如[100,200)是一个区间,并且每个分区的区间是连续的,如[100,200)[200,300)是两个连续的区间。适用于按照指定属性或元素进行顺序计算的场景,可以保证分区的顺序性,其程序结构如下。

```
DataSet<OutputDataType> newDataSet = dataSet.partitionByRange(filed);
```

上述程序结构中,filed 用于指定属性或元素。

4. sortPartition

基于指定属性或元素对数据类型为 POJO 或元组的 DataSet 对象进行分区。每个分区中的数据会根据特定的排序规则进行排序,其程序结构如下。

```
DataSet<OutputDataType> newDataSet = dataSet.sortPartition(filed,order);
```

上述程序结构中,filed 用于指定属性或元素。order 用于指定排序规则,其可选值包括 Order.DESCENDING 和 Order.ASCENDING,前者表示排序规则为降序,后者表示排序规则为升序。

 多学一招:mapPartition

mapPartition 是 DataSet API 提供的用于对分区内的数据进行处理的转换算子,相比较 map 来说,可以减少处理数据的次数,这主要是因为 map 在处理分区内的数据时,分区中的每条数据都会调用一次 map()方法进行处理,而 mapPartition 在处理分区内的数据时,分区中的所有数据只会调用一次 mapPartition()方法进行处理。

有关使用 mapPartition 对 DataSet 对象进行转换的程序结构如下。

```
DataSet<OutputDataType> newDataSet = dataSet
.mapPartition(new MapPartitionFunction<InputDataType, OutputDataType>() {
    @Override
    public void mapPartition(
                Iterable<InputDataType> iterable,
                Collector<OutputDataType> collector) throws Exception {
collector.collect(result);
    }
});
```

上述程序结构中,iterable 表示一个迭代器,该迭代器中包含当前分区的所有数据,通过遍历迭代器可以获取当前分区的所有数据,并对每条数据进行处理。result 用于指定分区内数据的处理结果。

4.5 数据输出

从数据源读取到 DataSet 程序的数据经过转换算子处理完成后,需要将处理结果进行输出,从而供开发人员查看,以及为外部应用提供支持。DataSet API 提供多种算子,用于将 DataSet 程序中指定 DataSet 对象的数据输出到不同类型的设备,这些算子称为接收器算子(Sink Operator)。

如果想要将数据输出到控制台或文件,那么可以直接使用 DataSet API 提供的预定义接收器算子即可。如果想要将数据输出到外部系统(如 MySQL),那么可以使用 DataSet API 提供的接收器算子 output 实现。本节详细介绍 DataSet 程序中的数据输出。

4.5.1 输出到文件

DataSet API 提供了预定义接收器算子 writeAsText、writeAsCsv 和 writeAsFormattedText,用于将 DataSet 对象的数据输出到指定文件系统的文件,具体介绍如下。

1. writeAsText

该预定义接收器算子可以将 DataSet 对象中的每条数据作为单独的行输出到文件,其语法格式如下。

```
writeAsText(path,writeMode)
```

上述语法格式中,path 用于指定数据输出的文件或目录,如果 writeAsText 的并行度为 1,那么数据会输出到指定文件中。否则数据会输出到指定目录的多个文件中,文件的数量与并行度有关。

writeMode 为可选,用于指定写入数据的模式,其可选值包括 FileSystem.WriteMode.NO_OVERWRITE 和 FileSystem.WriteMode.OVERWRITE,其中前者为默认的值,表示写入数据的模式为不覆盖,此时如果文件已存在,那么 DataSet 程序会出现异常。后者表示写入数据的模式为覆盖,此时如果文件已存在,那么当前输出的数据会覆盖文件中的内容。

2. writeAsCsv

该预定义接收器算子可以将 DataSet 对象中的数据输出到文件的同时,指定每条数据和每个字段之间的分隔符,字段可以理解为元组的每个元素或者 POJO 的每个属性,其语法格式如下。

```
writeAsCsv(path, rowDelimiter, fieldDelimiter,writeMode)
```

上述语法格式中,rowDelimiter 为可选,用于指定每条数据之间的分隔符,其默认值为"\n",表示每条数据在写入文件时通过字符"\n"进行分隔。fieldDelimiter 为可选,用于指定每个字段之间的分隔符,其默认值为",",表示每条数据在写入文件时,每个字段之间通过字符","进行分隔。

3. writeAsFormattedText

该预定义接收器算子可以将 DataSet 对象的数据输出到文件的同时,对每条数据进行处理,其语法格式如下。

```
writeTextFile(
    path,
    writeMode,
    new TextOutputFormat.TextFormatter<inputDataType>(){
            @Override
            public String format(inputDataType input) {
                    return result;
            }
})
```

上述语法格式中,inputDataType 用于指定输出数据的数据类型;input 表示当前输出到文件的数据;result 表示当前数据的处理结果。

DataSet 程序中使用预定义接收器算子 writeAsText 和 writeAsCsv,将 DataSet 对象的数据输出到文件的实现方式与 DataStream 程序中使用相同算子的实现方式类似,因此这里主要以预定义接收器算子 writeAsFormattedText 为例进行演示。

接下来通过一个案例演示如何使用预定义接收器算子 writeAsFormattedText 将 DataSet 对象的数据输出到文件。创建一个名为 WriteToFileDemo 的 DataSet 程序,该程序从集合读取数据,并将数据输出到指定文件,具体代码如文件 4-10 所示。

文件 4-10　WriteToFileDemo.java

```
1  public class WriteToFileDemo {
2     public static void main(String[] args) throws Exception {
3        ExecutionEnvironment executionEnvironment =
4           ExecutionEnvironment.getExecutionEnvironment();
5        DataSet<Tuple2<String, String>> input =
6        executionEnvironment.fromElements(
7              Tuple2.of("北京", "昌平区"),
8              Tuple2.of("天津", "南开区"),
9              Tuple2.of("上海", "浦东区"));
10    input.writeAsFormattedText(
11         "D:\\FlinkData\\Flink_Chapter04\\output",
12         FileSystem.WriteMode.OVERWRITE,
13         new TextOutputFormat.TextFormatter<Tuple2<String, String>>() {
14            @Override
15            public String format(Tuple2<String, String> inputData) {
16                 return inputData.f0+"-"+inputData.f1;
17            }
18         });
```

```
19        executionEnvironment.execute();
20    }
21 }
```

上述代码中,第 10~18 行代码使用预定义接收器算子 writeAsFormattedText,将 input 的数据输出到本地文件系统中 D 盘的指定目录,其中第 16 行代码,指定数据的处理逻辑,即获取数据的第一个和第二个字段,并将它们通过字符"-"进行拼接。

图 4-25   文件 output 内容

文件 4-10 运行完成后,使用文本编辑器,查看本地文件系统的 D:\\FlinkData\\Flink_Chapter04 目录中文件 output 的内容,如图 4-25 所示。

从图 4-25 可以看出,文件 output 的数据与 input 中每条数据的处理结果一致。因此说明,使用预定义接收器算子 writeAsFormattedText 成功将 DataSet 对象的数据输出到文件。

4.5.2   输出到 MySQL

DataSet API 提供了接收器算子 output 用于将 DataSet 对象的数据输出到外部系统,这里以常用的外部系统 MySQL 为例进行讲解。关于接收器算子 output 的语法格式如下。

```
output(sinkfunction)
```

上述语法格式中,sinkfunction 用于实现连接外部系统的方法,不同外部系统的实现方法有所不同。

接下来通过一个案例,演示如何使用接收器算子 output 将 DataSet 对象的数据输出到 MySQL,这里使用 4.3.3 节在虚拟机 Flink03 上安装的 MySQL,具体操作步骤如下。

1. 启动 MySQL 服务

在虚拟机执行如下命令启动 MySQL 服务。

```
$ systemctl start mysqld
```

2. 登录 MySQL

使用 root 用户登录 MySQL,在虚拟机执行如下命令。

```
$ mysql -u root -pItcast@2023
```

3. 创建表

在数据库 dataset 创建表 area,该表包含字段 city 和 region,这两个字段的数据类型都是 varchar。在 MySQL 的命令行界面执行如下命令。

```
> CREATE TABLE IF NOT EXISTS dataset.area (
  `city` varchar(50) DEFAULT NULL,
  `region` varchar(50) DEFAULT NULL
);
```

4. 实现 DataSet 程序

创建一个名为 WriteMySQLDemo 的 DataSet 程序,该程序从集合读取数据,并将数据输出到数据库 dataset 的表 area,具体代码如文件 4-11 所示。

文件 4-11　WriteMySQLDemo.java

```
1  public class WriteMySQLDemo {
2      public static void main(String[] args) throws Exception {
3          ExecutionEnvironment executionEnvironment =
4              ExecutionEnvironment.getExecutionEnvironment();
5          DataSource<Row> input = executionEnvironment.fromElements(
6              Row.of("北京", "昌平区"),
7              Row.of("天津", "南开区"),
8              Row.of("上海", "浦东区")
9          );
10         input.output(
11             JdbcRowOutputFormat
12                 .buildJdbcOutputFormat()
13                 .setDrivername("com.mysql.cj.jdbc.Driver")
14                 .setDBUrl("jdbc:mysql://192.168.121.146:3306/dataset?" +
15                     "useSSL = false&serverTimezone = UTC")
16                 .setUsername("itcast")
17                 .setPassword("Itcast@2023")
18                 .setQuery("insert into area (city, region) values (?,?)")
19                 .finish()
20         );
21         executionEnvironment.execute();
22     }
23  }
```

上述代码中，第 10～20 行代码使用接收器算子 output 将 input 的数据输出到 MySQL。需要注意的是，使用接收器算子 output 将 DataSet 对象的数据输出到 MySQL 时，DataSet 对象的数据类型必须为 Row。

5. 运行 DataSet 程序

文件 4-11 运行完成后，在 MySQL 的命令行界面执行如下命令查询数据库 dataset 中表 area 的数据。

```
> SELECT * FROM dataset.area;
```

上述命令执行完成的效果如图 4-26 所示。

图 4-26　查询数据库 dataset 中表 area 的数据

从图 4-26 可以看出，数据库 dataset 中表 area 的数据与 input 的数据相同。因此说明，使用接收器算子 output 成功将 DataSet 对象的数据输出到 MySQL。

4.6　应用案例——统计热门品牌 Top10

本案例通过 DataSet 程序统计热门品牌 Top10，该程序从存放商品销售信息的文件 products.csv 读取数据，计算每个品牌的总销售额，并获取总销售额排名前 10 名的品牌。读者可以扫描下方二维码查看应用案例——统计热门品牌 Top10 的详细讲解。

4.7　本章小结

本章主要深入探讨了如何运用 DataSet API 实现 DataSet 程序，让读者从开发者的角度全面了解 Flink。首先，阐述了 DataSet 程序的开发流程。然后，分析了执行环境、数据输入、数据转换和数据输出的实现方法。最后，通过一个实际案例将本章的知识点整合，展示了如何运用 DataSet API 进行综合开发。通过本章的学习，希望读者能够更好地掌握 DataSet API 的运用，从而提高在实际项目中的开发能力。

4.8　课后习题

一、填空题

1. 在 DataSet API 中，用于创建执行环境的类是_____。

2. 在 DataSet API 中，预定义数据源算子 readCsvFile 的_____方法用于忽略 CSV 文件的第一行内容。

3. DataSet API 提供了数据源算子_____用于从外部系统读取数据。

4. DataSet API 提供了接收器算子_____用于将 DataSet 对象的数据输出到外部系统。

5. 在 DataSet API 中，用于范围分区的转换算子是_____。

二、判断题

1. DataSet 程序只能进行批处理。　　　　　　　　　　　　　　　　　　（　　）

2. 在 DataSet API 中，fromElements 的对象序列可以使用不同类型的 Java 对象。（　　）

3. 在 DataSet API 中，aggregate 使用内置聚合函数进行聚合运算。　　　　（　　）

4. 在 DataSet API 中，groupBy 只能使用内置聚合函数进行分组聚合。　　（　　）

5. 在 DataSet API 中，join 会将两个 DataSet 对象中未关联的数据丢弃。　（　　）

三、选择题

1. 使用 DataSet API 连接两个 DataSet 对象时，不会丢弃未关联数据的转换算子是（　　）。

A. join　　　　　　　　　　　　　　　B. leftOuterJoin

C. rightOuterJoin　　　　　　　　　　D. fullOuterJoin

2. 下列选项中,不属于分区的转换算子是(　　　)。

 A. groupBy   B. partitionByHash

 C. rebalance   D. sortPartition

3. 下列选项中,用于在 DataSet 程序中获取排序结果前 N 条数据的转换算子是(　　　)。

 A. top   B. get   C. limit   D. first

4. 下列选项中,关于启动 MySQL 服务的命令描述正确的是(　　　)。

 A. systemctl mysql start

 B. systemctl mysqld start

 C. systemctl start mysqld

 D. systemctl start mysql

5. 下列选项中,用于在 DataSet 程序中进行排序的转换算子是(　　　)。

 A. sortGroup   B. sort

 C. sortByKey   D. sortBy

四、简答题

1. 简述转换算子 join、leftOuterJoin、rightOuterJoin 和 fullOuterJoin 的区别。

2. 简述在 DataSet 程序中进行分组聚合操作时,使用转换算子 reduce 和 reduceGroup 的区别。

第 5 章
时间与窗口

学习目标

- 熟悉时间概念,能够描述事件时间和处理时间的区别。
- 熟悉窗口分类,能够描述不同窗口类型的作用。
- 掌握键控窗口和非键控窗口,能够说出这两种窗口计算方式的区别。
- 掌握窗口分配器,能够在 DataStream 程序中定义不同类型的窗口分配器。
- 掌握窗口函数,能够灵活运用不同类型的窗口函数处理窗口内的数据。
- 熟悉什么是水位线,能够详细说出水位线的作用。
- 掌握水位线的使用,能够在 DataStream 程序中灵活应用水位线处理数据乱序。
- 了解窗口触发器的应用,能够在 DataStream 程序中自定义窗口触发器。
- 了解窗口驱逐器的应用,能够在 DataStream 程序中使用内置驱逐器和自定义驱逐器。
- 了解处理延迟数据的方式,能够在 DataStream 程序中使用不同的方式处理延迟数据。

Flink 是一个擅长处理无界流的分布式处理引擎,无界流的特点是数据无休止地产生。在面对无界流的处理时,我们不可能等到所有数据都到达后再进行处理,因此更有效的做法是将无界流切分为若干有限的数据集进行处理,这就是所谓的窗口,为了确保每个数据集切分的精确控制,在 Flink 中通常以时间作为衡量标准进行数据集的切分。本章针对 Flink 的时间与窗口进行详细讲解。

5.1 时间概念

时间对于我们来说是一个再熟悉不过的概念,它是一种宝贵的资源,无论是在工作中还是在学习中,每一分每一秒都代表着生活的独特瞬间。我们应该珍视这样的时光,避免无谓的浪费,并尽可能地充实和利用好这些时间。

日常生活中的每个事件在发生时都拥有其自身的时间属性,借助事件的时间属性可以判断事件发生的先后顺序。例如,小明在 12:00:00 打开了电视,在 12:10:00 吃了一颗糖,此时可以看作打开电视和吃糖是两个事件,12:00:00 和 12:10:00 可以看作这两个事件自身的时间属性,通过事件自身的时间属性,便可以判断小明是先打开电视再吃糖,那么时间和流处理有什么关系呢?

对于流处理而言,其主要功能是无休止的处理无界流,无界流中的每条数据都可以看作一个单独的事件,那么通过流处理对无界流进行处理时,同样可以借助数据的时间属性判断数据产生的先后顺序,以此确保窗口在划分无界流的数据时可以更加精确。

Flink 根据时间产生的位置将数据的时间属性分为事件时间(Event Producer)和处理时间(Processing Time)两种类型,那么什么是时间产生的位置呢? 这里还是通过一个生活中的小例子进行说明,例如,小明给同学发送了一条短信,短信在小明的手机上点击发送时会产生一个时间,发送到小明同学的手机时同样会产生一个时间,这两个时间都可以看作该短信的时间属性,只不过产生的位置不同。为了使读者更好地理解 Flink 中事件时间和处理时间产生的位置,先来看 Flink 流处理的运行流程,如图 5-1 所示。

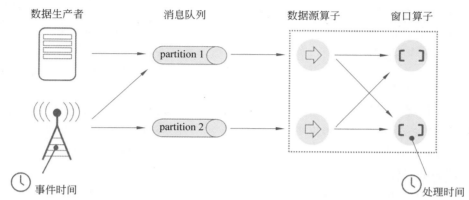

图 5-1　Flink 流处理的运行流程

从图 5-1 可以看出,数据由数据生产者产生,数据生产者可能是服务器、移动设备等,数据经由消息队列传输到 Flink 进行流处理,其中数据在数据生产者产生时的时间属性就是事件时间;数据传输到 Flink 的窗口算子进行流处理时的时间属性就是处理时间。接下来分别对事件时间和处理时间进行介绍,具体内容如下。

1. 事件时间

事件时间指的是无界流的数据在对应的数据生成者产生时的时间属性,也就是数据实际生成的时间。事件时间可以作为一个属性嵌入数据中,并随着数据一并传输到 Flink,因此可以看出,数据一旦生成,那么事件时间自然就确认了。

2. 处理时间

处理时间指的是无界流的数据传输到 Flink 的窗口算子进行处理时产生的时间属性,也就是数据实际被处理的时间。处理时间取决于进行窗口算子操作的服务器系统时间。

那么在实际应用中,该如何从这两种时间属性进行选择呢? 接下来举一个实际应用场景中经常使用的案例进行说明,电商网站经常会对用户的访问量进行统计,假设某电商网站要统计每天的用户访问量,如果某个用户在 23:59:59 访问了该网站,但是该访问记录传输 Flink 的窗口算子进行处理时已经是第二天的 00:00:01 了,那么该用户的访问记录,是应该统计到当天用户的访问量? 还是统计到第二天的用户访问量呢? 很明显,该用户的访问记录应该被统计到当天用户的访问量,不过如果使用处理时间,那么该用户的访问记录会被统计到第二天的用户访问量,这就会导致用户访问量的统计结果与实际情况产生偏差。

通过上面的例子不难发现,使用基于事件时间的窗口算子处理无界流时,其处理结果更加符合实际的业务逻辑,并且处理结果更加精准,所以在实际应用中是较为常用的,不过处理时间并不是一无是处,由于处理时间并不会通过数据产生时嵌入的时间属性判断数据产生的先后顺序,可以看作数据一旦传输到窗口算子就立即进行处理,所以基于处理时间的窗口算子对无界流进行处理时,效率会更高,通常处理时间用在实时性要求高,而对处理结果准确性要求不高的应用场景。

5.2　窗口分类

在 Flink 中,流处理主要是对无界流进行处理,而无界流的特点是数据无休止地产生,因此不可能等到所有数据都到达之后才进行处理,而是在接收无界流的同时对数据进行处理。通过基础的 DataStream API 实现的 DataStream 程序对无界流进行处理时,只能针对当前处理的结果与无界流传输的新数据进行处理,并输出处理结果,以此来周而复始地处理无界流,但是现实中无界流中的数据并不是缓慢地一条一条传输到 DataStream 程序,通常是同一时间有大量的数据传输到 DataStream 程序,这样频繁地输出结果就会给服务器带来很大的负担。

因此,更加高效的做法是,将无界流划分为多个有界流,并针对每个有界流进行处理,此时的处理结果是针对每个有界流内的所有数据,从而减少了输出处理结果的次数,此过程中产生的每个有界流都视为一个单独的窗口(Window),对于有界流的处理就视为窗口操作。按照不同角度划分,Flink 中的窗口类型是不一样的,下面介绍两种窗口分类方式。

1. 按照驱动类型分类

按照驱动类型分类,可以将窗口分为时间窗口(Time Window)和计数窗口(Count Window),其中时间窗口以时间为衡量标准,按照时间去划分无界流;计数窗口以数量作为衡量标准,按照数据的数量划分无界流。其具体介绍如下。

1) 时间窗口

时间窗口可以看作固定时间间隔发车的长途汽车,每经过一段固定的时间,便会有一辆长途汽车离开长途汽车站,每趟长途汽车内乘客的数量是不固定的,但是每趟长途汽车发车的时间间隔是固定的。同样的时间窗口在划分无界流的时候也是如此,DataStream 程序每运行一段固定的时间便生成一个窗口,每个窗口由起始时间和结束时间组成,Flink 通过窗口的起始时间和结束时间之间的时间差来描述窗口大小(Window Size),每个窗口内数据集的大小是不固定的,不过每个窗口的窗口大小是固定的,因此可以理解为时间窗口是无界流某一时间段的数据。

那么使用时间窗口划分无界流的数据时,如何确保每个窗口被分配的数据是其对应时间段内的数据呢? 这时就需要借助数据的时间属性来判断每个窗口应该分配的数据,也就是说,每个窗口仅被分配时间属性符合该窗口对应时间段内的数据,不过时间属性等于窗口结束时间的数据并不会被分配到当前窗口中。无界流的数据被分配到窗口的过程中,当数据的时间属性大于或等于某个窗口的结束时间时,便认为无界流中属于当前窗口的数据全部分配完成,此时会触发该窗口关闭,当窗口内的数据计算完成后,便将该窗口销毁。例如,每间隔 5 分钟生成一个窗口的示意图,如图 5-2 所示。

从图 5-2 可以看出,每个窗口都包含了无界流某一时间段的数据,例如,窗口 2 包含了无界流中时间段为 [08:05:00,08:10:00) 的数据,时间属性为 08:05:15、08:07:36 和 08:08:27 的数据会被分配到窗口 2 中,而时间属性为 08:10:00 的数据并没有分配到该窗口内,并且当无界流中出现时间属性为 08:10:00 的数据时,会触发窗口 2 的关闭。

2) 计数窗口

计数窗口可以看作满员就发车的长途汽车,每当长途汽车内的座位坐满乘客时,长途汽车

图 5-2　时间窗口

便会离开长途汽车站,每趟长途汽车内乘客的数量是固定的,但是每趟长途汽车发车的时间间隔是不固定的。同样的计数窗口在切分无界流的时候也是如此,DataStream 程序每接收到固定数量的数据便生成一个窗口,因此每个窗口内数据集的大小是固定的,不过每个窗口生成的时间间隔是不固定的。例如,每接收到 8 条数据生成一个窗口的示意图,如图 5-3 所示。

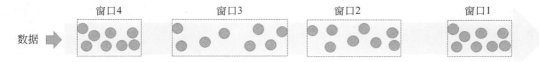

图 5-3　计数窗口

从图 5-3 可以看出,当 DataStream 程序接收到无界流中的第 1 条数据时便开启一个窗口,即窗口 1,待窗口 1 内达到 8 条数据时,便关闭窗口 1,当 DataStream 程序再次接收到无界流的数据时,便会再开启一个窗口,即窗口 2,待窗口 2 内达到 8 条数据时,便关闭窗口 2,以此类推。由此可以推断出,每个窗口生成的时间间隔,以及每个窗口的等待时间,实际上取决于 DataStream 程序接收无界流中每条数据的时间间隔。

需要注意的是,计数窗口在划分无界流时与数据的时间属性无关,一旦出现数据乱序的现象,那么将无法保证无界流中的数据会按照产生的顺序分配到对应的窗口进行处理,这将导致窗口中数据的执行结果不准确,因此在实际应用场景中,为了确保处理结果的准确性,通常使用时间窗口对无界流进行处理。本章后续内容主要以时间窗口为主进行介绍。

2. 按照数据分配规则分类

按照数据分配规则,可以将窗口分为滚动窗口、滑动窗口、会话窗口和全局窗口,具体介绍如下。

1) 滚动窗口(Tumbling Windows)

滚动窗口按照固定窗口大小划分窗口,每个窗口之间“无缝衔接”,不存在重叠也不存在间隔,因此无界流的每条数据只会分配到一个窗口。之前举例的时间窗口,使用的数据分配规则就是滚动窗口,在时间窗口中使用滚动窗口划分窗口时,窗口大小就是窗口起始时间和结束时间之间的时间差。例如,时间窗口按照固定窗口大小为 5 分钟的滚动窗口划分窗口的示意图如图 5-4 所示。

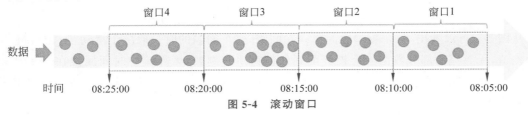

图 5-4　滚动窗口

从图 5-4 可以看出,每个窗口的窗口大小为 5 分钟,它们之间不存在重叠也不存在间隔,无界流的每条数据只会分配到一个窗口中。滚动窗口是最简单的数据分配规则,同时应用也最为广泛。

2)滑动窗口(Sliding Windows)

滑动窗口按照固定窗口大小和滑动步长(Slide)划分窗口,其中滑动步长用于控制窗口向前滑动的长度,在时间窗口中,滑动的长度可以看作当前窗口的起始时间,到下一个窗口起始时间的时间间隔,由于窗口大小是固定的,所以滑动的长度也可以看作当前窗口的结束时间,到下一个窗口结束时间的时间间隔。

通过滑动窗口划分窗口时,每个窗口之间会存在重叠或间隔,这取决于滑动步长和窗口之间的大小关系,如果滑动步长小于窗口大小,则每个窗口之间会存在重叠,无界流中的部分数据会被分配到多个窗口中。例如,时间窗口按照固定窗口大小 15 分钟,滑动步长为 5 分钟的滑动窗口划分窗口的示意图如图 5-5 所示。

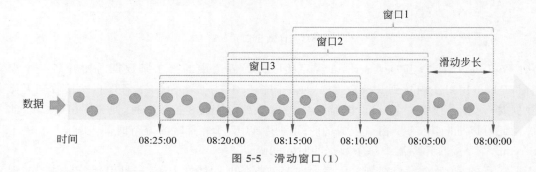

图 5-5　滑动窗口(1)

从图 5-5 可以看出,每个窗口都存在重叠的部分,无界流的部分数据会被分配到多个窗口中。例如,无界流中时间属性在 08:10:00 和 08:15:00 之间的数据会被分配到窗口 1、窗口 2 和窗口 3,因此这 3 个窗口在进行窗口计算时,会出现无界流的这部分数据被重复计算 3 次。

如果滑动步长大于窗口大小,则每个窗口之间会存在间隔,无界流中的部分数据不会被分配到任何窗口中。例如,时间窗口按照固定窗口大小 10 分钟,滑动步长为 15 分钟的滑动窗口划分窗口的示意图如图 5-6 所示。

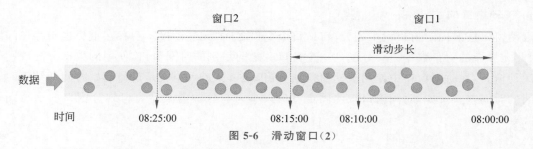

图 5-6　滑动窗口(2)

从图 5-6 可以看出,每个窗口之间都存在间隔,这个间隔的时长取决于滑动步长与窗口大小的差值,无界流的部分数据不会被分配到任何窗口。例如,无界流中时间属性在 08:10:00 和 08:15:00 之间的数据既没有被分配到窗口 1,也没有被分配到窗口 2,因此这部分无界流的数据会丢失。

如果滑动步长等于窗口大小,那么实际上和滚动窗口没有区别,每个窗口之间不存在重叠也不存在间隔,无界流的每条数据只会分配到一个窗口。例如,时间窗口按照固定窗口大小 5分钟,滑动步长为 5 分钟的滑动窗口划分窗口的示意图与图 5-4 一致。

由于滑动步长等于窗口大小时,与滚动窗口效果一致,滑动步长大于窗口大小时,会出现数据丢失,所以通常情况下,使用滑动窗口时,滑动步长要小于窗口大小,并且滑动步长与窗口大小之间最好保持整数倍的关系。

3) 会话窗口(Session Windows)

会话窗口根据会话间隙(Session Gap)划分窗口,所谓会话间隙是指 DataStream 程序的窗口算子接收到无界流传输的两条数据时,这两条数据时间属性的时间差。当窗口算子接收到无界流传输的数据时,会为每条数据生成一个窗口,每个窗口的起始时间为数据的时间属性,并且根据会话间隙确定每个窗口的结束时间,如果两个窗口之间存在交集,即两条数据时间属性的时间差没有超过会话间隙,则将两个窗口合并为一个新的窗口;如果新的窗口与再次生成的窗口之间不存在交集,即两条数据时间属性的时间差超过会话间隙,则新的窗口会自动关闭;以此重复进行创建窗口和合并窗口的操作。有关会话窗口划分窗口的示意图如图 5-7所示。

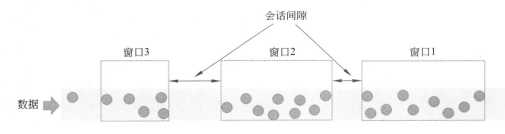

图 5-7　会话窗口

从图 5-7 可以看出,每个窗口的起始时间、结束时间、窗口大小和数据量都是不固定的,虽然每个窗口之间存在间隔,但不会像滑动窗口那样出现数据丢失的问题。需要注意的是,如果会话间隙设置过大,或者无界流的数据比较紧密,会出现窗口一直在合并。

4) 全局窗口(Global Windows)

全局窗口将无界流的所有数据都分配到一个窗口中进行处理,除非用户自定义触发器,否则窗口不会关闭,如图 5-8 所示。

图 5-8　全局窗口

从图 5-8 可以看出,使用全局窗口划分的窗口并没有结束时间。

5.3 键控和非键控窗口

窗口计算是窗口对无界流进行处理的核心,在 DataStream 程序中,按照计算的无界流是否被分区,可以将窗口计算的方式分为键控窗口(Keyed Windows)和非键控窗口(Non-Keyed Windows),其中键控窗口用于对分区后的无界流进行计算;非键控窗口直接对无界流进行计算,5.2 节演示的示意图都是基于非键控窗口。接下来以时间窗口的键控窗口和非键控窗口为例进行详细讲解。

1. 键控窗口

使用键控窗口的方式执行窗口计算之前,首先需要使用转换算子 keyBy 将无界流按照指定 key 进行分区;然后再调用窗口算子 window 执行窗口计算,每个分区内的数据会单独占用一个任务执行计算,多个分区之间执行并行计算(除非并行度为 1),最后得到每个窗口中不同分区内数据的计算结果。键控窗口的示意图如图 5-9 所示。

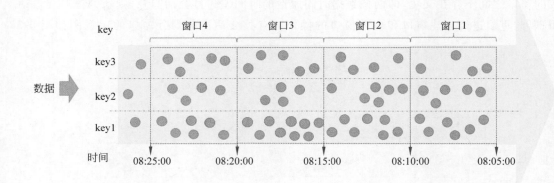

图 5-9 键控窗口的示意图

从图 5-9 可以看出,每个窗口内的数据根据指定 key 被分为 3 个分区,即 key1、key2 和 key3,在执行窗口计算时,每个分区会并行计算包含的数据,得出不同分区的计算结果。

在 DataStream 程序中,以键控窗口的计算方式执行窗口计算的语法格式如下。

```
keyBy(…)      //分区操作
.window(…)    //窗口分配器
[.trigger(…)]   //窗口触发器
[.evictor(…)]   //窗口驱逐器
[.allowedLateness(…)]   //延迟处理数据
[.sideOutputLateData(…)]   //指定旁路输出
.reduce()/aggregate()/process()    //窗口函数
```

针对上述程序结构进行如下讲解。

- window(…):用于通过窗口算子 window 指定窗口分配器(WindowAssigner),窗口分配器用于指定无界流中数据的分配规则。

- trigger(…):可选,用于指定窗口触发器,默认情况下,除全局窗口分配器之外,其他窗口分配器都有默认触发器,不需要单独配置,如果窗口分配器的默认触发器无法满足实际应用场景,则可以自定义触发器。

- evictor(…)：可选,用于指定窗口驱逐器,通过自定义窗口驱逐器,可以在无界流的数据进入窗口函数之前移除指定数据,也可以在无界流的数据进入窗口函数之后移除指定数据,默认情况下窗口驱逐器不移除无界流的任何数据。
- allowedLateness(…)：可选,用于指定是否延迟处理数据,默认情况不延迟处理,所谓延迟处理数据是指延长窗口的结束时间,从而等待属于该窗口但延迟到达的数据。
- sideOutputLateData(…)：可选,用于指定 Side Outputs(旁路输出)的标签,该标签可以收集被遗弃的延迟到达数据。
- reduce()/aggregate()/process()：用于指定窗口函数,窗口函数可以根据指定逻辑对窗口内的数据进行计算。

2. 非键控窗口

使用非键控窗口的计算方式执行窗口计算时,直接调用窗口算子 windowsAll 对无界流进行窗口计算即可,每个窗口占用一个任务执行计算,由于 5.2 节演示的示意图都是基于非键控窗口,所以这里不再通过示意图展示。在 DataStream 程序中,以非键控窗口的计算方式执行窗口计算的语法格式如下。

```
windowAll(…)
[.trigger(…)]
[.evictor(…)]
[.allowedLateness(…)]
[.sideOutputLateData(…)]
.reduce()/aggregate()/process()
```

上述程序结构中,windowAll(…)用于通过窗口算子 windowAll 指定窗口分配器,其他内容可参照基于键控窗口的计算方式执行计算的语法格式介绍。

📖 **多学一招：计数窗口实现不同窗口计算方式**

在 DataStream 程序中,计数窗口以键控窗口的计算方式执行窗口计算的语法格式如下。

```
keyBy(…)
.countWindow(size,slide)
[.trigger(…)]
[.evictor(…)]
[.allowedLateness(…)]
[.sideOutputLateData(…)]
.reduce()/aggregate()/process()
```

上述程序结构中,countWindow(…)表示通过窗口算子 countWindow 指定窗口分配器,其中 size 用于指定窗口大小,即每个窗口的数据量;slide 用于指定滑动步长,即 DataStream 程序接收无界流传输多少条数据时,开启新的窗口,默认 slide 的值等于 size 的值,即 slide 为可选值。例如,size 为 10,slide 为 5,表示每当 DataStream 程序接收无界流传输的 5 条数据时,便开启一个窗口,DataStream 程序会向该窗口分配最近接收的 10 条数据,由此可以看出,计数窗口仅支持滚动窗口和滑动窗口的数据分配规则。

在 DataStream 程序中,计数窗口以非键控窗口的计算方式执行窗口计算的语法格式如下。

```
countWindowAll(size,slide)
[.trigger(…)]
[.evictor(…)]
[.allowedLateness(…)]
[.sideOutputLateData(…)]
.reduce()/aggregate()/process()
```

上述程序结构中,countWindowAll(…)表示通过窗口算子 countWindowAll 指定窗口分配器。

5.4　窗口分配器

在 DataStream 程序中,执行窗口计算的第一步是在构建窗口算子时定义窗口分配器,窗口分配器用于将数据分配到不同的窗口中进行处理。Flink 提供了 4 种类型的窗口分配器,每一种窗口分配器对应了一种窗口类型,即滚动窗口、滑动窗口、会话窗口和全局窗口,其中滚动窗口、滑动窗口和会话窗口类型的窗口分配器可以根据数据的时间属性,定义数据应该被分配到哪个窗口中。接下来详细介绍如何在 DataStream 程序中构建时间窗口的窗口算子时,定义不同类型的窗口分配器,具体内容如下。

1. 定义滚动窗口类型的窗口分配器

由于数据的时间属性分为事件时间和处理时间,所以滚动窗口类型的窗口分配器分为 TumblingEventTimeWindows 和 TumblingProcessingTimeWindows 两种类型,前者用于根据数据的事件时间分配数据;后者用于根据数据的处理时间分配数据。有关在 DataStream 程序中以不同计算方式执行窗口计算时,定义滚动窗口类型的窗口分配器的语法格式如下。

```
//以键控窗口的计算方式执行窗口计算,根据数据的事件时间分配数据
keyBy(…)
.window(TumblingEventTimeWindows.of(size))
……
//以键控窗口的计算方式执行窗口计算,根据数据的处理时间分配数据
keyBy(…)
.window(TumblingProcessingTimeWindows.of(size))
……
//以非键控窗口的计算方式执行窗口计算,根据数据的事件时间分配数据
windowAll(TumblingEventTimeWindows.of(size))
……
//以非键控窗口的计算方式执行窗口计算,根据数据的处理时间分配数据
windowAll(TumblingProcessingTimeWindows.of(size))
……
```

上述示例代码中,size 用于指定窗口大小,可选时间单位为天、时、分、秒和毫秒,对应的实现方式分别是 Time.days(days)、Time.hours(hours)、Time.minutes(minutes)、Time.seconds(seconds)和 Time.milliseconds(milliseconds)。例如,指定窗口大小为 5 秒,则实现方式为 Time.seconds(5)。

2. 定义滑动窗口类型的窗口分配器

滑动窗口类型的窗口分配器同样根据数据的时间属性分为 SlidingEventTimeWindows 和 SlidingProcessingTimeWindows 两种类型,前者用于根据数据的事件时间分配数据,后者

用于根据数据的处理时间分配数据。有关在 DataStream 程序中以不同计算方式执行窗口计算时,定义滑动窗口类型的窗口分配器的语法格式如下。

```
//以键控窗口的计算方式执行窗口计算,根据数据的事件时间分配数据
keyBy(…)
.window(SlidingEventTimeWindows.of(size,slide))
……
//以键控窗口的计算方式执行窗口计算,根据数据的处理时间分配数据
keyBy(…)
.window(SlidingProcessingTimeWindows.of(size,slide))
……
//以非键控窗口的计算方式执行窗口计算,根据数据的事件时间分配数据
windowAll(SlidingEventTimeWindows.of(size,slide))
……
//以非键控窗口的计算方式执行窗口计算,根据数据的处理时间分配数据
windowAll(SlidingProcessingTimeWindows.of(size,slide))
……
```

上述代码中,size 用于指定窗口大小;slide 用于指定滑动步长。size 和 slide 的可选时间单位为天、时、分、秒和毫秒,实现方式与定义滚动窗口类型分配器时 size 的实现方式一致。

3. 定义会话窗口类型的窗口分配器

会话窗口类型的窗口分配器同样根据数据的时间属性分为 EventTimeSessionWindows 和 ProcessingTimeSessionWindows 两种类型,前者用于根据数据的事件时间分配数据,后者用于根据数据的处理时间分配数据。有关在 DataStream 程序中以不同计算方式执行窗口计算时,定义会话窗口类型的窗口分配器的语法格式如下。

```
//以键控窗口的计算方式执行窗口计算,根据数据的事件时间分配数据
keyBy(…)
.window(EventTimeSessionWindows.withGap(size))
……
//以键控窗口的计算方式执行窗口计算,根据数据的处理时间分配数据
keyBy(…)
.window(ProcessingTimeSessionWindows.withGap(size))
……
//以非键控窗口的计算方式执行窗口计算,根据数据的事件时间分配数据
windowAll(EventTimeSessionWindows.withGap(size))
……
//以非键控窗口的计算方式执行窗口计算,根据数据的处理时间分配数据
windowAll(ProcessingTimeSessionWindows.withGap(size))
……
```

上述代码中,size 用于指定会话间隙。size 可选时间单位为天、时、分、秒和毫秒,实现方式与定义滚动窗口类型分配器时 size 的实现方式一致。

4. 定义全局窗口类型的窗口分配器

全局窗口类型的窗口分配器为 GlobalWindows,它是计数窗口的底层实现。由于全局窗口只包含一个窗口,所以无法根据数据的时间属性来分配数据。有关在 DataStream 程序中以不同计算方式执行窗口计算时,定义全局窗口类型的窗口分配器的语法格式如下。

```
//以键控窗口的计算方式执行窗口计算
keyBy(…)
.window(GlobalWindows.create())
……
//以非键控窗口的计算方式执行窗口计算
windowAll(GlobalWindows.create())
……
```

5.5 窗口函数

定义了窗口分配器,只是知道了数据被分配到哪个窗口,可以通过不同的窗口将数据收集起来,至于这些数据收集起来到底要做什么,则必须再跟上一个定义窗口如何进行计算的操作,这就是所谓的窗口函数(Window Functions)。DatasStream API 提供了 3 种类型的窗口函数供用户使用,它们分别是 ReduceFunction、AggregateFunction 和 ProcessFunction,本节针对这 3 种窗口函数的概念和使用进行详细讲解。

5.5.1 ReduceFunction

使用 ReduceFunction 对窗口内的数据进行计算时,每当数据被分配到指定的窗口,便会立即根据 ReduceFunction 定义的处理逻辑执行一次计算,并将计算结果保存为状态。状态可以看作窗口已收集数据的临时计算结果,除窗口第一次进行计算之外,后续每次分配到窗口的数据都会基于状态进行计算,并根据计算结果更新已存在的状态,因此使用 ReduceFunction 对窗口内的数据进行计算时,窗口仅需要维护状态即可,不需要缓存窗口收集的所有数据。这就是 Flink 所谓的有状态流处理,通过这种方式可以极大地提高程序运行的效率,在实际应用中最为常用。

在构建 DataStream 程序中的窗口算子时,可以利用 reduce()方法,并在其中实例化一个匿名内部类对象来实现 ReduceFunction 接口。通过实现 ReduceFunction 接口的抽象方法 reduce(),可以使用 ReduceFunction 对窗口内的数据进行计算,其语法格式如下。

```
//以键控窗口的计算方式执行窗口计算
keyBy(…)
.window(…)
.reduce(new ReduceFunction<inputDataType>() {
  @Override
  public outputDataType reduce(inputDataType value1,inputDataType value2)
throws Exception {
    return resultData;
    }
});
```

上述语法格式中,inputDataType 表示分配到窗口内数据和状态的数据类型;当窗口第一次进行计算时,value1 和 value2 分别表示分配到窗口的第一条数据和第二条数据;当窗口后续再次计算时,value1 和 value2 分别表示状态和分配到窗口的数据;outputDataType 表示计算结果的数据类型;resultData 表示计算结果。

需要注意的是,由于 ReduceFunction 会根据每次计算结果更新状态,所以 inputDataType

和 outputDataType 的数据类型须保持一致。

接下来通过一段示例代码演示如何在 DataStream 程序中构建窗口算子时，使用 ReduceFunction 对窗口内的数据进行计算，具体代码如下。

```
1  DataStream<Long> reduceDataStream = priceDataStream
2      .windowAll(TumblingProcessingTimeWindows.of(Time.seconds(10)))
3    .reduce(new ReduceFunction<Long>() {
4        @Override
5        public Long reduce(Long value1, Long value2) throws Exception {
6            long result = value1 + value2;
7            return result;
8        }
9    });
```

上述代码中，第 2 行代码，指定以非键控窗口的计算方式执行窗口计算，并且定义滚动窗口类型的窗口分配器，指定的窗口大小为 10 秒；第 3～9 行代码，使用 ReduceFunction 对窗口内的数据进行计算，指定分配到窗口的数据、状态和计算结果的数据类型为 Long，指定处理数据的逻辑为相加，即第一次计算时，分配到窗口的第一条数据和第二条数据进行相加，并将计算结果更新为状态，后续分配到窗口的数据会与状态进行相加。

📖 **多学一招**：通过自定义类实现接口的方式使用 **ReduceFunction**

除了通过在 reduce() 方法中实例化一个匿名内部类对象实现接口 ReduceFunction 的方式，使用 ReduceFunction 对窗口内的数据进行计算之外，还可以通过自定义类实现接口 ReduceFunction 的方式使用 ReduceFunction 对窗口内的数据进行计算，这种方式可以有效减少 DataStream 核心程序的代码量，并且便于查看 DataStream 程序的逻辑结构。例如，自定义一个类 MyReduceFunciton 实现接口 ReduceFunction，其示例代码如下。

```
1  public class MyReduceFunciton implements ReduceFunction<Long> {
2      @Override
3      public Long reduce(Long value1, Long value2) throws Exception {
4          long result = value1 + value2;
5          return result;
6      }
7  }
```

此时，如果想使用 ReduceFunction 对窗口内的数据进行计算，便可以执行在 reduce() 方法中实例化类 MyReduceFunciton，其示例代码如下。

```
1  DataStream<Long> reduceDataStream = priceDataStream
2      .windowAll(TumblingProcessingTimeWindows.of(Time.seconds(10)))
3    .reduce(new MyReduceFunciton());
```

5.5.2　AggregateFunction

使用 AggregateFunction 对窗口内的数据进行计算的实现原理与 ReduceFunciton 相似，都需要维护窗口内的状态，这两者不同的是，使用 ReduceFunciton 对窗口内的数据进行计算时，存在一个限制，那就是必须确保分配到窗口内的数据、状态和计算结果的数据类型都一致；而使用 AggregateFunction 对窗口内的数据进行计算时，取消了分配到窗口内的数据、状态和计算结果的数据类型都一致的限制。

那么取消这一限制的好处是什么呢? 例如,计算每个窗口内数据的平均值,那么窗口内的状态需要存在两个状态值,分别是数据总数和总和,通过对这两个值进行相除的计算获取平均值。如果使用 ReduceFunciton 对窗口内的数据进行计算,那么在数据被分配到窗口之前,需要通过 map 算子对数据先进行转换操作,将数据转换为与状态相同的数据类型,并且为了确保计算结果与状态的数据类型保持一致,在 ReduceFunciton 的处理逻辑中只能计算数据总数和总和,如果要获取每个窗口的平均值,还需要通过 map 算子对 ReduceFunciton 的计算结果再进行一次转换。这样看来,本来只需要一步就能完成的操作,现在需要 map→ReduceFunciton→map 这 3 个步骤才能完成,这显然是不够高效的。

在构建 DataStream 程序中的窗口算子时,可以利用 aggregate()方法,并在其中实例化一个匿名内部类对象来实现 AggregateFunction 接口。通过实现 AggregateFunction 接口的抽象方法 createAccumulator()、add()、getResult()和 merge(),可以使用 AggregateFunction 对窗口内的数据进行计算,其语法格式如下。

```
//以键控窗口的计算方式执行窗口计算
keyBy(…)
.window(…)
.aggregate(new AggregateFunction<
                inputDataType,
                accumulatorDataType,
                outputDataType>() {
    @Override
    public accumulatorDataType createAccumulator() {
        return accumulatorDefaultValue;
    }
    @Override
    public accumulatorDataType add(
            inputDataType inputData,
            accumulatorDataType accumulator) {
        return accumulatorLogic;
    }
    @Override
    public outputDataType getResult(accumulatorDataType accumulator) {
        return outputData;
    }
    @Override
    public accumulatorDataType merge(
            accumulatorDataType accumulator1,
            accumulatorDataType accumulator2) {
        return accumulatormergeValue;
    }
});
```

通过上述语法格式可以看出,在实例化匿名内部类对象实现接口 AggregateFunction 时需要指定 inputDataType、accumulatorDataType 和 outputDataType 这 3 个参数,它们分别表示分配到窗口数据的数据类型、累加器的数据类型和计算结果的数据类型,其中累加器的数据类型可以理解为状态的数据类型。接下来分别介绍 createAccumulator()、add()、getResult()

和 merge()方法的作用。

- createAccumulator()：该方法用于创建一个累加器，创建累加器的同时会初始化状态，其中 accumulatorDataType 用于指定累加器的数据类型；accumulatorDefaultValue 用于指定初始化状态的默认值，该方法在每个窗口中仅调用一次。
- add()：该方法用于更新累加器中状态的值，可以基于分配到窗口的数据更新状态的值，其中 accumulatorDataType 用于指定累加器的数据类型；inputDataType 用于指定分配到窗口数据的数据类型；accumulatorLogic 用于指定更新累加器中状态值的逻辑。
- getResult()：该方法用于指定分配到窗口内数据的处理逻辑并输出计算结果，可以基于累加器中状态的值处理分配到窗口内的数据，其中 outputDataType 用于指定计算结果的数据类型；accumulatorDataType 用于指定累加器的数据类型；outputData 用于指定计算结果。
- merge()：该方法用于指定两个窗口合并累加器的逻辑，主要用于会话窗口，因为会话窗口会频繁地创建和合并窗口，其中 accumulatorDataType 用于指定累加器的数据类型；accumulatormergeValue 用于指定累加器合并后的状态值，如果定义的窗口分配器不是会话窗口类型，则可以设置为 null。

需要注意的是，这 4 个方法中，inputDataType、accumulatorDataType 和 outputDataType 的数据类型必须与实例化匿名内部类对象实现接口 AggregateFunction 时指定的数据类型一致。

接下来通过一段示例代码演示如何在 DataStream 程序中构建窗口算子时，使用 AggregateFunction 对窗口内的数据进行计算，具体代码如下。

```
1  DataStream<Tuple2<String, Double>> aggregateDataStream =
2          productDataStream
3          .keyBy(
4                  new KeySelector<Tuple2<String, Long>, String>() {
5                  @Override
6                  public String getKey(Tuple2<String, Long> productData)
7                          throws Exception {
8                          return productData.f0;
9                  }
10         })
11         .window(SlidingProcessingTimeWindows.of(
12                 Time.seconds(10),
13                         Time.seconds(5)))
14         .aggregate(new AggregateFunction<Tuple2<String, Long>,
15                 Tuple3<String, Long, Long>, Tuple2<String, Double>>() {
16  /**
17  * 创建累加器,指定的数据类型为 Tuple3<String, Long, Long>
18  * 状态的第一个元素用于记录 key
19  * 状态的第二个元素用于记录中间数(窗口已采集数据的计算结果)
20  * 状态的第三个元素用于记录数据的数量
21  * 初始化状态的第一个元素值为空,第二个元素值为 0,第三个元素值为 0
22  */
23             @Override
24             public Tuple3<String, Long, Long> createAccumulator() {
```

```
25              return new Tuple3<>("", 0L, 0L);
26          }
27  /**
28   * 根据分配到窗口的数据更新状态值
29   * 指定数据的第一个元素更新状态的第一个元素值,即状态记录的 key
30   * 指定数据的第二个元素与状态的第二个元素值进行累加,根据累加结果更新状态记录的中间数
31   * 在状态第 3 个元素值的基础上加 1,更新状态记录数据的数量
32   * 通过返回值更新状态值
33   */
34          @Override
35          public Tuple3<String, Long, Long> add(
36                  Tuple2<String, Long> inputData,
37                  Tuple3<String, Long, Long> accumulator) {
38              String key = inputData.f0;
39              Long data = inputData.f1 + accumulator.f1;
40              long num = accumulator.f2 + 1L;
41              return new Tuple3<>(key, data, num);
42          }
43  /**
44   * 指定计算结果的数据类型为 Tuple2<String, Double>
45   * 计算结果的第一个元素为状态记录的 key
46   * 计算结果的第二个元素为状态记录的中间数与数据数量相除的结果
47   * 通过返回值输出计算结果
48   */
49          @Override
50          public Tuple2<String, Double> getResult(
51                  Tuple3<String, Long, Long> accumulator) {
52              double data = accumulator.f1.doubleValue();
53              double num = accumulator.f2.doubleValue();
54              double avg = data / num;
55              return new Tuple2<>(accumulator.f0, avg);
56          }
57          @Override
58          public Tuple3<String, Long, Long> merge(
59                  Tuple3<String, Long, Long> accumulator1,
60                  Tuple3<String, Long, Long> accumulator2) {
61              return null;
62          }
63      });
```

上述代码中,第 3～10 行代码,将无界流中每条数据的第一个元素作为 key 进行分区;第 11～13 行代码,指定以键控窗口的计算方式执行窗口计算,并且定义滑动窗口类型的窗口分配器,指定的窗口大小和滑动步长分别为 10 秒和 5 秒;第 14～63 行代码,使用 AggregateFunction 对窗口内的数据进行计算,由于定义的窗口分配器不是会话窗口类型,所以 merge() 方法的返回值直接指定为 null 即可。

📖 多学一招:通过自定义类实现接口的方式使用 AggregateFunction

使用 AggregateFunction 对窗口内的数据进行计算时,可以通过自定义类实现接口 AggregateFunction 的方式使用 AggregateFunction 对窗口内的数据进行计算。例如,自定义

一个类 MyAggregateFunction 实现接口 AggregateFunction，其示例代码如下。

```
1  public class MyAggregateFunction implements AggregateFunction<
2          Tuple2<String,Long>,
3          Tuple3<String,Long,Long>,
4          Tuple2<String,Double>> {
5      @Override
6      public Tuple3<String, Long, Long> createAccumulator() {
7          return new Tuple3<>("",0L,0L);
8      }
9      @Override
10     public Tuple3<String, Long, Long> add(
11             Tuple2<String, Long> inputData,
12             Tuple3<String, Long, Long> accumulator) {
13         String key = inputData.f0;
14         long data = inputData.f1 + accumulator.f1;
15         long num = accumulator.f2 + 1L;
16         return new Tuple3<>(key,data,num);
17     }
18     @Override
19     public Tuple2<String, Double> getResult(
20             Tuple3<String, Long, Long> accumulator) {
21         double data = accumulator.f1.doubleValue();
22         double num = accumulator.f2.doubleValue();
23         double avg = data / num;
24         return new Tuple2<>(accumulator.f0,avg);
25     }
26     @Override
27     public Tuple3<String, Long, Long> merge(
28             Tuple3<String, Long, Long> accumulator1,
29             Tuple3<String, Long, Long> accumulator2) {
30         return null;
31     }
32 }
```

此时，如果想使用 AggregateFunction 对窗口内的数据进行计算，那么可以在 aggregate()
方法中实例化类 MyAggregateFunction，其示例代码如下。

```
1  DataStream<Tuple2<String, Double>> aggregateDataStream =
2          productDataStream
3          .keyBy(
4                  new KeySelector<Tuple2<String, Long>, String>() {
5              @Override
6              public String getKey(Tuple2<String, Long> productData)
7                      throws Exception {
8                  return productData.f0;
9              }
10         })
11         .window(SlidingProcessingTimeWindows.of(
12                 Time.seconds(10),
13                     Time.seconds(5)))
14         .aggregate(new MyAggregateFunction());
```

5.5.3 ProcessFunction

与 ReduceFunction 和 AggregateFunction 不同的是,使用 ProcessFunction 对窗口内的数据进行计算时,分配到窗口的数据不会立即被计算,而是缓存在窗口内部,当窗口触发关闭执行计算时,从该窗口内部的缓存中获取所有数据进行计算,并输出计算结果。相较于 ReduceFunction 和 AggregateFunction 而言,使用 ProcessFunction 对窗口内的数据进行计算的效率较低,因为 ProcessFunction 会缓存所有分配到窗口的数据,这使得窗口执行计算时的数据量会非常大。不过,ProcessFunction 输出的计算结果包含窗口的属性信息,如窗口起始时间、窗口结束时间等,这是 ReduceFunction 和 AggregateFunction 无法实现的。

根据计算方式的不同,可以将 ProcessFunction 分为 ProcessWindowFunction 和 ProcessAllWindowFunction,前者用于键控窗口的计算方式,后者用于非键控窗口的计算方式。

在构建 DataStream 程序中的窗口算子时,可以利用 process()方法,并在其中实例化类 ProcessWindowFunction 或 ProcessAllWindowFunction。通过重写类的方法 process(),可以使用 ProcessFunction 对窗口内的数据进行计算,其语法格式如下。

```
//以键控窗口的计算方式执行窗口计算
keyBy(…)
.window(…)
.process(new ProcessWindowFunction<
                inputDataType,
                outputDataType,
                keyDataType,
                TimeWindow>() {
    @Override
    public void process(
            Key key,
            Context context,
            Iterable<inputDataType> iterable,
            Collector<outputDataType> collector)
            throws Exception {
        collector.collector(resultData);
    }
})
//以非键控窗口的计算方式执行窗口计算
windowAll(…)
.process(new ProcessAllWindowFunction<
                inputDataType,
                outputDataType,
                TimeWindow>() {
        @Override
        public void process(
            Context context,
            Iterable<inputDataType> iterable,
            Collector<outputDataType> collector)
```

```
                    throws Exception {
                collector.collector(resultData);
            }
        })
```

上述语法格式中,inputDataType 用于指定分配到窗口数据的数据类型;outputDataType 用于指定计算结果的数据类型;keyDataType 用于指定 key 的数据类型;TimeWindow 表示窗口类型为时间窗口,如果是计数窗口,则为 GlobalWindow;context 表示窗口的上下文对象,可以通过该对象提供的方法获取窗口的属性信息,如获取窗口的起始时间;iterable 表示迭代器对象,该对象中缓存了窗口的所有数据;collector 表示收集器对象,可以通过该对象提供的 collect()方法输出计算结果;resultData 用于指定计算结果。

接下来通过一段示例代码演示如何在 DataStream 程序中构建窗口算子时,使用类型为 ProcessAllWindowFunction 的 ProcessFunction 对窗口内的数据进行计算,具体代码如下。

```
1   DataStream<Long> processDataStream =
2       productDataStream
3       .windowAll(TumblingProcessingTimeWindows.of(Time.seconds(10)))
4       .process(new ProcessAllWindowFunction<
5               Tuple2<String, Long>,
6               Long,
7               TimeWindow>() {
8          @Override
9          public void process(
10                  Context context,
11                  Iterable<Tuple2<String, Long>> iterable,
12                  Collector<Long> collector) throws Exception {
13              long result = 0L;
14              for   (Tuple2<String, Long> iterableData : iterable) {
15                  result = result + iterableData.f1;
16              }
17              collector.collect(result);
18              System.out.println(
19                  "窗口起始时间:" + context.window().getStart()
20                  + "\n"
21                  + "窗口结束时间:" + context.window().getEnd()
22              );
23          }
24      });
```

上述代码中,第 3 行代码,指定以非键控窗口的计算方式执行窗口计算,并且定义滚动窗口类型的窗口分配器,指定的窗口大小为 10 秒;第 4~24 行代码,使用类型为 ProcessAllWindowFunction 的 ProcessFunction 对窗口内的数据进行计算,其中第 14~16 行代码,通过遍历迭代器获取窗口内的所有数据;第 18~22 行代码,在控制台打印当前窗口的起始时间和结束时间。

📖 **多学一招:通过自定义类继承类的方式使用 ProcessFunction**

使用 ProcessFunction 对窗口内的数据进行计算时,可以通过自定义类继承类 ProcessWindowFunction 或 ProcessAllWindowFunction 的方式使用 ProcessFunction 对窗口内的数据进行计算。例如，自定义一个类 MyProcessFunction 继承类 ProcessWindowFunction，其示例代码如下。

```
1   public class MyProcessFunction extends ProcessWindowFunction<
2           Tuple3<String,String,Long>,
3           ResultPOJO,
4           String,
5           TimeWindow> {
6       @Override
7       public void process(
8               String key,
9               Context context,
10              Iterable<Tuple3<String, String, Long>> iterable,
11              Collector<ResultPOJO> collector) throws Exception {
12          SimpleDateFormat sdf = new SimpleDateFormat("yyyy-MM-dd HH:mm:ss");
13          String startWinTime = sdf.format(context.window().getStart());
14          String endWinTime = sdf.format(context.window().getEnd());
15          for(Tuple3<String, String, Long> iterableData :iterable ) {
16              collector.collect(new ResultPOJO(
17                  iterableData.f1,
18                  iterableData.f0,
19                  iterableData.f2,
20                  startWinTime,
21                  endWinTime));
22          }
23      }
24  }
```

此时，如果想使用类型为 ProcessWindowFunction 的 ProcessFunction 对窗口内的数据进行计算，便可以在 process()方法中实例化类 MyProcessFunction，其示例代码如下。

```
1   productDataStream.keyBy(
2               new KeySelector<Tuple3<String, String, Long>, String>() {
3           @Override
4           public String getKey(Tuple3<String, String, Long> inputData)
5               throws Exception {
6               return inputData.f0;
7           }
8       }).window(TumblingEventTimeWindows.of(Time.seconds(10)))
9       .process(new MyProcessFunction());
```

5.5.4　窗口函数结合使用

使用 ReduceFunction 和 AggregateFunction 对窗口内的数据进行计算的优点在于执行效率较高，但是无法获取窗口的相关信息；而使用 ProcessFunction 对窗口内的数据进行计算的优点在于提供了更多的窗口信息供用户获取，如获取窗口起始时间，但是执行效率较低。在实际应用中，往往希望兼具这两者的优点，把它们结合在一起使用，结合使用的方案分为 ReduceFunction 和 ProcessFunction 结合使用，以及 AggregateFunction 和 ProcessFunction 结合使用，具体介绍如下。

1. ReduceFunction 和 ProcessFunction 结合使用

在构建 DataStream 程序中的窗口算子时,可以在 reduce()方法内部实例化一个匿名内部类对象来实现 ReduceFunction 接口的同时,再实例化类 ProcessWindowFunction 或 ProcessAllWindowFunction,将 ReduceFunction 和 ProcessFunction 结合使用,具体语法格式如下。

```
//以键控窗口的计算方式执行窗口计算
keyBy(…)
.window(…)
.reduce(
       new ReduceFunction<inputDataType>(){…},
       new ProcessWindowFunction<
                 inputDataType,
                 outputDataType,
                 keyDataType,
                 TimeWindow>() {…}
       )
//以非键控窗口的计算方式执行窗口计算
windowAll(…)
.reduce(
       new ReduceFunction<inputDataType>(){…},
       new ProcessAllWindowFunction<
                 inputDataType,
                 outputDataType,
                 TimeWindow>() {…}
       )
```

需要注意的是,ReduceFunction 和 ProcessFunction 结合使用时,ReduceFunction 与 ProcessFunction 的 inputDataType 所指定的数据类型必须一致,因为 ReduceFunction 最终的计算结果会作为 ProcessFunction 输入的数据。

2. AggregateFunction 和 ProcessFunction 结合使用

在构建 DataStream 程序中的窗口算子时,可以在 aggregate()方法内部实例化一个匿名内部类对象来实现 AggregateFunction 接口的同时,再实例化类 ProcessWindowFunction 或 ProcessAllWindowFunction,将 AggregateFunction 和 ProcessFunction 结合使用,具体语法格式如下。

```
//以键控窗口的计算方式执行窗口计算
keyBy(…)
.window(…)
.aggregate(
       new AggregateFunction<
                 inputDataType,
                 accumulatorDataType,
                 outputDataType>(){…},
       new ProcessWindowFunction<
                 inputDataType,
```

```
                    outputDataType,
                    keyDataType,
                    TimeWindow>(){…}
        )
//以非键控窗口的计算方式执行窗口计算
windowAll(…)
.aggregate(
        new AggregateFunction<
                    inputDataType,
                    accumulatorDataType,
                    outputDataType>(){…},
        new ProcessAllWindowFunction<
                    inputDataType,
                    outputDataType,
                    TimeWindow>() {…}
        )
```

需要注意的是，AggregateFunction 和 ProcessFunction 结合使用时，AggregateFunction 的 outputDataType 必须与 ProcessFunction 的 inputDataType 所指定的数据类型一致，因为 AggregateFunction 最终的计算结果会作为 ProcessFunction 输入的数据。

接下来通过一段示例代码演示如何在 DataStream 程序中构建窗口算子时，将类型为 ProcessAllWindowFunction 的 ProcessFunction 与 ReduceFunction 结合使用，对窗口内的数据进行计算，具体示例代码如下。

```
1  inputDataStream
2  .keyBy(new KeySelector<OrderPOJO, String>() {
3    @Override
4    public String getKey(OrderPOJO orderPOJO) throws Exception {
5      return orderPOJO.getProductName();
6    }
7  })
8  .window(TumblingEventTimeWindows.of(Time.seconds(50)))
9  .reduce(new ReduceFunction<OrderPOJO>() {
10     @Override
11     public OrderPOJO reduce(OrderPOJO value1, OrderPOJO value2)
12        throws Exception {
13       return value1.getOrderPrice() >
14            value2.getOrderPrice() ? value2 : value1;
15     }
16    },
17    new ProcessWindowFunction<
18        OrderPOJO,
19        Tuple2<Long, OrderPOJO>,
20        String,
21        TimeWindow>() {
22     @Override
23     public void process(
24        String key,
25        Context context,
```

```
26              Iterable<OrderPOJO> iterable,
27              Collector<Tuple2<Long, OrderPOJO>> collector)
28                throws Exception {
29          OrderPOJO next = iterable.iterator().next();
30          collector.collect(
31              new Tuple2<Long,OrderPOJO>(
32                  context.window().getStart(),
33                  next));
34          }
35       }
36    );
```

上述代码中，第 9～16 行代码，使用 ReduceFunction 对分配到窗口内的数据进行计算；第 17～36 行代码，使用类型为 ProcessAllWindowFunction 的 ProcessFunction 对 ReduceFunction 最终的计算结果进行处理，并输出窗口的计算结果。

5.6　水位线

5.6.1　什么是水位线

基于事件时间的时间窗口在进行窗口计算时，数据的时间属性不依赖于系统时间，而是基于数据自带的时间戳定义一个时钟，用于衡量事件时间的进展。在理想状态下，数据是有序的，它们按照生成的先后顺序推动时钟。但是，在实际状态下，由于网络传输延迟或分布式系统影响等原因，往往会出现数据乱序的现象。此时，便不能简单地通过数据自带的时间戳来衡量事件时间的进展，而需要一种特殊的标记来衡量事件时间的进展，在 Flink 中，这种用来衡量事件时间进展的标记，就被称作水位线（Watermark），此时时间窗口关闭的条件便不再根据数据自带的时间戳大于或等于窗口结束时间，而是水位线的时间戳大于或等于窗口结束时间。

在具体实现上，水位线可以看作一个特殊的记录被插入无界流中，其主要内容就是一个时间戳，用于指定当前的事件时间，水位线插入无界流的位置，是在某个数据到来之后，这样就可以从这个数据中提取时间戳，作为当前水位线的时间戳，如图 5-10 所示。

图 5-10　水位线

在图 5-10 中，每条数据都自带了时间戳，这里为了便于展示，通过一个整数来表示时间戳，时间单位为秒。当时间戳为 1 秒的数据到来之后，其事件时间为 1 秒，此时在该数据的后面插入一个时间戳为 1 秒的水位线 W(1)，以此类推，后续每条到来的数据都会在其后面插入一个水位线。

图 5-10 所展示的是数据有序时，在无界流中插入水位线的情况，不过在实际状态中，无界流的数据会出现乱序现象，此时如果在每条数据到来之后都在其后面插入一个水位线。水位线所衡量事件时间的进展便会出现回退的现象，如图 5-11 所示。

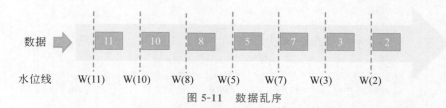

图 5-11　数据乱序

在图 5-11 中,时间戳为 7 秒的数据比时间戳为 5 秒的数据先到来,那么会向无界流中先插入水位线 W(7),再插入水位线 W(5),很显然这样是不符合逻辑的,因为时光不能倒流,同样地,水位线的时间戳不能减小。

为了解决这一问题,Flink 提供了单调递增的水位线生成策略,该策略向无界流插入水位线时,会先判断当前插入水位线的时间戳是否比之前水位线的时间戳大,否则便不会向无界流中插入水位线,如图 5-12 所示。

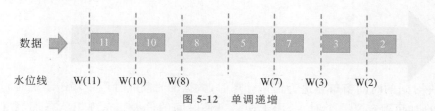

图 5-12　单调递增

从图 5-12 可以看出,当时间戳为 5 秒的数据到来之后,由于水位线 W(5)的时间戳小于水位线 W(7)的时间戳,所以并没有在其时间戳为 5 秒的数据后面插入水位线,而后续时间戳为 8 秒的数据到来之后,由于水位线 W(8)的时间戳大于 W(7)的时间戳,所以在时间戳为 8 秒的数据后面插入水位线 W(8)。

不过在实际应用中,无界流传输的数据并不会像图 5-12 那样稀疏,而是数据之间非常紧密,传输的数据量非常大,通过单调递增的水位线生成策略会向无界流插入大量的水位线,影响处理的效率,为此,Flink 提供了周期性生成水位线的策略,该策略根据系统时间周期性地向无界流插入水位线,该水位线的时间戳就是之前到来的所有数据的最大时间戳,如图 5-13 所示。

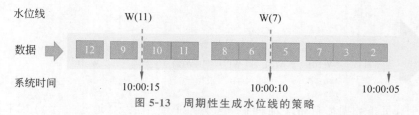

图 5-13　周期性生成水位线的策略

从图 5-13 可以看出,每当系统时间经过 5 秒,便向无界流中插入水位线,当系统时间为 10:00:10 时,之前到来所有数据的时间戳最大为 7 秒,因此向无界流中插入了一个水位线 W(7)。当系统时间为 10:00:15 时,之前到来所有数据的时间戳最大为 11 秒,因此向无界流中插入了一个水位线 W(11)。不过周期性生成水位线的策略会带来一个问题,那就是水位线在插入无界流之前,窗口是不知道事件时间进展的,因此无法关闭窗口,如果设置的周期性时间较长,那么窗口等待的时间较长。

之前提到过,水位线决定了窗口何时关闭,那么不难发现一个问题,乱序数据仍然没有得到有效解决。例如,在图 5-12 中,当时间戳为 7 秒的数据到来之后,会向无界流中插入一个水位线 W(7),此时若某个窗口的结束时间为 7 秒,那么符合水位线的时间戳大于或等于窗口结束时间的条件,此时该窗口便会关闭,那么后续到来的时间戳为 6 秒的数据便不会分配到该窗口内进行计算,导致计算结果不准确,时间戳为 6 秒的数据就是由于数据乱序延迟到达的数据。其实解决延迟到达数据的思路很简单,为了使窗口能够正确收集到延迟到达的数据,可以等上 2 秒再关闭窗口,在具体实现上就是数据的时间戳减去 2 秒作为水位线的时间戳,如图 5-14 所示。

图 5-14　解决延迟到达数据(1)

从图 5-14 可以看出,当时间戳为 7 秒的数据到来时,在其后面插入水位线的时间戳为 5 秒,此时窗口结束时间为 7 秒的窗口并不会关闭,因此后续时间戳为 5 秒的数据到来时仍然会被分配到该窗口中,只有时间戳为 10 秒的数据到来时,窗口结束时间为 7 秒的窗口才会关闭,这是因为时间戳为 10 秒的数据到来时,会在其后面插入时间戳为 8 秒的水位线,该水位线的时间戳大于窗口结束时间。

图 5-14 展示了单调递增的水位线生成策略如何解决延迟到达数据的思路。接下来,在图 5-13 的基础上,同样将数据的时间戳减去 2 秒,作为水位线的时间戳来展示周期性水位线生成策略解决延迟到达数据的思路,如图 5-15 所示。

图 5-15　解决延迟到达数据(2)

从图 5-15 可以看出,每当系统时间经过 5 秒,便向无界流中插入水位线,当系统时间为 10:00:10 时,之前到来所有数据的时间戳最大为 7 秒,此时该时间戳减去 2 秒,因此,向无界流中插入了一个水位线 W(5),当水位线 W(5)插入无界流之后,窗口结束时间小于或等于 5 秒的窗口便都会关闭。同样地,当系统时间为 10:00:15 时,之前到来所有数据的时间戳最大为 11 秒,此时该时间戳减去 2 秒,因此向无界流中插入了一个水位线 W(9),当水位线 W(9)插入无界流之后,窗口结束时间小于或等于 9 秒的窗口便都会关闭。

5.6.2　使用水位线

在 DataStream 程序中,可以调用 DataStream 对象的 assignTimestampsAndWatermarks()方法使用水位线,该方法包含一个参数 WatermarkStrategy,该参数是一个接口,用于在使用水位线时指定时间戳分配器和水位线生成器,具体内容如下。

时间戳分配器，通过实现 WatermarkStrategy 接口的 withTimestampAssigner()方法指定时间戳分配器，其作用是从数据中提取时间戳，再将时间戳作为事件时间分配给数据，提取时间戳的目的是数据本身由多个字段组成（如日志数据），而时间戳只是数据中的一个字段，因此 DataStream 程序无法识别将哪个字段可以作为数据的事件时间。

水位线生成器，可以直接实现 WatermarkStrategy 接口的 forBoundedOutOfOrderness()方法，使用 Flink 内置的水位线生成器，该水位线生成器默认使用单调递增的水位线生成策略。若想要使用周期性水位线生成策略，则需要通过执行环境进行配置，后续会补充说明。

接下来介绍使用水位线的语法格式。

```
dataStream.assignTimestampsAndWatermarks(
  WatermarkStrategy
    .<inputDataType>forBoundedOutOfOrderness(time)
    .withTimestampAssigner(timeAttribute)
)
```

上述语法格式中，inputDataType 用于定义无界流中数据的数据类型；time 用于指定数据的时间戳减去多长时间作为水位线的时间戳，可选时间单位为时、分、秒和毫秒，对应的实现方式分别是 Duration.ofHours（hours）、Duration.ofMinutes（minutes）、Duration.ofSeconds（seconds）和 Duration.ofMillis(millis)。例如，指定数据的时间戳减去 5 秒作为水位线的时间戳，则实现方式为 Duration.ofSeconds(5)；timeAttribute 用于指定从数据中提取哪个字段作为时间戳并明确作为事件时间分配给数据。

周期性水位线生成策略的本质是在单调递增的水位线生成策略增加了一个周期性，不用每条数据到来后都先判断当前插入水位线的时间戳是否比之前水位线的时间戳大，而是通过获取已到来所有数据的最大时间戳作为水位线的时间戳，周期性地插入水位线，因此，在实现上，可以直接通过执行环境指定周期性插入水位线的时间即可，具体示例代码如下。

```
executionEnvironment.getConfig().setAutoWatermarkInterval(5000L)
```

上述代码，通过执行环境指定周期性插入水位线的时间为 5000 毫秒，当然，用户可以根据实际需求修改周期性生成水位线的时间。

下面通过一个示例来演示如何在 DataStream 程序中使用水位线，具体示例代码如下。

```
1  DataStream<TimePOJO> pojoWatermarkDataStream =
2      timePOJODataStream.assignTimestampsAndWatermarks(
3        WatermarkStrategy
4          .<TimePOJO>forBoundedOutOfOrderness(Duration.ofSeconds(2))
5          .withTimestampAssigner(
6              (timepojo, timestamp) -> timepojo.getDataTime()
7          )
8      );
```

上述代码中，第 4 行代码，定义无界流中数据的数据类型为 TimePOJO（TimePOJO 是一个 POJO），指定数据的时间戳减去 2 秒作为水位线的时间戳；第 6 行代码，通过 getDataTime()方法从数据类型为 TimePOJO 的数据中提取属性 dataTime 作为时间戳，并明确作为事件时间分配给数据。

 **多学一招：自定义水位线生成器**

　　Flink 除了提供内置的水位线生成器之外，还允许用户根据实际应用场景自定义水位线生成器。使用自定义水位线生成器时，需要创建一个类，该类需要实现 WatermarkGenerator 接口，并且实现接口的 onEvent() 方法和 onPeriodicEmit() 方法，其中 onEvent() 方法会在每条数据到来时被调用，并根据指定的规则判断是否插入水位线；onPeriodicEmit() 方法会被周期性调用，并根据指定规则判断是否插入水位线，周期性的时间取决于通过执行环境指定周期性插入水位线的时间。有关自定义水位线生成器的语法格式如下。

```java
public class MyWatermark implements WatermarkGenerator<inputDataType> {
    @Override
    public void onEvent(
            inputDataType inputData,
            long eventTimestamp,
            WatermarkOutput output) {
            output.emitWatermark(new Watermark(watermark))
    }
    @Override
    public void onPeriodicEmit(WatermarkOutput output) {
        output.emitWatermark(new Watermark(watermark))
    }
}
```

　　上述语法格式中，MyWatermark 为用户创建的自定义类；inputDataType 用于指定无界流中数据的数据类型；inputData 表示无界流的数据；eventTimestamp 表示当前数据的时间属性；output 为 WatermarkOutput 接口的实例，主要用于实现该接口的 emitWatermark() 方法向无界流插入水位线；watermark 表示水位线的时间戳。从上述语法格式可以看出，onEvent() 方法和 onPeriodicEmit() 方法都可以向无界流插入水位线，不过通常情况下，在自定义水位线生成器时，只通过其中一个方法向无界流插入水位线。

　　在 DataStream 程序中使用自定义水位线生成器的示例代码如下。

```java
DataStream<OrderPOJO> watermarkDataStream =
 productDataStream.assignTimestampsAndWatermarks(
    new WatermarkStrategy<OrderPOJO>() {
      @Override
      public WatermarkGenerator<OrderPOJO>
      createWatermarkGenerator(
        WatermarkGeneratorSupplier.Context context) {
       return new MyWatermark();
      }
    }.withTimestampAssigner((
            (orderPOJO, timestamp)
                -> orderPOJO.getOrderTime()))));
```

　　从上述代码可以看出，在 DataStream 程序中使用自定义水位线生成器时，需要在 assignTimestampsAndWatermarks() 方法中实例化一个匿名内部类对象实现接口 WatermarkStrategy，并且实现该接口的抽象方法 createWatermarkGenerator()，在该方法的返回值直接实例化自定义水位线生成器时创建的自定义类 MyWatermark 即可。

5.6.3 应用案例——统计电商网站交易数据

本节主要通过一个案例,演示如何在基于事件时间的时间窗口中使用水位线,并对之前所学习的内容进行综合应用。读者可以扫描下方二维码查看应用案例——统计电商网站交易数据的详细讲解。

5.7 窗口触发器

无界流中的数据进入窗口之后,需要通过窗口触发器决定窗口何时由窗口函数进行计算,默认情况下,除全局窗口类型的窗口分配器之外,每一种窗口分配器都有默认窗口触发器,如果默认触发器无法满足实际应用场景或者使用的窗口分配器为全局窗口类型时,便可以自定义窗口触发器。

自定义窗口触发器时,需要用户在创建的类中继承 Trigger 类,并且重写该类的 onElement()、onProcessingTime()、onEventTime()和 clear()方法即可,有关自定义窗口触发器的语法格式如下。

```
public class MyTrigger extends Trigger<inputDataType,Window> {
    @Override
    public TriggerResult onElement(
            inputDataType inputData,
            long timestamp,
            Window window,
            TriggerContext triggerContext) throws Exception {
        return TriggerResult;
    }
    @Override
    public TriggerResult onProcessingTime(
            long timestamp,
            Window window,
            TriggerContext triggerContext) throws Exception {
        return TriggerResult;
    }
    @Override
    public TriggerResult onEventTime(
            long timestamp,
            Window window,
            TriggerContext triggerContext) throws Exception {
        return TriggerResult;
    }
    @Override
```

```
    public void clear(
          Window window,
          TriggerContext triggerContext) throws Exception {
    }
}
```

上述语法格式中，onElement()方法在每条数据分配到窗口时都会被调用，并触发窗口函数执行计算，该方法中的 inputDataType 用于指定分配到窗口内数据的数据类型，该数据类型与继承 Trigger 时指定的数据类型一致；onProcessingTime()方法在注册的处理时间定时器（Timer）被触发时调用，并触发窗口函数执行计算。定时器是 Flink 提供的用于感知处理时间或事件时间变化的机制，定时器可以决定时间窗口基于未来某个时间点执行计算；onEventTime()方法在注册的事件时间定时器被触发时调用，并触发窗口函数执行计算；clear()方法在窗口执行完计算进行销毁时调用。

通过上述语法格式可以看出，onElement（）、onProcessingTime（）和 onEventTime（）方法都可以触发窗口函数执行计算，那它们是如何与触发窗口函数执行计算联系起来的呢？这就需要了解这 3 个方法的返回值 TriggerResult，TriggerResult 的类型分为 4 种，它们分别代表着不同的含义，具体内容如下。

（1）TriggerResult.FIRE：触发窗口函数执行计算，保留窗口内的数据，对于窗口函数 ProcessFunction 而言，处理窗口内的所有数据；对于窗口函数 ReduceFunction 和 AggregateFunction 而言，处理当前分配到窗口的数据。

（2）TriggerResult.PURGE：不触发窗口函数执行计算，同时清除窗口内的数据并销毁窗口。

（3）TriggerResult.CONTINUE：不做任何操作。

（4）TriggerResult.FIRE_AND_PURGE：触发窗口函数执行计算，同时清除窗口内的数据并销毁窗口。

接下来通过一个案例演示，如何在全局窗口类型的窗口分配器自定义窗口触发器，指定触发窗口函数执行计算的规则为，每个窗口接收到 10 条电商网站的交易数据，计算当前窗口内所有交易数据的总销售额，具体操作步骤如下。

1. 自定义窗口触发器

创建一个类 MyTrigger 继承 Trigger 类，并且重写 Trigger 类的 onElement()、onProcessingTime()、onEventTime()和 clear()方法实现自定义窗口触发器，具体代码如文件 5-1 所示。

文件 5-1　MyTrigger.java

```
1  public class MyTrigger extends Trigger<OrderPOJO,Window> {
2      private ValueStateDescriptor<Long> sumValueState =
3              new ValueStateDescriptor("valueState",Long.class);
4      @Override
5      public TriggerResult onElement(
6              OrderPOJO orderPOJO,
7              long timestamp,
8              Window window,
9              TriggerContext triggerContext) throws Exception {
10         //获取状态
```

```
11          ValueState<Long> valueSatae =
12              triggerContext.getPartitionedState(sumValueState);
13      //判断状态值如果为 null,则为状态赋值 0
14      if(valueSatae.value() == null){
15          valueSatae.update(0L);
16      }
17      //更新状态值,即每分配到窗口一条数据,状态值便加 1
18      valueSatae.update(valueSatae.value()+1L);
19      //当状态值等于 10 时,触发窗口函数执行计算,并且重置状态值
20      if(valueSatae.value() == 10L){
21          valueSatae.clear();
22          return TriggerResult.FIRE;
23      }
24      //当状态值不等于 10 时,不做任何操作
25      return TriggerResult.CONTINUE;
26  }
27  @Override
28  public TriggerResult onProcessingTime(
29          long timestamp,
30          Window window,
31          TriggerContext triggerContext) throws Exception {
32      return TriggerResult.CONTINUE;
33  }
34  @Override
35  public TriggerResult onEventTime(
36          long timestamp,
37          Window window,
38          TriggerContext triggerContext) throws Exception {
39      return TriggerResult.CONTINUE;
40  }
41  @Override
42  public void clear(
43          Window window,
44          TriggerContext triggerContext) throws Exception {
45  }
46 }
```

上述代码中,第 2、3 行代码用于定义状态,该状态用于记录分配到窗口内数据的数量,主要用于判断分配到窗口内的数据是否达到 10 条的依据,关于状态的相关内容会在第 6 章进行讲解;第 5~26 行代码用于自定义窗口函数触发执行的条件,即窗口被分配 10 条数据后,便执行一次窗口函数进行计算。由于这里自定义窗口触发器时,指定的触发执行条件与数据的时间属性无关,所以 onProcessingTime() 和 onEventTime() 方法的返回值指定为不进行任何操作即可。

2. 实现 DataStream 程序

创建一个 MyTriggerDemo 类,该类用于实现 DataStream 程序,并且在 DataStream 程序中使用自定义窗口触发器,具体代码如文件 5-2 所示。

文件 5-2　MyTriggerDemo

```
1  public class MyTriggerDemo {
2      public static void main(String[] args) throws Exception {
3          StreamExecutionEnvironment executionEnvironment =
4                  StreamExecutionEnvironment.getExecutionEnvironment();
5          DataStream<OrderPOJO> productDataStream =
6                  executionEnvironment.addSource(new MySource());
7          DataStream<OrderPOJO> reduceDataStream =
8                  productDataStream.windowAll(GlobalWindows.create())
9                      .trigger(new MyTrigger())
10                     .reduce(new ReduceFunction<OrderPOJO>() {
11                         @Override
12                         public OrderPOJO reduce(
13                                 OrderPOJO value1,
14                                 OrderPOJO value2) throws Exception {
15                             return new OrderPOJO(
16                                 value1.getOrderId() + "-" + value2.getOrderId(),
17                                 value2.getProductName(),
18                                 value1.getOrderPrice() + value2.getOrderPrice(),
19                                 value2.getOrderTime()
20                             );
21                         }
22                     });
23          productDataStream.print("交易数据");
24          reduceDataStream.print("窗口计算结果");
25          executionEnvironment.execute();
26      }
27  }
```

上述代码中，第 9 行代码，通过在 tigger()方法中实例化 MyTrigger 类，使用自定义窗口触发器。

3. 运行 DataStream 程序

文件 5-2 的运行结果如图 5-16 所示。

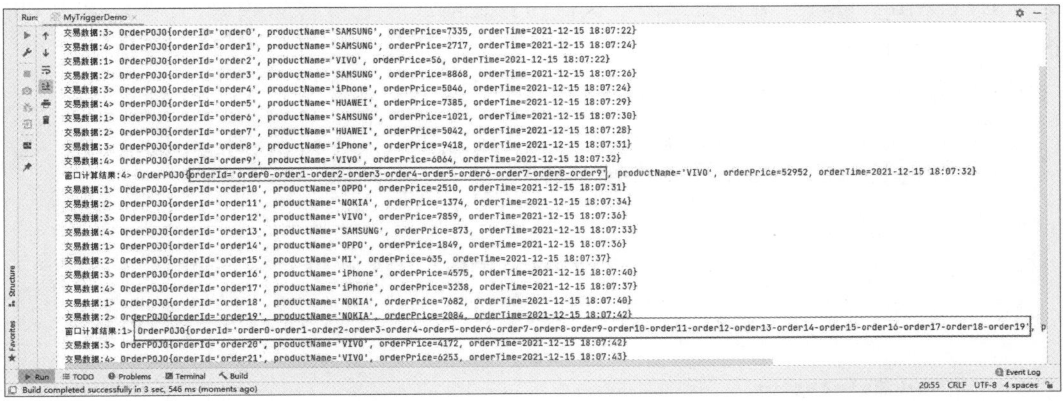

图 5-16　文件 5-2 的运行结果

从图 5-16 可以看出，每当分配到窗口 10 条电商网站的交易数据后，便触发一次窗口函数执行计算,计算当前窗口内所交易数据的总销售额,由于自定义窗口触发器时,指定触发窗口函数执行计算后保留窗口内的数据,所以第 2 次触发窗口函数计算时,仍然包括所有分配到窗口内的数据。

5.8   窗口驱逐器

窗口驱逐器用于定义移除某些数据的逻辑,默认情况下,不同类型的窗口都预定义了窗口驱逐器,无须用户单独指定,当然用户也可以根据实际应用场景去设置不同类型的窗口驱逐器。Flink 提供了两种类型的窗口驱逐器,分别是内置驱逐器和自定义驱逐器,本节详细介绍内置驱逐器和自定义驱逐器的使用。

5.8.1   内置驱逐器

内置驱逐器可以在窗口函数执行计算之前移除窗口内指定的数据,Flink 提供了 3 种内置驱逐器,分别是 CountEvictor、DeltaEvictor 和 TimeEvictor,有关这 3 种内置驱逐器的介绍如下。

(1)CountEvictor:保持窗口内具有固定数量的数据,如果窗口内数据的数量超过用户指定的固定数量,则从窗口缓冲区中移除多余的数据,窗口缓冲区是数据分配到窗口之前所存放的位置。

(2)DeltaEvictor:计算新分配到窗口缓冲区的数据与窗口缓冲区中其余每个数据之间的差值,并移除差值大于或等于指定阈值的数据,其中阈值为用户自定义的值,该值的数据类型为 double。

(3)TimeEvictor:指定一个时间间隔,并找到窗口内所有数据的最大时间戳,移除窗口内数据的时间戳小于最大时间戳减去时间间隔的所有数据。

接下来分别对这 3 种内置驱逐器的语法格式进行讲解,具体如下。

配置内置驱逐器 CountEvictor 的语法格式如下。

```
evictor(CountEvictor.of(count,doEvictAfter))
```

上述语法格式种,参数 count 表示窗口内数据的固定数量,其参数值的数据类型为 long;参数 doEvictAfter(可选),表示窗口函数执行计算之前或者之后移除数据,其默认值为 false,即窗口函数执行计算之前移除数据。

配置内置驱逐器 DeltaEvictor 的语法格式如下。

```
evictor(DeltaEvictor.of(threshold,
        new DeltaFunction<inputDataType>(){
            @Override
            public double getDelta(
                    inputDataType inputData,
                    inputDataType lastData){
                return Difference;
            }
        },doEvictAfter))
```

上述语法格式中,参数 threshold 表示用户自定义的阈值,其参数值的数据类型为 double;getDelta()方法用于计算新分配到窗口缓冲区的数据与窗口缓冲区中其余每个数据之间的差值，其中参数 inputData 表示窗口缓冲区内当前参与计算的数据；lastData 表示新分配到窗口缓冲区内的数据；Difference 表示差值；inputDataType 用于指定分配到窗口内数据的数据类型。

　　配置内置驱逐器 TimeEvictor 的语法格式如下。

```
evictor(TimeEvictor.of(time,doEvictAfter))
```

　　上述语法格式中，参数 time 用于指定时间间隔，可选时间单位为天、时、分、秒和毫秒，实现方式与定义滚动窗口类型分配器时 size 的实现方式一致。

　　接下来通过一个案例演示，如何在 DataStream 程序中使用内置驱逐器 CountEvictor，在窗口函数执行计算之前移除数据，保持每个窗口内数据的数量不超过 5，要求每经过 10 秒便统计过去 10 秒内电商网站的交易数据，并计算这些交易数据的总销售额，具体代码如文件 5-3 所示。

文件 5-3　EvictorDemo.java

```
1  public class EvictorDemo {
2      public static void main(String[] args) throws Exception {
3          StreamExecutionEnvironment executionEnvironment =
4                  StreamExecutionEnvironment.getExecutionEnvironment();
5          DataStream<OrderPOJO> productDataStream =
6                  executionEnvironment.addSource(new MySource());
7          DataStream<OrderPOJO> watermarkDataStream =
8                  productDataStream.assignTimestampsAndWatermarks(
9                      WatermarkStrategy.<OrderPOJO>forBoundedOutOfOrderness(
10                             Duration.ofSeconds(2))
11                         .withTimestampAssigner((
12                                 (orderPOJO, timestamp)
13                                     -> orderPOJO.getOrderTime()))));
14         DataStream<OrderPOJO> reduceDataStream = watermarkDataStream
15             .windowAll(TumblingEventTimeWindows.of(Time.seconds(10)))
16             .evictor(CountEvictor.of(5))
17             .reduce(new ReduceFunction<OrderPOJO>() {
18                 @Override
19                 public OrderPOJO reduce(
20                         OrderPOJO value1,
21                         OrderPOJO value2) throws Exception {
22                     return new OrderPOJO(
23                         value1.getOrderId() + "-" + value2.getOrderId(),
24                         value2.getProductName(),
25                         value1.getOrderPrice() + value2.getOrderPrice(),
26                         value2.getOrderTime()
27                     );
28                 }
29             });
30         productDataStream.print("交易数据:");
31         reduceDataStream.print("窗口计算结果:");
32         executionEnvironment.execute();
33     }
34 }
```

上述代码中,第 16 行代码,使用窗口驱逐器 CountEvictor 指定窗口内数据的数量固定为 5。

文件 5-3 的运行结果如图 5-17 所示。

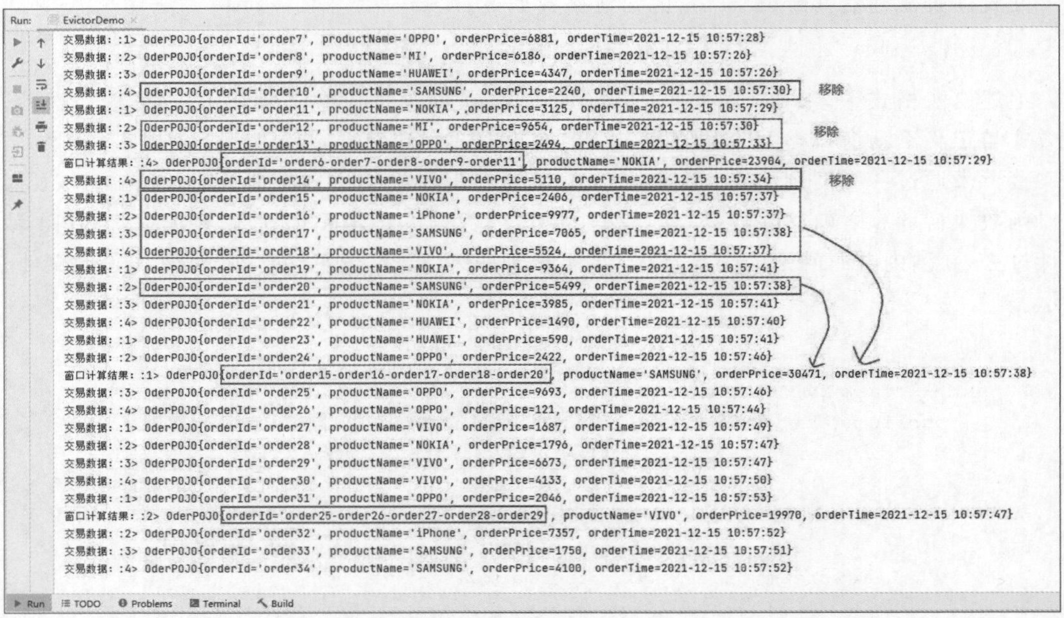

图 5-17　文件 5-3 的运行结果

从图 5-17 可以看出,每个窗口内只包含 5 条交易数据的计算结果。

5.8.2　自定义驱逐器

用户自定义驱逐器时,需要在创建的类实现 Evictor 接口,并且实现接口的 evictBefore() 方法和 evictAfter() 方法,其中 evictBefore() 方法用于指定窗口函数执行计算之前移除数据;evictAfter() 方法用于指定窗口函数执行计算之后移除数据,有关自定义驱逐器的语法格式如下。

```java
public class MyEvictor implements Evictor<inputDataType,Window> {
    @Override
    public void evictBefore(
            Iterable<TimestampedValue<inputDataType>> iterable,
            int size,
            Window window,
            EvictorContext evictorContext) {
    }
    @Override
    public void evictAfter(
            Iterable<TimestampedValue<inputDataType>> iterable,
            int size,
            Window window,
            EvictorContext evictorContext) {
    }
}
```

上述语法格式中，MyEvictor 表示实现自定义驱逐器时创建的类；inputDataType 用于指定分配到窗口内数据的数据类型；iterable 表示迭代器，该迭代器包含窗口缓冲区的所有数据；size 表示缓冲区内数据的数量；window 和 evictorContext 用户获取窗口缓冲区的元数据信息。

接下来通过一个案例演示如何在 DataStream 程序中使用自定义驱逐器，在窗口函数执行计算之前移除数据，要求移除订单金额小于 2000 的交易数据，并且每经过 10 秒便统计一次电商网站的交易数据，计算这些交易数据的总销售额，具体操作步骤如下。

1. 自定义驱逐器

创建一个类 MyEvictor 实现 Evictor 接口，并且使用 Evictor 接口的 evictBefore()方法和 evictAfter()方法实现自定义驱逐器，具体代码如文件 5-4 所示。

文件 5-4　MyEvictor.java

```
1  public class MyEvictor implements Evictor<OrderPOJO,Window> {
2      @Override
3      public void evictBefore(
4              Iterable<TimestampedValue<OrderPOJO>> iterable,
5              int size,
6              Window window,
7              EvictorContext evictorContext) {
8          Iterator<TimestampedValue<OrderPOJO>> iterator =
9                                              iterable.iterator();
10          while (iterator.hasNext()){
11              long orderPrice = iterator.next().getValue().getOrderPrice();
12              if (orderPrice < 2000){
13                  iterator.remove();
14              }
15          }
16      }
17      @Override
18      public void evictAfter(
19              Iterable<TimestampedValue<OrderPOJO>> iterable,
20              int size,
21              Window window,
22              EvictorContext evictorContext) {
23      }
24  }
```

上述代码中，第 3~16 行代码，定义窗口函数执行计算之前移除窗口缓冲区内数据的逻辑，其中，第 8~15 行代码，首先，通过遍历迭代器 iterator 获取窗口缓冲区内的每条交易数据；然后，获取每条交易数据的订单金额；最后比较每条交易数据中的订单金额是否超过 2000，如果订单金额低于 2000，则移除该交易数据。

2. 实现 DataStream 程序

创建一个 MyEvictorDemo 类，该类用于实现 DataStream 程序，并且在 DataStream 程序中使用自定义驱逐器，具体代码如文件 5-5 所示。

文件 5-5 MyEvictorDemo.java

```
1   public class MyEvictorDemo {
2       public static void main(String[] args) throws Exception {
3           StreamExecutionEnvironment executionEnvironment =
4                   StreamExecutionEnvironment.getExecutionEnvironment();
5           DataStream<OrderPOJO> productDataStream =
6                   executionEnvironment.addSource(new MySource());
7           DataStream<OrderPOJO> watermarkDataStream =
8                   productDataStream.assignTimestampsAndWatermarks(
9                       WatermarkStrategy.<OrderPOJO>forBoundedOutOfOrderness(
10                              Duration.ofSeconds(2))
11                              .withTimestampAssigner((
12                                      (orderPOJO, timestamp)
13                                          -> orderPOJO.getOrderTime()))));
14          DataStream<OrderPOJO> reduceDataStream = watermarkDataStream
15              .windowAll(TumblingEventTimeWindows.of(Time.seconds(10)))
16              .evictor(new MyEvictor())
17              .reduce(new ReduceFunction<OrderPOJO>() {
18                  @Override
19                  public OrderPOJO reduce(
20                          OrderPOJO value1,
21                          OrderPOJO value2) throws Exception {
22                      return new OrderPOJO(
23                          value1.getOrderId() + "-" + value2.getOrderId(),
24                          value2.getProductName(),
25                          value1.getOrderPrice() + value2.getOrderPrice(),
26                          value2.getOrderTime()
27                      );
28                  }
29              });
30          productDataStream.print("交易数据:");
31          reduceDataStream.print("窗口计算结果:");
32          executionEnvironment.execute();
33      }
34  }
```

上述代码中,第 16 行代码,通过在 evictor()方法中实例化创建的类 MyEvictor 使用自定义驱逐器。

3. 运行 DataStream 程序

文件 5-5 的运行结果如图 5-18 所示。

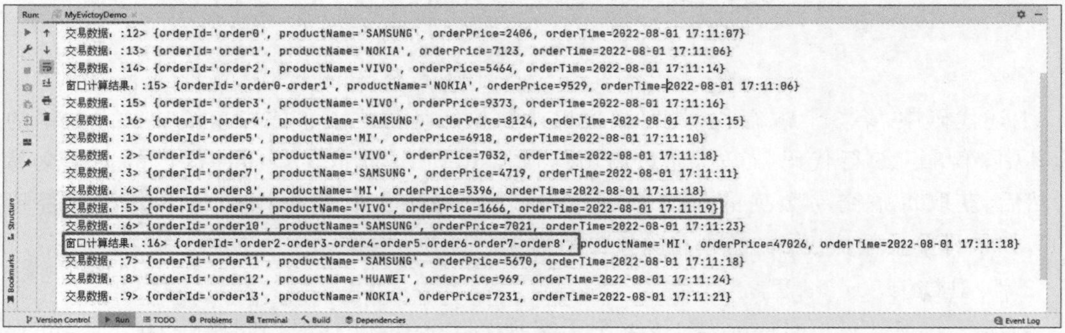

图 5-18 文件 5-5 的运行结果

从图 5-18 可以看出,订单 ID 为 order9 的交易数据,其订单创建时间为 2022-08-01 17:11:19,理应分配到窗口起始时间为 2022-08-01 17:11:10,并且窗口结束时间为 2022-08-01 17:11:20 的窗口执行计算,但是由于订单 ID 为 order9 的交易数据中订单金额小于 2000,所以在窗口函数执行计算之前被移除了。

5.9　处理延迟数据

虽然水位线可以一定程度上解决,由于数据乱序导致延迟到达的数据未被窗口进行计算的问题,但是对于一些延迟比较严重的数据,单单凭借水位线可能无法保证这些数据可以被窗口进行计算。这也提醒着我们,在工作或学习过程中遇到问题时,不仅要关注问题的局部,而且要看到问题的全局,理解问题的上下文,分析问题的各方面。这种全面的思考方式有助于我们对问题有更深、更准确的理解,避免因局部的误解导致的错误。

例如,窗口起始时间为 10:00:05,窗口结束时间为 10:00:10,将数据的时间戳减去 2 秒作为水位线的时间戳,此时,当时间戳为 10:00:12 的数据到来时,便触发该窗口关闭,那么此后如果再到来时间戳为 10:00:07 的数据时,那么这条数据便不会被窗口进行计算,为了解决由于延迟比较严重的数据造成数据丢失的问题,Flink 提出了两种处理延迟数据的方式,它们分别是 Allowed Lateness 和 Side Outputs。

接下来详细介绍 Allowed Lateness 和 Side Outputs 的使用。

5.9.1　通过 Allowed Lateness 处理延迟数据

在使用水位线的情况下,当水位线的时间戳大于或等于窗口结束时间的时间戳时,窗口便会关闭,后续到来的数据不会再分配到该窗口,那么,是不是可以将数据的时间戳减去较长的时间作为水位线的时间戳,以此来解决延迟比较严重的数据不被窗口计算的问题？理论上,这样是可行的,不过实际上,这样会使每个窗口关闭并输出计算结果所等待的时间很长,非常影响效率。因此,更好的做法是,当水位线的时间戳大于或等于窗口结束时间的时间戳时,正常输出窗口的计算结果,不过此时并不会立即关闭窗口,而是等待指定时间后再关闭,如果后续再有属于该窗口的数据到来时,再次触发窗口计算并输出计算结果,这种处理延迟数据的方式为 Allowed Lateness(允许的最大延迟)。

接下来通过一个案例演示如何在 DataStream 程序中通过 Allowed Lateness 处理延迟数据,该 DataStream 程序每经过 5 秒便统计过去 5 秒内接收到的电商网站交易数据,并计算这些交易数据的总销售额,具体代码如文件 5-6 所示。

文件 5-6　**AllowedLatenessDemo.java**

```
1  public class AllowedLatenessDemo {
2      private static SimpleDateFormat sdf =
3          new SimpleDateFormat("yyyy-MM-dd HH:mm:ss");
4      public static void main(String[] args) throws Exception {
5          StreamExecutionEnvironment executionEnvironment =
6              StreamExecutionEnvironment.getExecutionEnvironment();
7          DataStream<OrderPOJO> productDataStream =
8              executionEnvironment.addSource(new MySource());
9          DataStream<OrderPOJO> watermarkDataStream =
```

```
10                    productDataStream.assignTimestampsAndWatermarks(
11                        WatermarkStrategy.<OrderPOJO>forBoundedOutOfOrderness(
12                            Duration.ofSeconds(2))
13                            .withTimestampAssigner((
14                                (orderPOJO, timestamp)
15                                    -> orderPOJO.getOrderTime())));
16        DataStream<Tuple2<String, Integer>> reduceDataStream =
17            watermarkDataStream
18            .windowAll(TumblingEventTimeWindows.of(Time.seconds(5)))
19            .allowedLateness(Time.seconds(5))
20            .reduce(new MyReduce(), new MyProcess());
21        productDataStream.print("交易数据:");
22        reduceDataStream.print("窗口计算结果");
23        executionEnvironment.execute();
24    }
25    private static class MyReduce implements ReduceFunction<OrderPOJO> {
26        @Override
27        public OrderPOJO reduce(
28                OrderPOJO value1,
29                OrderPOJO value2) throws Exception {
30            return new OrderPOJO(
31                    value1.getOrderId()+"-"+value2.getOrderId(),
32                    value2.getProductName(),
33                    value1.getOrderPrice() + value2.getOrderPrice(),
34                    value2.getOrderTime()
35            );
36        }
37    }
38    private static class MyProcess extends ProcessAllWindowFunction<
39            OrderPOJO,
40            Tuple2<String,Integer>,
41            TimeWindow>{
42        @Override
43        public void process(
44                Context context,
45                Iterable<OrderPOJO> iterable,
46                Collector<Tuple2<String, Integer>> collector)
47        throws Exception {
48            StringBuffer stringBuffer = new StringBuffer();
49            stringBuffer.append("窗口开始时间:");
50            stringBuffer.append(sdf.format(context.window().getStart()));
51            stringBuffer.append("窗口结束时间:");
52            stringBuffer.append(sdf.format(context.window().getEnd()));
53            for(OrderPOJO iterableData : iterable) {
54                stringBuffer.append("窗口内的订单:");
55                stringBuffer.append(iterableData.getOrderId());
56                collector.collect(
57                        new Tuple2<String,Integer>(
58                                stringBuffer.toString(),
59                                iterableData.getOrderPrice())));
```

```
60                    }
61                }
62            }
63  }
```

上述代码中,第 19 行代码,通过 allowedLateness()方法指定窗口等待 5 秒后再关闭,而不是当水位线的时间戳大于或等于窗口结束时间的时间戳时立即关闭。

为了模拟延迟比较严重的数据,这里修改自定义 Source,修改文件 MySource.java 的代码,将每次生成的创建订单时间改为随机减去 0~9 秒,具体代码如下。

```
1  long orderTime = System.currentTimeMillis()
2                   - random.nextInt(10) * 1000;
```

文件 5-6 的运行结果如图 5-19 所示。

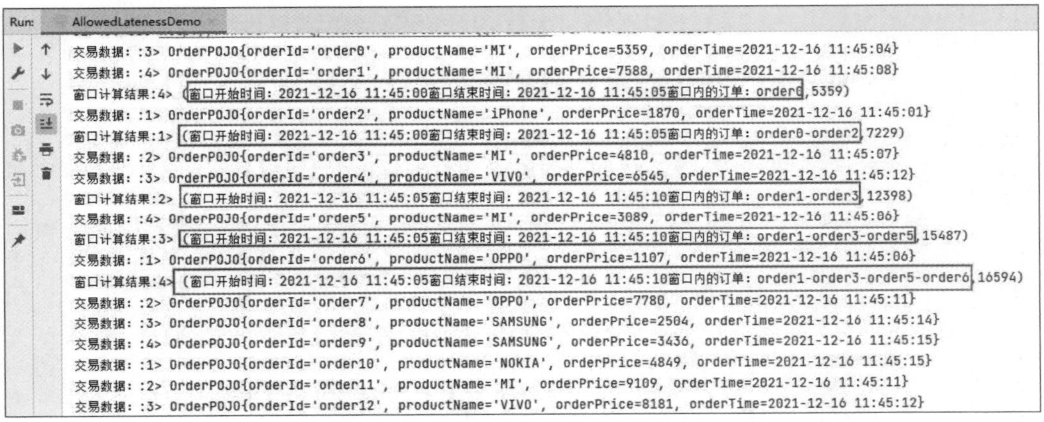

图 5-19　文件 5-6 的运行结果

从图 5-19 可以看出,起始时间为 2021-12-16 11:45:00,并且结束时间为 2021-12-16 11:45:05 的窗口,执行了两次计算,其中第 1 次执行计算时,该窗口内只包含了订单 ID 为 order0 的交易数据,而第 2 次执行计算时,该窗口内不仅包含了订单 ID 为 order0 的交易数据,而且还包含了订单 ID 为 order2 的交易数据。

5.9.2　通过 Side Outputs 处理延迟数据

通过 Allowed Lateness 可以处理延迟比较严重的数据,不过对于延迟特别严重的特殊数据,不可能通过 Allowed Lateness 设置每个窗口都等待很长时间才关闭,那样会非常消耗资源,因此仍然会出现数据不被窗口计算的问题,这时可以通过 Side Outputs 处理这些数据。Side Outputs 可以收集未经窗口计算的数据,避免这些数据被遗弃,从而造成数据丢失的现象,被 Side Outputs 收集的数据,可以进行单独处理,如将 Side Outputs 收集的数据输出到 MySQL 或者 HDFS 等,以便后续通过这些数据,分析延迟数据出现的原因。

接下来通过一个案例演示如何在 DataStream 程序中通过 Side Outputs 处理延迟数据,该 DataStream 程序每经过 5 秒便统计过去 5 秒内电商网站的交易数据,并计算这些交易数据的总销售额,具体代码如文件 5-7 所示。

文件 5-7　SideOutputsDemo.java

```
1   public class SideOutputsDemo {
2       private static SimpleDateFormat sdf =
3               new SimpleDateFormat("yyyy-MM-dd HH:mm:ss");
4       public static void main(String[] args) throws Exception {
5           StreamExecutionEnvironment executionEnvironment =
6                   StreamExecutionEnvironment.getExecutionEnvironment();
7           DataStream<OrderPOJO> productDataStream =
8                   executionEnvironment.addSource(new MySource());
9           DataStream<OrderPOJO> watermarkDataStream =
10                  productDataStream.assignTimestampsAndWatermarks(
11                      WatermarkStrategy.<OrderPOJO>forBoundedOutOfOrderness(
12                              Duration.ofSeconds(2))
13                          .withTimestampAssigner((
14                                  (orderPOJO, timestamp)
15                                      -> orderPOJO.getOrderTime()))));
16          OutputTag<OrderPOJO> outputTag =
17                  new OutputTag<>(
18                          "latenessData",
19                          TypeInformation.of(OrderPOJO.class));
20          SingleOutputStreamOperator<OrderPOJO> reduceDataStream =
21                  watermarkDataStream
22                  .windowAll(TumblingEventTimeWindows.of(Time.seconds(5)))
23                  .sideOutputLateData(outputTag)
24                  .reduce(new MyReduce(),new MyProcess());
25          DataStream<OrderPOJO> sideOutput =
26                  reduceDataStream.getSideOutput(outputTag);
27          productDataStream.print("交易数据:");
28          reduceDataStream.print("窗口计算结果:");
29          sideOutput.print("延迟数据:");
30          executionEnvironment.execute();
31      }
32      private static class MyReduce implements ReduceFunction<OrderPOJO> {
33          @Override
34          public OrderPOJO reduce(
35                  OrderPOJO value1,
36                  OrderPOJO value2) throws Exception {
37              return new OrderPOJO(
38                      value1.getOrderId()+"-"+value2.getOrderId(),
39                      value2.getProductName(),
40                      value1.getOrderPrice() + value2.getOrderPrice(),
41                      value2.getOrderTime()
42              );
43          }
44      }
45  private static class MyProcess extends ProcessAllWindowFunction<
46          OrderPOJO,
47          OrderPOJO,
48          TimeWindow>{
```

```
49          @Override
50          public void process(
51                  Context context,
52                  Iterable<OrderPOJO> iterable,
53                  Collector<OrderPOJO> collector) throws Exception {
54              for(OrderPOJO iterableData : iterable) {
55                  System.out.println(
56                      "窗口开始时间:"+sdf.format(context.window().getStart()));
57                  System.out.println(
58                      "窗口结束时间:"+sdf.format(context.window().getEnd()));
59                  collector.collect(iterableData);
60              }
61          }
62      }
63  }
```

上述代码中,第 16～19 行代码,用于创建 Side Outputs 的标签,其中参数 latenessData 用于指定标签的名称;参数 TypeInformation.of(OrderPOJO.class)用于指定 Side Outputs 收集数据的数据类型为 OrderPOJO;第 23 行代码,通过 sideOutputLateData()方法将收集的数据存放到名称为 latenessData 的 Side Outputs 标签。

文件 5-7 的运行结果如图 5-20 所示。

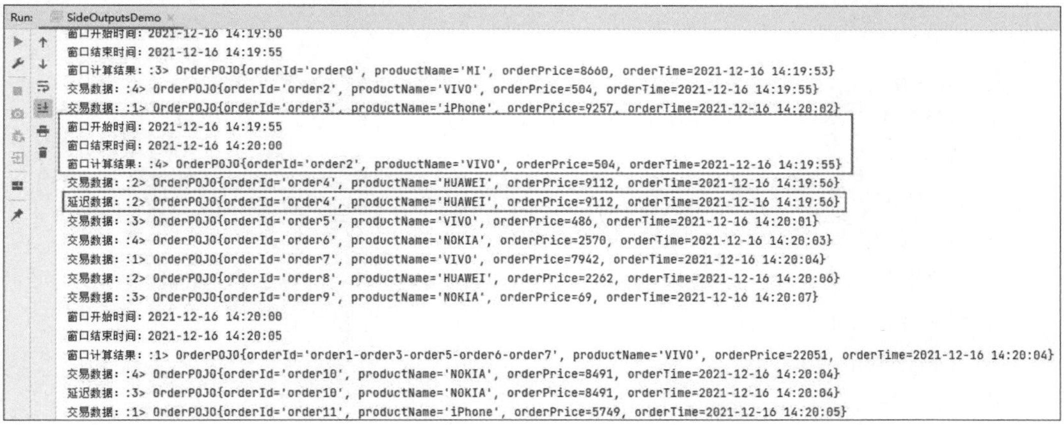

图 5-20　文件 5-7 的运行结果

从图 5-20 可以看出,窗口起始时间为 2021-12-16 14:19:55,并且窗口结束时间为 2021-12-16 14:20:00 的窗口已经执行了计算,因此订单 ID 为 order4 的交易数据(创建订单时间为 2021-12-16 14:19:56)被 Side Outputs 所收集。

5.10　本章小结

本章主要介绍如何在 DataStream 程序中使用时间与窗口对无界流进行处理。首先,介绍了时间和窗口的概念,包括窗口分类、窗口分配器、窗口函数等。然后,讲解了水位线的含义,以及如何使用水位线。最后,讲解了窗口触发器、窗口驱逐器和处理延迟数据。通过本章的学习,读者可以灵活运行时间与窗口处理无界流的数据,从而实现日常工作中的不同需求。

5.11 课后习题

一、填空题

1. 在 Flink 中,数据的时间属性分为处理时间和_____。

2. 按照驱动类型分类,可以将窗口分为计数窗口和_____。

3. 用于对分区后的无界流进行计算的计算方式称为_____。

4. 通过滑动窗口划分窗口时,如果滑动步长_____窗口大小,则每个窗口之间会存在重叠。

5. 窗口函数_____会缓存获取的所有数据。

二、判断题

1. 处理时间是数据实际生成的时间。   （   ）

2. 用户需要自定义触发器来关闭全局窗口。   （   ）

3. 使用滚动窗口划分窗口时,每个窗口之间不存在重叠和间隔。   （   ）

4. 定义滚动窗口类型的窗口分配器为 SlidingEventTimeWindows。   （   ）

5. 使用 ReduceFunciton 时,分配到窗口内的数据和计算结果的数据类型必须一致。

（   ）

三、选择题

1. 下列选项中,用于 ReduceFunction 和 ProcessFunction 结合使用的方法是(   )。

    A. reduce()   B. process()

    C. aggregate ()   D. processwindow()

2. 下列选项中,不属于 DatasStream API 提供的窗口函数是(   )。

    A. ReduceFunction   B. AggregateFunction

    C. CollectFunction   D. ProcessFunction

3. 下列选项中,属于 Flink 的水位线生成策略的是(   )。(多选)

    A. 周期性   B. 单调递增   C. 单调递减   D. 随机

4. 下列选项中,用于在 DataStream 程序中使用水位线的方法是(   )。

    A. assignWatermarks()

    B. assignEventTimeAndWatermarks()

    C. assignTimestampsAndWatermarks()

    D. assignTimeAndWatermarks()

5. 下列选项中,不属于 Flink 提供的内置驱逐器的是(   )。

    A. CountEvictor   B. DeltaEvictor

    C. SessionEvictor   D. TimeEvictor

四、简答题

1. 简述水位线的作用,以及不同策略向无界流插入水位线的方式。

2. 简述 Allowed Lateness 和 Side Outputs 是如何处理延迟数据的。

第 6 章
状态和容错机制

学习目标

- 熟悉状态概述，能够说出键控状态和算子状态的区别。
- 熟悉状态管理，能够声明状态、定义状态描述器和操作状态。
- 掌握使用状态，能够在有状态流处理应用中使用键控状态和算子状态。
- 掌握 Checkpoint，能够说出 Checkpoint 的作用并灵活配置 Checkpoint。
- 熟悉 State Backend，能够描述 State Backend 的作用并灵活配置不同类型的 State Backend。
- 了解故障恢复，能够说出 Flink 提供的重启策略和恢复策略。

在有状态流处理中，状态是一种重要的机制，它可以帮助我们在处理数据时存储、维护和更新中间结果，从而完成更加复杂的计算任务。但同时，状态的管理也是有状态流处理中不可避免的问题。如果状态管理不当，可能会导致计算结果不准确。例如，如果某个任务的状态因为节点故障或者任务异常而丢失，那么重启该任务时，状态需要进行恢复。为此，Flink 提供了完善的容错机制，保证了状态的可靠性和一致性。通过使用 Flink 的容错机制，可以避免状态丢失导致计算结果不准确的问题，从而确保有状态流处理应用的正确性。本章对 Flink 的状态和容错机制进行详细讲解。

6.1 状态概述

状态由 Flink 集群运行架构中 TaskManager 的任务进行维护，默认存储在内存中，可以将状态理解为内存中的一个变量，它存储着有状态流处理应用对历史数据的处理结果，当新的数据进入有状态流处理应用时，可以利用状态中存储的历史数据处理结果，结合新的数据一起进行处理，并根据处理结果更新状态。状态的实现原理如图 6-1 所示。

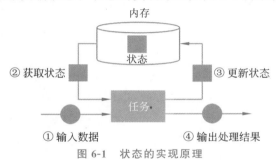

图 6-1 状态的实现原理

从图 6-1 可以看出，当新的数据输入有状态流处理应用时，首先获取内存中的状态，然后结合状态和输入数据在任务中进行处理，最后通过处理结果更新状态，并且输出处理结果。

Flink 中的状态被分为键控状态（Keyed State）和算子状态（Operator State）两种类型，具体介绍如下。

1. 键控状态

键控状态是根据无界流中定义的键（Key）来维护和访问的。Flink 为每个键维护一个状态实例，并将具有相同键的所有数据分区到同一任务进行处理，这个任务会维护和管理键对应的状态实例。当任务处理一条数据时，Flink 会自动将状态实例的访问范围限定为当前数据的键所对应的状态实例，因此，具有相同键的所有数据都会访问同一状态实例。

键控状态只能用于 KeyedStream 对象，该对象是通过转换算子 keyBy 对 DataStream 对象进行转换后生成的。

Flink 提供了多种类型的键控状态来支持对不同数据结构的键控状态进行维护和访问，包括 ValueState、ListState、ReducingState、AggregatingState 和 MapState，具体介绍如下。

（1）ValueState 用于存储单个值，该值可以是任意数据类型。

（2）ListState 用于存储一个列表，列表中的元素可以是任意数据类型。

（3）ReducingState 用于存储单个值，该值是添加到键控状态中所有值的聚合运算结果，添加到键控状态的值可以是任意数据类型。聚合运算结果的数据类型需要与键控状态存储值的数据类型一致。

（4）AggregatingState 与 ReducingState 相似，不同的是，聚合运算结果的数据类型可以与键控状态存储值的数据类型不一致。

（5）MapState 用于存储一个集合，集合中的每个元素是一个键值对，键和值可以是任意数据类型，其数据结构类似于 Java 中的 Map。

2. 算子状态

算子状态是根据算子来维护和访问的，Flink 为每个算子维护一个状态实例，该状态实例可以在算子的生命周期内被算子的任务访问和修改。当任务处理一条数据时，Flink 会自动将状态实例的访问范围限定为当前算子所对应的状态实例，因此，同一算子处理的所有数据都会访问同一状态实例。与键控状态不同，算子状态不依赖于无界流中定义的键，因此，不需要通过转换算子 keyBy 对 DataStream 对象进行转换。

算子状态适用于一些特定的场景，例如数据源和接收器的算子，或者无界流中完全没有定义键的场景。算子状态支持 ListState 类型的数据结构。

📖 多学一招：状态分配

状态分配是指在流处理应用中，当每个算子的并行度不一致时，如何分配状态。具体分配方式取决于状态的类型。

对于键控状态，状态分配方式是随着定义的键在不同任务之间迁移。因为具有相同键的所有数据都会分区到同一个任务进行处理，所以键控状态的状态实例也会随着键的迁移而迁移。

对于算子状态，有两种状态分配方式。第一种是均匀分配，它指的是当前算子会返回一个包含所有子任务中状态的列表，然后将列表中的元素平均分配到下一个算子的所有子任务中。

这种方式存在于上下游算子的并行度相同的情况，因为状态的数量是相同的，因此可以均匀地分配。

第二种状态分配方式是合并分配，它指的是当前算子会返回一个包含所有子任务中状态的列表，然后将列表分配到下一个算子的所有子任务中。这种方式存在于上下游算子的并行度不同的情况，因为可以将多个子任务的状态合并到一个列表中，然后分配给下游算子的子任务。这样可以避免数据倾斜的问题。

6.2　状态管理

在有状态的流处理应用中，状态管理是非常重要的一环，它可以帮助我们维护状态，并利用状态进行计算。本节深入探讨如何声明状态、定义状态描述器和操作状态。

6.2.1　声明状态

声明状态主要是为了定义有状态流处理应用中状态所使用的数据结构。通过声明状态，可以明确指定使用哪种数据结构来存储状态，并在有状态流处理应用中对状态进行相应的操作。

不同数据结构的状态声明方式各不相同，具体介绍如下。

1. ValueState

声明状态的数据结构为 ValueState，其程序结构如下。

```
private transient ValueState<TV> state;
```

上述程序结构中，TV 用于指定值的数据类型。state 用于定义状态对象，该对象用于操作状态。

2. ListState

声明状态的数据结构为 ListState，其程序结构如下。

```
private transient ListState<TL> state;
```

上述程序结构中，TL 用于指定列表中元素的数据类型。

3. MapState

声明状态的数据结构为 MapState，其程序结构如下。

```
private transient MapState<K,V> state;
```

上述程序结构中，K 和 V 分别用于指定集合中键和值的数据类型。

4. ReducingState

声明状态的数据结构为 ReducingState，其程序结构如下。

```
private transient ReducingState<TR> state;
```

上述程序结构中，TR 用于指定值的数据类型，也可以理解为聚合运算结果的数据类型。

5. AggregatingState

声明状态的数据结构为 AggregatingState，其程序结构如下。

```
private transient AggregatingState<IN,OUT> state;
```

上述程序结构中，IN 和 OUT 分别用于指定值的数据类型和聚合运算结果的数据类型。

接下来通过示例代码的方式演示如何声明状态,这里指定状态的数据结构为 ValueState,并且指定值的数据类型为 String,具体代码如下。

```
private transient ValueState<String>valueState;
```

6.2.2   定义状态描述器

状态描述器(StateDescriptor)在有状态流处理应用中扮演着关键角色,它定义了状态的类型和名称,可以看作状态的标识符。状态描述器能够准确地定位特定的状态,并通过与声明的状态进行关联来进行读取、更新等操作。

Flink 提供了多种状态描述器,用于定义不同数据结构的状态,它们分别是 ValueStateDescriptor、ListStateDescriptor、 MapStateDescriptor、 ReducingStateDescriptor、 AggregatingStateDescriptor,具体介绍如下。

1. ValueStateDescriptor

用于定义数据结构为 ValueState 的状态描述器,其程序结构如下。

```
ValueStateDescriptor<DataType> stateDescriptor =
    new ValueStateDescriptor<>(name, TypeInformation.of(DataTypeClass));
```

上述程序结构中,DataType 用于指定值的数据类型,该数据类型需要与声明数据结构为 ValueState 的状态时指定值的数据类型保持一致。stateDescriptor 用于定义状态描述器的名称。name 用于定义状态的名称。DataTypeClass 用于定义值的数据类型的实现类。例如,String.class 表示值的数据类型为 String。

2. ListStateDescriptor

用于定义数据结构为 ListState 的状态描述器,其程序结构如下。

```
ListStateDescriptor<DataType> stateDescriptor =
    new ListStateDescriptor<>(name, TypeInformation.of(DataTypeClass));
```

上述程序结构中,DataType 用于指定列表中每个元素的数据类型,该数据类型需要与声明数据结构为 ListState 的状态时指定列表中元素的数据类型保持一致。

3. MapStateDescriptor

用于定义数据结构为 MapState 的状态描述器,其程序结构如下。

```
MapStateDescriptor<KeyDataType,ValueDataType> stateDescriptor =
    new MapStateDescriptor<>(
        name,
        TypeInformation.of(KeyDataTypeClass),
        TypeInformation.of(ValueDataTypeClass)
        );
```

上述程序结构中,KeyDataType 和 ValueDataType 分别用于指定集合元素中键和值的数据类型。KeyDataTypeClass 和 ValueDataTypeClass 分别表示实现这些数据类型的类。KeyDataType 和 ValueDataType 指定的数据类型需要与声明数据结构为 MapState 的状态时,指定集合元素中键和值的数据类型一致。

4. ReducingStateDescriptor

用于定义数据结构为 ReducingState 的状态描述器,其程序结构如下。

```
ReducingStateDescriptor<DataType> stateDescriptor =
    new ReducingStateDescriptor<>(name, new ReduceFunction<DataType>() {
        @Override
      public DataType reduce(DataType input1, DataType input2)
throws Exception {
            return result;
        }
    }, TypeInformation.of(DataTypeClass));
```

上述程序结构中,DataType 用于指定值的数据类型,该数据类型需要与声明数据结构为
ReducingState 的状态时指定值的数据类型保持一致。input1 和 input2 分别表示添加的值。
result 用于指定根据添加的值进行聚合运算的结果。

5. AggregatingStateDescriptor

用于定义数据结构为 AggregatingState 的状态描述器,其程序结构如下。

```
AggregatingStateDescriptor<inputDataType,accumulatorDataType,
outputDataType> stateDescriptor = new AggregatingStateDescriptor<>(
        name,
        new AggregateFunction<
                    inputDataType,
                    accumulatorDataType,
                    outputDataType>() {
        @Override
        public accumulatorDataType createAccumulator() {
            return accumulatorDefaultValue;
        }
        @Override
        public accumulatorDataType add(
                inputDataType inputData,
                accumulatorDataType accumulator) {
            return accumulatorLogic;
        }
        @Override
        public outputDataType getResult(accumulatorDataType accumulator) {
            return outputData;
        }
        @Override
        public accumulatorDataType merge(
                accumulatorDataType accumulator1,
                accumulatorDataType accumulator2) {
            return accumulatormergeValue;
        }
        },
        TypeInformation.of(accumulatorDataTypeClass));
```

上述程序结构中,inputDataType、accumulatorDataType 和 outputDataType 分别表示
值的数据类型、累加器的数据类型和聚合运算结果的数据类型,其中 inputDataType 和
outputDataType 指定的数据类型需要与声明数据结构为 AggregatingState 的状态时指定值
的数据类型和聚合运算结果的数据类型保持一致。

createAccumulator( )方法用于创建一个累加器,并且指定累加器的默认值accumulatorDefaultValue。

add()方法用于指定更新累加器的逻辑 accumulatorLogic,可以根据当前添加的值inputData 和当前累加器的值 accumulator 来更新累加器。

getResult()方法用于指定聚合运算的结果 outputData,可以根据累加器进行聚合运算。

merge()方法用于根据两个状态的累加器 accumulator1 和 accumulator2 来合并状态。

接下来通过示例代码的方式演示如何定义状态描述器,这里定义数据结构为 ListState 的状态描述器,指定状态名称为 listState,以及列表中每个元素的数据类型为 String,具体代码如下。

```
ListStateDescriptor<String> listStateDescriptor =
        new ListStateDescriptor<String>(
            "listState",
            TypeInformation.of(String.class)
        );
```

6.2.3　操作状态

在有状态流处理应用中,声明状态并定义状态描述器之后,便可以对特定的状态进行访问、更新等操作。Flink 为不同数据结构的状态提供了相应的方法用于操作状态,具体如表 6-1所示。

表 6-1　操作不同数据结构状态的方法

状　态	方　法	含　义
ValueState	value()	用于获取值
	update()	用于更新值,在使用该方法时,需要传递一个参数指定更新的值
ListState	get()	用于获取列表,该方法的返回值是一个迭代器,通过遍历迭代器可以获取列表中的元素
	update()	用于更新列表,使用该方法时,需要传递一个 List 集合作为参数,该集合内的元素会覆盖列表的元素
	add()	用于向列表中添加一个元素,使用该方法时,需要传递一个参数用于指定添加的元素
	addAll()	用于向列表中添加多个元素,使用该方法时,需要传递一个 List 集合作为参数,该集合内的元素会一并添加到列表中
MapState	get()	用于获取集合中指定键的值,使用该方法时,需要传递一个键作为参数
	put()	用于向集合中添加一个键值对,使用该方法时,需要传递两个参数,分别用于指定键和值
	remove()	用于移除集合中指定键值对,使用该方法时,需要传递一个键作为参数
	putAll()	用于向集合中添加多个键值对,使用该方法时,需要传递一个 Map 集合作为参数,该集合内的键值对会一并添加到集合中
	contains()	用于判断集合中是否存在指定键的键值对,该方法的返回值是一个布尔值,如果布尔值为 true,则键值对存在,否则键值对不存在。使用该方法时,需要传递一个键作为参数

状　态	方　法	含　义
MapState	entries()	用于获取集合中所有键值对,该方法的返回值是一个迭代器,通过遍历迭代器可以获取每个键值对
	keys()	用于获取集合中所有键,该方法的返回值是一个迭代器,通过遍历迭代器可以获取每个键
	values()	用于获取集合中所有值,该方法的返回值是一个迭代器,通过遍历迭代器可以获取每个值
	isEmpty()	用于判断集合是否为空,该方法的返回值是一个布尔值,如果布尔值为true,则集合为空,否则集合不为空
ReducingState	add()	用于添加值,使用该方法时需要传递一个参数,用于指定添加的值
	get()	用于获取当前聚合运算的结果
AggregatingState	add()	用于添加值,使用该方法时需要传递一个参数,用于指定添加的值
	get()	用于获取当前聚合运算的结果

除了表 6-2 中介绍的方法之外,Flink 还为每种数据结构的状态提供了一个 clear()方法,用于清空状态。

6.3　使用状态

在 Flink 中,状态始终是与特定算子相关联的,其中键控状态通常用于转换算子,算子状态通常用于数据源或接收器算子。本节介绍如何使用不同类型的状态。

6.3.1　使用键控状态

使用键控状态时,首先需要基于特定的转换算子定义一个键控状态,然后在对应的转换算子中应用这个定义的键控状态。定义键控状态时,需要实现一个自定义类,该类需要继承特定转换算子对应的实现类,并且重写 open()方法和转换算子对应的方法。

例如,如果希望在转换算子 map 中使用键控状态,可以创建一个自定义类,并继承 RichMapFunction 类。在自定义类中,重写 open()方法和 map()方法。同样地,如果希望在转换算子 flatMap 中使用键控状态,可以创建一个自定义类,并继承 RichFlatMapFunction 类。在自定义类中,重写 open()和 flatMap()方法。

这里以转换算子 map 为例,讲解如何定义键控状态,其程序结构如下。

```java
public class MyMapStateDemo extends RichMapFunction<IN,OUT> {
    //声明状态
    ...
    @Override
    public OUT map(IN input) throws Exception {
        return result;
    }
    @Override
    public void open(Configuration parameters) throws Exception {
        //定义状态描述器
        ...
```

```
        state = getRuntimeContext().getState(stateDescriptor);
    }
}
```

上述程序结构中,map()方法用于操作状态,并根据状态处理输入的数据。open()方法用于通过状态描述器注册状态,使状态描述器所描述的状态与声明的状态进行关联。MyMapStateDemo 为自定义的类。IN 用于指定转换算子 map 输入数据的数据类型。OUT用于指定转换算子 map 输出数据的数据类型。input 表示当前输入转换算子 map 的数据。result 用于指定转换算子 map 的处理结果。state 表示通过状态描述器注册状态时获取的状态对象,该对象的名称需要与声明状态时指定状态对象的名称一致。stateDescriptor 用于指定状态描述器。

键控状态定义完成后,可以在对应的转换算子中实例化定义的键控状态,从而使用键控状态。例如,在转换算子 map 中使用定义的键控状态 MyMapStateDemo,程序结构如下。

```
dataStream.map(new MyMapStateDemo());
```

接下来通过一个案例来演示如何使用键控状态。本案例对网站的访问日志进行分析,实时统计每个 IP 的访问次数,并将结果输出到控制台。本案例的实现过程如下。

1. 创建 Java 项目

在 IntelliJ IDEA 中基于 Maven 创建 Java 项目,指定项目使用的 JDK 为本地安装的 JDK 8,以及指定项目名称为 Flink_Chapter06。

2. 构建项目目录结构

在 Java 项目的 java 目录创建包 cn.state.demo 用于存放实现 DataStream 程序的类。

3. 添加依赖

在 Java 项目的 pom.xml 文件中添加依赖,依赖添加完成的效果如文件 6-1 所示。

文件 6-1   pom.xml

```
1  <?xml version = "1.0" encoding = "UTF-8"?>
2  <project xmlns = "http://maven.apache.org/POM/4.0.0"
3          xmlns:xsi = "http://www.w3.org/2001/XMLSchema-instance"
4          xsi:schemaLocation = "http://maven.apache.org/POM/4.0.0
5  http://maven.apache.org/xsd/maven-4.0.0.xsd">
6      <modelVersion>4.0.0</modelVersion>
7      <groupId>cn.itcast</groupId>
8      <artifactId>Flink_Chapter03</artifactId>
9      <version>1.0-SNAPSHOT</version>
10     <properties>
11       <maven.compiler.source>8</maven.compiler.source>
12       <maven.compiler.target>8</maven.compiler.target>
13       <project.build.sourceEncoding>UTF-8</project.build.sourceEncoding>
14     </properties>
15     <dependencies>
16       <dependency>
17         <groupId>org.apache.flink</groupId>
18         <artifactId>flink-streaming-java</artifactId>
19         <version>1.16.0</version>
20       </dependency>
21       <dependency>
22         <groupId>org.apache.flink</groupId>
```

```
23          <artifactId>flink-clients</artifactId>
24          <version>1.16.0</version>
25      </dependency>
26    </dependencies>
27 </project>
```

在文件 6-1 中,第 16～20 行代码表示 DataStream API 的核心依赖;第 21～25 行代码表示 Flink 客户端依赖。

4. 创建 POJO

在 Java 项目的包 cn.state.demo 中创建名为 LogRecord 的 POJO,该 POJO 包含 ip、url 和 timestamp 这 3 个属性,具体如文件 6-2 所示。

文件 6-2　LogRecord.java

```
1  public class LogRecord {
2      private String ip;
3      private String url;
4      private long timestamp;
5      public LogRecord(String ip, String url, long timestamp) {
6          this.ip = ip;
7          this.url = url;
8          this.timestamp = timestamp;
9      }
10     //省略属性的 getter()和 setter()方法
11     ...
12 }
```

5. 创建自定义 Source

在 Java 项目的包 cn.state.demo 中,定义一个用于创建自定义 Source 的类 LogSource,自定义 Source 每秒模拟生成一条访问日志,具体代码如文件 6-3 所示。

文件 6-3　LogSource.java

```
1  public class LogSource implements SourceFunction<LogRecord> {
2      private volatile boolean isRunning = true;
3      @Override
4      public void run(SourceContext<LogRecord> context)
5              throws Exception {
6          Random random = new Random();
7          String[] ips = {
8              "192.168.0.1",
9              "192.168.0.2",
10             "192.168.0.3",
11             "192.168.0.4",
12             "192.168.0.5"
13         };
14         String[] urls = {
15             "/index.html",
16             "/product.html",
17             "/cart.html",
18             "/order.html",
19             "/user.html"
20         };
```

```
21          while (isRunning) {
22              //随机生成访问日志中的 IP
23              String ip = ips[random.nextInt(ips.length)];
24              //随机生成访问日志中的 URL
25              String url = urls[random.nextInt(urls.length)];
26              //生成访问时间
27              long timestamp = System.currentTimeMillis();
28              context.collect(new LogRecord(ip, url, timestamp));
29              //每隔 1 秒生成一条访问日志
30              Thread.sleep(1000);
31          }
32      }
33      @Override
34      public void cancel() {
35          isRunning = false;
36      }
37  }
```

上述代码创建的自定义 Source,每间隔 1 秒,分别从数组 ips 和 urls 随机抽取一个元素作为生成访问日志中的 IP 和 URL。

6. 定义键控状态

在 Java 项目的包 cn.state.demo 中,创建一个用于定义键控状态的类 LogState,该键控状态基于转换算子 flatMap 定义,具体代码如文件 6-4 所示。

文件 6-4　LogState.java

```
1   public class LogState extends
2           RichFlatMapFunction<LogRecord, Tuple2<String, Integer>>{
3       //声明状态
4       private transient MapState<String, Integer> visitCountState;
5       @Override
6       public void flatMap(
7           LogRecord value,
8           Collector<Tuple2<String, Integer>> out
9       ) throws Exception {
10          int visitCount =
11                  visitCountState.contains(value.getIp()) ?
12                      visitCountState.get(value.getIp()) : 0;
13          visitCount++;
14          visitCountState.put(value.getIp(), visitCount);
15          out.collect(new Tuple2<>(value.getIp(), visitCount));
16      }
17      @Override
18      public void open(Configuration parameters) throws Exception {
19          //定义状态描述器
20          MapStateDescriptor<String, Integer> descriptor =
21              new MapStateDescriptor<>(
22                  "visitCountState",
23                  TypeInformation.of(String.class),
```

```
24                    TypeInformation.of(Integer.class)
25              );
26         //通过状态描述器注册状态
27         visitCountState = getRuntimeContext().getMapState(descriptor);
28     }
29 }
```

上述代码中,第 4 行代码指定状态的数据结构为 MapState,此时集合中的每个元素为不同 IP 的访问次数,其中元素的键用于记录 IP,元素的值用于记录对应 IP 的访问次数。第 10～12 行代码用于从集合中获取指定 IP 的访问次数,如果集合中不存在指定 IP,则返回 0。第 14 行代码用于向集合中添加新的键值对。

7. 实现 DataStream 程序

在 Java 项目的包 cn.state.demo 中,创建一个名为 LogAnalysis 的 DataStream 程序,该程序从自定义 Source 读取数据,并将统计结果输出到控制台,具体代码如文件 6-5 所示。

文件 6-5　LogAnalysis.java

```
1  public class LogAnalysis {
2      public static void main(String[] args) throws Exception {
3          StreamExecutionEnvironment executionEnvironment =
4              StreamExecutionEnvironment.getExecutionEnvironment();
5          DataStream<LogRecord> logs =
6              executionEnvironment.addSource(new LogSource());
7          DataStream<Tuple2<String, Integer>> result =
8              logs.keyBy(key -> key.getIp()).flatMap(new LogState());
9          result.print();
10         executionEnvironment.execute();
11     }
12 }
```

上述代码中,第 7、8 行代码首先根据每条访问日志的 IP 进行分区,然后在转换算子 flatMap 中使用定义的键控状态处理每条访问日志。

8. 运行 DataStream 程序

文件 6-5 的运行结果如图 6-2 所示。

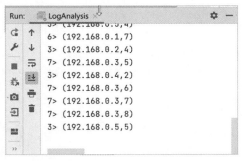

图 6-2　文件 6-5 的运行结果

从图 6-2 可以看出,控制台实时输出每个 IP 的访问次数。例如,IP 为 192.168.0.5 的访问次数为 5。

6.3.2　使用算子状态

算子状态的使用方式相较于键控状态来说要复杂一些,这主要是因为有状态流处理应用发生故障重启之后,并行度可能发生了调整,导致数据分配到的分区都会发生变化,这很好理解,当打牌的人数从 3 个增加到 4 个时,即使牌的次序不变,轮流发到每个人手里的牌也会不同。数据分区发生变化,带来的问题就是,怎么保证原先的状态跟故障恢复后数据的对应关系呢?

对于键控状态来说,这个问题很好解决,因为状态都是与键相关的,当有状态流处理应用发生故障重启之后,相同键的数据总是会进入同一分区,可以根据键找到对应的状态,保证结果的一致性,所以使用键控状态的方式较为简单,只需要基于特定的转换算子去定义键控状态即可。而对于算子状态来说就会有所不同,因为算子状态与键无关,所以当有状态流处理应用发生故障重启之后,数据被分配到哪个分区是不可预测的,因此无法保证数据能进入同一个任务的并行子任务,或者访问同一个状态。

在使用算子状态时,需要根据业务需求自行设计状态的保存和恢复逻辑。在 Flink 中,对状态进行保存和恢复的机制叫作 Checkpoint(检查点),关于 Checkpoint 的内容会在本节的后续内容进行详细讲解。因此在使用算子状态时,除了需要基于特定算子定义算子状态之外,还需要对 Checkpoint 的相关操作进行定义。

Flink 提供了一个 CheckpointedFunction 接口,用于定义 Checkpoint 的相关操作,该接口提供了 snapshotState()和 initializeState()两个方法,其中前者用于定义 Checkpoint 保存状态的逻辑;后者用于初始化状态,并定义状态恢复的逻辑。

这里以数据源算子为例,介绍如何定义算子状态,其程序结构如下。

```java
public class MySource implements
    SourceFunction<dataType>,
    CheckpointedFunction {
    //声明状态
    ...
    @Override
    public void snapshotState(
        FunctionSnapshotContext snapshotContext
        ) throws Exception {
    }
    @Override
    public void initializeState(
        FunctionInitializationContext initializationContext
        ) throws Exception {
        //定义状态描述器
        ...
        state = initializationContext
                    .getOperatorStateStore()
                    .getListState(descriptor);
    }
    @Override
    public void run(SourceContext<Integer> sourceContext)
```

```
            throws Exception {
    }
    @Override
    public void cancel() {
    }
}
```

上述程序结构中,SourceFunction 表示基于数据源算子定义算子状态时需要实现的接口,基于不同类型算子定义算子状态时,实现的接口也不同。例如,接收器算子的接口为 SinkFunction,转换算子 map 的接口为 MapFunction。

run()和 cancel()是 SourceFunction 接口的实现方法,这两个方法的含义与自定义 Source 时实现的 run()和 cancel()方法相同。

dataType 用于指定数据源生成数据的数据类型。state 表示通过状态描述器注册状态时获取的状态对象,该对象的名称需要与声明状态时指定状态对象的名称一致。descriptor 用于指定状态描述器。MySource 为自定义的类。

算子状态定义完成后,便可以在对应的算子中应用算子状态。例如,在数据源算子中应用定义的算子状态 MySource,其程序结构如下。

```
executionEnvironment.addSource(new MySource());
```

上述程序结构中,executionEnvironment 表示执行环境。

算子状态的使用涉及 Checkpoint 和 State Backend(状态后端)的内容,因此这里通过示例代码的方式演示如何定义算子状态,具体代码如下。

```
1  public class SourceSate implements
2          SourceFunction<Integer>, CheckpointedFunction {
3      private volatile boolean isRunning = true;
4      private transient ListState<Integer> listState;
5      private int counter = 0;
6      @Override
7      public void snapshotState(
8              FunctionSnapshotContext snapshotContext
9      ) throws Exception {
10         listState.clear();
11         listState.add(counter);
12     }
13     @Override
14     public void initializeState(
15             FunctionInitializationContext initializationContext
16     ) throws Exception {
17         ListStateDescriptor<Integer> descriptor =
18             new ListStateDescriptor<>(
19                     "counter",
20                     TypeInformation.of(Integer.class))
21             ;
22         listState = initializationContext
23                 .getOperatorStateStore()
```

```
24              .getListState(descriptor);
25          //判断是否从故障中恢复
26          if(initializationContext.isRestored()){
27              for(Integer value : listState.get()) {
28                  counter = value;
29              }
30          }
31      }
32      @Override
33      public void run(SourceContext<Integer> sourceContext) throws Exception {
34          while (isRunning) {
35              sourceContext.collect(counter++);
36              Thread.sleep(1000);
37          }
38      }
39      @Override
40      public void cancel() {
41          isRunning = false;
42      }
43 }
```

上述代码基于数据源算子定义了一个算子状态,其中第 7～12 行代码用于定义 Checkpoint 保存状态的逻辑,这里先清空算子状态,然后将当前获取的 counter 添加到算子状态,以确保算子状态内为最新的数据。算子状态会通过 State Backend 写入 Checkpoint。

第 14～31 行代码用于定义状态恢复的逻辑,如果有状态流处理应用从故障中恢复执行,那么会从 Checkpoint 获取对应的算子状态,并将算子状态赋值给 counter,从而恢复故障之前的计算。

6.4   Checkpoint

6.4.1   Checkpoint 概述

Checkpoint 是一种容错恢复机制,这种机制通过 Chandy-Lamport 算法(分布式快照算法)为有状态流处理应用中每个任务所维护的状态生成 Snapshot(快照),并且将 Snapshot 发送到存储介质。当有状态流处理应用发生故障时,Flink 首先会重新启动有状态流处理应用;然后将有状态流处理应用中每个任务的状态根据最近一次生成的 Snapshot 进行重置;最后恢复有状态流处理应用中所有任务的执行。

基于容错恢复机制的概念提醒我们,在工作和学习中犯错误并不可怕,可怕的是不能从错误中恢复过来。我们应当发展一种适应力,即使在犯错误后,也能迅速调整态度,找出错误的原因,并及时纠正错误。

Chandy-Lamport 算法使用了一种特殊的元素用于控制 Snapshot 的生成,即 Checkpoint Barrier(检查点分界线)。在有状态流处理应用执行过程中,JobManager 会创建 Checkpoint Coordinator(检查点协调器),Checkpoint Coordinator 会根据指定的时间间隔定期在无界流的固定位置插入带有 Checkpoint Id(检查点 Id)的 Checkpoint Barrier。Checkpoint Barrier 随着无界流在有状态流处理应用的各个任务之间传递,每当任务接收到 Checkpoint Barrier 时,便将其维护的状态生成为 Snapshot，每个 Snapshot 都保存了有状态流处理应用每个任务的完整状态。Checkpoint 的实现流程如图 6-3 所示。

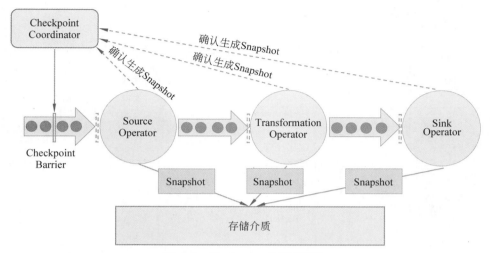

图 6-3　Checkpoint 的实现流程

针对图 6-3 中 Checkpoint 的实现流程进行如下讲解。

（1）Checkpoint Coordinator 周期性地将带有 Checkpoint Id 的 Checkpoint Barrier 插入无界流的固定位置。

（2）当 Source Operator（数据源算子）接收到无界流中的 Checkpoint Barrier 时，它会执行以下操作。首先，当前 Source Operator 会暂停处理数据，新输入的数据会写入缓冲区；其次，为当前任务所维护的状态生成 Snapshot，并将其发送到存储介质；最后，通知 Checkpoint Coordinator 确认生成 Snapshot，并恢复当前 Source Operator 继续处理数据。

（3）当 Transformation Operator（转换算子）接收到无界流中的 Checkpoint Barrier 时，它会执行以下操作。首先，当前 Transformation Operator 会暂停处理数据，来自 Source Operator 的新数据会写入缓冲区；其次，为当前任务所维护的状态生成 Snapshot，并将其发送到存储介质；最后，通知 Checkpoint Coordinator 确认生成 Snapshot，并恢复当前 Transformation Operator 继续处理数据。

（4）有状态流处理应用的多个 Transformation Operator 会重复步骤（3）的操作，直到 Sink Operator（接收器算子）接收到无界流中的 Checkpoint Barrier。当 Sink Operator 接收到无 Checkpoint Barrier 时，它会执行以下操作。首先，当前 Sink Operator 会暂停处理数据，来自 Transformation Operator 的新数据会写入缓冲区；其次，为当前任务所维护的状态生成 Snapshot，并将其发送到存储介质；最后，通知 Checkpoint Coordinator 确认生成 Snapshot，并恢复当前 Sink Operator 继续处理数据。此时，Checkpoint Coordinator 接收到有状态流处理应用中每个算子的报告，便认为成功为该周期内所有任务维护的状态生成 Snapshot。

当有状态流处理应用的某一任务的并行度大于 1 时，该任务会等待所有具有相同 Checkpoint Id 的 Checkpoint Barrier 全部到达后，才为该任务维护的状态生成 Snapshot，并发送到存储介质，这个等待的过程称为分界线对齐（Barrier Alignment），分界线对齐的过程如图 6-4 所示。

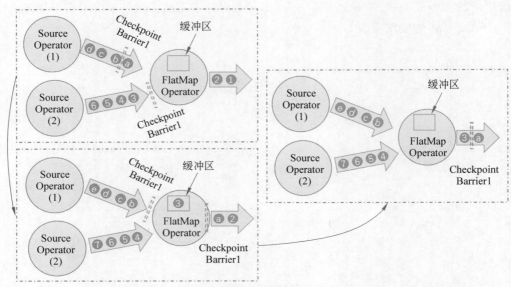

图 6-4   分界线对齐的过程

针对图 6-4 中分界线对齐的过程进行如下讲解。

（1）当 FlatMap Operator 只接收到 Source Operator(2)的 Checkpoint Barrier1,没有接收到 Source Operator(1)的 Checkpoint Barrier1 时,FlatMap Operator 会进入等待状态。

（2）FlatMap Operator 在等待期间,会继续处理 Source Operator(1)输入的新数据。如果 Source Operator(2)输入新的数据,则 FlatMap Operator 会将这些数据存放到缓冲区中,暂时不予处理。

（3）当 FlatMap Operator 接收到 Source Operator(1)的 Checkpoint Barrier1 时,FlatMap Operator 会为当前任务所维护的状态生成 Snapshot,并发送到存储介质。

（4）FlatMap Operator 首先从缓冲区读取数据进行处理,然后正常接收 Source Operator (1)和 Source Operator(2)输入的新数据。

📖 多学一招：Checkpoint 支持的语义

Checkpoint 支持两种语义,分别是 Exactly Once（精确一次）和 At Least Once（至少一次）,默认 Checkpoint 使用的语义为 Exactly Once,有关 Exactly Once 和 At Least Once 这两种语义的介绍如下。

Exactly Once：确保无界流中每条数据对于有状态流处理应用的每个状态只影响一次,即无界流中的数据不会出现重复处理或者丢失的现象。

At Least Once：确保无界流中每条数据对于有状态流处理应用的每个状态至少影响一次,即无界流中的数据会出现重复处理的现象,但不会出现数据丢失的现象,出现重复处理的现象的原因在于,Checkpoint 使用 At Least Once 语义时,没有分界线对齐的过程。

6.4.2   配置 Checkpoint

在 Flink 中,可以通过两种方式配置 Checkpoint。第一种方式是通过 Flink 配置文件 flink-conf.yaml,为 Flink 运行的所有作业配置 Checkpoint。这种方式的缺点是不够灵活,难以对不同的有状态流处理应用做个性化的配置。第二种方式是在当前有状态流处理应用配置Checkpoint。这种方式更加灵活,可以对不同的有状态流处理应用做个性化的配置。关于使用这两种方式配置 Checkpoint 的介绍如下。

1. 通过配置文件配置 Checkpoint

Flink 配置文件提供了多种参数用于配置 Checkpoint,配置 Checkpoint 的常用参数如表 6-2 所示。

表 6-2　配置 Checkpoint 的常用参数

参　　数	默　认　值	含　　义
execution.checkpointing.interval	none	每个状态生成 Snapshot 的固定间隔时间,也可以理解为 Checkpoint Coordinator 周期性发送 Checkpoint Barrier 的间隔时间,时间单位为毫秒(ms),例如,指定固定间隔时间为 1 秒,则参数值为 1000。默认值为 none 表示每个任务不生成快照
execution.checkpointing.mode	EXACTLY_ONCE	指定 Checkpoint 语义,可选值为 AT_LEAST_ONCE
execution.checkpointing.min-pause	0	每个状态生成 Snapshot 的最小间隔时间,时间单位为毫秒,目的是确保每个任务之间能够完成一定的数据处理才会生成快照。例如,参数值为 5000,表示当前任务生成快照之后,至少要经过 5 秒,下一个任务才会生成快照
execution.checkpointing.timeout	600000	每个状态生成 Snapshot 的超时时间,当某个状态生成 Snapshot 的时间超过指定的超时时间,则丢弃该 Snapshot
execution.checkpointing.tolerable-failed-checkpoints	0	容忍每个状态生成 Snapshot 的失败次数
execution.checkpointing.max-concurrent-checkpoints	1	多个状态生成 Snapshot 的并发数。例如,当并发数为 1 时,若当前任务中状态的 Snapshot 还没有生成,则 Flink 不会触发下一个任务的状态生成Snapshot
execution.checkpointing.externalized-checkpoint-retention	NO_EXTERNALIZED_CHECKPOINTS	用于启用保留 Snapshot 到外部存储介质的功能,默认情况下不开启该功能,若开启该功能,则可选值为 RETAIN_ON_CANCELLATION 和 DELETE_ON_CANCELLATION,前者表示有状态流处理应用被取消执行时,会将 Snapshot 保留到外部存储介质,需要手动清除外部存储介质中保留的 Snapshot;后者表示有状态流处理应用被取消执行时,会同时清除外部存储介质的 Snapshot

接下来演示如何通过表 6-2 中的参数,在 Flink 配置文件 flink-conf.yaml 中配置 Checkpoint,具体内容如下。

```
#指定每个状态生成 Snapshot 的固定间隔时间为 10 秒
execution.checkpointing.interval: 10000
#指定 Checkpoint 的语义为 AT_LEAST_ONCE
execution.checkpointing.mode: AT_LEAST_ONCE
#指定每个状态生成 Snapshot 的最小间隔时间为 5 秒
execution.checkpointing.min-pause: 5000
#指定每个状态生成 Snapshot 的超时时间为 100 秒
execution.checkpointing.timeout: 100000
#指定容忍每个状态生成 Snapshot 的失败次数为 2
execution.checkpointing.tolerable-failed-checkpoints: 2
#指定多个状态生成 Snapshot 的并发数为 2
execution.checkpointing.max-concurrent-checkpoints: 2
#启用保留 Snapshot 到外部存储介质的功能
#当有状态流处理应用被取消执行时,会同时清除外部存储介质的 Snapshot
execution.checkpointing.externalized-checkpoint-retention: DELETE_ON_CANCELLATION
```

2. 在有状态流处理应用配置 Checkpoint

在有状态流处理应用配置 Checkpoint 时,主要通过执行环境提供的 enableCheckpointing()方法和 getCheckpointConfig()方法实现,其中 enableCheckpointing()方法用于开启 Checkpoint,并指定每个状态生成 Snapshot 的固定间隔时间,使用该方法时需要传递一个参数用于指定间隔时间,时间单位为毫秒。getCheckpointConfig()方法用于创建 CheckpointConfig 对象,该对象提供了多种方法用于配置 Checkpoint。

关于 CheckpointConfig 对象提供用于配置 Checkpoint 的常用方法的介绍如下。

(1) setCheckpointingMode()方法用于指定 Checkpoint 语义,使用该方法时需要传递一个参数用于指定 Checkpoint 语义,参数的可选值为 CheckpointingMode.AT_LEAST_ONCE 和 CheckpointingMode.EXACTLY_ONCE。

(2) setMinPauseBetweenCheckpoints()方法用于指定每个状态生成 Snapshot 的最小间隔时间,使用该方法时需要传递一个参数用于指定间隔时间,时间单位为毫秒。

(3) setCheckpointTimeout()方法用于指定每个状态生成 Snapshot 的超时时间,使用该方法时需要传递一个参数用于指定超时时间,时间单位为毫秒。

(4) setTolerableCheckpointFailureNumber()方法用于指定容忍每个状态生成 Snapshot 的失败次数,使用该方法时需要传递一个参数用于指定容忍的失败次数。

(5) setMaxConcurrentCheckpoints()方法用于指定多个状态生成 Snapshot 的并发数,使用该方法时需要传递一个参数用于指定并发数。

(6) enableExternalizedCheckpoints()方法用于启用保留 Snapshot 到外部存储介质的功能,使用该方法时需要传递一个参数用于指定是否开启该功能,可选值如下。

① CheckpointConfig.ExternalizedCheckpointCleanup.DELETE_ON_CANCELLATION 表示有状态流处理应用被取消执行时,会同时清除外部存储介质的 Snapshot。

② CheckpointConfig.ExternalizedCheckpointCleanup.RETAIN_ON_CANCELLATION 表示有状态流处理应用被取消执行时,会将 Snapshot 保留到外部存储介质,需要手动清除外部存储介质中保留的 Snapshot。

接下来通过示例代码的方式演示如何在有状态流处理应用中配置 Checkpoint,具体代码如下。

```
1  public class CheckpointDemo {
2      public static void main(String[] args) {
3          StreamExecutionEnvironment executionEnvironment =
4                  StreamExecutionEnvironment.getExecutionEnvironment();
5          //开启 Checkpoint,并指定每个状态生成 Snapshot 的固定间隔时间为 10000 毫秒
6          executionEnvironment.enableCheckpointing(10000);
7          //创建 CheckpointConfig 对象 checkpointConfig
8          CheckpointConfig checkpointConfig =
9                  executionEnvironment.getCheckpointConfig();
10         checkpointConfig.setCheckpointingMode(CheckpointingMode.AT_LEAST_ONCE);
11         checkpointConfig.setMinPauseBetweenCheckpoints(5000);
12         checkpointConfig.setCheckpointTimeout(100000);
13         checkpointConfig.setTolerableCheckpointFailureNumber(2);
14         checkpointConfig.setMaxConcurrentCheckpoints(2);
15         checkpointConfig.enableExternalizedCheckpoints(
16             CheckpointConfig.ExternalizedCheckpointCleanup.DELETE_ON_CANCELLATION);
17     }
18 }
```

针对上述代码内容进行如下讲解。

第 10 行代码,调用 checkpointConfig 的 setCheckpointingMode( )方法,并传递参数 CheckpointingMode.AT_LEAST_ONCE,指定 Checkpoint 的语义为 AT_LEAST_ONCE。

第 11 行代码,调用 checkpointConfig 的 setMinPauseBetweenCheckpoints()方法,并传递参数 5000,指定每个状态生成 Snapshot 的最小间隔时间为 5000 毫秒。

第 12 行代码,调用 checkpointConfig 的 setCheckpointTimeout( )方法,并传递参数 100000,指定每个状态生成 Snapshot 的超时时间为 100000 毫秒。

第 13 行代码,调用 checkpointConfig 的 setTolerableCheckpointFailureNumber()方法,并传递参数 2,指定容忍每个状态生成 Snapshot 的失败次数为 2。

第 14 行代码,调用 checkpointConfig 的 setMaxConcurrentCheckpoints()方法,并传递参数 2,指定多个状态生成 Snapshot 的并发数为 2。

第 15、16 行代码,启用保留 Snapshot 到外部存储介质的功能,并且当有状态流处理应用被取消执行时,会同时清除外部存储介质的 Snapshot。

📖 多学一招:Savepoint

除了 Checkpoint 外,Flink 还提供了一种为状态生成 Snapshot,并保存到文件系统的功能——Savepoint(保存点)。Savepoint 和 Checkpoint 最大的区别就是触发的时机,Checkpoint 是由 Flink 自动管理的,可以定期为状态生成 Snapshot,在有状态流处理应用发生故障之后自动读取对应的 Snapshot 进行恢复。而 Savepoint 为状态生成 Snapshot 的过程,必须由用户手动触发,并且有状态流处理应用发生故障之后,如果想要通过 Savepoint 恢复有状态流处理应用的执行,同样也需要用户手动触发。

因此两者尽管原理一致,但用途有所差别。其中 Checkpoint 主要用来做故障恢复,是容

错机制的核心;Savepoint 则更加灵活,可以用来做有计划的手动备份和恢复,可以当作一个强大的运维工具来使用。在需要的时候可以为有状态流处理应用创建一个 Savepoint,然后停止有状态流处理应用,做一些处理调整之后再通过 Savepoint 恢复有状态流处理应用的执行。

flink 命令提供了 savepoint 行为,用于为 Flink 运行的指定作业创建 Savepoint,其语法格式如下。

```
bin/flink savepoint <Job ID> [File]
```

上述语法格式中,Job ID 用于指定作业的 ID。File 为可选,用于指定 Savepoint 保存的路径,默认路径为 Flink 配置文件中参数 state.savepoints.dir 配置的参数值。

如果需要通过 Savepoint 恢复作业的执行,那么可以通过 flink 命令的 run 行为实现,相关内容可参阅 2.8.2 节。

6.5   State Backend

State Backend 用于指定状态和 Snapshot 的存储介质。Flink 提供了两种类型的 State Backend,分别是 HashMapStateBackend 和 EmbeddedRocksDBStateBackend,具体介绍如下。

(1) HashMapStateBackend。HashMapStateBackend 是 State Backend 默认使用的类型,它将状态存储在内存中,这样可以获得更快的读写速度,使计算性能达到最佳,但代价是内存的占用。在生活中,任何事物都有其两面性,我们在决策或解决问题时,不能只看到一面。例如,一个新的策略可能会带来优秀的短期效益,但我们也需要考虑其长期影响和可能带来的副作用。通过全面的思考,可以更准确地评估每个决策的影响,从而做出更为合理和全面的选择。

(2) EmbeddedRocksDBStateBackend。EmbeddedRocksDBStateBackend 通过 RocksDB 存储状态,RocksDB 是一种高性能的嵌入式键值对数据库,它会将状态存储在对应任务所运行的 TaskManager 本地磁盘中。存储在本地磁盘就意味其读写速度和性能要低于 HashMapStateBackend,不过将状态存储在磁盘摆脱了内存的限制,因此可以存储海量的状态。不仅如此,EmbeddedRocksDBStateBackend 还支持增量 Checkpoint 的机制,这在很多情况下可以大大提升存储状态的效率。

对于 Snapshot 的存储介质来说,这两种类型的 State Backend 都可以通过内存或文件系统来持久化 Snapshot,不过通常情况下,会使用分布式文件系统来持久化 Snapshot,从而确保 Snapshot 的可靠性。

在 Flink 中,可以通过两种方式配置 State Backend。第一种方式是通过 Flink 配置文件 flink-conf.yaml,为 Flink 运行的所有作业配置 State Backend。这种方式的缺点是不够灵活,难以对不同的有状态流处理应用做个性化的配置。第二种方式是在当前有状态流处理应用配置 State Backend。这种方式更加灵活,可以对不同的有状态流处理应用做个性化的配置。关于使用这两种方式配置 State Backend 的介绍如下。

(1) 通过配置文件配置 State Backend。

Flink 配置文件提供了 3 个参数用于配置 State Backend,具体介绍如下。

① state.backend:用于指定状态的存储介质,可选值包括 rocksdb 和 hashmap,前者表示通过 RocksDB 存储状态;后者表示通过内存存储状态。

② state.checkpoint-storage：用于指定 Snapshot 的存储介质，可选值包括 jobmanager 和 filesystem，前者表示通过 JobManager 的内存存储 Snapshot；后者表示通过文件系统存储 Snapshot。

③ state.checkpoints.dir：用于指定在文件系统中存储 Snapshot 的路径。只有在参数 state.checkpoint-storage 的值为 filesystem 时才需要指定。

接下来演示如何通过上述介绍的参数，在 Flink 配置文件 flink-conf.yaml 中配置 State Backend，具体内容如下。

```
state.backend: hashmap
state.checkpoint-storage: filesystem
state.checkpoints.dir:hdfs://192.168.121.144:9820/flink-checkpoints
```

上述内容指定状态的存储介质为内存，Snapshot 的存储介质为 HDFS。

（2）在有状态流处理应用配置 State Backend。

在有状态流处理应用配置 State Backend 时，主要通过执行环境提供的 setStateBackend() 方法和 getCheckpointConfig() 方法实现，其中 setStateBackend() 方法指定状态的存储介质，使用该方法时需要传递一个参数，用于指定存储介质，如果存储介质为内存，则参数值为 new HashMapStateBackend()；如果存储介质为 RocksDB，则参数值为 new EmbeddedRocksDB StateBackend(true)，其中 true 表示开启增量 Checkpoint。

getCheckpointConfig() 方法用于创建 CheckpointConfig 对象，该对象提供了 setCheckpointStorage() 方法用于指定 Snapshot 的存储介质，如果存储介质为 JobManager 的内存，则参数值为 new JobManagerCheckpointStorage()；如果存储介质为文件系统，则参数值为文件系统的路径。

接下来通过示例代码的方式演示如何在有状态流处理应用中配置 State Backend，具体代码如下。

```
1  public class StateBackendDemo {
2     public static void main(String[] args) {
3        StreamExecutionEnvironment executionEnvironment =
4              StreamExecutionEnvironment.getExecutionEnvironment();
5     //创建 CheckpointConfig 对象
6     CheckpointConfig checkpointConfig =
7              executionEnvironment.getCheckpointConfig();
8     executionEnvironment.setStateBackend(new HashMapStateBackend());
9     checkpointConfig.setCheckpointStorage(
10             "hdfs://192.168.121.144:9820/flink-checkpoints");
11    }
12 }
```

上述代码分别指定状态的存储介质为内存，Snapshot 的存储介质为 HDFS。

【注意】　如果在有状态流处理应用中配置 State Backend 时，使用 RocksDB 存储状态，那么需要在项目的依赖管理文件 pom.xml 添加 RocksDB 的依赖，具体内容如下。

```
<dependency>
    <groupId>org.apache.flink</groupId>
    <artifactId>flink-statebackend-rocksdb_2.12</artifactId>
```

```
    <version>1.16.0</version>
</dependency>
```

6.6　故障恢复

当有状态流处理应用发生故障时，Flink 会通过 Checkpoint 重新启动每个任务，从而恢复其正常执行。Flink 为了重启和恢复有状态流处理应用的正常执行，提供了不同的重启策略和恢复策略，具体介绍如下。

1. 重启策略

重启策略指定 Flink 在发生故障时如何重新启动有状态流处理应用。在 Flink 中可以通过两种方式配置重启策略，第一种是修改 Flink 配置文件；第二种是配置有状态流处理应用，后者会覆盖前者中相同配置的内容。

Flink 提供了 3 种类型的重启策略，它们分别是固定延迟重启策略（Fixed Delay Restart Strategy）、故障率重启策略（Failure Rate Restart Strategy）和无重启策略（No Restart Strategy）。接下来详细介绍这 3 种类型的重启策略，并且演示如何配置这 3 种类型的重启策略，具体内容如下。

1）固定延迟重启策略

固定延迟重启策略是 Flink 的默认重启策略，它基于固定的时间间隔和重启次数来尝试重新启动有状态流处理应用，其中固定时间间隔是指在连续两次重启尝试之间的等待时间；固定重启次数是指尝试重新启动的最大次数。当重启次数达到最大次数且仍然无法恢复时，有状态流处理应用将被终止。

接下来分别演示如何在 Flink 配置文件和有状态流处理应用中，配置固定延迟重启策略，具体示例如下。

（1）在 Flink 配置文件中配置固定延迟重启策略。

```
#配置重启策略为固定延迟重启策略
restart-strategy: fixed-delay
#指定固定重启次数为 3，该参数的默认值为 1
restart-strategy.fixed-delay.attempts: 3
#指定固定时间间隔为 10s(10 秒)，该参数默认值为 1s
restart-strategy.fixed-delay.delay: 10 s
```

上述配置内容的含义是，有状态流处理应用出现故障尝试重新启动时，如果第 1 次尝试重新启动之后，有状态流处理应用没有恢复正常执行，则间隔 10 秒之后再次尝试重新启动，以此类推，最多会尝试重新启动 3 次。如果将固定时间间隔的时间单位更换为毫秒、分或小时，则将 s 修改为 ms、min 或 h。

（2）在有状态流处理应用中配置固定延迟重启策略。

```
executionEnvironment.setRestartStrategy(
        RestartStrategies
                .fixedDelayRestart(
                        3,
                        Time.of(10, TimeUnit.SECONDS)));
```

上述示例代码调用执行环境的 setRestartStrategy()方法配置重启策略，在 setRestartStrategy()

方法中,调用 RestartStrategies 类的 fixedDelayRestart()方法,配置重启策略为固定延迟重启策略,fixedDelayRestart()方法包含两个参数,其中第一个参数用于指定固定重启次数为 3;第二个参数用于指定固定时间间隔为 10 秒,如果将固定时间间隔的时间单位更换为毫秒、分、小时,那么需要将 SECONDS 修改为 MILLISECONDS、MINUTES 或 HOURS。

2)故障率重启策略

故障率重启策略根据固定时间间隔、固定时间范围和固定重启次数来尝试重新启动有状态流处理应用,其中固定时间间隔和固定重启次数的含义与固定延迟重启策略中的含义一致。固定时间范围是指在给定的时间范围内,尝试重新启动有状态流处理应用的次数不能超过固定重启次数。如果在固定的时间范围内,重新启动有状态流处理应用的次数超过了固定重启次数,且仍无法恢复正常执行状态,那么有状态流处理应用将被终止。

接下来分别演示如何在 Flink 配置文件或有状态流处理应用中配置故障率重启策略,具体示例如下。

(1)在 Flink 配置文件中配置故障率重启策略。

```
#配置重启策略为故障率重启策略
restart-strategy: failure-rate
#指定固定重启次数为 3,该参数的默认值为 1
restart-strategy.failure-rate.max-failures-per-interval: 3
#指定固定时间范围为 5min(分钟),该参数的默认值为 1min
restart-strategy.failure-rate.failure-rate-interval: 5 min
#指定固定时间间隔为 10s(秒),该参数的默认值为 1s
restart-strategy.failure-rate.delay: 10 s
```

上述配置内容的含义是,有状态流处理应用出现故障尝试重新启动时,如果第 1 次尝试重新启动之后,有状态流处理应用没有恢复正常执行,则间隔 10 秒之后再次尝试重新启动,以此类推,在 5 分钟之内,最多会尝试重新启动 3 次。

(2)在有状态流处理应用中配置故障率重启策略。

```
executionEnvironment.setRestartStrategy(
        RestartStrategies.failureRateRestart(
                3,
                Time.of(5,TimeUnit.MINUTES),
                Time.of(10,TimeUnit.SECONDS)));
```

上述示例代码调用执行环境对象的 setRestartStrategy() 方法配置重启策略,在 setRestartStrategy()方法中,调用 RestartStrategies 类的 failureRateRestart()方法,配置重启策略为故障率重启策略。failureRateRestart()方法包含 3 个参数,其中第一个参数用于指定固定重启次数为 3;第二个参数用于指定固定时间范围为 5 分钟;第三个参数用于指定固定时间间隔为 10 秒。

3)无重启策略

无重启策略是指在有状态流处理应用发生故障后,不会尝试重新启动有状态流处理应用,而是直接终止有状态流处理应用的执行。需要注意的是,无重启策略会导致有状态流处理应用在发生故障后无法继续执行,这对于某些关键任务可能会造成数据丢失或中断,因此在选择重启策略时需要根据具体情况进行评估和决策。

接下来分别演示如何在 Flink 配置文件或有状态流处理应用中配置无重启策略,具体示例如下。

（1）在 Flink 配置文件中配置无重启策略。

```
#配置重启策略为无重启策略
restart-strategy: none
```

（2）在有状态流处理应用中配置无重启策略。

```
executionEnvironment.
        setRestartStrategy(RestartStrategies.noRestart());
```

上述示例代码调用执行环境对象的 setRestartStrategy（）方法配置重启策略，在 setRestartStrategy（）方法中，调用 RestartStrategies 类的 noRestart（）方法，配置重启策略为无重启策略。

2. 恢复策略

恢复策略（Recovery Strategy）用于指定有状态流处理应用重新启动后如何恢复正常执行。在 Flink 中，可以通过 Flink 配置文件配置恢复策略。Flink 提供了两种恢复策略，分别是全局恢复策略（Restart All Failover Strategy）和局部恢复策略（Restart Pipelined Region Failover Strategy），具体介绍如下。

1）全局恢复策略

全局恢复策略是指恢复有状态流处理应用所有任务的正常执行。有关在 Flink 配置文件中，配置 Flink 恢复策略为全局恢复策略的示例代码如下。

```
jobmanager.execution.failover-strategy: full
```

2）局部恢复策略

局部恢复策略是指恢复有状态流处理应用中与故障相关的部分任务，而不是恢复所有任务。有关在 Flink 配置文件中，配置 Flink 恢复策略为局部恢复策略的示例代码如下。

```
jobmanager.execution.failover-strategy: region
```

局部恢复策略是 Flink 默认的恢复策略。相对于全局恢复策略而言，局部恢复策略可以减少恢复任务的数量，从而加快有状态流处理应用重新启动后恢复正常执行的速度，同时减少了不必要的计算开销。

6.7　本章小结

本章主要讲解了有状态流处理应用的状态和容错机制，帮助读者充分理解和掌握 DataStream 程序在有状态流处理应用中的应用。首先，阐述了状态的相关概念。接着，讲解了状态管理和使用状态，包括声明状态、定义状态描述器、使用键控状态等。然后，详细介绍了 Checkpoint 和 State Backend。最后，探讨了故障恢复，包括重启策略和恢复策略。通过本章的学习，相信读者能够灵活地运用 Flink 的状态和容错机制，实现更加稳健的有状态流处理应用。

6.8　课后习题

一、填空题

1. 状态由 Flink 集群运行架构中 TaskManager 的_____进行维护。

2. Flink 中的状态被分为_____和算子状态。

3. 获取 ValueState 类型状态中值的方法是_____。

4. 在 Flink 中,Checkpoint 是一种_____机制。

5. 在 Flink 中,_____指定 Snapshot 的存储介质。

二、判断题

1. Flink 中的状态默认存储在内存。 (　　)

2. Flink 中的键控状态是根据无界流中定义的键来维护和访问的。 (　　)

3. 获取 ListState 类型的状态中值的方法是 getValue()。 (　　)

4. Checkpoint 可以为有状态流处理应用中的每个任务生成 Snapshot。 (　　)

5. EmbeddedRocksDBStateBackend 是 State Backend 默认使用的类型。 (　　)

三、选择题

1. 下列选项中,属于算子状态类型的是(　　　)。

　　A. ValueState　　　　　　　　　　B. ListState

　　C. AggregatingState　　　　　　　D. ReducingState

2. 下列选项中,关于键控状态类型 AggregatingState 描述正确的是(　　　)。

　　A. 存储单个值　　　B. 存储一个列表　　　C. 存储一个集合　　　D. 存储一个数组

3. 下列选项中,用于指定生成 Snapshot 的固定间隔时间的参数是(　　　)。

　　A. execution.checkpointing.interval

　　B. execution.checkpointing.min-pause

　　C. execution.checkpointing.timeout

　　D. execution.checkpointing.max-concurrent-checkpoints

4. 下列选项中,属于 Checkpoint 语义的是(　　　)。(多选)

　　A. AT_LEAST_ONCE　　　　　　　B. NONE

　　C. AT_MOST_ONCE　　　　　　　D. EXACTLY_ONCE

5. 下列选项中,不属于 Flink 重启策略的是(　　　)。

　　A. 固定延迟重启策略　　　　　　　B. 故障率重启策略

　　C. 无重启策略　　　　　　　　　　D. 固定间隔重启策略

四、简答题

简述 Checkpoint 和 Savepoint 的区别。

第 7 章
Table API & SQL（一）

学习目标

- 了解 Table 程序结构，能够说出 Table 程序中 Catalog、Database 和 Table 的关系。
- 了解数据类型，能够举例说出 Table 程序常用的数据类型。
- 掌握执行环境，能使用不同方式创建 Table 程序的执行环境。
- 掌握 Catalog 操作，能够在 Table 程序中灵活注册及使用不同类型的 Catalog。
- 熟悉数据库操作，能够对 Table 程序中的数据库进行创建、查看、删除等操作。
- 掌握表操作，能够独立实现 Table 程序中表和 Table 对象的相关操作。
- 掌握查询操作，能够灵活运用不同方式查询 Table 程序中表或 Table 对象的数据。

Flink 提供了两种关系型 API，它们分别是 Table API 和 SQL，其中 Table API 是基于 Java、Scala 等编程语言实现的查询 API，它提供了一种直观的方式来组合使用查询、过滤、合并等关系型算子来查询数据；SQL 是构建在 Table API 之上的高级 API，它允许使用标准 SQL 语句来查询数据。本章针对 Table API & SQL 实现 Flink 应用程序的相关知识进行讲解。

7.1　Table 程序结构

通过 Table API 和 SQL 实现的 Flink 应用程序可以称为 Table 程序，其结构主要包含 3 部分，即 Catalog、Database 和 Table。其中 Catalog 表示目录，用于管理元数据信息，元数据信息包括 Source 信息、表结构信息等；Database 表示数据库，用于存放 Table（表），每个表都属于某个特定的数据库；Table 用于以表的形式存储 Table 程序的数据。有关 Table 程序中 Catalog、Database 和 Table 的关系如图 7-1 所示。

从图 7-1 可以看出，Table 程序中可以存在多个 Catalog，每个 Catalog 存储了不同 Database 和 Table 的元数据信息，每个 Database 包含多个 Table。

在 Table 程序中，表可以被分为动态表和静态表。动态表通常用于流处理的 Table 程序，而静态表则适用于批处理的 Table 程序。动态表和静态表的区别在于，动态表中的数据是持续变化的，主要因为无界流会持续不断地将新的数据插入动态表中。这意味着动态表的内容随着时间的推移会不断发生变化。而静态表的数据一旦被插入，就不会再发生变化，主要因为有界流的数据是固定不变的。

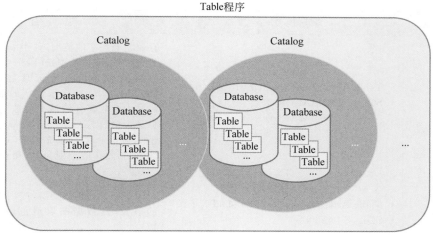

图 7-1　Catalog、Database 和 Table 的关系

当对动态表进行查询操作时，会产生连续查询。连续查询指的是查询不会终止，除非 Table 程序停止执行。查询会持续不断地更新结果，以反映动态表中数据的变化。也就是说，每当动态表插入新的数据时，会立即生成新的查询结果。

7.2　数据类型

Table 程序提供了灵活的方式来为表的字段指定数据类型，用户可以通过 Table API 和 SQL 两种方式实现。接下来详细讲解 Table 程序支持的常见数据类型，具体如表 7-1 所示。

表 7-1　Table 程序支持的常见数据类型

数 据 类 型	实 现 方 式	描　　述
CHAR	• Table API：DataTypes.CHAR(n) • SQL：CHAR(n) 　　CHAR	固定长度的字符串类型，n 表示字符数，字符数的取值范围是[1, 2147483647]，若不指定 n 则默认值为 1（仅限 SQL 方式）
VARCHAR	• Table API：DataTypes.VARCHAR(n) • SQL：VARCHAR(n) 　　VARCHAR	可变长度的字符串类型，n 表示字符数，字符数的取值范围是[1, 2147483647]，若不指定 n 则默认值为 1（仅限 SQL 方式）
STRING	• Table API：DataTypes.STRING() • SQL：STRING	可变长度的字符串类型，等同于 VARCHAR(2147483647)
BINARY	• Table API：DataTypes.BINARY(n) • SQL：BINARY 　　BINARY(n)	固定长度的二进制字符串类型，n 表示字节数，字节数的取值范围是[1, 2147483647]，若不指定 n 则默认值为 1（仅限 SQL 方式）
BOOLEAN	• Table API：DataTypes.BOOLEAN() • SQL：BOOLEAN	布尔值类型，应用该数据类型的字段，其数据的可选值为 true、false 和 unknown

数 据 类 型	实 现 方 式	描　述
DECIMAL	• Table API：DataTypes.DECIMAL(p,s) • SQL：DECIMAL(p,s) 　　DECIMAL(p) 　　DECIMAL	存储精确数字的类型,其中 p 表示数字的最大位数,取值范围是[1,38];s 表示小数点后的位数,取值范围是[0,p],如 DECIMAL(6,2)表示数字的最大位数为 6,其中整数部分的最大位数为 4,小数部分最大位数为 2,如果小数部分的位数小于 2,则以 0 进行填充。若不指定 p 和 s 的值,则默认值分别为 10 和 0(仅限 SQL 方式)
TINYINT	• Table API：DataTypes.TINYINT() • SQL：TINYINT	占用 1 字节的整数类型,应用该数据类型的字段,其数据的取值范围是[-128,127]
SMALLINT	• Table API：DataTypes.SMALLINT() • SQL：SMALLINT	占用 2 字节的整数类型,应用该数据类型的字段,其数据的取值范围是[-32768,32767]
INT	• Table API：DataTypes.INT() • SQL：INT	占用 4 字节的整数类型,应用该数据类型的字段,其数据的取值范围是[-2147483648,2147483647]
BIGINT	• Table API：DataTypes.BIGINT() • SQL：BIGINT	占用 8 字节的整数类型,应用该数据类型的字段,其数据的取值范围是[-9223372036854775808,9223372036854775807]
FLOAT	• Table API：DataTypes.FLOAT() • SQL：FLOAT	占用 4 字节的单精度浮点数类型
DOUBLE	• Table API：DataTypes.DOUBLE() • SQL：DOUBLE	占用 8 字节的双精度浮点数类型
DATE	• Table API：DataTypes.DATE() • SQL：DATE	由年-月-日组成的日期类型,应用该数据类型的字段,其数据的取值范围是[0000-01-01,9999-12-31]
TIME	• Table API：DataTypes.TIME(p) • SQL：TIME(p) 　　TIME	由时：分：秒[.分数]组成时间类型,应用该数据类型的字段,其数据的取值范围是[00：00：00.000000000,23：59：59.999999999]。p 用于指定分数的位数,p 的取值范围是[0,9],若不指定 p 的值,则默认值为 3
TIMESTAMP	• Table API：DataTypes.TIMESTAMP(p) • SQL：TIMESTAMP(p) 　　TIMESTAMP	由年-月-日 时：分：秒[.分数]组成的时间类型,取值范围是[0000-01-01 00：00：00.000000000, 9999-12-31 23：59：59.999999999]。p 的含义与数据类型 TIME 的 p 含义相同
ARRAY	• Table API：DataTypes.ARRAY(t) • SQL：ARRAY(t)	包含相同类型元素的数组类型,它的长度不能超过 2147483647。t 用于指定元素的数据类型

续表

数 据 类 型	实 现 方 式	描　　述
MAP	• Table API：DataTypes.MAP(k,v) • SQL：MAP(k,v)	包含键值对类型元素的集合类型。k 用于指定键的数据类型；v 用于指定值的数据类型
ROW	• Table API： DataTypes.ROW(　DataTypes.FIELD(n0,t0,d0), 　DataTypes.FIELD(n1,t1,d1),…) • SQL： ROW<n0 t0 'd0', n1 t1 'd1', …>	由多个字段组成的字段序列类型，每个字段包含字段名称(n0)、字段数据类型(t0)和字段描述(d0)3 部分内容。其中，字段描述为可选项

表 7-1 中的固定长度和可变长度的区别在于，固定长度占用指定字符数或者字节数的空间，而可变长度根据实际数据的字符数或者字节数来调整占用的空间。例如，假设有两个字段，一个字段的数据类型是 CHAR(8)，另一个字段的数据类型是 VARCHAR(8)，现在要向这两个字段插入字符串 itcast(字符数为 6)。在这种情况下，数据类型为 CHAR(8)的字段仍然会占用 8 个字符的空间，而数据类型为 VARCHAR(8)的字段只会占用 6 个字符的空间。

7.3　执行环境

执行环境在 Table 程序中扮演着非常重要的角色，它不仅负责任务调度、资源分配以及程序的执行，而且还负责管理 Catalog、Database 和 Table。因此，在实现 Table 程序时，首先需要创建一个合适的执行环境。

TableAPI 提供了两个接口用于创建执行环境，它们分别是 TableEnvironment 和 StreamTableEnvironment，具体介绍如下。

1. TableEnvironment

使用该接口创建执行环境时，需要实现接口的 create()方法，并通过方法的参数来指定Table 程序的执行模式，其程序结构如下。

```
EnvironmentSettings settings = EnvironmentSettings
    .newInstance()
    .inStreamingMode()/inBatchMode()
    .build();
TableEnvironment tableEnvironment
    = TableEnvironment.create(settings);
```

上述程序结构中，inStreamingMode()方法和 inBatchMode()方法分别用于指定 Table 程序的执行模式为流处理或批处理。

2. StreamTableEnvironment

使用该接口创建执行环境时，需要实现接口的 create()方法，并在该方法中传递一个DataStream 程序的执行环境作为参数。可以将 Table 程序的执行环境视作基于 DataStream程序的执行环境创建，其程序结构如下。

```
//创建 DataStream 程序的执行环境
StreamExecutionEnvironment executionEnvironment =
        StreamExecutionEnvironment.getExecutionEnvironment();
//创建 Table 程序的执行环境
StreamTableEnvironment tableEnvironment =
        StreamTableEnvironment.create(executionEnvironment);
```

通过上述两种方式创建执行环境的区别在于,使用 TableEnvironment 接口创建的执行环境,仅支持使用 Table API 实现 Table 程序。使用 StreamTableEnvironment 接口创建的执行环境,则可以同时支持使用 Table API 和 DataStream API 实现 Table 程序。

需要注意的是,如果 Table 程序包括 DataStream API 的转换算子,则需要在 Table 程序中创建 DataStream 程序的执行器,否则 Table 程序中 DataStream API 的转换算子将无法执行。

7.4 Catalog 操作

Catalog 在 Table 程序中管理着关键的元数据信息,这些元数据对于 Table 程序的运行至关重要。因此,在创建执行环境后,需要对 Catalog 进行相关操作。这些操作包括注册、查看和使用 Catalog。本节详细讲解如何在 Table 程序中操作 Catalog。

7.4.1 注册 Catalog

Flink 提供了 3 种类型的 Catalog,它们分别是 GenericInMemoryCatalog、JdbcCatalog 和 HiveCatalog,其中 GenericInMemoryCatalog 是 Table 程序默认使用的 Catalog 类型,它将元数据信息存储在内存中;JdbcCatalog 将元数据信息存储在关系数据库,目前在 Flink 1.16.0 版本中支持两种关系数据库,即 PostgreSQL 和 MySQL;HiveCatalog 将元数据信息存储在 Hive。在 Table 程序中,可以通过 Table API 和 SQL 两种方式注册不同类型的 Catalog,具体介绍如下。

1. 通过 Table API 注册 Catalog

Table 程序的执行环境提供了 registerCatalog()方法用于注册 Catalog,通过该方法,可以注册不同类型的 Catalog,其语法格式如下。

```
tableEnvironment.registerCatalog(catalog_name,catalog_type)
```

上述语法格式中,catalog_name 用于定义 Catalog 名称,该名称用于唯一标识一个 Catalog 实例;catalog_type 用于指定 Catalog 实例,Table API 提供了多种类用于构建不同类型的 Catalog 实例。

接下来讲解如何在 Table 程序中注册不同类型的 Catalog,具体内容如下。

(1)注册 GenericInMemoryCatalog 类型的 Catalog。

在 Table 程序中,注册 GenericInMemoryCatalog 类型的 Catalog 时,需要通过 Table API 提供的 GenericInMemoryCatalog 类构建 Catalog 实例,并将其作为 registerCatalog()方法的参数,以此来声明 Catalog 的类型为 GenericInMemoryCatalog,示例代码如下。

```
1   //构建 Catalog 实例 memoryCatalog
2   GenericInMemoryCatalog memoryCatalog =
```

```
3                new GenericInMemoryCatalog("MemoryCatalog");
4  //注册 Catalog
5  tableEnvironment.registerCatalog("memory_catalog",memoryCatalog);
```

上述示例代码中,第 2、3 行代码通过实例化 GenericInMemoryCatalog 类来构建 Catalog 实例。在实例化 GenericInMemoryCatalog 类时,指定的参数 MemoryCatalog 用于定义类型为 GenericInMemoryCatalog 的 Catalog 实例的名称。

(2)注册 HiveCatalog 类型的 Catalog。

在 Table 程序中,注册 HiveCatalog 类型的 Catalog 时,需要通过 Table API 提供的 HiveCatalog 类构建 Catalog 实例,并将其作为 registerCatalog()方法的参数,以此来声明 Catalog 的类型为 HiveCatalog,其示例代码如下。

```
1  //构建 Catalog 实例 hiveCatalog
2  HiveCatalog hiveCatalog = new HiveCatalog(
3      "HiveCatalog",
4      "myhive",
5      "/hiveConf/");
6  //注册 Catalog
7  tableEnvironment.registerCatalog("hive_catalog",hiveCatalog);
```

上述示例代码中,第 2~5 行代码通过实例化 HiveCatalog 类来构建 Catalog 实例。在实例化 HiveCatalog 类时,指定的第一个参数 HiveCatalog 用于定义类型为 HiveCatalog 的 Catalog 实例的名称;第二个参数用于指定使用 Hive 的数据库,该数据库需要提前创建;第三个参数用于指定 Hive 配置文件 hive-site.xml 所在路径,Hive 配置文件中至少包含 Metastore 服务地址的配置信息,用于 Table 程序与 Hive 建立连接。如果 Table 程序在集成开发环境执行,那么路径为当前项目所在盘符的目录。如果 Table 程序提交到 Flink 执行,那么路径为 Linux 操作系统的目录。

需要说明的是,在注册 HiveCatalog 类型的 Catalog 时,需要在项目中添加 Hadoop 客户端依赖、Hive 连接器依赖和 Hive 核心依赖,示例代码如下。

```
1  <dependency>
2      <groupId>org.apache.hadoop</groupId>
3      <artifactId>hadoop-client</artifactId>
4      <version>3.2.2</version>
5  </dependency>
6  <dependency>
7      <groupId>org.apache.flink</groupId>
8      <artifactId>flink-connector-hive_2.12</artifactId>
9      <version>1.16.0</version>
10 </dependency>
11 <dependency>
12     <groupId>org.apache.hive</groupId>
13     <artifactId>hive-exec</artifactId>
14     <version>3.1.2</version>
15 </dependency>
```

上述示例代码中,第 1~5 行代码用于添加 Hadoop 客户端依赖,这里指定的 Hadoop 版本为 3.2.2。第 6~10 行代码用于添加 Hive 连接器依赖。第 11~15 行代码用于添加 Hive 核心依赖,这里指定的 Hive 版本为 3.1.2。

（3）注册 JdbcCatalog 类型的 Catalog。

在 Table 程序中,注册 JdbcCatalog 类型的 Catalog 时,需要通过 Table API 提供的 JdbcCatalog 类构建 Catalog 实例,并将其作为 registerCatalog()方法的参数,以此来声明 Catalog 的类型为 JdbcCatalog。

这里以关系数据库 MySQL 为例,演示如何注册 JdbcCatalog 类型的 Catalog,具体示例代码如下。

```
1  //构建 Catalog 实例 jdbcCatalog
2  JdbcCatalog jdbcCatalog = new JdbcCatalog(
3      "JdbcCatalog",
4      "mydb",
5      "itcast",
6      "Itcast@2023",
7      "jdbc:mysql://192.168.121.146:3306");
8  //注册 Catalog
9  tableEnvironment.registerCatalog("jdbc_catalog",jdbcCatalog);
```

上述示例代码中,第 2～7 行代码通过实例化 JdbcCatalog 类来构建 Catalog 实例。在实例化 JdbcCatalog 类时,指定的第一个参数 JdbcCatalog 用于定义类型为 JdbcCatalog 的 Catalog 实例的名称;第二个参数用于指定使用 MySQL 的数据库,该数据库需要提前创建;第三个和第四个参数分别用于指定登录 MySQL 的用户名和密码;第五个参数用于指定连接 MySQL 的 URL。如果在注册 JdbcCatalog 类型的 Catalog 时,使用的关系数据库为 PostgreSQL,那么 URL 地址的格式为“jdbc:postgresql://＜ip＞:＜port＞”,其中 ip 和 port 分别用于指定 PostgreSQL 使用的 IP 地址和端口号。

需要说明的是,在注册 JdbcCatalog 类型的 Catalog 时,需要在项目中添加 JDBC 连接器依赖和对应关系数据库的 JDBC 驱动依赖,示例代码如下。

```
1  <dependency>
2      <groupId>org.apache.flink</groupId>
3      <artifactId>flink-connector-jdbc</artifactId>
4      <version>1.16.0</version>
5  </dependency>
6  <dependency>
7      <groupId>mysql</groupId>
8      <artifactId>mysql-connector-java</artifactId>
9      <version>8.0.32</version>
10 </dependency>
11 <dependency>
12     <groupId>org.postgresql</groupId>
13     <artifactId>postgresql</artifactId>
14     <version>42.3.1</version>
15 </dependency>
```

上述示例代码中,第 1～5 行代码用于添加 JDBC 连接器依赖。第 6～10 行代码用于添加 MySQL 的 JDBC 驱动依赖,指定 MySQL 的版本为 8.0.32。第 11～15 行代码用于添加 PostgreSQL 的 JDBC 驱动依赖,指定 PostgreSQL 的版本为 42.3.1。

【注意】　Flink 目前对 JdbcCatalog 类型的 Catalog 所实现的功能有限，读者只需要了解即可。

2. 通过 SQL 语句注册 Catalog

Table 程序的执行环境提供了 executeSql() 方法用于执行 SQL 语句，该方法的返回值是一个 TableResult 对象，该对象存储了 SQL 语句的执行结果。通过调用 TableResult 类提供的 print() 方法可以将 SQL 语句的执行结果输出到控制台。通过 executeSql() 方法，可以直接在 Table 程序中执行标准的 SQL 语句来进行数据查询、注册 Catalog 等操作，其语法格式如下。

```
tableEnvironment.executeSql(sql)
```

上述语法格式中，sql 用于指定需要执行的 SQL 语句。

以下是注册 Catalog 的 SQL 语句的语法格式。

```
CREATE CATALOG my_catalog
WITH (
   'type' = 'catalogType'[,
   'default-database' = 'database',
   'hive-conf-dir' = 'hiveConf',
   'username' = 'userName',
   'password' = 'pwd',
   'base-url' = 'url',]
)
```

上述语法格式中，CREATE CATALOG 表示注册 Catalog 的固定语法结构。my_catalog 用于定义 Catalog 名称。WITH 子句用于根据特定属性来配置 Catalog 的类型及其相关信息，关于 WITH 子句中属性的介绍如下。

- type 用于配置 Catalog 的类型，可选属性值包括 generic_in_memory、hive 和 jdbc，分别表示 Catalog 的类型为 GenericInMemoryCatalog、HiveCatalog 和 JdbcCatalog。
- default-database 用于配置在关系数据库或者 Hive 中使用的数据库。如果 Catalog 的类型为 GenericInMemoryCatalog，那么无须指定该属性。
- hive-conf-dir 用于配置 Hive 配置文件 hive-site.xml 所在路径。如果 Catalog 的类型为 GenericInMemoryCatalog 或 JdbcCatalog，那么无须指定该属性。
- username 用于配置登录关系数据库的用户。如果 Catalog 的类型为 GenericInMemoryCatalog 或 HiveCatalog，那么无须指定该属性。
- password 用于配置登录关系数据库的用户密码。如果 Catalog 的类型为 GenericInMemoryCatalog 或 HiveCatalog，那么无须指定该属性。
- base-url 用于配置连接关系数据库的 URL。如果 Catalog 的类型为 GenericInMemoryCatalog 或 HiveCatalog，那么无须指定该属性。

接下来以关系数据库 MySQL 为例，通过一段示例代码来演示如何通过 SQL 语句注册 JdbcCatalog 类型的 Catalog，具体代码如下。

```
1  //执行注册 Catalog 的 SQL 语句
2  tableEnvironment.executeSql("CREATE CATALOG sql_jdbc_catalog " +
3       "WITH (" +
```

```
4          "'type' = 'jdbc'," +
5          "'default-database' = 'mydb'," +
6          "'username' = 'itcast'," +
7          "'password' = 'Itcast@2023'," +
8          "'base-url' = 'jdbc:mysql://192.168.121.146:3306'" +
9          ")"
10     ;
```

7.4.2 查看 Catalog

查看 Catalog 主要包括查看 Table 程序中已注册的所有 Catalog，以及当前使用的 Catalog。在 Table 程序中，可以通过 Table API 和 SQL 两种方式查看 Catalog，具体介绍如下。

1. 通过 Table API 查看 Catalog

Table 程序的执行环境提供了 listCatalogs() 和 getCurrentCatalog() 方法用于查看 Catalog，具体介绍如下。

（1）listCatalogs() 方法用于查看 Table 程序中已注册的所有 Catalog，该方法的返回值是一个 String 类型的数组，数组中的每个元素代表一个已注册的 Catalog，其程序结构如下。

```
String[] catalogs = tableEnvironment.listCatalogs();
```

（2）getCurrentCatalog() 方法用于查看当前使用的 Catalog，该方法的返回值是一个 String 类型的字符串，代表当前使用的 Catalog，其程序结构如下。

```
String currentCatalog = tableEnvironment.getCurrentCatalog();
```

2. 通过 SQL 查看 Catalog

关于查看 Catalog 的 SQL 语句介绍如下。

（1）查看 Table 程序中已注册的所有 Catalog，其 SQL 语句的语法格式如下。

```
SHOW CATALOGS
```

（2）查看当前使用的 Catalog，其 SQL 语句的语法格式如下。

```
SHOW CURRENT CATALOG
```

接下来通过一个案例来演示如何查看 Catalog，本案例通过 Table API 查看 Table 程序中已注册的所有 Catalog，并通过 SQL 查看当前使用的 Catalog。为了后续知识讲解便利，这里分步骤讲解本案例的实现过程，具体操作步骤如下。

1. 创建 Java 项目

在 IntelliJ IDEA 基于 Maven 创建 Java 项目，指定项目使用的 JDK 为本地安装的 JDK 8，以及指定项目名称为 Flink_Chapter07。

2. 构建项目目录结构

在 Java 项目的 java 目录创建包 cn.table.demo 用于存放实现 Table 程序的类。

3. 添加依赖

在 Java 项目的 pom.xml 文件中添加依赖，依赖添加完成的效果如文件 7-1 所示。

文件 7-1　pom.xml

```
1  <?xml version="1.0" encoding="UTF-8"?>
2  <project xmlns="http://maven.apache.org/POM/4.0.0"
3          xmlns:xsi="http://www.w3.org/2001/XMLSchema-instance"
4          xsi:schemaLocation="http://maven.apache.org/POM/4.0.0
5          http://maven.apache.org/xsd/maven-4.0.0.xsd">
6      <modelVersion>4.0.0</modelVersion>
7      <groupId>cn.itcast</groupId>
8      <artifactId>Flink_Chapter07</artifactId>
9      <version>1.0-SNAPSHOT</version>
10     <properties>
11         <maven.compiler.source>8</maven.compiler.source>
12         <maven.compiler.target>8</maven.compiler.target>
13         <project.build.sourceEncoding>UTF-8</project.build.sourceEncoding>
14     </properties>
15     <dependencies>
16       <dependency>
17         <groupId>org.apache.flink</groupId>
18         <artifactId>flink-table-api-java-bridge</artifactId>
19         <version>1.16.0</version>
20       </dependency>
21       <dependency>
22         <groupId>org.apache.flink</groupId>
23         <artifactId>flink-table-planner_2.12</artifactId>
24         <version>1.16.0</version>
25       </dependency>
26       <dependency>
27         <groupId>org.apache.flink</groupId>
28         <artifactId>flink-clients</artifactId>
29         <version>1.16.0</version>
30       </dependency>
31     </dependencies>
32 </project>
```

上述代码中,第 16～20 行代码表示 Table API 的核心依赖。第 21～25 行代码表示 Table 程序的优化器依赖。第 26～30 行代码表示 Table 程序的客户端依赖。

4. 实现 Table 程序

创建一个名为 CatCatalogDemo 的 Table 程序,该程序用于查看 Table 程序中已注册的所有 Catalog,以及当前使用的 Catalog,具体代码如文件 7-2 所示。

文件 7-2　CatCatalogDemo.java

```
1  public class CatCatalogDemo {
2      public static void main(String[] args) {
3          EnvironmentSettings settings = EnvironmentSettings
4                  .newInstance()
5                  .inStreamingMode()
6                  .build();
7          //创建执行环境
8          TableEnvironment tableEnvironment =
```

```
9              TableEnvironment.create(settings);
10        //构建 Catalog 实例 memoryCatalog
11        GenericInMemoryCatalog memoryCatalog =
12        new GenericInMemoryCatalog("MemoryCatalog");
13        //注册 GenericInMemoryCatalog 类型的 Catalog
14        tableEnvironment.registerCatalog("memory_catalog",memoryCatalog);
15        String[] catalogs = tableEnvironment.listCatalogs();
16        System.out.println("------------所有 Catalog----------");
17        for(String catalog : catalogs
18        ) {
19            System.out.println(catalog);
20        }
21        TableResult showCurrentCatalog =
22                tableEnvironment.executeSql("SHOW CURRENT CATALOG");
23        System.out.println("-------当前使用的 Catalog----------");
24        showCurrentCatalog.print();
25    }
26 }
```

上述代码中,第 15 行代码用于查看 Table 程序中已注册的所有 Catalog,并将所有已注册的 Catalog 存储在数组 catalogs。第 17~20 行代码通过遍历数组 catalogs,将每个已注册的 Catalog 输出到控制台。第 21、22 行代码用于执行查看当前使用 Catalog 的 SQL 语句。第 24 行代码用于将 SQL 语句的执行结果输出到控制台。

文件 7-2 的运行结果如图 7-2 所示。

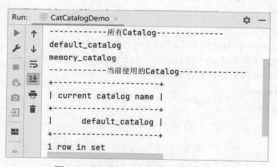

图 7-2　文件 7-2 的运行结果(1)

从图 7-2 可以看出,Table 程序包含两个已注册的 Catalog,分别是 default_catalog 和 memory_catalog,并且当前使用的 Catalog 为 default_catalog。default_catalog 是 Table 程序默认注册的 Catalog,其类型为 GenericInMemoryCatalog。在 Table 程序中没有明确指定使用的 Catalog 时,默认会使用 default_catalog。

7.4.3　使用 Catalog

成功注册 Catalog 后,在 Table 程序中需要手动指定已注册的 Catalog 进行使用,否则 Table 程序将使用默认的 Catalog。在 Table 程序中,可以通过 Table API 和 SQL 两种方式使用 Catalog,具体介绍如下。

1. 通过 Table API 使用 Catalog

Table 程序的执行环境提供了 useCatalog() 方法用于使用 Catalog，其语法格式如下。

```
tableEnvironment.useCatalog(catalog_name)
```

上述语法格式中，catalog_name 用于指定 Catalog 名称。

2. 通过 SQL 使用 Catalog

使用 Catalog 的 SQL 语句的语法格式如下。

```
USE CATALOG catalog_name
```

上述语法格式中，USE CATALOG 表示使用 Catalog 的固定语法结构。catalog_name 用于指定 Catalog 名称。

接下来通过一个案例来演示如何使用 Catalog。本案例基于文件 7-2 实现，通过 Table API 使用名为 memory_catalog 的 Catalog。在文件 7-2 的第 20、21 行代码中间插入如下代码。

```
tableEnvironment.useCatalog("memory_catalog");
```

文件 7-2 的运行结果如图 7-3 所示。

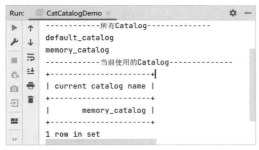

图 7-3　文件 7-2 的运行结果（2）

通过图 7-3 对比图 7-2 可以看出，Table 程序当前使用的 Catalog 已经由 default_catalog 切换为 memory_catalog。

7.5　数据库操作

数据库操作包括创建数据库、查看数据库、使用数据库等。本节详细讲解如何在 Table 程序中操作数据库。

7.5.1　创建数据库

在 Table 程序中，可以通过 Table API 和 SQL 两种方式在指定的 Catalog 创建数据库，具体介绍如下。

1. 通过 Table API 创建数据库

Table API 提供了 createDatabase 算子用于创建数据库，其语法格式如下。

```
catalog.createDatabase(db_name,
        new CatalogDatabaseImpl(properties,comment),
        ignoreIfExists)
```

上述语法格式中，catalog 表示 Catalog 实例。db_name 用于指定数据库的名称。properties 用于指定数据库的属性信息，其类型为 Map 集合，Map 集合中的键值对表示属性和属性值。comment 用于指定数据库的描述信息。ignoreIfExists 用于在创建数据库时判断数据库是否已经存在。当设置为 true 时，如果数据库已经存在，则不进行任何操作。当设置为 false 时，如果数据库已经存在，会触发异常。

2. 通过 SQL 创建数据库

创建数据库的 SQL 语句的语法格式如下。

```
CREATE DATABASE [IF NOT EXISTS] [catalog_name.]db_name
  [COMMENT database_comment]
  WITH (key=val[, key=val, ...])
```

针对上述语法格式进行如下讲解。

- CREATE DATABASE 表示创建数据库的固定语法结构。
- IF NOT EXISTS 为可选的子句，用于在创建数据库时判断数据库是否已经存在。当设置该子句时，如果数据库已经存在，则不进行任何操作。当没有设置该子句时，如果数据库已经存在，会触发异常。
- catalog_name 为可选，用于指定 Catalog 名称，表示在指定的 Catalog 创建数据库。如果没有指定 Catalog，那么会在 Table 程序当前使用的 Catalog 创建数据库。
- db_name 用于指定数据库的名称。
- COMMENT database_comment 为可选的子句，用于为数据库指定描述信息。database_comment 用于指定描述信息的具体内容。
- WITH（key＝val，key＝val，…）为可选子句，用于为数据库指定属性信息。key 用于指定属性，val 用于指定属性值。

接下来通过一个案例来演示如何创建数据库。创建一个名为 DatabaseDemo 的 Table 程序，该程序分别通过 Table API 和 SQL 创建两个数据库 Student 和 Teacher，具体代码如文件 7-3 所示。

文件 7-3　DatabaseDemo.java

```
1   public class DatabaseDemo {
2     public static void main(String[] args)
3                       throws DatabaseAlreadyExistException {
4         EnvironmentSettings settings = EnvironmentSettings
5             .newInstance()
6             .inStreamingMode()
7             .build();
8         //创建执行环境
9         TableEnvironment tableEnvironment =
10            TableEnvironment.create(settings);
11        //构建 Catalog 实例 memoryCatalog
12        GenericInMemoryCatalog memoryCatalog =
13            new GenericInMemoryCatalog("MemoryCatalog");
14        //注册 GenericInMemoryCatalog 类型的 Catalog
15        tableEnvironment.registerCatalog("memory_catalog",memoryCatalog);
16        //使用名称为 memory_catalog 的 Catalog
```

```
17          tableEnvironment.useCatalog("memory_catalog");
18          HashMap<String, String> properties = new HashMap<>();
19          properties.put("user","itcast");
20          memoryCatalog.createDatabase(
21                  "Student",
22                  new CatalogDatabaseImpl(properties,"my first database"),
23                  true);
24          tableEnvironment.executeSql("CREATE DATABASE IF NOT EXISTS " +
25                  "memory_catalog.Teacher " +
26                  "COMMENT 'my second database' " +
27                  "WITH ('user' = 'itcast')");
28      }
29 }
```

上述代码中，第 18、19 行代码用于创建 Map 集合，并指定数据库的属性信息。第 20~23 行代码通过 Table API 在名为 memory_catalog 的 Catalog 中创建数据库 Student。第 24~27 行代码通过 SQL 在名为 memory_catalog 的 Catalog 中创建数据库 Teacher。

【注意】　创建数据库的操作适用于类型为 GenericInMemoryCatalog 和 HiveCatalog 的 Catalog，不支持类型为 JdbcCatalog 的 Catalog。

7.5.2　查看数据库

查看数据库包括查看 Catalog 包含的所有数据库，以及查看数据库信息。在 Table 程序中，可以通过 Table API 和 SQL 两种方式查看数据库，具体介绍如下。

1. 通过 Table API 查看数据库

Table API 提供了 listDatabases 和 getDatabase 算子用于查看数据库，具体介绍如下。

（1）listDatabases 算子用于查看指定 Catalog 包含的所有数据库，该算子的返回值是一个 String 类型的 List 集合，集合中的每个元素代表一个已创建的数据库，其程序结构如下。

```
List<String> databases = catalog.listDatabases();
```

上述程序结构中，catalog 表示 Catalog 实例。

（2）getDatabase 算子用于查看指定数据库的信息，包括数据库的描述信息和属性信息，它返回一个 CatalogDatabase 对象，该对象提供了 getComment()方法和 getProperties()方法，用于获取数据库的描述信息和属性信息。

关于使用 getDatabase 算子查看指定数据库信息的程序结构如下。

```
CatalogDatabase info = catalog.getDatabase(database);
```

上述程序结构中，database 用于指定数据库的名称。

2. 通过 SQL 查看数据库

Flink 没有提供查看指定数据库信息的 SQL 语句。关于查看 Table 程序当前使用 Catalog 包含所有数据库的 SQL 语句的语法格式如下。

```
SHOW DATABASES
```

接下来通过一个案例来演示如何查看数据库。本案例基于文件 7-3 实现，通过 SQL 查看 Table 程序当前使用 Catalog 包含的所有数据库，并通过 Table API 查看名为 memory_ catalog 的 Catalog 中数据库 Teacher 的信息。在文件 7-3 第 27 行代码下方插入如下代码。

```
1  tableEnvironment.executeSql("SHOW DATABASES").print();
2  try {
3     CatalogDatabase teacher = memoryCatalog.getDatabase("Teacher");
4     String comment = teacher.getComment();
5     Map<String, String> info = teacher.getProperties();
6     System.out.println("描述信息: "+comment+"\t"+"属性信息: "+info);
7  } catch (DatabaseNotExistException e) {
8     throw new RuntimeException(e);
9  }
```

上述代码中，第 1 行代码用于查看 Table 程序当前使用 Catalog 包含的所有数据库，并将结果输出到控制台。第 3 行代码用于查看名为 memory_catalog 的 Catalog 中数据库 Teacher 的信息。第 4 行代码用于获取数据库 Teacher 的描述信息。第 5 行代码用于获取数据库 Teacher 的属性信息。

文件 7-3 的运行结果如图 7-4 所示。

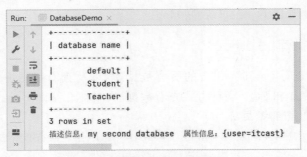

图 7-4　文件 7-3 的运行结果（1）

从图 7-4 可以看出，Table 程序当前使用的 Catalog 包含 3 个数据库 default、Student 和 Teacher，并且数据库 Teacher 的描述信息和属性信息与创建该数据库时指定的相应信息一致。default 为 GenericInMemoryCatalog 类型的 Catalog 在 Table 程序默认创建的数据库。

需要说明的是，为了便于后续继续基于文件 7-3 演示数据库的其他操作，这里需要将本节在文件 7-3 添加的代码进行注释。

【注意】　如果使用 Catalog 的类型为 JdbcCatalog 或 HiveCatalog，那么当查看指定 Catalog 包含的所有数据库时，会显示关系数据库或者 Hive 中用户已创建的所有数据库。

多学一招：查看 Table 程序当前使用的数据库

在 Table 程序中，可以通过 Table API 和 SQL 两种方式查看 Table 程序当前使用的数据库，具体介绍如下。

1. 通过 Table API 查看 Table 程序当前使用的数据库

Table 程序的执行环境提供了 getCurrentDatabase() 方法用于查看 Table 程序当前使用的数据库，该方法的返回值是一个 String 类型的字符串，代表数据库名称，其程序结构如下。

```
String currentDatabase = tableEnvironment.getCurrentDatabase();
```

2. 通过 SQL 查看 Table 程序当前使用的数据库

查看 Table 程序当前使用数据库的 SQL 语句的语法格式如下。

```
SHOW CURRENT DATABASE
```

7.5.3　使用数据库

如果 Table 程序使用 Catalog 的类型为 GenericInMemoryCatalog，那么在没有指定使用数据库的情况下，默认将使用数据库 default。如果 Table 程序使用 Catalog 的类型为 JdbcCatalog 或 HiveCatalog，那么在没有指定使用数据库的情况下，默认将使用注册 Catalog 时指定的数据库。

在 Table 程序中，可以通过 Table API 和 SQL 两种方式使用数据库，具体介绍如下。

1. 通过 Table API 使用数据库

Table 程序的执行环境提供了 useDatabase() 方法用于使用数据库，其语法格式如下。

```
tableEnvironment.useDatabase(database)
```

上述语法格式中，database 用于指定数据库名称。

2. 通过 SQL 使用数据库

使用数据库的 SQL 语句的语法格式如下。

```
USE [catalog_name.]db_name
```

上述语法格式中，USE 表示使用数据库的关键字；catalog_name 为可选，用于指定 Catalog 名称；db_name 用于指定数据库名称。

接下来通过一个案例来演示如何使用数据库。本案例基于文件 7-3 实现，通过 SQL 使用名为 memory_catalog 的 Catalog 中创建的数据库 Teacher。在文件 7-3 第 27 行代码下方插入如下代码。

```
1  tableEnvironment.executeSql("SHOW CURRENT DATABASE").print();
2  tableEnvironment.executeSql("USE memory_catalog.Teacher");
3  tableEnvironment.executeSql("SHOW CURRENT DATABASE").print();
```

上述代码中，第 2 行代码用于使用名为 memory_catalog 的 Catalog 中创建的数据库 Teacher。

文件 7-3 的运行结果如图 7-5 所示。

图 7-5　文件 7-3 的运行结果（2）

从图 7-5 可以看出，在未使用名为 memory_catalog 的 Catalog 中创建的数据库 Teacher 之前，Table 程序使用的数据库为 default。当使用名为 memory_catalog 的 Catalog 中创建的数据库 Teacher 之后，Table 程序使用的数据库为 Teacher。

需要说明的是，为了便于后续继续基于文件 7-3 演示数据库的其他操作，这里需要将本节在文件 7-3 添加的代码进行注释。

7.5.4   修改数据库

修改数据库表示修改指定 Catalog 中已创建数据库的属性信息或描述信息。在 Table 程序中，可以通过 Table API 和 SQL 两种方式修改数据库，具体介绍如下。

1. 通过 Table API 修改数据库

Table API 提供了 alterDatabase 算子用于修改数据库，其语法格式如下。

```
catalog.alterDatabase(db_name,
        new CatalogDatabaseImpl(properties,comment),
        ignoreIfExists)
```

上述语法格式中，db_name 用于指定要修改的数据库名称。properties 用于根据 Map 集合中指定的键值对来修改数据库中指定属性的属性值。若属性不存在，则向数据库中添加相应的属性信息。comment 用于指定修改后的描述信息。ignoreIfExists 用于在修改数据库时判断数据库是否已经存在。

2. 通过 SQL 修改数据库

修改数据库的 SQL 语句的语法格式如下。

```
ALTER DATABASE [catalog_name.]db_name SET (key=val[, key=val, ...])
```

上述语法格式中，ALTER DATABASE 表示修改数据库的固定语法结构。SET（key＝val，key＝val，…）子句用于根据 key 修改指定属性的属性值 val。若 key 指定的属性不存在，则在数据库中添加相应的属性信息。

接下来通过一个案例来演示如何修改数据库。本案例基于文件 7-3 实现，通过 Table API 修改名为 memory_catalog 的 Catalog 中创建的数据库 Teacher。在文件 7-3 第 27 行代码下方插入如下代码。

```
1  HashMap<String, String> alterProperties = new HashMap<>();
2  alterProperties.put("user","bozai");
3  alterProperties.put("time","2023-02-03");
4  try {
5    memoryCatalog.alterDatabase(
6      "Teacher",
7      new CatalogDatabaseImpl(alterProperties,"my second database alter"),
8      true);
9    CatalogDatabase teacher = memoryCatalog.getDatabase("Teacher");
10   String comment = teacher.getComment();
11   Map<String, String> info = teacher.getProperties();
12   System.out.println("描述信息: "+comment+"\t"+"属性信息: "+info);
13 } catch (DatabaseNotExistException e) {
14   throw new RuntimeException(e);
15 }
```

上述代码中,第 1～3 行代码用于指定数据库 Teacher 需要修改的属性信息。第 5～8 行代码用于修改数据库 Teacher 的属性信息和描述信息。第 9～12 行代码用于查看数据库 Teacher 的信息,并将数据库 Teacher 的属性信息和描述信息输出到控制台。

文件 7-3 的运行结果如图 7-6 所示。

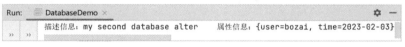

图 7-6　文件 7-3 的运行结果(3)

通过图 7-6 对比图 7-4 可以看出,数据库 Teacher 的描述信息由 my second database 修改为 my second database alter。在数据库 Teacher 的属性信息中,属性为 user 的属性值由 itcast 修改为 bozai,并且新增了一个属性 time,其属性值为 2023-02-03。

需要说明的是,为了便于后续继续基于文件 7-3 演示数据库的其他操作,这里需要将本节在文件 7-3 添加的代码进行注释。

【注意】 修改数据库的操作适用于类型为 GenericInMemoryCatalog 和 HiveCatalog 的 Catalog,不支持类型为 JdbcCatalog 的 Catalog。

7.5.5　删除数据库

删除数据库表示删除指定 Catalog 中已创建的数据库。在 Table 程序中,可以通过 Table API 和 SQL 两种方式删除数据库,具体介绍如下。

1. 通过 Table API 删除数据库

Table API 提供了 dropDatabase 算子用于删除数据库,其语法格式如下。

```
catalog.dropDatabase(db_name,ignoreIfExists,cascade)
```

上述语法格式中,db_name 用于指定要删除的数据库名称。ignoreIfExists 用于在删除数据库时判断数据库是否已经存在。cascade 表示是否允许删除非空的数据库,其可选值包括 true 和 false。当设置为 true 时,如果数据库非空,则可以删除数据库。当设置为 false 时,如果数据库非空,会触发异常。

2. 通过 SQL 删除数据库

删除数据库的 SQL 语句的语法格式如下。

```
DROP DATABASE [IF EXISTS][catalog_name.]db_name [ (RESTRICT | CASCADE) ]
```

上述语法格式中,DROP DATABASE 表示删除数据库的固定语法结构。IF EXISTS 为可选子句,用于在删除数据库时判断数据库是否已经存在。RESTRICT 或 CASCADE 关键字为可选,默认使用的关键字为 RESTRICT,表示删除非空的数据库时会触发异常。如果使用关键字 CASCADE,表示删除非空的数据库时,一并删除数据库中的表。

接下来通过一个案例来演示如何删除数据库。本案例基于文件 7-3 实现,通过 Table API 删除名为 memory_catalog 的 Catalog 中创建的数据库 Teacher。在文件 7-3 第 27 行代码下方插入如下代码。

```
1  try{
2      memoryCatalog.dropDatabase("Teacher",true,false);
```

```
3        //查看 Table 程序当前使用 Catalog 包含的所有数据库
4        tableEnvironment.executeSql("SHOW DATABASES").print();
5   } catch (DatabaseNotExistException e) {
6        throw new RuntimeException(e);
7   } catch (DatabaseNotEmptyException e) {
8        throw new RuntimeException(e);
9   }
```

上述代码中,第 2 行代码用于删除数据库 Teacher。

文件 7-3 的运行结果如图 7-7 所示。

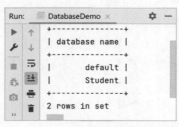

图 7-7   文件 7-3 的运行结果(4)

通过图 7-7 对比图 7-4 可以看出,Table 程序当前使用的 Catalog 已经不包含数据库 Teacher。

【注意】 删除数据库的操作适用于类型为 GenericInMemoryCatalog 和 HiveCatalog 的 Catalog,不支持类型为 JdbcCatalog 的 Catalog。

7.6   表操作

表操作包括创建表、查看表、删除表等。本节详细讲解如何在 Table 程序中操作表。

7.6.1   创建表

基于表,可以通过执行 SQL 语句对数据进行各种查询操作。在 Table 程序中,表的类型分为连接器表和虚拟表,具体介绍如下。

1. 连接器表

连接器表通过连接器(Connector)与外部系统进行连接,如 Kafka、Filesystem(文件系统)、MySQL 等。连接器表以表的形式定义了存储在外部系统中的数据,这样就可以通过连接器来读写这些外部系统的数据。在 Table 程序中读取连接器表的数据时,连接器会从相应的外部系统中读取数据;在向连接器表写入数据时,连接器会将数据输出到外部系统中。因此,连接器表定义了 Table 程序中数据的输入和输出。

在 Table 程序中,可以通过 Table API 和 SQL 这两种方式创建连接器表,具体内容如下。

(1) 通过 Table API 创建连接器表。

Table API 提供了 createTable 算子用于创建连接器表,其语法格式如下。

```
catalog.createTable(
    new ObjectPath(db_name,table_name),
    new CatalogTableImpl(tableSchema,properties,comment),
    ignoreIfExists)
```

针对上述语法格式的介绍如下。

- catalog 表示 Catalog 实例。
- db_name 用于指定已创建的数据库名称。
- table_name 用于指定连接器表的名称。
- tableSchema 用于指定表结构，表结构主要包含字段和字段的数据类型。其类型为 TableSchema 对象，该对象通过实例化 TableSchema 类的方式创建，其程序结构如下。

```
TableSchema tableSchema = new TableSchema(
            new String[]{field,field,...},
            new TypeInformation[]{type,type,...});
```

从上述程序结构可以看出，在实例化 TableSchema 类时，需要传递两个数组作为参数，其中第一个数组用于指定字段 field，每个字段通过"，"进行分隔；第二个数组用于指定每个字段的数据类型 type，每个数据类型的先后顺序与字段保持一致。数据类型通过调用 Types 类的常量来指定，如指定数据类型为 STRING，则实现方式为 Types.STRING。

- properties 用于指定表属性，其类型为 Map 集合，Map 集合中的键值对表示属性和属性值。表属性主要用于指定连接器的配置信息，以便于连接不同的外部系统。
- comment 用于指定表的描述信息。
- ignoreIfExists 用于在创建连接器表时判断连接器表是否已经存在，其可选值为 true 和 false。当设置为 true 时，如果连接器表已经存在，则不进行任何操作。当设置为 false 时，如果连接器表已经存在，会触发异常。

在连接不同外部系统时，指定连接器的配置信息也有所不同，这里以常用的 Kafka 为例，介绍通过连接器连接 Kafka 的常用配置信息，如表 7-2 所示。

表 7-2　通过连接器连接 Kafka 的常用配置信息

属　　性	含　　义
connector	用于指定连接器连接的外部系统。在连接 Kafka 时，该属性的属性值固定为 kafka
topic	用于指定 Kafka 的主题
properties.bootstrap.servers	用于指定 Kafka 的 IP 地址和端口号
properties.group.id	用于指定 Kafka 的消费者 ID，只有从 Kafka 读取数据时需要指定
scan.startup.mode	用于指定 Kafka 消费者的启动模式，该属性的属性值包括 earliest-offset、latest-offset、group-offsets、timestamp 和 specific-offsets，其中 earliest-offset 模式允许消费者从最早可用的偏移量开始消费消息；latest-offset 允许消费者从最新可用的偏移量开始消费消息；group-offsets 允许消费者从消费者组管理的偏移量开始消费消息；timestamp 允许消费者从指定时间戳之后的偏移量开始消费消息；specific-offsets 允许消费者从特定的偏移量开始消费消息。只有从 Kafka 读取数据时需要指定该属性
format	用于指定表格式，表格式用于将外部系统的数据映射到 Table 程序的连接器表，以及将连接器表的数据映射到外部系统。该属性常用的属性值包括 csv、json、avro 等。这些属性值分别表示使用的不同表格式，如属性值 csv 表示使用的表格式为 CSV

关于通过连接器连接其他外部系统的配置信息，读者可以在 Flink 官网上查阅相关文档，Flink 官网提供了详细的配置指南和示例代码。除此之外，Flink 还支持多种类型的表格式，读者也可以在 Flink 官网上查阅相关文档，如图 7-8 所示。

图 7-8　Flink 官网

从图 7-8 可以看出，Flink 支持的表格式包括 CSV、JSON、Avro 等。

（2）通过 SQL 创建连接器表。

创建连接器表的 SQL 语句的基础语法格式如下。

```
CREATE TABLE [IF NOT EXISTS] [catalog_name.][db_name.]table_name
  (
    { <physical_column_definition> | <metadata_column_definition> | <computed_
column_definition> }[ , ...n]
  )
  [COMMENT table_comment]
  WITH(key=val, key=val, ...)
```

针对上述语法格式的介绍如下。

- CREATE TABLE 表示创建连接器表的固定语法结构。
- IF NOT EXISTS 为可选的子句,用于在创建连接器表时判断连接器表是否已经存在。
- physical_column_definition 表示字段的类型为物理字段(Physical Column),其语法格式如下。

```
column_name column_type [COMMENT column_comment]
```

上述语法格式中,column_name 用于指定字段名称。column_type 用于指定字段的数据类型。COMMENT column_comment 为可选的子句,用于为字段指定描述信息。column_comment 用于指定描述信息的具体内容。

- metadata_column_definition 表示字段的类型为元信息字段(Metadata Column)。元信息字段是一种特殊的字段类型,它的值可以从外部系统的元数据信息中获取。例如,当连接到 Kafka 时,可以通过指定元信息字段来获取 Kafka 发布消息的时间戳。关于定义元信息字段的语法格式如下。

```
column_name column_type METADATA [ FROM metadata_key ]
```

上述语法格式中,FROM metadata_key 为可选的子句,用于从外部系统的元数据信息中获取指定 metadata_key 的元数据作为值。如果没有指定 FROM metadata_key 子句,那么会从外部系统的元数据信息中获取与 column_name 相同名称的元数据作为值。

- computed_column_definition 表示字段的类型为计算字段(Computed Column)。计算字段是一种特殊的字段类型,它的值通过指定运算得出,而不是直接从外部系统获取。计算字段的值可以基于其他物理字段进行计算,也可以基于 Table API 提供的函数进行计算。例如,连接器表中包含商品数量和商品价格两个字段。可以定义一个计算字段,用于计算销售额,即将商品数量乘以商品价格得到的结果作为计算字段的值。关于定义计算字段的语法格式如下。

```
column_name AS computed_column_expression [COMMENT column_comment]
```

上述语法格式中,computed_column_expression 用于指定计算逻辑。

- COMMENT table_comment 为可选的子句,用于为连接器表指定描述信息。table_comment 用于指定描述信息的具体内容。
- WITH (key=val, key=val, …)子句用于指定表属性,其中 key 和 val 分别用于指定属性和属性值。表属性主要用于指定连接器的配置信息,以便于连接不同的外部系统。

通过 SQL 创建连接器表时,可以为连接器表指定不同类型的多个字段,每个字段之间通过","进行分隔。在实际应用中,通常选择使用 SQL 的方式来创建连接器表。

2. 虚拟表

在 Table 程序中,虚拟表是一种抽象概念,它不直接对应实际的数据存储,而是通过定义查询逻辑来描述数据的结构。虚拟表之所以被称为"虚拟",是因为它并不直接保存表的数据,也没有实际的物理实体。相反,当需要使用虚拟表时,对应的查询语句会被应用到实际的数据源上。这种方式可以定义复杂的数据操作逻辑,而无须创建实际的表。

在 Table 程序中,可以通过 Table API 的方式创建虚拟表。Table 程序的执行环境提供了 createTemporaryView()方法基于 Table 对象创建虚拟表,其语法格式如下。

```
tableEnvironment.createTemporaryView(table_name,table);
```

上述语法格式中，table_name 用于指定虚拟表的名称。table 用于指定 Table 对象。关于 Table 对象会在 7.6.2 节进行说明。

需要说明的是，在 Table 程序中，尽管可以同时存在同名的连接器表和虚拟表，但只能对虚拟表进行访问和操作。

接下来通过一个案例来演示如何创建连接器表，关于虚拟表的创建，会在 7.6.2 节进行演示。本案例通过 Hive 存储元数据，并且使用 SQL 的方式创建连接器表，该连接器表从 Kafka 读取数据。这里使用 3.4.4 节在虚拟机 Flink01 安装的 Kafka，具体操作步骤如下。

（1）在虚拟机 Flink01 启动 Kafka 内置的 ZooKeeper 和 Kafka，具体操作可参考 3.4.4 节。

（2）在虚拟机 Flink03 执行如下命令启动 Hive 的 Metastore 服务，用于在 Table 程序中连接 Hive。关于 Hive 的安装可参考本书提供的配套资源。

```
$ hive --service metastore
```

（3）在 Flink_Chapter07 项目所在盘符的根目录创建文件夹 hiveConf，将 Hive 配置文件 hive-site.xml 存放到该文件夹下。关于 Hive 配置文件 hive-site.xml 的内容如下。

```xml
<?xml version = "1.0" encoding = "UTF-8" standalone = "no"?>
<?xml-stylesheet type = "text/xsl" href = "configuration.xsl"?>
<configuration>
  <property>
    <name>hive.metastore.uris</name>
    <value>thrift://192.168.121.146:9083</value>
  </property>
</configuration>
```

上述配置信息主要用于指定 Hive 的 Metastore 服务地址和端口号。

（4）在 Kafka 创建名为 kafka-table-topic 的主题。在虚拟机 Flink01 的/export/servers/kafka_2.12-3.3.0 目录执行如下命令。

```
$ bin/kafka-topics.sh --create --topic kafka-table-topic \
--bootstrap-server 192.168.121.144:9092
```

（5）在 Java 项目的依赖管理文件 pom.xml 的＜dependencies＞标签中添加实现本案例需要的依赖，具体内容如下。

```
1  <dependency>
2      <groupId>org.apache.hadoop</groupId>
3      <artifactId>hadoop-client</artifactId>
4      <version>3.2.2</version>
5  </dependency>
6  <dependency>
7      <groupId>org.apache.flink</groupId>
8      <artifactId>flink-connector-hive_2.12</artifactId>
9      <version>1.16.0</version>
10 </dependency>
11 <dependency>
```

```
12        <groupId>org.apache.hive</groupId>
13        <artifactId>hive-exec</artifactId>
14        <version>3.1.2</version>
15 </dependency>
16 <dependency>
17        <groupId>org.apache.flink</groupId>
18        <artifactId>flink-connector-kafka</artifactId>
19        <version>1.16.0</version>
20 </dependency>
21 <dependency>
22        <groupId>org.apache.flink</groupId>
23        <artifactId>flink-csv</artifactId>
24        <version>1.16.0</version>
25 </dependency>
```

上述代码中,第 1~5 行代码用于添加 Hadoop 客户端依赖。第 6~10 行代码用于添加 Hive 连接器依赖。第 11~15 行代码用于添加 Hive 核心依赖,这里指定的 Hive 版本为 3.1.2。第 16~20 行代码用于添加 Kafka 连接器依赖。第 21~25 行代码用于添加表格式 CSV 的依赖。

（6）在虚拟机 Flink03 执行 hive 命令,通过 Hive 自带的命令行工具 CLI 连接 Hive,在 CLI 的命令行界面执行如下 HiveQL 语句创建数据库 myhive。

```
> CREATE DATABASE myhive;
```

（7）在本地计算机配置 Hadoop 环境变量,相关操作可参考本教材提供的配套资源。

（8）创建一个名为 TableDemo 的 Table 程序,具体代码如文件 7-4 所示。

文件 7-4　TableDemo.java

```
1  public class TableDemo {
2     public static void main(String[] args) {
3          //指定具有 HDFS 操作权限的用户 root
4          System.setProperty("HADOOP_USER_NAME", "root");
5          EnvironmentSettings settings = EnvironmentSettings
6                  .newInstance()
7                  .inStreamingMode()
8                  .build();
9          //创建执行环境
10         TableEnvironment tableEnvironment =
11                 TableEnvironment.create(settings);
12         //构建 Catalog 实例 hiveCatalog
13         HiveCatalog hiveCatalog = new HiveCatalog(
14                 "HiveCatalog",
15                 "myhive",
16                 "/hiveConf/");
17         //注册 Catalog
18         tableEnvironment.registerCatalog("hive_catalog",hiveCatalog);
19         //使用已注册的 hive_catalog
20         tableEnvironment.useCatalog("hive_catalog");
21         tableEnvironment.executeSql(
```

```
22              "CREATE TABLE IF NOT EXISTS product_info(" +
23                  "`product_name` STRING," +
24                  "`order_id` STRING," +
25                  "`product_price` INT COMMENT 'commodity price'," +
26                  "`product_number` INT COMMENT 'The sales amount'," +
27                  "`order_price` AS product_price * product_number," +
28                  "`order_time` TIMESTAMP(3) METADATA FROM 'timestamp'" +
29                  ") COMMENT 'This is a kafka table'" +
30                  "WITH (" +
31                  "'connector' = 'kafka'," +
32                  "'topic' = 'kafka-table-topic'," +
33                  "'properties.bootstrap.servers' = " +
34                  "'192.168.121.144:9092'," +
35                  "'properties.group.id' = 'tableGroup'," +
36                  "'scan.startup.mode' = 'latest-offset'," +
37                  "'format' = 'csv'" +
38                  ")"
39          );
40      }
41  }
```

上述代码中，第 21～39 行代码用于执行创建连接器表 product_info 的 SQL 语句。连接器表 product_info 包含 6 个字段，其中前 4 个字段为物理字段，它们分别是 product_name、product_id、product_price 和 product_number；第 5 个字段 order_price 为计算字段，该计算字段通过计算物理字段 product_price 和物理字段 product_number 相乘的结果作为值；第 6 个字段 order_time 为元信息字段，该元信息字段通过指定元数据 timestamp 来获取 Kafka 发布消息的时间戳。

（9）文件 7-4 运行完成后，在 CLI 的命令行界面执行下列 HiveQL 语句，查看 Hive 中数据库 myhive 包含的所有表。

```
//使用数据库 myhive
> USE myhive;
//查看数据库 myhive 包含的所有表
> SHOW TABLES;
```

上述命令执行完成的效果如图 7-9 所示。

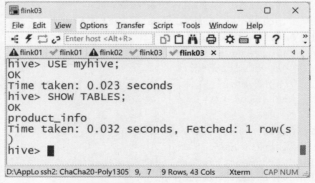

图 7-9　查看数据库 myhive 包含的所有表

从图 7-9 可以看出,数据库 myhive 中存在表 product_info,说明成功在 Table 程序中通过 SQL 的方式创建连接器表。

【注意】 创建表的操作适用于类型为 GenericInMemoryCatalog 和 HiveCatalog 的 Catalog,不支持类型为 JdbcCatalog 的 Catalog。

📖 多学一招:自定义表格式

在 Table 程序中,每种类型的表格式都提供了映射数据的默认方式,不过 Flink 也为每种表格式提供了相应的属性用于自定义每种表格式映射数据的方式。这里以表格式 CSV 为例,介绍自定义表格式 CSV 的常用属性,具体如表 7-3 所示。

表 7-3 自定义表格式 CSV 的常用属性

属 性	含 义
csv.field-delimiter	用于指定每行数据中每个字段的分隔符,默认属性值为逗号",",表示通过逗号分隔每行数据中的每个字段
csv.disable-quote-character	表示是否禁用通过指定的引用字符来修饰字段的值,默认属性值为 false,表示不禁用。如果将属性值设置为 true 表示禁用,此时不能使用属性 csv.quote-character
csv.quote-character	用于指定修改字段值的引用字符,默认属性值为单引号"'",表示通过单引号修饰字段的值
csv.allow-comments	表示是否忽略以字符♯开头的行,默认属性值为 false,表示不忽略。如果将属性值设置为 true,表示忽略
csv.ignore-parse-errors	表示是否跳过解析错误的字段或行,默认属性值为 false,表示不跳过,此时遇到解析错误的字段或行会触发异常。如果将属性值设置为 true,表示跳过,此时解析到错误的行或字段时,会将相应行的所有字段或相应字段设置为 null
csv.array-element-delimiter	用于指定数组中每个元素的分隔符,默认属性值为分号";",表示通过分号分隔数组中的每个元素

7.6.2 创建 Table 对象

Table 对象是 Table API 中的核心概念,它是一种抽象的数据结构,仅存在于 Table 程序中,并不会在 Catalog 中存储元数据信息。Table 对象以表的形式存储数据,并且具有自己的模式(schema),包括字段的名称和数据类型。基于 Table 对象,可以使用 Table API 提供的关系型算子对数据进行各种查询操作。

Flink 提供了多种方式用于创建 Table 对象,以适应不同的需求,包括基于已创建的表,基于 DataStream 对象,以及基于特定数据。这里主要介绍基于已创建的表和基于特定数据这两种方式创建 Table 对象,有关基于 DataStream 对象创建 Table 对象的相关操作,会在第 8 章进行讲解。

1. 基于已创建的表

Table 程序的执行环境提供了 from()方法基于已创建的表创建 Table 对象,其程序结构如下。

```
Table table = tableEnvironment.from(table_name);
```

上述程序结构中，table_name 用于指定已创建的表名称。

2. 基于特定数据

Table 程序的执行环境提供了 fromValues()方法基于特定数据创建 Table 对象，其程序结构如下。

```
Table table = tableEnvironment.fromValues(DataTypes.ROW(
        DataTypes.FIELD(field_name,data_type[,describe]),
        DataTypes.FIELD(field_name,data_type[,describe]),
        …
),row(data,data, ...),row(data,data, ...), ...);
```

上述程序结构中，fromValues()方法的第一个参数通过字段序列指定 Table 对象包含的字段，关于字段序列的介绍可参考 7.2 节。fromValues()方法剩余的参数通过 Table API 的内置函数 row()构建 Table 对象的行数据，并指定每个字段的值。字段值的数量应与字段的数量相匹配，并且字段值的顺序应与字段的顺序一致。

接下来通过一段示例代码演示如何基于特定数据创建 Table 对象，并基于 Table 对象创建虚拟表，具体代码如下。

```
1  Table table = tableEnvironment.fromValues(DataTypes.ROW(
2          DataTypes.FIELD("id", DataTypes.INT()),
3          DataTypes.FIELD("name", DataTypes.STRING(), "filed description")
4          ), row(1, "user01"), row(2, "user02"));
5  //创建虚拟机表 virtual_table
6  tableEnvironment.createTemporaryView("virtual_table",table);
```

上述代码中，第 1～4 行代码指定 Table 对象包含两个字段 id 和 name，它们的数据类型分别是 INT 和 STRING，并且为 Table 对象构建了两行数据。

【注意】 关于 Table API 内置函数的相关内容会在第 8 章进行详细讲解。

7.6.3 查看表

在 Table 程序中，可以通过 Table API 和 SQL 两种方式查看表，具体介绍如下。

1. 通过 Table API 查看表

Table API 提供了 listTables 和 getTable 算子用于查看表，具体介绍如下。

（1）listTables 算子用于查看指定数据库包含的连接器表，它返回一个 String 类型的 List 集合，其中每个元素代表一个已创建的连接器表，其程序结构如下。

```
List<String> tables = catalog.listTables(db_name);
```

上述程序结构中，catalog 表示 Catalog 实例。

（2）getTable 算子用于查看指定连接器表的信息，包括描述信息、表结构和属性信息，它返回一个 CatalogBaseTable 对象，该对象提供了 getComment()、getSchema()和 getOptions()方法，用于获取连接器表的描述信息、表结构和属性信息。

关于使用 getTable 算子查看指定连接器表信息的程序结构如下。

```
CatalogBaseTable tableInfo =
        catalog.getTable(new ObjectPath(db_name,table_name));
```

2. 通过 SQL 查看表

通过 SQL 可以查看 Table 程序包含的所有表,包括连接器表和虚拟表,以及查看指定表的表结构。关于查看表的 SQL 语句的语法格式如下。

```
//查看 Table 程序包含的所有表
SHOW TABLES
//查看指定表的表结构
DESC [catalog_name.][db_name.] table_name
```

上述语法结构中,DESC 表示查看表结构的关键字。catalog_name 和 db_name 为可选,用于指定要查看的表所在的 Catalog 和数据库。如果没有指定 catalog_name,则查看的是当前使用的 Catalog 中指定数据库的表。如果没有指定 catalog_name 和 db_name,则查看的是当前使用的 Catalog 中默认数据库的表。

接下来通过一个案例来演示如何查看表。本案例基于文件 7-4 实现,通过 SQL 查看 Table 程序包含的所有表,并通过 Table API 查看连接器表 product_info 的信息。在文件 7-4 第 39 行代码下方插入如下代码。

```
1  //创建 Table 对象 table
2  Table table = tableEnvironment.fromValues(DataTypes.ROW(
3      DataTypes.FIELD("id", DataTypes.INT()),
4      DataTypes.FIELD("name", DataTypes.STRING(), "filed description")
5  ), row(1, "user01"), row(2, "user02"));
6  //基于 table 创建虚拟表 virtual_table
7  tableEnvironment.createTemporaryView("virtual_table",table);
8  //查看 Table 程序包含的所有表
9  tableEnvironment.executeSql("SHOW TABLES").print();
10 System.out.println("----------------------------------");
11 CatalogBaseTable tableInfo = null;
12 try {
13     //查看数据库 myhive 中连接器表 product_info 的信息
14     tableInfo = hiveCatalog.getTable(
15                 new ObjectPath("myhive", "product_info"));
16 } catch (TableNotExistException e) {
17     throw new RuntimeException(e);
18 }
19 //获取连接器表 product_info 的描述信息
20 String comment = tableInfo.getComment();
21 //获取连接器表 product_info 的属性信息
22 Map<String, String> options = tableInfo.getOptions();
23 //获取连接器表 product_info 的表结构
24 TableSchema schema = tableInfo.getSchema();
25 List<TableColumn> tableColumns = schema.getTableColumns();
26 System.out.println("表结构: ");
27 for(TableColumn column : tableColumns
28 ) {
29     System.out.println(column.toString());
30 }
31 System.out.println("描述信息: "+comment+"\t"+"属性信息: "+options);
```

上述代码中,第 25 行代码用于获取连接器表 product_info 的字段信息。第 27~30 行通过遍历获取每个字段的信息，并输出到控制台。

文件 7-4 的运行结果如图 7-10 所示。

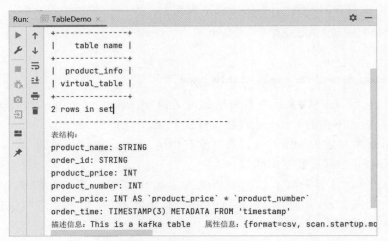

图 7-10　文件 7-4 的运行结果

从图 7-10 可以看出，Table 程序包含连接器表 product_info 和虚拟表 virtual_table，并且在控制台输出了连接器表 product_info 的描述信息、表结构和属性信息。

【注意】　在 Table 程序中，如果有同名的连接器表和虚拟表，在查看 Table 程序包含的所有表时，只会显示虚拟表，而连接器表不会被列出。

7.6.4　修改表

修改表包括修改连接器表的表结构、名称、属性信息等。在 Table 程序中，可以通过 Table API 和 SQL 两种方式修改表，具体介绍如下。

1. 通过 Table API 修改表

Table API 提供了 alterTable 和 renameTable 算子用于修改连接器表，具体介绍如下。

（1）alterTable 算子用于修改指定连接器表的表结构、属性信息和描述信息，其语法结构如下。

```
catalog.alterTable(
    new ObjectPath(db_name,table_name),
    new CatalogTableImpl(tableSchema,properties,comment),
    ignoreIfExists)
```

alterTable 与 createTable 算子的语法格式相同。使用 alterTable 算子修改连接器表，实际上是通过指定的 tableSchema（表结构）、properties（属性信息）和 comment（描述信息）来覆盖指定连接器表原有的表结构、属性信息和描述信息，从而达到修改连接器表的目的。ignoreIfExists 用于在修改连接器表时判断连接器表是否已经存在。

（2）renameTable 算子用于修改指定连接器表的名称，其语法格式如下。

```
catalog.renameTable(new ObjectPath(db_name,table_name), new_table_name,
ignoreIfExists)
```

上述语法格式中，new_table_name 用于指定连接器表修改后的名称。

2. 通过 SQL 修改表

在 Table 程序中，可以利用不同的 SQL 语句来修改连接器表，具体介绍如下。

（1）修改连接器表的名称，其 SQL 语句的语法格式如下。

```
ALTER TABLE [catalog_name.][db_name.] table_name RENAME TO new_table_name
```

上述语法格式中，ALTER TABLE 表示修改表的固定语法结构。RENAME TO new_table_name 子句用于指定连接器表修改后的名称 new_table_name。

（2）修改连接器表的属性，其 SQL 语句的语法格式如下。

```
ALTER TABLE [IF EXISTS] [catalog_name.] [db_name.] table_name SET (key = value
[,key = value, ...])
```

上述语法格式中，SET（key = value[,key = value,…]）子句用于修改连接器表的属性，其中 key 用于指定待修改的属性。如果属性不存在，则向连接器表添加该属性。value 用于指定属性值。

接下来通过一个案例来演示如何修改表。本案例针对 7.6.1 节创建的连接器表 product_info 进行修改。创建一个名为 AlterTableDemo 的 Table 程序，该程序通过 Table API 修改连接器表的名称，并通过 SQL 修改连接器表的属性信息，具体代码如文件 7-5 所示。

文件 7-5　AlterTableDemo.java

```
1  public class AlterTableDemo {
2      public static void main(String[] args)
3              throws TableAlreadyExistException, TableNotExistException {
4          //指定具有 HDFS 操作权限的用户 root
5          System.setProperty("HADOOP_USER_NAME", "root");
6          EnvironmentSettings settings = EnvironmentSettings
7                  .newInstance()
8                  .inStreamingMode()
9                  .build();
10         //创建执行环境
11         TableEnvironment tableEnvironment =
12                 TableEnvironment.create(settings);
13         //构建 Catalog 实例 hiveCatalog
14         HiveCatalog hiveCatalog = new HiveCatalog(
15                 "HiveCatalog",
16                 "myhive",
17                 "/hiveConf/");
18         //注册 Catalog
19         tableEnvironment.registerCatalog("hive_catalog",hiveCatalog);
20         //使用已注册的 hive_catalog
21         tableEnvironment.useCatalog("hive_catalog");
22         hiveCatalog.renameTable(
23                 new ObjectPath("myhive","product_info"),
24                 "new_product_info",
25                 true);
26         tableEnvironment.executeSql("ALTER TABLE new_product_info " +
27                 "SET ( 'topic' = 'kafka-table')");
28     }
29  }
```

上述代码中，第 22～25 行代码用于将连接器表 product_info 的名称修改为 new_product_

info。第 26、27 行代码用于执行修改连接器表 new_product_info 属性信息的 SQL 语句，这里将属性 topic 的属性值修改为 kafka-table。

文件 7-5 运行完成后，在虚拟机 Flink03 通过 Hive 自带的命令行工具 CLI 连接 Hive，在 CLI 的命令行界面执行如下 HiveQL 语句查看连接器表 new_product_info 的详细结构信息。

```
> DESC FORMATTED new_product_info;
```

上述命令执行完成的效果如图 7-11 所示。

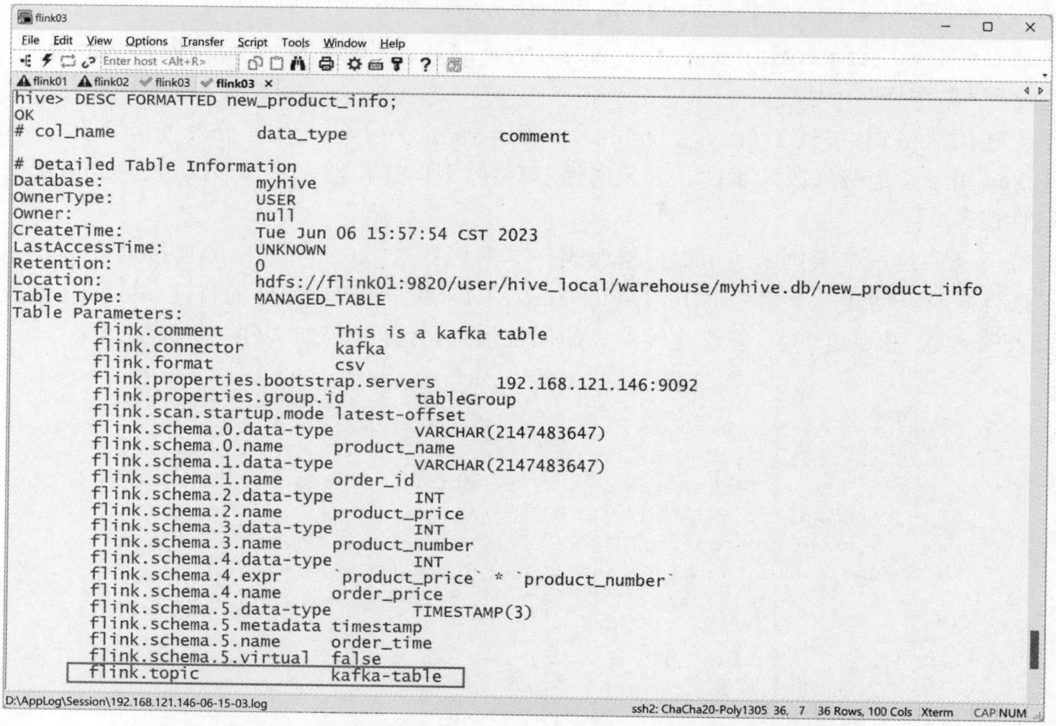

图 7-11   查看连接器表 new_product_info 的详细结构信息

从图 7-11 可以看出，在连接器表 new_product_info 的详细结构信息中，属性 topic(flink.topic)的属性值已经由 kafka-table-topic 修改为 kafka-table。

7.6.5 修改 Table 对象

Table API 提供了多种算子用于对 Table 对象的字段进行添加、修改和删除操作，并形成新的 Table 对象，具体介绍如下。

1. 添加字段

Table API 提供了 addColumns 和 addOrReplaceColumns 算子用于向 Table 对象添加单个或多个字段，并指定字段的默认值。这两个算子的区别在于，addColumns 算子在添加字段时，若字段已存在，则无法添加字段。addOrReplaceColumns 算子在添加字段时，若字段已存在，则指定的默认值会覆盖原有字段的数据。

关于向 Table 对象添加字段的程序结构如下。

```
#addColumns算子
Table newTable = table.addColumns(function.as(filed)[,function.as(filed),…]);
#addOrReplaceColumns算子
Table newTable = table.addOrReplaceColumns(function.as(filed)[,function.as(filed),…]);
```

上述程序结构中，newTable 用于指定新生成的 Table 对象名称。table 用于执行需要修改的 Table 对象。function 表示 Table API 的函数，用于指定字段的默认值。filed 用于指定添加的字段名称。

2. 修改字段

Table API 提供了 renameColumns 算子用于修改 Table 对象中指定单个或多个字段的名称，其程序结构如下。

```
Table newTable = table.renameColumns($(filed).as(new_filed)[, $(filed).as(new_filed),...]);
```

上述程序结构中，filed 用于指定要修改的字段。new_filed 用于指定字段修改后的名称。

3. 删除字段

Table API 提供了 dropColumns 算子用于删除 Table 对象中指定的单个或多个字段，其程序结构如下。

```
Table newTable = table.dropColumns($(filed)[,$(filed),...]);
```

上述程序结构中，filed 用于指定要删除的字段。

接下来通过一个案例来演示如何修改 Table 对象。创建一个名为 AlterTableObjectDemo 的 Table 程序，该程序对 Table 对象的字段进行添加、修改和删除操作，具体代码如文件 7-6 所示。

文件 7-6　AlterTableObjectDemo.java

```
1  public class AlterTableObjectDemo {
2      public static void main(String[] args) {
3          EnvironmentSettings settings = EnvironmentSettings
4                  .newInstance()
5                  .inStreamingMode()
6                  .build();
7          //创建执行环境
8          TableEnvironment tableEnvironment =
9                  TableEnvironment.create(settings);
10         //创建 Table 对象 table
11         Table table = tableEnvironment.fromValues(DataTypes.ROW(
12                 DataTypes.FIELD("id", DataTypes.INT()),
13                 DataTypes.FIELD("name", DataTypes.STRING(), "filed description")
14         ), row(1, "user01"), row(2, "user02"));
15         Table addTable = table.addColumns(
16                 randInteger(100).as("score"),
17                 jsonString("class001").as("className")
18         );
```

```
19              Table renameTable = table.renameColumns($("name").as("user_name"));
20              Table dropTable = table.dropColumns($("name"));
21              System.out.println("------向 Table 对象 table 添加字段------");
22              addTable.printSchema();
23              System.out.println("------修改 Table 对象 table 的字段------");
24              renameTable.printSchema();
25              System.out.println("------删除 Table 对象 table 的字段------");
26              dropTable.printSchema();
27          }
28 }
```

上述代码中,第 11～14 行代码用于创建 Table 对象 table,该对象包含 id 和 name 两个字段。第 15～18 行代码使用 addColumns 算子向 table 添加两个字段 score 和 className,形成新的 Table 对象 addTable,其中字段 score 的默认值为 100 以内的随机整数;字段 className 的默认值为字符串 class001。

图 7-12　文件 7-6 的运行结果

第 19 行代码使用 renameColumns 算子将 table 的字段 name 重命名为 user_name,形成新的 Table 对象 renameTable。第 20 行代码使用 dropColumns 算子删除 table 的字段 name,形成新的 Table 对象 dropTable。第 22 行代码使用 Table API 提供的 printSchema 算子输出 addTable 的结构。第 24 行代码使用 Table API 提供的 printSchema 算子输出 renameTable 的结构。第 26 行代码使用 Table API 提供的 printSchema 算子输出 dropTable 的结构。

文件 7-6 的运行结果如图 7-12 所示。

从图 7-12 可以看出,向 Table 对象 table 添加字段之后形成的 Table 对象 addTable 包含了 4 个字段。对 Table 对象 table 的字段进行修改后,形成的 Table 对象 renameTable 中,原字段 name 已被修改为 user_name。对 Table 对象 table 的字段进行删除后,形成的 Table 对象 dropTable 中,不存在字段 name。

7.6.6　删除表

在 Table 程序中,可以通过 Table API 或者 SQL 语句两种方式,对已创建的表进行删除操作,具体内容如下。

1. 通过 Table API 删除表

通过 Table API 可以删除已创建的连接器表和虚拟表,其中删除连接器表的操作通过 Table API 提供的 dropTable 算子实现;删除虚拟表的操作通过执行环境提供的 dropTemporaryView()方法实现。

关于删除连接器表和虚拟表的语法格式如下。

```
#删除虚拟表
tableEnvironment.dropTemporaryView(table_name)
#删除连接器表
catalog.dropTable(new ObjectPath(db_name,table_name),ifTableExist)
```

上述语法格式中,table_name 用于指定需要删除的连接器表或虚拟表。ifTableExist 用于在删除连接器表时判断连接器表是否已经存在。

2. 通过 SQL 删除表

通过 SQL 可以删除已创建的连接器表,其 SQL 语句的语法格式如下。

```
DROP TABLE [IF EXISTS] [catalog_name.] [db_name.]table_name
```

上述语法格式中,DROP TABLE 表示删除表的固定语法结构。table_name 用于指定需要删除的连接器表。

接下来通过一个案例来演示如何删除表。本案例使用 7.6.4 节已修改的连接器表 new_product_info 进行操作。创建一个名为 DropTableDemo 的 Table 程序,该程序通过 Table API 删除虚拟表,并通过 SQL 删除连接器表,具体代码如文件 7-7 所示。

文件 7-7　DropTableDemo.java

```java
1  public class DropTableDemo {
2      public static void main(String[] args) {
3          //指定具有 HDFS 操作权限的用户 root
4          System.setProperty("HADOOP_USER_NAME", "root");
5          EnvironmentSettings settings = EnvironmentSettings
6                  .newInstance()
7                  .inStreamingMode()
8                  .build();
9          //创建执行环境
10         TableEnvironment tableEnvironment =
11                 TableEnvironment.create(settings);
12         //构建 Catalog 实例 hiveCatalog
13         HiveCatalog hiveCatalog = new HiveCatalog(
14                 "HiveCatalog",
15                 "myhive",
16                 "/hiveConf/");
17         //注册 Catalog
18         tableEnvironment.registerCatalog("hive_catalog",hiveCatalog);
19         //使用已注册的 hive_catalog
20         tableEnvironment.useCatalog("hive_catalog");
21         //基于连接器表 new_product_info 创建 Table 对象 fromTable
22         Table fromTable = tableEnvironment.from("new_product_info");
23         //基于 fromTable 创建虚拟表 virtual_table
24         tableEnvironment.createTemporaryView("virtual_table",fromTable);
25         System.out.println("------查看 Table 程序包含的所有表------");
26         tableEnvironment.executeSql("SHOW TABLES").print();
27         tableEnvironment.dropTemporaryView("virtual_table");
28         tableEnvironment.executeSql("DROP TABLE IF EXISTS new_product_info");
29         System.out.println("----删除表操作之后查看 Table 程序包含的所有表----");
30         tableEnvironment.executeSql("SHOW TABLES").print();
31     }
32 }
```

上述代码中,第 27 行代码用于删除虚拟表 virtual_table。第 28 行代码用于执行删除连接器表 new_product_info 的 SQL 语句。

文件 7-7 的运行结果如图 7-13 所示。

图 7-13　文件 7-7 的运行结果

从图 7-13 可以看出,在执行删除表的操作之前,Table 程序包含 new_product_info 和 virtual_table 两个表。当执行删除表的操作之后,Table 程序不包含任何表。

【注意】　虚拟表的存在与 Table 程序的运行密切相关,它随着程序的停止而消失,通常不需要手动删除。另一方面,连接器表的元数据信息存储在 Catalog 中。如果 Catalog 类型为 GenericInMemoryCatalog,连接器表的生命周期也会与 Table 程序一致,同样无须手动删除。但如果 Catalog 类型为 HiveCatalog,创建的连接器表会持久存在于 Hive 中,此时需要用户手动进行删除。

7.6.7　输出表

在 Table 程序中,将数据写入连接器表的操作称为输出表。借助输出表的操作,可以将连接器表的数据输出到外部系统。在 Table 程序中,可以通过 Table API 和 SQL 这两种方式输出表,具体内容如下。

1. 通过 Table API 输出表

Table API 提供了 executeInsert 算子,用于将指定 Table 对象的数据写入连接器表,其语法格式如下。

```
table.executeInsert(table_name)
```

上述语法格式中,table 表示 Table 对象。table_name 用于指定连接器表。需要注意的是,Table 对象中每个字段的数据会写入连接器表相应位置的字段中,因此需要确保 Table 对象和连接器表的字段数量和数据类型均相匹配。例如,Table 对象中第一个字段的数据会写入连接器表的第一个字段中,这两个字段的数据类型需要相匹配。

2. 通过 SQL 输出表

利用 SQL 可以将表的查询结果写入连接器表,或者向连接器表插入一行数据,其 SQL 语句的语法格式如下。

```
INSERT {INTO | OVERWRITE }[catalog_name.][db_name.]table_name select_statement
```

上述语法格式中,INSERT 为输出表的固定语法格式。INTO 或 OVERWRITE 关键字用于指定写入的数据是否覆盖连接器表已有的数据，其中 INTO 表示在连接器表已有数据的基础上追加写入的数据；OVERWRITE 表示写入连接器表的数据会覆盖连接器表原有的数据。table_name 用于指定连接器表。

select_statement 用于指定写入连接器表的数据，具体语法格式如下。

```
#表的查询结果
SELECT filed [, filed, ...] FROM table_name
#插入一行数据
SELECT data[, data, ...]
```

上述语法格式中，filed 用于指定字段名称，表示查询表 table_name 的指定字段。data 用于指定要插入的一行数据中每个字段的数据内容。需要注意的是，无论是查询结果的字段数量还是插入一行数据时指定的每个字段数据内容的数量，都必须与连接器表的字段数量相匹配。

接下来通过一个案例来演示如何输出表。本案例中使用 JDBC 连接器来连接 MySQL，从而创建连接器表，这里使用的 MySQL 为第 4 章在虚拟机 Flink03 创建的 MySQL。关于本案例的实现过程如下。

（1）在 MySQL 中创建数据库 flink_table 和表 users。这是为了可以将 Table 程序的数据输出到 MySQL 中的表 users。在 MySQL 的命令行界面执行下列命令。

```
/* 创建数据库 flink_table */
> CREATE DATABASE IF NOT EXISTS `flink_table`;
/* 创建表 users */
> CREATE TABLE IF NOT EXISTS `flink_table.users` (
  `id` int,
  `name` varchar(50)
);
```

（2）在 Java 项目的依赖管理文件 pom.xml 的＜dependencies＞标签中添加实现本案例需要的依赖，具体内容如下。

```
1  <dependency>
2      <groupId>org.apache.flink</groupId>
3      <artifactId>flink-connector-jdbc</artifactId>
4      <version>1.16.0</version>
5  </dependency>
6  <dependency>
7      <groupId>mysql</groupId>
8      <artifactId>mysql-connector-java</artifactId>
9      <version>8.0.32</version>
10 </dependency>
```

上述代码中，第 1～5 行代码用于添加 JDBC 连接器依赖。第 6～10 行代码用于添加 MySQL 的 JDBC 驱动依赖。

（3）创建一个名为 OutputTableDemo 的 Table 程序，该程序分别通过 Table API 和 SQL 将数据写入连接器表，具体代码如文件 7-8 所示。

文件 7-8　OutputTableDemo.java

```
1  public class OutputTableDemo {
2      public static void main(String[] args) {
3          //指定具有 HDFS 操作权限的用户 root
4          System.setProperty("HADOOP_USER_NAME", "root");
5          EnvironmentSettings settings = EnvironmentSettings
6                  .newInstance()
7                  .inStreamingMode()
8                  .build();
9          //创建执行环境
10         TableEnvironment tableEnvironment =
11                 TableEnvironment.create(settings);
12         //构建 Catalog 实例 hiveCatalog
13         HiveCatalog hiveCatalog = new HiveCatalog(
14                 "HiveCatalog",
15                 "myhive",
16                 "/hiveConf/");
17         //注册 Catalog
18         tableEnvironment.registerCatalog("hive_catalog",hiveCatalog);
19         //使用已注册的 hive_catalog
20         tableEnvironment.useCatalog("hive_catalog");
21         //创建 Table 对象 table
22         Table table = tableEnvironment.fromValues(DataTypes.ROW(
23                 DataTypes.FIELD("id", DataTypes.INT()),
24                 DataTypes.FIELD("name", DataTypes.STRING(), "filed description")
25         ), row(1, "user01"), row(2, "user02"));
26         //创建连接器表
27         tableEnvironment.executeSql("CREATE TABLE IF NOT EXISTS users_table( " +
28                 "id INT," +
29                 "name STRING) " +
30                 "WITH (" +
31                 "'connector' = 'jdbc'," +
32                 "'url' = 'jdbc:mysql://192.168.121.146:3306/flink_table'," +
33                 "'driver' = 'com.mysql.cj.jdbc.Driver'," +
34                 "'table-name' = 'users'," +
35                 "'username' = 'itcast'," +
36                 "'password' = 'Itcast@2023'" +
37                 ")");
38         table.executeInsert("users_table");
39         tableEnvironment.executeSql("INSERT INTO users_table SELECT 3,'user03'");
40     }
41  }
```

上述代码中，第 27~37 行代码用于执行创建连接器表 users_table 的 SQL 语句，该连接器表包含两个物理字段 id 和 name。在表属性中，第一个属性 connector 用于指定连接器连接的外部系统，在连接 MySQL 时，该属性的属性值固定为 jdbc。第二个属性 url 用于指定连接MySQL 的 URL。第三个属性 driver 用于指定连接 MySQL 的驱动程序。第四个属性 table-name 用于指定连接器表 users_table 的数据应输出到 MySQL 的表 users。第五个属性 username 和第六个属性 password 分别用于指定登录 MySQL 所需的用户名和密码。

第 38 行代码利用 executeInsert 算子将 Table 对象 table 的数据写入连接器表 users_table。

第 39 行代码用于执行向连接器表 users_table 写入一行数据的 SQL 语句,该行数据包含两个字段的数据内容,它们分别是 3 和 user03。

文件 7-8 执行完成后,查询 MySQL 中表 users 的数据,确认写入连接器表 users_table 的数据是否成功输出到 MySQL 中的表 users。在 MySQL 的命令行界面执行如下命令。

```
> SELECT * FROM flink_table.users;
```

上述命令执行完成的效果如图 7-14 所示。

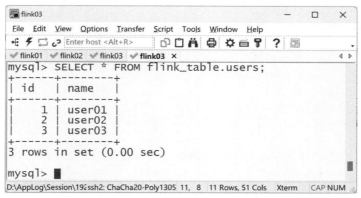

图 7-14　查询 MySQL 中表 users 的数据

从图 7-14 可以看出,MySQL 中表 users 的数据与写入连接器表 users_table 的数据一致,因此说明,成功实现输出表的操作。

7.7　查询操作

查询操作是指,使用 Table API 提供的关系型算子,或者执行 SQL 语句来查询 Table 程序中指定 Table 对象或者表的数据,进而根据实际业务需求处理这些数据。接下来详细讲解如何在 Table 程序中进行查询操作。

7.7.1　基本查询

基本查询指的是在 Table 程序中针对指定表或 Table 对象,查询其所有或部分字段的数据。在 Table 程序中,可以通过 Table API 和 SQL 两种方式实现基本查询,具体内容如下。

1. 通过 Table API 实现基本查询

Table API 提供了 select 算子用于查询指定 Table 对象的所有或部分字段的数据,从而生成新的 Table 对象,其程序结构如下。

```
Table newTable = table.select($(filed)[,$(filed),...]);
```

上述程序结构中,filed 用于指定要查询的字段。如果要查询 Table 对象的所有字段,可以只指定一个字段,并且将字段的值设置为字符"＊"即可。

2. 通过 SQL 实现基本查询

利用 SQL 可以查询指定表的所有或部分字段的数据,其 SQL 语句的语法结构如下。

```
SELECT filed[,filed, ...] FROM table_name
```

上述语法格式中,SELECT 表示查询操作的固定语法结构。filed 用于指定要查询的字段。如果要查询表的所有字段,可以只指定一个字段,并且将字段的值设置为字符"＊"即可。FROM table_name 子句用于指定查询的表 table_name。

接下来通过一个案例来演示如何实现基本查询。创建一个名为 SelectDemo 的 Table 程序,该程序分别通过 Table API 和 SQL 查询 Table 对象和表的数据,具体代码如文件 7-9 所示。

文件 7-9　SelectDemo.java

```java
1   public class SelectDemo {
2       public static void main(String[] args) {
3           EnvironmentSettings settings = EnvironmentSettings
4                   .newInstance()
5                   .inStreamingMode()
6                   .build();
7           //创建执行环境
8           TableEnvironment tableEnvironment =
9                   TableEnvironment.create(settings);
10          //创建 Table 对象 orderTable
11          Table orderTable = tableEnvironment.fromValues(DataTypes.ROW(
12                  DataTypes.FIELD("order_id", DataTypes.INT()),
13                  DataTypes.FIELD("product_name", DataTypes.STRING()),
14                  DataTypes.FIELD("order_price", DataTypes.DOUBLE())
15          ), row(1, "MI", 5000), row(2, "HUAWEI", 6000)
16                  ,row(3, "HUAWEI", 7000));
17          //基于 orderTable 创建虚拟表 order_table
18          tableEnvironment.createTemporaryView("order_table",orderTable);
19          Table selectTable = orderTable.select($("*"));
20          selectTable.execute().print();
21          tableEnvironment.executeSql("SELECT order_id,product_name " +
22                  "FROM order_table").print();
23      }
24  }
```

上述代码中,第 19 行代码利用 select 算子查询 Table 对象 orderTable 中所有字段的数据,生成新的 Table 对象 selectTable。第 20 行代码调用 Table 对象的 execute() 方法来执行查询操作,并且利用 print 算子将查询结果输出到控制台。第 21、22 行代码执行基本查询的 SQL 语句,并且利用 print 算子将 SQL 语句的执行结果输出到控制台。该 SQL 语句查询虚拟表 order_table 中字段 order_id 和 product_name 的数据。

文件 7-9 的运行结果如图 7-15 所示。

从图 7-15 可以看出,Table 对象 orderTable 的查询结果包含所有字段的数据。虚拟表 order_table 的查询结果仅包含字段 order_id 和 product_name 的数据。

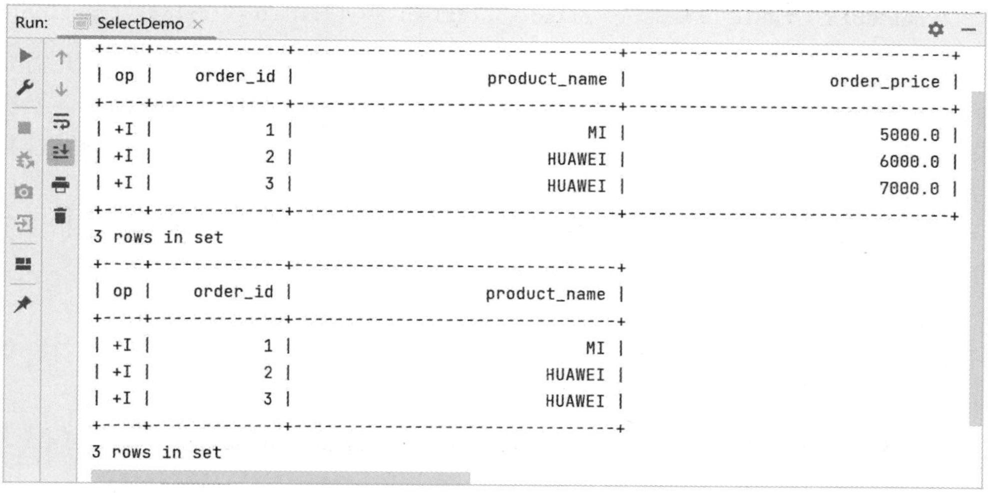

图 7-15　文件 7-9 的运行结果(1)

【注意】　在 Table 程序中,使用执行环境提供的 executeSql()方法执行 SQL 语句时,仅可以将执行结果输出到控制台,而不能生成新的 Table 对象进行进一步处理。为了克服这个限制,可以利用执行环境提供的 sqlQuery()方法来执行 SQL 语句,从而生成新的 Table 对象。需要说明的是,sqlQuery()方法通常用于执行查询操作的 SQL 语句。

例如,可以将文件 7-9 的 21、22 行代码更换为如下代码。

```
Table sqlTable = tableEnvironment.sqlQuery("SELECT order_id,product_name " +
        "FROM order_table");
sqlTable.execute().print();
```

📖 多学一招:动态表的查询结果

通过图 7-15 可以看出,输出到控制台的查询结果中存在名称为 op 的字段,该字段的作用主要是为了记录流处理模式下动态表中数据的变化情况,字段 op 包含"+I"、"-U"、和"+U"共 3 个值,其中"+I"表示这一行是新插入动态表的记录;"-U"表示这一行是动态表中被更新的记录,该行会在更新操作过程中被删除。"+U"表示这一行是动态表中被更新的记录,该行会在更新操作过程中被插入。

7.7.2　条件查询

条件查询指的是根据指定的查询条件对表或 Table 对象的数据进行筛选,以满足特定业务需求,并更加精准地查询所需的数据。在任何事务开始之前,需要明确目标,知道要做什么,要达成什么。这就像设置查询条件一样,只有明确了查询条件,才能从海量的数据中精确地获取想要的数据。

在 Table 程序中,可以通过 Table API 和 SQL 两种方式实现条件查询,具体内容如下。

1. 通过 Table API 实现条件查询

Table API 提供了 where 算子用于根据指定的查询条件来筛选 Table 对象的数据,从而生成新的 Table 对象,新生成的 Table 对象中只包含符合查询条件的数据,其程序结构如下。

```
Table newTable = table[.select($(filed)[,$(filed),…])].where($(filed).function);
```

上述程序结构中,select 算子是可选的。如果使用 where 算子进行条件查询,并需要查询部分字段的数据,那么应利用 select 算子指定相应字段。然而,如果在条件查询时需要查询所有字段的数据,那么可以直接忽略 select 算子。function 用于指定 Table API 的函数,其作用是在指定字段的基础上添加查询条件。

需要注意的是,当使用 where 算子进行条件查询时,如果已经通过 select 算子指定了查询的字段,那么 where 算子中指定的字段必须已在 select 算子中指定。

2. 通过 SQL 实现条件查询

利用 SQL 可以根据指定的查询条件来筛选表的数据,此时查询结果中只包含符合查询条件的数据,其 SQL 语句的语法格式如下。

```
SELECT filed[,filed, ...] FROM table_name WHERE boolean_expression
```

上述语法格式中,WHERE boolean_expression 子句用于指定查询条件 boolean_expression,查询条件同样是在指定字段的基础上通过 SQL 的函数指定。关于 SQL 的函数会在第 8 章进行详细讲解。

接下来通过一个案例来演示如何实现条件查询。本案例基于文件 7-9 实现,分别通过 Table API 和 SQL 查询 Table 对象 orderTable 和虚拟表 order_table 的数据,将文件 7-9 的第 19～22 行代码替换为如下代码。

```
1  Table whereTable =
2        orderTable.where($("product_name").isEqual("MI"));
3  whereTable.execute().print();
4  tableEnvironment.executeSql("SELECT * FROM order_table " +
5        "WHERE order_price > 5000").print();
```

上述代码中,第 1、2 行代码利用 where 算子查询 Table 对象 orderTable 中所有字段的数据,生成新的 Table 对象 whereTable。这里指定的查询条件为字段 product_name 的数据等于 MI,其中 isEqual()是 Table API 的比较函数。第 4、5 行代码执行条件查询的 SQL 语句,并利用 print 算子将 SQL 语句的执行结果输出到控制台。该 SQL 语句查询虚拟表 order_table 中所有字段的数据,并指定查询条件为字段 order_price 的数据大于 5000,其中字符">"为 SQL 的比较函数。

文件 7-9 的运行结果如图 7-16 所示。

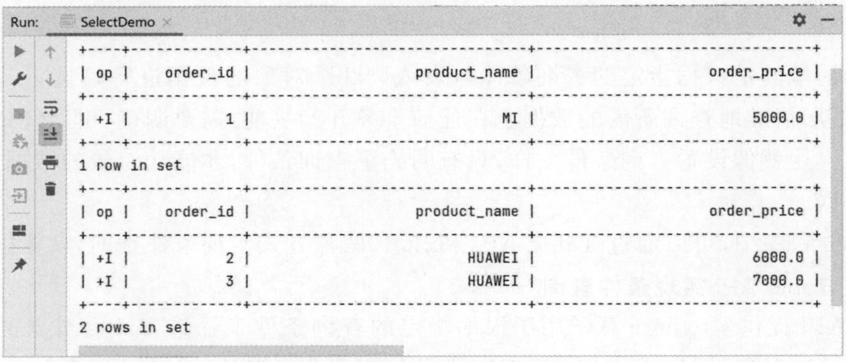

图 7-16　文件 7-9 的运行结果(2)

从图 7-16 可以看出，Table 对象 orderTable 的查询结果包含 3 个字段，其中字段 product_name 的数据等于 MI。虚拟表 order_table 的查询结果包含 3 个字段，其中字段 order_price 的数据大于 5000。

📖 **多学一招：在条件查询中添加多个查询条件**

在 Table 程序中执行条件查询时，可以使用 Table API 的逻辑函数 and() 和 or() 在 where 算子中组合多个查询条件。同样地，可以在条件查询的 SQL 语句中利用 SQL 的逻辑函数 AND 和 OR 来组合多个查询条件。其中，逻辑函数 and() 和 AND 表示数据必须满足所有查询条件；逻辑函数 or() 和 OR 表示数据满足任意一个查询条件即可。

这里以逻辑函数 and() 为例，演示在 where 算子中组合多个查询条件，具体示例代码如下。

```
Table whereTable =
    orderTable.where(
        $("product_name").isEqual("MI")
            .and($("order_price").isGreater(3000))
            .and($("order_price").isLess(5000))
    );
```

上述示例代码在 where 算子中添加了 3 个查询条件，其中第一个查询条件是字段 product_name 的数据等于 MI；第二个查询条件是字段 order_price 的数据大于 3000，这里用到了 Table API 的比较函数 isGreater()；第三个查询条件是字段 order_price 的数据小于 5000，这里用到了 Table API 的比较函数 isLess()。

接下来以逻辑函数 OR 为例，演示在条件查询的 SQL 语句中组合多个查询条件，其示例代码如下。

```
tableEnvironment.executeSql("SELECT * FROM order_table " +
            "WHERE product_name = MI OR product_name = HUAWEI ");
```

上述示例代码中，在条件查询的 SQL 语句中添加了两个查询条件，其中第一个查询条件是字段 product_name 的数据等于 MI，这里用到了 SQL 的比较函数"＝"；第二个查询条件是字段 product_name 的数据等于 HUAWEI。

7.7.3　去重查询

在查询数据的过程中，有时会遇到数据中存在重复记录的情况，为了获得唯一的数据集合，可以使用去重查询来消除重复数据。在 Table 程序中，去重查询可以针对表或 Table 对象中的所有字段或部分字段进行操作，其中针对表或 Table 对象的所有字段进行去重查询的操作时，会去除所有字段完全相同的重复数据；针对表或 Table 对象的部分字段进行去重查询的操作时，会去除特定字段完全相同的重复数据，而忽略其他字段。

在 Table 程序中，可以通过 Table API 和 SQL 这两种方式实现去重查询，具体内容如下。

1. 通过 Table API 实现去重查询

Table API 提供了 distinct 算子用于对 Table 对象进行去重查询的操作，其程序结构如下。

```
Table newTable = table[.select($(filed)[,$(filed),...])].distinct();
```

上述程序结构中,select 算子是可选的。如果使用 distinct 算子进行去重查询,并需要针对 Table 对象中的部分字段进行操作,那么应利用 select 算子指定相应字段。然而,如果在去重查询时需要针对 Table 对象中的所有字段进行操作,那么可以直接忽略 select 算子。

2. 通过 SQL 实现去重查询

利用 SQL 可以对表进行去重查询的操作,其 SQL 语句的语法格式如下。

```
SELECT DISTINCT filed[,filed,...] FROM table_name
```

上述语法格式中,DISTINCT 关键字用于实现去重查询。

接下来通过一个案例来演示如何实现去重查询。本案例基于文件 7-9 实现,分别通过 Table API 和 SQL 查询 Table 对象 orderTable 和虚拟表 order_table 的数据,将文件 7-9 的第 19～22 行代码替换为如下代码。

```
1   Table distinctTable = orderTable.distinct();
2   distinctTable.execute().print();
3   tableEnvironment.executeSql("SELECT DISTINCT product_name " +
4       "FROM order_table").print();
```

上述代码中,第 1 行代码利用 distinct 算子针对 Table 对象 orderTable 中的所有字段进行去重查询的操作,生成新的 Table 对象 distinctTable。第 3、4 行代码执行去重查询的 SQL 语句,并利用 print 算子将 SQL 语句的执行结果输出到控制台。该 SQL 语句针对虚拟表 order_table 的字段 product_name 进行去重查询的操作。

文件 7-9 的运行结果如图 7-17 所示。

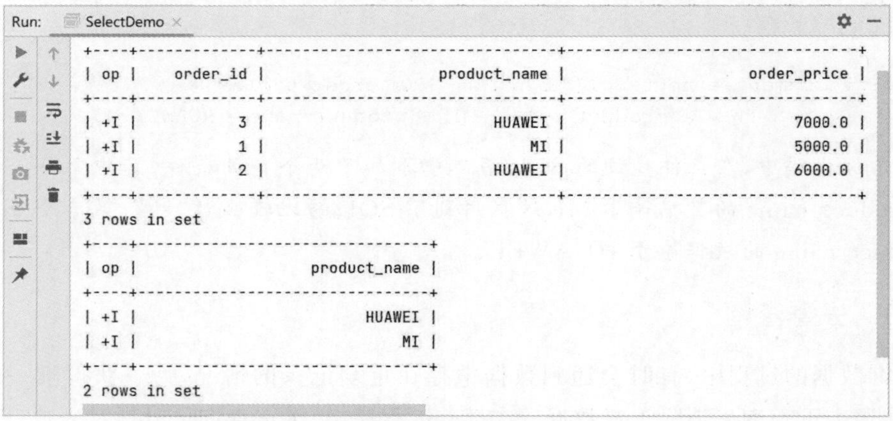

图 7-17　文件 7-9 的运行结果(3)

从图 7-17 可以看出,Table 对象 orderTable 的查询结果包含 3 个字段,并且这 3 个字段不存在重复数据。虚拟表 order_table 的查询结果包含 1 个字段,并且该字段不存在重复数据。

7.7.4　连接查询

连接查询是一种常用的查询方式,它主要用于在两个表或 Table 对象之间建立关联,通过匹配关联字段来检索相关联的数据。连接查询可以体现出一种"关联思考,整体观察"的精神。这种精神鼓励我们在面对复杂问题时,不仅要看到表面,还要通过挖掘事物之间的联系,找到问题的根本。在现实生活中,很多问题都是互相关联的,通过理解它们之间的关系,可以更好地理解问题,找到最有效的解决方案。

常见的连接查询分为内连接和外连接两种方式,具体介绍如下。

1. 内连接

内连接会将两个表或 Table 对象中相关联的数据合并为一条数据,而其他未关联的数据将被丢弃,关联的条件是判断两个表或 Table 对象中指定关联字段的数据是否匹配,如果匹配表示关联,否则表示不关联。

例如,以内连接的方式,对 Table 对象 orderTable 和 userTable 进行连接查询,指定 orderTable 的字段 order_id 和 userTable 的字段 orderID 为关联字段,其查询过程如图 7-18 所示。

orderTable

order_id	product_name
1	MI
2	HUAWEI
3	OPPO
4	APPLE
5	SAMSUNG

userTable

user_name	orderID
Loyal	3
Francis	2
Luther	6
Gideon	5
Will	7

内连接

order_id	product_name	user_name	orderID
3	OPPO	Loyal	3
2	HUAWEI	Francis	2
5	SAMSUNG	Gideon	5

图 7-18　内连接

从图 7-18 可以看出,当两个 Table 对象中字段 order_id 和 orderID 的数据相匹配时,它们的数据被合并为一条新的数据。然而,当字段 order_id 和 orderID 的数据不相匹配时,这些非匹配的数据被排除在结果之外。

在 Table 程序中,可以通过 Table API 和 SQL 两种方式实现以内连接的方式进行连接查询,具体介绍如下。

（1）通过 Table API 实现以内连接的方式进行连接查询。Table API 提供了 join 算子用于以内连接的方式对两个 Table 对象进行连接查询,从而生成一个新的 Table 对象,其程序结构如下。

```
Table newTable = leftTable.join(rightTable, $(leftFiled).isEqual($(rightFiled)));
```

上述程序结构中,leftTable 和 rightTable 用于指定参与连接查询的两个 Table 对象。leftFiled 表示基于 Table 对象 leftTable 指定的关联字段。rightFiled 表示基于 Table 对象 rightTable 指定的关联字段。

（2）通过 SQL 实现以内连接的方式进行连接查询。利用 SQL 可以通过内连接的方式对两个表进行连接查询，其 SQL 语句的语法格式如下。

```
SELECT filed[,filed,...] FROM leftTable
INNER JOIN rightTable
ON leftTable.leftFiled = rightTable.rightFiled
```

上述语法格式中，INNER JOIN 表示内连接的固定语法结构，其中 INNER 关键字可以省略。

2. 外连接

外连接可以细分为左外连接、右外连接和全外连接，具体介绍如下

1）左外连接

左外连接会将两个表或 Table 对象中相关联的数据合并为一条数据，而其他未关联的数据中，左侧表或 Table 对象的数据会与 NULL 合并为一条数据，右侧表或 Table 对象的数据将被丢弃，关联条件与内连接相同。

例如，以左外连接的方式，对 Table 对象 orderTable 和 userTable 进行连接查询，指定 orderTable 的字段 order_id 和 userTable 的字段 orderID 为关联字段，其查询过程如图 7-19 所示。

orderTable(左侧)

order_id	product_name
1	MI
2	HUAWEI
3	OPPO
4	APPLE
5	SAMSUNG

userTable(右侧)

user_name	orderID
Loyal	3
Francis	2
Luther	6
Gideon	5
Will	7

左外连接

order_id	product_name	user_name	orderID
1	MI	NULL	NULL
2	HUAWEI	Francis	2
3	OPPO	Loyal	3
4	APPLE	NULL	NULL
5	SAMSUNG	Gideon	5

图 7-19　左外连接

从图 7-19 可以看出，当两个 Table 对象中字段 order_id 和 orderID 的数据相匹配时，它们的数据被合并为一条新的数据。然而，当字段 order_id 和 orderID 的数据不相匹配时，orderTable 中的数据与 NULL 合并为一条新的数据，而 userTable 中的非匹配数据被排除在结果之外。

在 Table 程序中，可以通过 Table API 和 SQL 两种方式实现以左外连接的方式进行连接查询，具体介绍如下。

（1）通过 Table API 实现以左外连接的方式进行连接查询。Table API 提供了 leftOuterJoin 算子用于以左外连接的方式对两个 Table 对象进行连接查询，从而生成一个新的 Table 对象，其程序结构如下。

```
Table newTable = leftTable.leftOuterJoin(rightTable, $(leftFiled).isEqual
($(rightFiled)));
```

上述程序结构中，leftTable 和 rightTable 用于指定参与连接查询的两个 Table 对象，其中 leftTable 为左侧的 Table 对象；rightTable 为右侧的 Table 对象。

（2）通过 SQL 实现以左外连接的方式进行连接查询。利用 SQL 可以通过左外连接的方式对两个表进行连接查询，其 SQL 语句的语法格式如下。

```
SELECT filed[,filed,...] FROM leftTable
LEFT JOIN rightTable
ON leftTable.leftFiled = rightTable.rightFiled
```

上述语法格式中，LEFT JOIN 表示左外连接的固定语法结构。

2）右外连接

右外连接会将两个表或 Table 对象中相关联的数据合并为一条数据，而其他未关联的数据中，右侧表或 Table 对象的数据会与 NULL 合并为一条数据，左侧表或 Table 对象的数据将被丢弃，关联条件与内连接相同。

例如，以右外连接的方式，对 Table 对象 orderTable 和 userTable 进行连接查询，指定 orderTable 的字段 order_id 和 userTable 的字段 orderID 为关联字段，其查询过程如图 7-20 所示。

orderTable(左侧)

order_id	product_name
1	MI
2	HUAWEI
3	OPPO
4	APPLE
5	SAMSUNG

userTable(右侧)

user_name	orderID
Loyal	3
Francis	2
Luther	6
Gideon	5
Will	7

右外连接

order_id	product_name	user_name	orderID
3	OPPO	Loyal	3
2	HUAWEI	Francis	2
NULL	NULL	Luther	6
5	SAMSUNG	Gideon	5
NULL	NULL	Will	7

图 7-20　右外连接

从图 7-20 可以看出，当两个 Table 对象中字段 order_id 和 orderID 的数据相匹配时，它们的数据被合并为一条新的数据。然而，当字段 order_id 和 orderID 的数据不相匹配时，userTable 中的数据与 NULL 合并为一条新的数据，而 orderTable 中的非匹配数据被排除在结果之外。

在 Table 程序中,可以通过 Table API 和 SQL 两种方式实现以右外连接的方式进行连接查询,具体介绍如下。

(1)通过 Table API 实现以右外连接的方式进行连接查询。Table API 提供了 rightOuterJoin 算子用于以右外连接的方式对两个 Table 对象进行连接查询,从而生成一个新的 Table 对象,其程序结构如下。

```
Table newTable =
    leftTable.rightOuterJoin(rightTable, $(leftFiled).isEqual($(rightFiled)));
```

上述程序结构中,leftTable 和 rightTable 用于指定参与连接查询的两个 Table 对象,其中 leftTable 为左侧的 Table 对象;rightTable 为右侧的 Table 对象。

(2)通过 SQL 实现以右外连接的方式进行连接查询。利用 SQL 可以通过右外连接的方式对两个表进行连接查询,其 SQL 语句的语法格式如下。

```
SELECT filed[,filed, ...] FROM leftTable
RIGHT JOIN rightTable
ON leftTable.leftFiled = rightTable.rightFiled
```

上述语法格式中,RIGHT JOIN 表示右外连接的固定语法结构。

3)全外连接

全外连接会将两个表或 Table 对象中相关联的数据合并为一条数据,而其他未关联的数据会与 NULL 合并为一条数据,关联条件与内连接相同。

例如,以全外连接的方式,对 Table 对象 orderTable 和 userTable 进行连接查询,指定 orderTable 的字段 order_id 和 userTable 的字段 orderID 为关联字段,其查询过程如图 7-21 所示。

orderTable(左侧)

order_id	product_name
1	MI
2	HUAWEI
3	OPPO
4	APPLE
5	SAMSUNG

userTable(右侧)

user_name	orderID
Loyal	3
Francis	2
Luther	6
Gideon	5
Will	7

全外连接

order_id	product_name	user_name	orderID
1	MI	NULL	NULL
2	HUAWEI	Francis	2
3	OPPO	Loyal	3
4	APPLE	NULL	NULL
5	SAMSUNG	Gideon	5
NULL	NULL	Luther	6
NULL	NULL	Will	7

图 7-21　全外连接

从图 7-21 可以看出,当两个 Table 对象中字段 order_id 和 orderID 的数据相匹配时,它们的数据被合并为一条新的数据。然而,当字段 order_id 和 orderID 的数据不相匹配时,userTable 中的数据与 NULL 合并为一条新的数据,并且 orderTable 中的数据也会与 NULL 合并为一条新的数据。

在 Table 程序中,可以通过 Table API 和 SQL 两种方式实现以全外连接的方式进行连接查询,具体介绍如下。

(1) 通过 Table API 实现以全外连接的方式进行连接查询。Table API 提供了 fullOuterJoin 算子用于以全外连接的方式对两个 Table 对象进行连接查询,从而生成一个新的 Table 对象,其程序结构如下。

```
Table newTable =
    leftTable.fullOuterJoin(rightTable, $(leftFiled).isEqual($(rightFiled)));
```

上述程序结构中,leftTable 和 rightTable 用于指定参与连接查询的两个 Table 对象。

(2) 通过 SQL 实现以全外连接的方式进行连接查询。利用 SQL 可以通过全外连接的方式对两个表进行连接查询,其 SQL 语句的语法格式如下。

```
SELECT filed[,filed,...] FROM leftTable
FULL OUTER JOIN rightTable
ON leftTable.leftFiled = rightTable.rightFiled
```

上述语法格式中,FULL OUTER JOIN 表示全外连接的固定语法结构。

接下来通过一个案例来演示如何实现连接查询。创建一个名为 JoinSelectDemo 的 Table 程序,该程序通过 Table API 实现以左外连接的方式对两个 Table 对象进行连接查询,并且通过 SQL 实现以内连接的方式对两个虚拟表进行连接查询,具体代码如文件 7-10 所示。

文件 7-10　**JoinSelectDemo.java**

```
1   public class JoinSelectDemo {
2       public static void main(String[] args) {
3           EnvironmentSettings settings = EnvironmentSettings
4                   .newInstance()
5                   .inStreamingMode()
6                   .build();
7           //创建执行环境
8           TableEnvironment tableEnvironment =
9                   TableEnvironment.create(settings);
10          //创建 Table 对象 orderTable
11          Table orderTable = tableEnvironment.fromValues(DataTypes.ROW(
12                      DataTypes.FIELD("order_id", DataTypes.INT()),
13                      DataTypes.FIELD("product_name", DataTypes.STRING())
14                  ), row(1, "MI"),
15                  row(2, "HUAWEI"),
16                  row(3, "OPPO"),
17                  row(4, "APPLE"),
18                  row(5, "SAMSUNG"));
19          //创建 Table 对象 userTable
20          Table userTable = tableEnvironment.fromValues(DataTypes.ROW(
21                      DataTypes.FIELD("user_name", DataTypes.STRING()),
```

```
22                  DataTypes.FIELD("orderID", DataTypes.INT())
23          ), row("Loyal",3),
24          row("Francis",2),
25          row("Luther",6),
26          row("Gideon",5),
27          row("Will",7));
28      //基于 orderTable 创建虚拟表 order_table
29      tableEnvironment.createTemporaryView("order_table",orderTable);
30      //基于 userTable 创建虚拟表 user_table
31      tableEnvironment.createTemporaryView("user_table",userTable);
32      Table joinTable =
33              orderTable.leftOuterJoin(
34                      userTable,
35                      $("order_id").isEqual($("orderID"))
36              );
37      joinTable.execute().print();
38      tableEnvironment.executeSql("SELECT * FROM order_table JOIN user_table " +
39              "ON order_table.order_id = user_table.orderID").print();
40  }
41 }
```

上述代码中，第 32～36 行代码利用 leftOuterJoin 算子以左外连接的方式，对 Table 对象 orderTable 和 userTable 进行连接查询，指定 orderTable 的字段 order_id 和 userTable 的字段 orderID 为关联字段，生成一个新的 Table 对象 joinTable。

第 38、39 行代码执行连接查询的 SQL 语句，并利用 print 算子将 SQL 语句的执行结果输出到控制台。该 SQL 语句以内连接的方式，对虚拟表 order_table 和 user_table 进行连接查询，指定 order_table 的字段 order_id 和 user_table 的字段 orderID 为关联字段。

文件 7-10 的运行结果如图 7-22 所示。

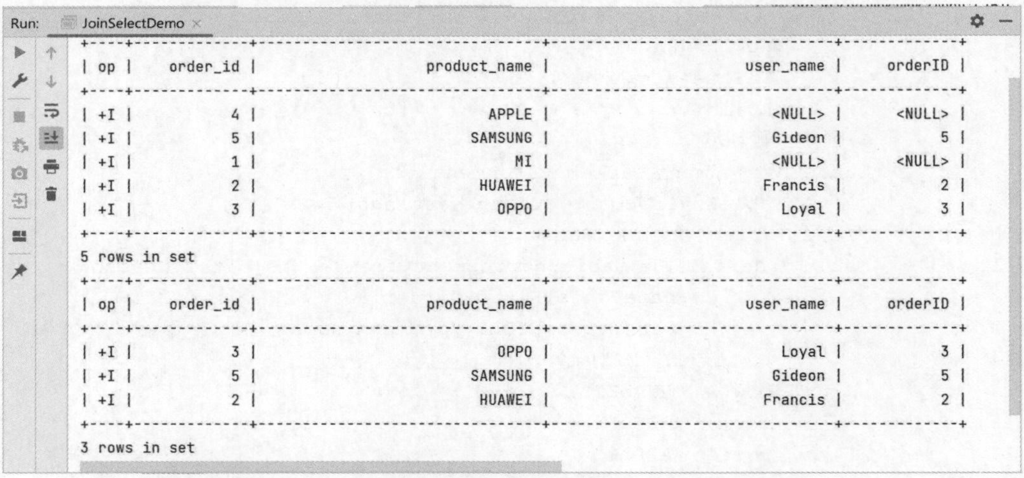

```
Run: JoinSelectDemo
+----+-------------+--------------+-----------+---------+
| op |    order_id | product_name | user_name | orderID |
+----+-------------+--------------+-----------+---------+
| +I |           4 |        APPLE |    <NULL> |  <NULL> |
| +I |           5 |      SAMSUNG |    Gideon |       5 |
| +I |           1 |           MI |    <NULL> |  <NULL> |
| +I |           2 |       HUAWEI |   Francis |       2 |
| +I |           3 |         OPPO |     Loyal |       3 |
+----+-------------+--------------+-----------+---------+
5 rows in set
+----+-------------+--------------+-----------+---------+
| op |    order_id | product_name | user_name | orderID |
+----+-------------+--------------+-----------+---------+
| +I |           3 |         OPPO |     Loyal |       3 |
| +I |           5 |      SAMSUNG |    Gideon |       5 |
| +I |           2 |       HUAWEI |   Francis |       2 |
+----+-------------+--------------+-----------+---------+
3 rows in set
```

图 7-22　文件 7-10 的运行结果

从图 7-22 可以看出，当 Table 对象 orderTable 和 userTable 中字段 order_id 和 orderID 的数据相匹配时，它们的数据被合并为一条新的数据。然而，当字段 order_id 和 orderID 的数据不相匹配时，orderTable 中的数据与 NULL 合并为一条新的数据，而 userTable 中的不匹配数据被排除在结果之外。

当虚拟表 order_table 和 user_table 中字段 order_id 和 orderID 的数据相匹配时，它们的数据被合并为一条新的数据。然而，当字段 order_id 和 orderID 的数据不相匹配时，这些不匹配的数据被排除在结果之外。

7.7.5　集合查询

集合查询用于将两个表或 Table 对象进行合并操作。进行合并操作的两个表或 Table 对象必须具有相同数量的字段，同时，相应位置的字段数据类型也需要一致。集合查询分为 9 种方式，包括 Union、UnionAll、Intersect、IntersectAll、Minus、MinusAll、Except、ExceptAll 和 In，每种方式都具有特殊的合并逻辑，具体介绍如下。

1. Union

该方式会将两个表或 Table 对象的数据合并在一起，并去除重复的行。例如，以 Union 的方式，对 Table 对象 userTable1 和 userTable2 进行集合查询，其查询过程如图 7-23 所示。

userTable1

user_name	user_age
Loyal	23
Will	20
Gideon	18
Francis	19
Francis	19

userTable2

name	age
Loyal	23
Francis	19
Luther	26
Lee	21
Francis	19

Union

user_name	user_age
Loyal	23
Will	20
Gideon	18
Francis	19
Luther	26
Lee	21

图 7-23　Union

从图 7-23 可以看出，Table 对象 userTable1 和 userTable2 的数据已合并在一起，且在合并后的数据中，没有出现重复的行。需要说明的是，合并后的结果中字段的名称与 Table 对象 userTable1 中字段的名称一致。

在 Table 程序中，可以通过 Table API 和 SQL 两种方式实现以 Union 的方式进行集合查询，具体介绍如下。

（1）通过 Table API 实现以 Union 的方式进行集合查询。Table API 提供了 union 算子用于以 Union 的方式对两个 Table 对象进行集合查询，从而生成一个新的 Table 对象，其程序结构如下。

```
Table newTable = leftTable.union(rightTable);
```

上述程序结构中，leftTable 和 rightTable 用于指定参与集合查询的两个 Table 对象。合并后的结果中字段的名称与 leftTable 中字段的名称一致。

（2）通过 SQL 实现以 Union 的方式进行集合查询。利用 SQL 可以通过 Union 的方式对两个表进行集合查询，其 SQL 语句的语法格式如下。

```
(SELECT filed[,filed, ...] FROM leftTable)
UNION
(SELECT filed[,filed, ...] FROM rightTable)
```

上述语法格式中，UNION 为固定语法结构。leftTable 和 rightTable 用于指定参与集合查询的两个表。合并后的结果中字段的名称同样与 leftTable 中字段的名称一致。需要说明的是，通过 SQL 进行集合查询时，可以将两个表的部分字段进行合并，此时必须确保两个表选取了相同数量的字段，并且相应位置字段的数据类型一致。合并后的结果中字段的名称与 leftTable 中字段的名称一致。

2. UnionAll

该方式与 Union 类似，同样会将两个表或 Table 对象的数据合并在一起，但区别在于 UnionAll 会保留所有重复的行。例如，以 UnionAll 的方式对 Table 对象 userTable1 和 userTable2 进行集合查询，其查询过程如图 7-24 所示。

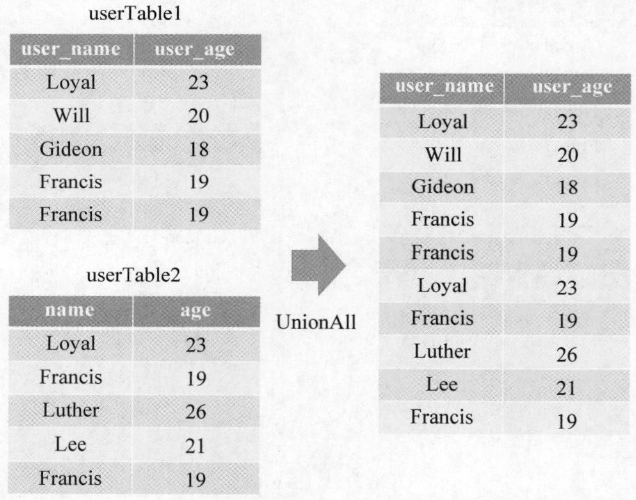

userTable1

user_name	user_age
Loyal	23
Will	20
Gideon	18
Francis	19
Francis	19

userTable2

name	age
Loyal	23
Francis	19
Luther	26
Lee	21
Francis	19

UnionAll →

user_name	user_age
Loyal	23
Will	20
Gideon	18
Francis	19
Francis	19
Loyal	23
Francis	19
Luther	26
Lee	21
Francis	19

图 7-24　UnionAll

从图 7-24 可以看出，Table 对象 userTable1 和 userTable2 的数据已合并在一起，且在合并后的数据中存在重复的行。

在 Table 程序中，可以通过 Table API 和 SQL 两种方式实现以 UnionAll 的方式进行集合查询，具体介绍如下。

（1）通过 Table API 实现以 UnionAll 的方式进行集合查询。Table API 提供了 unionAll 算子用于以 UnionAll 的方式对两个 Table 对象进行集合查询，从而生成一个新的 Table 对象，其程序结构如下。

```
Table newTable = leftTable.unionAll(rightTable);
```

上述程序结构中，leftTable 和 rightTable 用于指定参与集合查询的两个 Table 对象。

（2）通过 SQL 实现以 unionAll 的方式进行集合查询。利用 SQL 可以通过 unionAll 的方式对两个表进行集合查询，其 SQL 语句的语法格式如下。

```
(SELECT filed[,filed,…] FROM leftTable)
UNION ALL
(SELECT filed[,filed,…] FROM rightTable)
```

上述语法格式中，UNION ALL 为固定语法结构。leftTable 和 rightTable 用于指定参与集合查询的两个表。

3. Intersect

该方式会将两个表或 Table 对象中具有相同数据的行合并在一起，并去除重复的行。例如，以 Intersect 的方式，对 Table 对象 userTable1 和 userTable2 进行集合查询，其查询过程如图 7-25 所示。

图 7-25　Intersect

从图 7-25 可以看出，Table 对象 userTable1 和 userTable2 中具有相同数据的行已合并在一起，且在合并后的数据中，不存在重复的行。

在 Table 程序中，可以通过 Table API 和 SQL 两种方式实现以 Intersect 的方式进行集合查询，具体介绍如下。

（1）通过 Table API 实现以 Intersect 的方式进行集合查询。Table API 提供了 intersect 算子用于以 Intersect 的方式对两个 Table 对象进行集合查询，从而生成一个新的 Table 对象，其程序结构如下。

```
Table newTable = leftTable.intersect(rightTable);
```

上述程序结构中，leftTable 和 rightTable 用于指定参与集合查询的两个 Table 对象。

（2）通过 SQL 实现以 Intersect 的方式进行集合查询。利用 SQL 可以通过 Intersect 的方式对两个表进行集合查询，其 SQL 语句的语法格式如下。

```
(SELECT filed[,filed, ...] FROM leftTable)
INTERSECT
(SELECT filed[,filed, ...] FROM rightTable)
```

上述语法格式中,INTERSECT 为固定语法结构。leftTable 和 rightTable 用于指定参与集合查询的两个表。

4. IntersectAll

该方式与 Intersect 类似,同样会将两个表或 Table 对象中具有相同数据的行合并在一起,但区别在于,IntersectAll 会根据两个表或 Table 对象中具有相同数据的行出现的最小次数,保留重复数量的行。也就是说,当 Table 对象 A 和 B 都包含相同数据的行 X 时,如果 Table 对象 A 有两个 X,而 Table 对象 B 包含 3 个 X,那么合并后的结果中会存在两个 X。

例如,以 IntersectAll 的方式对 Table 对象 userTable1 和 userTable2 进行集合查询,其查询过程如图 7-26 所示。

userTable1

user_name	user_age
Loyal	23
Will	20
Francis	19
Francis	19
Francis	19

userTable2

name	age
Loyal	23
Francis	19
Luther	26
Lee	21
Francis	19

IntersectAll →

user_name	user_age
Loyal	23
Francis	19
Francis	19

图 7-26   IntersectAll

从图 7-26 可以看出,Table 对象 userTable1 和 userTable2 中具有相同数据的行已合并在一起,在合并后的数据中存在重复的行,并且数据为(Francis,19)的行出现了两次。

在 Table 程序中,可以通过 Table API 和 SQL 两种方式实现以 IntersectAll 的方式进行集合查询,具体介绍如下。

(1) 通过 Table API 实现以 IntersectAll 的方式进行集合查询。Table API 提供了 intersectAll 算子用于以 IntersectAll 的方式对两个 Table 对象进行集合查询,从而生成一个新的 Table 对象,其程序结构如下。

```
Table newTable = leftTable.intersectAll(rightTable);
```

上述程序结构中,leftTable 和 rightTable 用于指定参与集合查询的两个 Table 对象。

(2) 通过 SQL 实现以 IntersectAll 的方式进行集合查询。利用 SQL 可以通过 IntersectAll 的方式对两个表进行集合查询,其 SQL 语句的语法格式如下。

```
(SELECT filed[,filed, ...] FROM leftTable)
INTERSECT ALL
(SELECT filed[,filed, ...] FROM rightTable)
```

上述语法格式中,INTERSECT ALL 为固定语法结构。leftTable 和 rightTable 用于指

定参与集合查询的两个表。

　　5. Minus

　　该方式用于合并左侧 Table 对象中存在但右侧 Table 对象中不存在的行,并去除重复的行。例如,以 Minus 的方式对 Table 对象 userTable1 和 userTable2 进行集合查询,其查询过程如图 7-27 所示。

图 7-27　Minus

　　从图 7-27 可以看出,userTable1 中只有数据为(Will,20)和(Gideon,18)的行在userTable2 中不存在,因此在合并后的结果中仅存在这两行数据。

　　在 Table 程序中,可以通过 Table API 提供的 minus 算子实现以 Minus 的方式对两个Table 对象进行集合查询,从而生成一个新的 Table 对象,其程序结构如下。

```
Table newTable = leftTable.minus(rightTable);
```

　　上述程序结构中,leftTable 和 rightTable 用于指定参与集合查询的两个 Table 对象,其中 leftTable 表示左侧的 Table 对象;rightTable 表示右侧的 Table 对象。

　　6. MinusAll

　　该方式与 Minus 类似,区别在于,合并结果中可能会存在重复的行。具体来说,如果一行数据在左侧 Table 对象中出现,而在右侧 Table 对象中没有出现,那么这行数据就会出现在合并后的结果中。如果一行数据在两个 Table 对象中都出现,那么合并结果中这行数据出现的次数等于它在左侧 Table 对象中出现的次数减去它在右侧 Table 对象中出现的次数。如果这个差是负数或零,那么这行数据就不会出现在合并结果中。

　　例如,以 MinusAll 的方式对 Table 对象 userTable1 和 userTable2 进行集合查询,其查询过程如图 7-28 所示。

　　从图 7-28 可以看出,合并后的结果中出现了数据为(Will,20)、(Gideon,18)和(Francis,19)的行,其中出现数据为(Will,20)、(Gideon,18)的行是因为这两行数据仅出现在userTable1;而出现数据为(Francis,19)的行是因为该行在 userTable1 出现了两次,并且在userTable2 出现了一次。

userTable1(左侧)

user_name	user_age
Loyal	23
Will	20
Gideon	18
Francis	19
Francis	19

userTable2(右侧)

name	age
Loyal	23
Apple	19
Luther	26
Lee	21
Francis	19

MinusAll

user_name	user_age
Will	20
Gideon	18
Francis	19

图 7-28　MinusAll

在 Table 程序中,可以通过 Table API 提供的 minusAll 算子实现以 MinusAll 的方式对两个 Table 对象进行集合查询,从而生成一个新的 Table 对象,其程序结构如下。

```
Table newTable = leftTable.minusAll(rightTable);
```

上述程序结构中,leftTable 和 rightTable 用于指定参与集合查询的两个 Table 对象,其中 leftTable 表示左侧的 Table 对象;rightTable 表示右侧的 Table 对象。

7. Except

Except 与 Minus 相似,区别在于,Except 是针对表的合并。在 Table 程序中,可以通过 SQL 实现以 Except 的方式对两个表进行集合查询,其 SQL 语句的语法格式如下。

```
(SELECT filed[,filed, ...] FROM leftTable)
EXCEPT
(SELECT filed[,filed, ...] FROM rightTable)
```

上述语法格式中,EXCEPT 为固定语法结构。leftTable 和 rightTable 用于指定参与集合查询的两个表,其中 leftTable 表示左侧的表。

8. ExceptAll

ExceptAll 与 MinusAll 相似,区别在于,ExceptAll 是针对表的合并。在 Table 程序中,可以通过 SQL 实现以 ExceptAll 的方式对两个表进行集合查询,其 SQL 语句的语法格式如下。

```
(SELECT filed[,filed, ...] FROM leftTable)
EXCEPT ALL
(SELECT filed[,filed, ...] FROM rightTable)
```

上述语法格式中,EXCEPT ALL 为固定语法结构。leftTable 和 rightTable 用于指定参与集合查询的两个表,其中 leftTable 表示左侧的 Table 对象;rightTable 表示右侧的 Table 对象。

9. In

该方式在合并两个表或 Table 对象时,会从左侧的表或 Table 对象选择一个字段,然后检查该字段的数据是否存在于右侧表或 Table 对象的指定字段中。若存在,则该字段所在的行会被包含在合并后的结果中。

　　例如,以 In 的方式对 Table 对象 userTable1 和 userTable2 进行集合查询,检查 userTable1 中字段 user_name 的数据是否存在于 userTable2 的字段 name 中,其查询过程如图 7-29 所示。

userTable1(左侧)

user_name	user_age
Loyal	23
Will	20
Gideon	18
Francis	19
Francis	19

userTable2(右侧)

name	age
Loyal	23
Apple	19
Luther	26
Lee	21
Francis	19

In

user_name	user_age
Loyal	23
Francis	19
Francis	19

图 7-29　In

　　从图 7-29 可以看出,userTable1 中字段 user_name 的数据 Loyal 和 Francis 存在于 userTable2 的字段 name 中,因此在合并后的结果中存在 userTable1 中数据为(Loyal,23)、(Francis,19)和(Francis,19)的行。

　　在 Table 程序中,可以通过 Table API 和 SQL 这两种方式实现以 In 的方式进行集合查询,具体介绍如下。

　　(1)通过 Table API 实现以 In 的方式进行集合查询。Table API 提供了 in 算子用于以 In 的方式对两个 Table 对象进行集合查询,从而生成一个新的 Table 对象,其程序结构如下。

```
Table newTable = leftTable.where($(leftFiled).in(rightTable.select($(rightFiled))));
```

　　上述程序结构中,leftTable 和 rightTable 用于指定参与集合查询的两个 Table 对象,其中 leftTable 表示左侧的 Table 对象;rightTable 表示右侧的 Table 对象。leftFiled 表示基于 Table 对象 leftTable 指定的字段。rightFiled 表示基于 Table 对象 rightTable 指定的字段。

　　(2)通过 SQL 实现以 In 的方式进行集合查询。利用 SQL 可以通过 In 的方式对两个表进行集合查询,其 SQL 语句的语法格式如下。

```
SELECT filed[,filed,...]
FROM leftTable
WHERE leftFiled IN (
    SELECT rightFiled FROM rightTable
)
```

　　上述语法格式中,IN 为固定语法结构。leftTable 和 rightTable 用于指定参与集合查询的两个表。leftFiled 表示基于表 leftTable 指定的字段。rightFiled 表示基于表 rightTable 指定的字段。

接下来通过一个案例来演示如何实现集合查询。创建一个名为 SetSelectDemo 的 Table 程序,该程序通过 Table API 实现以 UnionAll 的方式对两个 Table 对象进行集合查询,并且通过 SQL 实现以 In 的方式对两个虚拟表进行集合查询,具体代码如文件 7-11 所示。

文件 7-11　SetSelectDemo.java

```java
1  public class SetSelectDemo {
2      public static void main(String[] args) {
3          EnvironmentSettings settings = EnvironmentSettings
4                  .newInstance()
5                  .inStreamingMode()
6                  .build();
7          //创建执行环境
8          TableEnvironment tableEnvironment =
9                  TableEnvironment.create(settings);
10         //创建 Table 对象 userTable1
11         Table userTable1 = tableEnvironment.fromValues(DataTypes.ROW(
12                 DataTypes.FIELD("user_name", DataTypes.STRING()),
13                 DataTypes.FIELD("user_age", DataTypes.INT())
14             ), row("Loyal", 23),
15             row("Will", 20),
16             row("Gideon", 18),
17             row("Francis", 19),
18             row("Francis", 19));
19         //创建 Table 对象 userTable2
20         Table userTable2 = tableEnvironment.fromValues(DataTypes.ROW(
21                 DataTypes.FIELD("name", DataTypes.STRING()),
22                 DataTypes.FIELD("age", DataTypes.INT())
23             ), row("Loyal",23),
24             row("Apple",19),
25             row("Luther",26),
26             row("Lee",21),
27             row("Francis",19));
28         //基于 userTable1 创建虚拟表 user_table1
29         tableEnvironment.createTemporaryView("user_table1",userTable1);
30         //基于 userTable2 创建虚拟表 user_table2
31         tableEnvironment.createTemporaryView("user_table2",userTable2);
32         Table unionAllTable = userTable1.unionAll(userTable2);
33         unionAllTable.execute().print();
34         tableEnvironment.executeSql("SELECT * FROM user_table1 " +
35                 "where user_name " +
36                 "In (SELECT name FROM user_table2)").print();
37     }
38  }
```

上述代码中,第 32 行代码利用 unionAll 算子以 UnionAll 的方式,对 Table 对象 userTable1 和 userTable2 进行集合查询,生成一个新的 Table 对象 unionAllTable。

第 34~36 行代码执行集合查询的 SQL 语句,并利用 print 算子将 SQL 语句的执行结果输出到控制台。该 SQL 语句以 In 的方式对虚拟表 user_table1 和 user_table2 进行集合查询,检查 user_table1 中字段 user_name 的数据是否存在于 user_table2 的字段 name 中。

文件 7-11 的运行结果如图 7-30 所示。

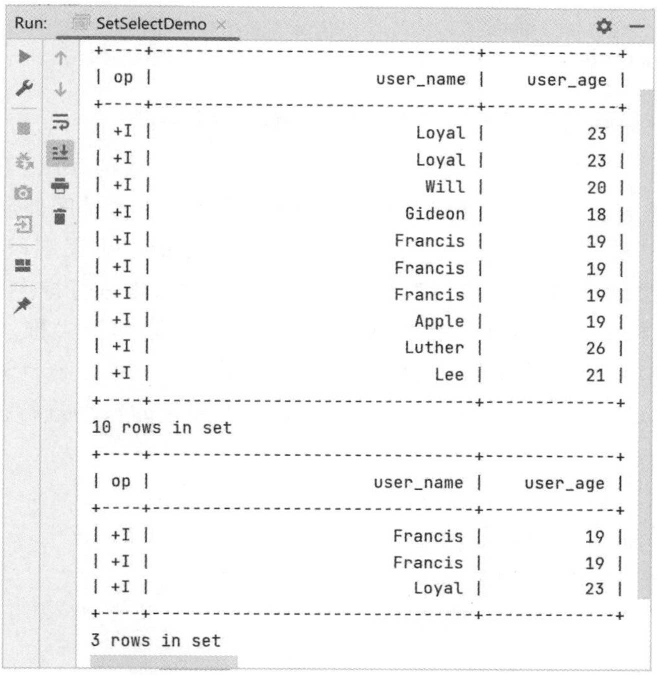


```
+----+--------------------------------+-------------+
| op |                      user_name |    user_age |
+----+--------------------------------+-------------+
| +I |                          Loyal |          23 |
| +I |                          Loyal |          23 |
| +I |                           Will |          20 |
| +I |                         Gideon |          18 |
| +I |                        Francis |          19 |
| +I |                        Francis |          19 |
| +I |                        Francis |          19 |
| +I |                          Apple |          19 |
| +I |                         Luther |          26 |
| +I |                            Lee |          21 |
+----+--------------------------------+-------------+
10 rows in set
+----+--------------------------------+-------------+
| op |                      user_name |    user_age |
+----+--------------------------------+-------------+
| +I |                        Francis |          19 |
| +I |                        Francis |          19 |
| +I |                          Loyal |          23 |
+----+--------------------------------+-------------+
3 rows in set
```

图 7-30　文件 7-11 的运行结果

从图 7-30 可以看出，Table 对象 userTable1 和 userTable2 合并后的结果中包含两个 Table 对象的所有数据，并且存在重复的数据。虚拟表 user_table1 和 user_table2 合并后的结果中，字段 user_name 的数据 Loyal 和 Francis 存在于 user_table2 的字段 name 中。

【注意】　Table API 提供的 union、intersect、intersectAll、minus 和 minusAll 算子仅适用于批处理的 Table 程序，如果想要在流处理的 Table 程序中实现相应的合并效果，那么可以通过 SQL 实现。

7.7.6　排序查询

排序查询指的是根据表或 Table 对象的一个或多个字段将表或 Table 对象的数据进行排序处理，排序处理的方式分为升序和降序。在 Table 程序中，可以通过 Table API 和 SQL 两种方式实现排序查询，具体内容如下。

1. 通过 Table API 实现排序查询

Table API 提供了 orderBy 算子用于根据 Table 对象的一个或多个字段将 Table 对象的数据进行排序处理，其程序结构如下。

```
Table newTable = table.orderBy($(filed).asc()|desc()[, $(filed).asc()|desc
(),...]);
```

上述程序结构中，filed 用于指定排序字段。asc()方法表示排序处理的方式为升序，desc()方法表示排序处理的方式为降序。

2. 通过 SQL 实现排序查询

利用 SQL 可以根据表的一个或多个字段将表的数据进行排序处理,其 SQL 语句的语法格式如下。

```
SELECT filed[,filed, ...]
FROM table_name
ORDER BY orderFiled ASC|DESC [,orderFiled ASC|DESC, ...]
```

上述语法格式中,ORDER BY 表示排序查询的固定语法结构,orderFiled 用于指定排序字段,ASC 关键字表示排序处理的方式为升序,DESC 关键字表示排序处理的方式为降序。

需要说明的是,当根据多个字段进行排序查询时,按照指定排序字段的顺序进行排序处理。首先,根据指定的第一个排序字段对表或 Table 对象的数据进行排序处理。然后,对第一次排序处理的结果,根据指定的第二个排序字段进行排序处理,以此类推。

接下来通过一个案例来演示如何实现排序查询。创建一个名为 SortSelectDemo 的 Table 程序,该程序分别通过 Table API 和 SQL 对 Table 对象和表的数据进行排序处理,具体代码如文件 7-12 所示。

文件 7-12   SortSelectDemo.java

```
1   public class SortSelectDemo {
2       public static void main(String[] args) {
3           EnvironmentSettings settings = EnvironmentSettings
4                   .newInstance()
5                   .inBatchMode()
6                   .build();
7           //创建执行环境
8           TableEnvironment tableEnvironment =
9                   TableEnvironment.create(settings);
10          //创建 Table 对象 userTable
11          Table userTable = tableEnvironment.fromValues(DataTypes.ROW(
12                      DataTypes.FIELD("name", DataTypes.STRING()),
13                      DataTypes.FIELD("age", DataTypes.INT())
14              ), row("Loyal",23),
15              row("Francis",19),
16              row("Luther",26),
17              row("Lee",21),
18              row("Dive",19));
19          //基于 userTable 创建虚拟表 user_table
20          tableEnvironment.createTemporaryView("user_table",userTable);
21          Table orderTable = userTable.orderBy($("age").desc());
22          orderTable.execute().print();
23          tableEnvironment.executeSql("SELECT * FROM user_table " +
24                  "ORDER BY age ASC").print();
25      }
26  }
```

上述代码中,第 21 行代码利用 orderBy 算子对 Table 对象 userTable 进行排序查询,生成一个新的 Table 对象 orderTable,这里指定排序的字段为 age,并且指定排序处理方式为降序。

第 23、24 行代码执行排序查询的 SQL 语句,并利用 print 算子将 SQL 语句的执行结果输出到控制台。该 SQL 语句对虚拟表 user_table 进行排序查询,指定排序的字段为 age,以及排序处理方式为升序。

　　文件 7-12 的运行结果如图 7-31 所示。

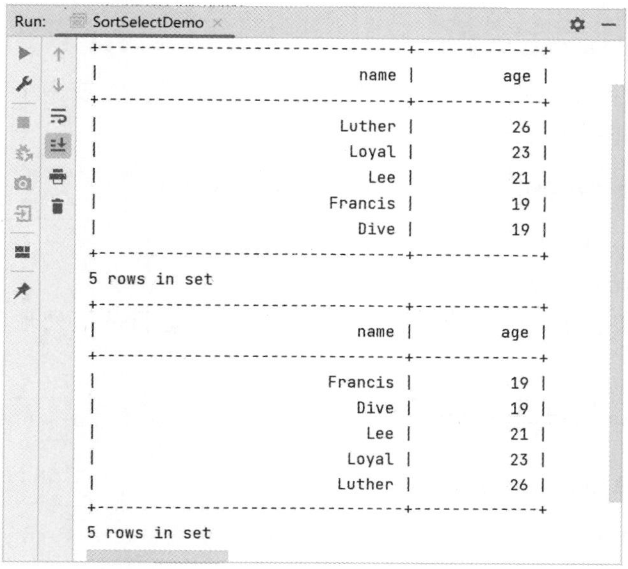

图 7-31　文件 7-12 的运行结果

　　从图 7-31 可以看出,根据 Table 对象 userTable 的字段 age 进行降序排序时,排序结果根据字段 age 的数据由大到小排列。根据虚拟表 user_table 的字段 age 进行升序排序时,排序结果根据字段 age 的数据由小到大排列。

　　在实际应用中,往往需要处理大量的数据,如果将排序查询的结果全部输出会导致非常高的时间和资源消耗。通常情况下,只需要获取排序结果的前 N 行即可。例如,在常见的 TopN 应用场景中,人们只关心排序结果的前 N 行数据。

　　Table API 和 SQL 都提供了获取排序结果前 N 行数据的实现方式,其中 Table API 提供了 fetch 算子实现对 Table 对象进行排序查询时获取前 N 行数据;SQL 提供了 LIMIT 子句实现对表进行排序查询时获取前 N 行数据。

　　例如,在文件 7-12 实现的 Table 程序中,如果要获取 Table 对象 userTable,以及虚拟表 user_table 排序结果的前 3 行数据,那么可以将 21～24 行代码修改为如下代码。

```
Table orderTable = userTable.orderBy($("age").desc()).fetch(3);
orderTable.execute().print();
tableEnvironment.executeSql("SELECT * FROM user_table " +
        "ORDER BY age ASC LIMIT 3").print();
```

需要说明的是,LIMIT 子句仅适用于批处理模式的 Table 程序。

　　【注意】　如果 Table 程序的处理模式为流处理,那么用于排序的第一个字段必须是时间属性的数据,并且排序处理的方式为升序。关于 Table 程序中时间属性的使用会在第 8 章进行讲解。

7.7.7 分组查询

分组查询指的是根据表或 Table 对象的一个或多个字段将表或 Table 对象的数据进行分组处理。在 Table 程序中，可以通过 Table API 和 SQL 两种方式实现分组查询，具体内容如下。

1. 通过 Table API 实现分组查询

Table API 提供了 groupBy 算子用于根据 Table 对象的一个或多个字段将 Table 对象的数据进行分组处理，其程序结构如下。

```
Table newTable = table.groupBy($(filed)[,$(filed),...]);
```

上述程序结构中，filed 用于指定分组字段。

2. 通过 SQL 实现分组查询

利用 SQL 可以根据表的一个或多个字段将表的数据进行分组处理，其 SQL 语句的语法格式如下。

```
SELECT groupFiled[,groupFiled,...]
FROM table_name
GROUP BY groupFiled[,groupFiled,...]
```

上述语法格式中，GROUP BY 表示分组查询的固定语法结构，groupFiled 用于指定分组字段。

需要说明的是，当根据多个字段进行分组查询时，按照指定分组字段的顺序进行分组处理。首先，根据指定的第一个分组字段对表或 Table 对象的数据进行分组处理。然后，对第一次分组处理的结果，根据指定的第二个分组字段进行排序处理，以此类推。

在实际应用中，通常会将分组查询与聚合操作结合使用，以实现分组聚合查询，也就是对分组查询结果中的每个分组数据进行聚合操作，如求和、求平均值、求最小值等。接下来介绍如何通过 Table API 和 SQL 两种方式实现分组聚合查询，具体内容如下。

1. 通过 Table API 实现分组聚合查询

通过 Table API 实现分组聚合查询时，需要将 groupBy 算子与 select 算子和 Table API 聚合函数一同使用，其中 select 算子用于选择分组查询结果中需要进行聚合操作的字段，以及需要在分组聚合查询结果中显示的字段；Table API 的聚合函数用于对相应字段的数据进行聚合操作，其程序结构如下。

```
Table newTable = table.groupBy($(groupFiled)[,$(groupFiled),...])
    .select($(groupFiled),$(filed).function.as(newFiled),...);
```

上述程序结构中，function 用于指定 Table API 的聚合函数。newFiled 用于指定分组聚合查询结果中新生成字段的名称，此字段用于存储聚合操作的结果。需要注意的是，在 select 算子中未添加 Table API 聚合函数的字段必须是分组字段。

2. 通过 SQL 实现分组聚合查询

利用 SQL 实现分组聚合查询时，需要通过 SQL 聚合函数来指定聚合操作的字段，其 SQL 语句的语法格式如下。

```
SELECT groupFiled,function(filed) AS newFiled,...
FROM table_name
GROUP BY groupFiled [,groupFiled,...]
```

上述语法格式中,function(filed)表示通过 SQL 聚合函数来指定聚合操作的字段 filed。需要注意的是,在查询的字段中,除了用于聚合操作的字段之外,其他字段必须与分组字段一致。

接下来通过一个案例来演示如何实现分组聚合查询。创建一个名为 GroupSelectDemo 的 Table 程序,该程序分别通过 Table API 和 SQL 对 Table 对象和表的数据进行分组聚合查询,具体代码如文件 7-13 所示。

文件 7-13　GroupSelectDemo.java

```java
1  public class GroupSelectDemo {
2      public static void main(String[] args) {
3          EnvironmentSettings settings = EnvironmentSettings
4                  .newInstance()
5                  .inStreamingMode()
6                  .build();
7          //创建执行环境
8          TableEnvironment tableEnvironment =
9                  TableEnvironment.create(settings);
10         //创建 Table 对象 orderTable
11         Table orderTable = tableEnvironment.fromValues(DataTypes.ROW(
12                 DataTypes.FIELD("order_id", DataTypes.INT()),
13                 DataTypes.FIELD("product_name", DataTypes.STRING()),
14                 DataTypes.FIELD("order_price", DataTypes.DOUBLE())),
15             row(1, "MI", 5000),
16             row(2, "HUAWEI", 6000),
17             row(3, "HUAWEI", 7000),
18             row(4, "HUAWEI", 5500),
19             row(5, "MI", 6500));
20         //基于 orderTable 创建虚拟表 order_table
21         tableEnvironment.createTemporaryView("order_table",orderTable);
22         Table groupTable = orderTable.groupBy($("product_name"))
23             .select(
24                 $("product_name"),
25                 $("order_price").sum().as("sum_price")
26             );
27         groupTable.execute().print();
28         tableEnvironment.executeSql("SELECT product_name" +
29                 ",avg(order_price) AS avg_price " +
30                 "FROM order_table GROUP BY product_name").print();
31     }
32 }
```

上述代码中,第 22～26 行代码利用 groupBy 和 select 算子对 Table 对象 orderTable 进行分组聚合查询,生成一个新的 Table 对象 groupTable,该对象中包含 product_name 和 sum_price 两个字段,其中字段 sum_price 存储了聚合操作的结果。这里通过 Table API 聚合函数 sum()对字段 order_price 的数据进行求和的聚合操作。

第 28～30 行代码执行分组聚合查询的 SQL 语句,并利用 print 算子将 SQL 语句的执行结果输出到控制台。该 SQL 语句对虚拟表 order_table 进行分组聚合查询,查询结果中包含 product_name 和 avg_price 两个字段,其中字段 avg_price 存储了聚合操作的结果。这里通过 SQL 聚合函数 avg()对字段 order_price 的数据进行求平均值的聚合操作。

文件 7-13 的运行结果如图 7-32 所示。

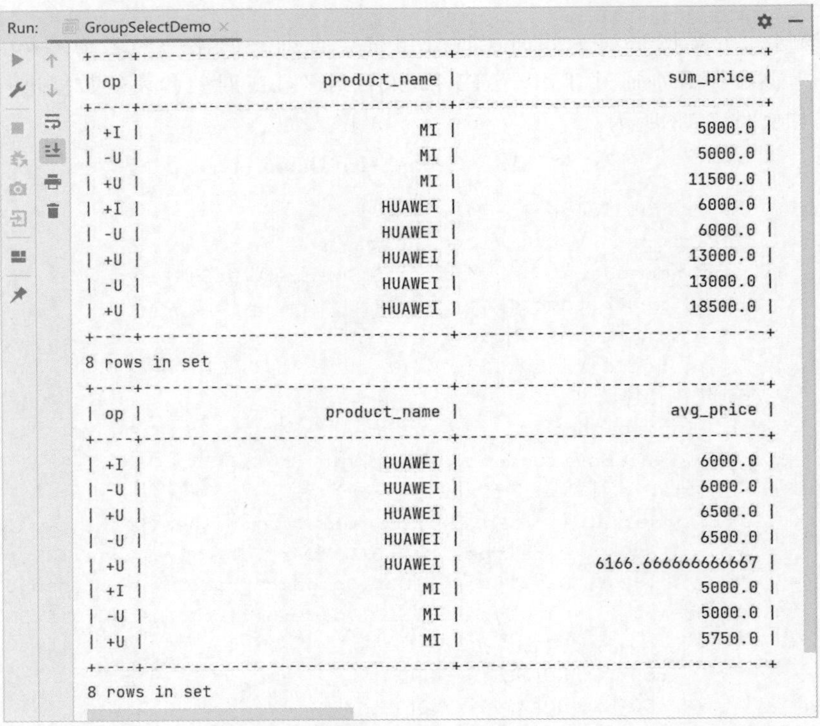

```
Run:  GroupSelectDemo
+----+--------------------------------+--------------------------------+
| op |                   product_name |                      sum_price |
+----+--------------------------------+--------------------------------+
| +I |                             MI |                         5000.0 |
| -U |                             MI |                         5000.0 |
| +U |                             MI |                        11500.0 |
| +I |                         HUAWEI |                         6000.0 |
| -U |                         HUAWEI |                         6000.0 |
| +U |                         HUAWEI |                        13000.0 |
| -U |                         HUAWEI |                        13000.0 |
| +U |                         HUAWEI |                        18500.0 |
+----+--------------------------------+--------------------------------+
8 rows in set
+----+--------------------------------+--------------------------------+
| op |                   product_name |                      avg_price |
+----+--------------------------------+--------------------------------+
| +I |                         HUAWEI |                         6000.0 |
| -U |                         HUAWEI |                         6000.0 |
| +U |                         HUAWEI |                         6500.0 |
| -U |                         HUAWEI |                         6500.0 |
| +U |                         HUAWEI |              6166.666666666667 |
| +I |                             MI |                         5000.0 |
| -U |                             MI |                         5000.0 |
| +U |                             MI |                         5750.0 |
+----+--------------------------------+--------------------------------+
8 rows in set
```

图 7-32　文件 7-13 的运行结果

从图 7-32 可以看出,在流处理模式的 Table 程序中,分组聚合查询的结果是滚动输出的,在此过程中会不断更新查询结果,并不像批处理的 Table 程序那样直接输出最终的查询结果。这里以 Table 对象 groupTable 中的分组聚合查询结果为例进行说明,具体内容如下。

(1) 向查询结果中插入数据(MI,5000.0),即字段 op 的值为＋I。

(2) 更新查询结果中的数据,在更新前删除数据(MI,5000.0),即字段 op 的值为－U。

(3) 更新查询结果中的数据,更新后插入新的数据(MI,11500.0),即字段 op 的值为＋U。

(4) 向查询结果中插入数据(HUAWEI,6000.0),即字段 op 的值为＋I。

(5) 更新查询结果中的数据,在更新前删除数据(HUAWEI,6000.0),即字段 op 的值为－U。

(6) 更新查询结果中的数据,更新后插入新的数据(HUAWEI,13000.0),即字段 op 的值为＋U。

(7) 更新查询结果中的数据,在更新前删除数据(HUAWEI,13000.0),即字段 op 的值为－U。

(8) 更新查询结果中的数据,更新后插入新的数据(HUAWEI,18500.0),即字段 op 的值为+U。

综上所述,分组聚合查询的结果为(MI,11500.0)和(HUAWEI,18500.0),即 Table 对象 orderTable 的数据根据字段 product_name 分为 MI 和 HUAWEI 两组,每组根据字段 order_price 的数据进行求和的结果分别为 11500.0 和 18500.0。

7.8　本章小结

本章主要深入探讨了如何运用 Table API & SQL 实现 Table 程序,让读者从开发者的角度全面了解 Flink。首先,详细阐述了 Table 程序的结构和数据类型。然后,介绍了执行环境、Catalog、数据库和表的操作。最后,介绍了查询操作。通过本章的学习,读者能够更好地掌握 Table API & SQL 的运用,从而提高在实际项目中的开发能力。

7.9　课后习题

一、填空题

1. 在 Table 程序中,用于存储元数据信息的是_____。

2. 在 Table 程序中,存在于流处理的表称为_____。

3. 在 Table 程序中,表示固定长度的字符串类型是_____。

4. 在 Table 程序中,使用_____接口创建的执行环境可以使用 DataStream API。

5. Table API 提供用于条件查询的算子是_____。

二、判断题

1. VARCHAR 属于可变长度的字符串类型。　　　　　　　　　　　(　　)

2. Table 程序支持使用 Oracle 存储元数据信息。　　　　　　　　　(　　)

3. 创建数据库的操作适用于类型为 JdbcCatalog 的 Catalog。　　　　(　　)

4. 在 Table 程序中,连接器表会覆盖同名的虚拟表。　　　　　　　(　　)

5. Table API 提供的 union 算子仅适用于批处理的 Table 程序。　　(　　)

三、选择题

1. 下列选项中,属于可变长度的字符串类型包括(　　　)。(多选)
   A. STRING　　　　　B. CHAR　　　　　C. VARCHAR　　　　D. BINARY

2. 下列集合查询的方式中,可以去除重复行的是(　　　)。
   A. UnionAll　　　　B. Intersect　　　　C. MinusAll　　　　D. In

3. 下列选项中,用于删除表的算子是(　　　)。
   A. dropTable　　　　B. deleteTable　　　　C. dropAllTable　　　D. deleteAllTable

4. 下列选项中,用于连接查询的算子包括(　　　)。(多选)
   A. join　　　　　　B. outerJoin　　　　C. leftOuterJoin　　　D. rightOuterJoin

5. 下列选项中,用于在修改表时判断表是否存在的子句是(　　　)。
   A. IF NOT EXISTS　　　　　　　　　　B. IF EXISTS
   C. EXISTS　　　　　　　　　　　　　　D. EXISTS IF

四、简答题

1. 简述集合查询的方式中 In、Intersect 和 Minus 进行合并操作的方式。

2. 简述左外连接、右外连接和全外连接的区别。

第 8 章

Table API & SQL（二）

学习目标

- 熟悉 Table API & SQL 的内置函数，能够举例常用内置函数的使用方式。
- 掌握自定义函数的操作，能够独立完成自定义函数的创建、注册和使用的操作。
- 掌握 DataStream 与 Table 对象的转换，能够灵活运用执行环境提供的方法对 Table 对象和 DataStream 对象进行转换。
- 掌握时间属性，能够在 Table 程序中灵活运用不同类型的时间属性。
- 掌握窗口操作，能够在 Table 程序中灵活运用 Group Window 和 Over Window 进行窗口操作。

第 7 章主要讲解了 Table API&SQL 的基础内容，包括如何实现 Table 程序、查询操作、Catalog 操作等，本章深入讲解 Table API&SQL 的高级应用，包括函数、时间属性、窗口操作等。

8.1 函数

函数在 Table 程序中常用于操作表或 Table 对象。与传统的关系数据库类似，Table API 和 SQL 都提供了大量的内置函数供用户直接使用。此外，当内置函数不能满足需求时，还可以在 Table 程序中实现自定义函数（User Defined Functions，UDF），从而极大地扩展了 Table 程序的数据处理能力，使用户能够更加方便、灵活地开发 Table 程序。同样，当现有的知识和技能不能解决我们面临的问题时，需要我们勇敢创新，找出新的解决方案。本节详细介绍 Table API & SQL 的内置函数和自定义函数。

8.1.1 内置函数

Table API 和 SQL 提供的内置函数分别用于对 Table 对象和表进行处理，这些内置函数可以分为标量函数（Scalar Function）和聚合函数（Aggregate Function）两种类型。

1. 标量函数

标量函数主要用于数据的基础操作，如字符串、数值、日期等类型数据的处理。标量函数可以细分为比较函数、逻辑函数、数学函数、字符串函数等。接下来对常用的标量函数进行介绍。

1) 比较函数

比较函数用于对数据进行比较操作。常见比较函数在 Table API 和 SQL 中的使用方式如表 8-1 所示。

表 8-1   常见比较函数在 Table API 和 SQL 中的使用方式

Table API 中的使用方式	SQL 中的使用方式	描　　述
value1.isEqual(value2)	value1 = value2	比较 value1 是否等于 value2。若两者相等,则返回值为 true;反之,则返回值为 false。需要注意的是,若 value1 或 value2 为 NULL,则返回值为 unknown
value1.isNotEqual(value2)	value1 <> value2	比较 value1 是否不等于 value2。若两者不相等,则返回值为 true;反之,则返回值为 false。需要注意的是,若 value1 或 value2 为 NULL,则返回值为 unknown
value1.isGreater(value2)	value1 > value2	比较 value1 是否大于 value2。若 value1 大于 value2,则返回值为 true;反之,则返回值为 false。需要注意的是,若 value1 或 value2 为 NULL,则返回值为 unknown
value1.isGreaterOrEqual(value2)	value1 >= value2	比较 value1 是否大于或等于 value2。若 value1 大于或等于 value2,则返回值为 true;反之,则返回值为 false。需要注意的是,若 value1 或 value2 为 NULL,则返回值为 unknown
value1.isLess(value2)	value1 < value2	比较 value1 是否小于 value2。若 value1 小于 value2,则返回值为 true;反之,则返回值为 false。需要注意的是,若 value1 或 value2 为 NULL,则返回值为 unknown
value1.isLessOrEqual(value2)	value1 <= value2	比较 value1 是否小于或等于 value2。若 value1 小于或等于 value2,则返回值为 true;反之,则返回值为 false。需要注意的是,若 value1 或 value2 为 NULL,则返回值为 unknown
value.isNull	value IS NULL	比较 value 是否为 NULL。若 value 为 NULL,则返回值为 true;反之,则返回值为 false
value.isNotNull	value IS NOT NULL	比较 value 是否不为 NULL。若 value 不为 NULL,则返回值为 true;反之,则返回值为 false
string1.like(string2)	string1 LIKE string2	比较 string1 是否匹配 string2。若 string1 匹配 string2,则返回值为 true;反之,则返回值为 false。需要注意的是,若 string1 或 string2 为 NULL,则返回值为 unknown
value1.between(value2,value3)	N/A(不支持)	比较 value1 是否大于或等于 value2 且小于或等于 value3。若 value1 大于或等于 value2 且小于或等于 value3,则返回值为 true;反之,则返回值为 false。需要注意的是,若 value2 或 value3 为 NULL,则返回值为 unknown
value1.notBetween(value2,value3)	N/A(不支持)	比较 value1 是否小于 value2 或大于 value3。若 value1 小于 value2 或大于 value3,则返回值为 true;反之,则返回值为 false。需要注意的是,若 value2 或 value3 为 NULL,则返回值为 unknown

在表 8-1 中,若比较函数的返回值为 true,则对应的记录将被选入最终的查询结果。相反,如果比较函数的返回值是 false 或者 unknown,那么对应的记录将被排除在查询结果之外。

接下来通过示例代码的方式演示如何使用比较函数,具体代码如下。

```
//通过 Table API 使用比较函数,比较字段 order_price 的值是否大于或等于 5000
Table newTable = orderTable.select($("*"))
                .where($("order_price").isGreaterOrEqual(5000));
//通过 SQL 使用比较函数,比较字段 order_price 的值是否大于或等于 5000
tableEnvironment.executeSql("SELECT * FROM order_table WHERE order_price >=
5000");
```

2)逻辑函数

逻辑函数用于对一或多个关系表达式进行逻辑运算。这些关系表达式往往是比较函数的结果。通过逻辑函数,可以对这些关系表达式进行逻辑组合,以提供更复杂的查询条件。常见逻辑函数在 Table API 和 SQL 中的使用方式如表 8-2 所示。

表 8-2   常见逻辑函数在 Table API 和 SQL 中的使用方式

Table API 中的使用方式	SQL 中的使用方式	描　　述
BOOLEAN1.or(BOOLEAN2)	BOOLEAN1 OR BOOLEAN2	如果 BOOLEAN1 为 true 或 BOOLEAN2 为 true,则返回值为 true。如果 BOOLEAN1 和 BOOLEAN2 都为 false,则返回值为 false
BOOLEAN1.and(BOOLEAN2)	BOOLEAN1 AND BOOLEAN2	如果 BOOLEAN1 和 BOOLEAN2 都为 true,则返回值为 true。如果 BOOLEAN1 为 false 或 BOOLEAN2 为 false,则返回值为 false
BOOLEAN.isFalse()	BOOLEAN IS FALSE	如果 BOOLEAN 为 false,则返回值为 true。如果 BOOLEAN 为 true 或 unknown,则返回值为 false
BOOLEAN.isNotFalse()	BOOLEAN IS NOT FALSE	如果 BOOLEAN 为 true 或 unknown,则返回值为 true。如果 BOOLEAN 为 false,则返回值为 false
BOOLEAN.isTrue()	BOOLEAN IS TRUE	如果 BOOLEAN 为 true,则返回值为 true。如果 BOOLEAN 为 false 或 unknown,则返回值为 false
BOOLEAN.isNotTrue()	BOOLEAN IS NOT TRUE	如果 BOOLEAN 为 false 或 unknown,则返回值为 true。如果 BOOLEAN 为 true,则返回值为 false

在表 8-2 中,BOOLEAN、BOOLEAN1 和 BOOLEAN2 为关系表达式。若逻辑函数的返回值为 true,则对应的记录将被选入最终的查询结果。相反,如果逻辑函数的返回值是 false 或者 unknown,那么对应的记录将被排除在查询结果之外。

接下来通过示例代码的方式演示如何使用逻辑函数,具体代码如下。

```
//通过 Table API 使用逻辑函数,只有两个关系表达式都为 true 时,返回值为 true
Table newTable = orderTable.select($("*"))
                 .where($("order_price").isGreaterOrEqual(5000)
                     .and($("order_price").isLessOrEqual(6000)));
//通过 SQL 使用逻辑函数,只有两个关系表达式都为 true 时,返回值为 true
tableEnvironment.executeSql("SELECT * FROM order_table " +
        "WHERE order_price >= 5000 AND order_price <= 6000");
```

3）数学函数

数学函数主要用于对数值类型的数据进行各种数学运算,如相加、相乘、求绝对值等。常见数学函数在 Table API 和 SQL 中的使用方式如表 8-3 所示。

表 8-3　常见数学函数在 Table API 和 SQL 中的使用方式

Table API 中的使用方式	SQL 中的使用方式	描　　述
numeric1.plus(numeric2)	numeric1＋numeric2	返回 numeric1 加 numeric2 的结果
numeric1.minus(numeric2)	numeric1－numeric2	返回 numeric1 减 numeric2 的结果
numeric1.times(numeric2)	numeric1 * numeric2	返回 numeric1 乘以 numeric2 的结果
numeric1.dividedBy(numeric2)	numeric1/numeric2	返回 numeric1 除以 numeric2 的结果,其中结果经过取整处理。例如,对 1.5 进行取整后的结果为 1
numeric1.mod(numeric2)	numeric1％numeric2	返回 numeric1 除以 numeric2 的余数（取模）
uuid()	UUID()	返回 UUID(通用唯一标识符)字符串（例如,3d3c68f7-f608-473f-b60c-b0c44ad4cc4e）
numeric.abs()	ABS(numeric)	返回 numeric 的绝对值
numeric.round(INT)	ROUND(numeric,INT)	返回 numeric 经过四舍五入到 INT 小数位后的数值
rand()	RAND()	返回[0.0,1.0)内的随机双精度值
randInteger(INT)	RAND_INTEGER(INT)	返回[0,INT)内的随机整数值
numeric.floor()	FLOOR(numeric)	返回 numeric 向下取整的值
numeric.ceil()	CEIL(numeric)	返回 numeric 向上取整的值

接下来通过示例代码的方式演示如何使用数学函数,具体代码如下。

```
//通过 Table API 使用数学函数,生成 UUID 字符串,以及将字段 order_price 的值乘以 2
Table newTable = orderTable.select(
            $("*")
            ,uuid().as("uuid")
            ,$("order_price").times(2).as("result"));
```

```
//通过 SQL 使用数学函数,生成 UUID 字符串,以及将字段 order_price 的值乘以 2
tableEnvironment.executeSql("SELECT *,uuid() AS `uuid`," +
        "order_price * 2 AS `result` FROM order_table");
```

4）字符串函数

字符串函数用于对字符串类型的数据进行各种操作,如截取字符串、替换字符串、连接字符串等。常见字符串函数在 Table API 和 SQL 中的使用方式如表 8-4 所示。

表 8-4　常见字符串函数在 Table API 和 SQL 中的使用方式

Table API 中的使用方式	SQL 中的使用方式	描　　述
string.charLength()	CHAR_LENGTH(string)	返回 string 的字符数
string.upperCase()	UPPER(string)	返回大写的 string
string.lowerCase()	LOWER(string)	返回小写的 string
string1.trim(string2)	TRIM（BOTH string1 FROM string2)	返回从 string1 的开头和结尾删除指定字符 string2 的新字符串
string1.trimLeading（string2)	TRIM(LEADING string1 FROM string2)	返回从 string1 的开头删除指定字符 string2 的新字符串
string1. trimTrailing（string2)	TRIM(TRAILING string1 FROM string2)	返回从 string1 的结尾删除指定字符 string2 的新字符串
string.trim()	TRIM(string)	返回新字符串,该字符串从 string 的开头和结尾删除了空格
string.ltrim()	LTRIM(string)	返回新字符串,该字符串从 string 的开头删除了空格
string.rtrim()	RTRIM(string)	返回新字符串,该字符串从 string 的结尾删除了空格
string.repeat(int)	REPEAT(string,int)	返回 string 重复出现 int 次的新字符串
string1. regexpReplace（string2, string3)	REGEXP_ REPLACE（string1, string2,string3)	返回一个新字符串,该字符串基于 string1 生成,其中所有与正则表达式 string2 匹配的子字符串都被 string3 替换
string.substring(int1)string. substring(int1,int2)	SUBSTRING(string FROM int1 [FOR int2])	返回 string 在指定索引之间的子字符串,其中 int1 用于指定起始索引;int2（可选)用于指定结束索引,若不指定,默认到 string 的结尾。注意,起始索引是从 1 开始的,并且子字符串包含指定索引位置的字符
string1.replace(string2,string3)	REPLACE(string1,string2, string3)	返回一个将 string1 中出现的所有 string2 替换为 string3 的新字符串。注意替换的过程是非重叠的。例如,将字符串 adadad 中的 adad 替换为 z,那么最终结果是 zad

续表

Table API 中的使用方式	SQL 中的使用方式	描　述
string.initCap()	INITCAP(string)	返回首个字符大写并且其他字符小写的 string
concat(string1,string2)	CONCAT(string1,string2)	返回 string1 和 string2 连接后的结果。如果 string1 或 string2 为 NULL，则连接后的结果为 NULL
concat_ws(string1,string2,string3)	CONCAT_WS(string1,string2,string3)	返回一个新的字符串，该字符串通过分隔符 string1 连接 string2 和 string3。如果 string1 为 NULL，则连接后的结果为 NULL

接下来通过示例代码的方式演示如何使用字符串函数，具体代码如下。

```
/*
    通过 Table API 使用字符串函数
    1. 将字段 product_name 的数据转换为首个字符大写并且其他字符小写的数据
    2. 将字段 product_name 的数据与字符串 _product 连接
    3. 截取字段 product_name 的数据，指定起始索引和结束索引为 1 和 3
*/
Table newTable =
        orderTable.select(
                $("product_name").initCap().as("product_name1"),
                concat($("product_name")," _product").as("product_name2"),
                $("product_name").substring(1,3).as("product_name3"));
/*
    通过 SQL 使用字符串函数
    1. 将字段 product_name 的数据转换为首个字符大写并且其他字符小写的数据
    2. 将字段 product_name 的数据与字符串 _product 连接
    3. 截取字段 product_name 的数据，指定起始索引和结束索引为 1 和 3
*/
tableEnvironment.executeSql("SELECT INITCAP(product_name) AS product_name1," +
    "CONCAT(product_name,'_product') AS product_name2," +
    "SUBSTRING(product_name FROM 1 FOR 3) AS product_name3 " +
    "FROM order_table");
```

5）日期函数

日期函数用于对日期类型的数据进行各种操作，如将字符串解析为日期或时间、获取当前日期等。常见日期函数在 Table API 和 SQL 中的使用方式如表 8-5 所示。

表 8-5　常见日期函数在 Table API 和 SQL 中的使用方式

Table API 中的使用方式	SQL 中的使用方式	描　述
string.toDate()	DATE string	将格式为"yyyy-MM-dd"（年-月-日）的 string（字符串）解析为 DATE 类型
string.toTime()	TIME string	将格式为"HH：mm：ss"（时：分：秒）的 string（字符串）解析为 TIME 类型

Table API 中的使用方式	SQL 中的使用方式	描　　　述
string.toTimestamp()	TIMESTAMP string	将格式为"yyyy-MM-dd HH：mm：ss[.SSS]"(年-月-日时：分：秒.毫秒)的 string(字符串)解析为 TIMESTAMP 类型
date.year()	YEAR(date)	返回 date 的年
localTime()	LOCALTIME	返回类型为 TIME 的本地时间。在流处理模式下,每条数据返回的本地时间不同。在批处理模式下,所有数据返回的本地时间相同
localTimestamp()	LOCALTIMESTAMP	返回类型为 TIMESTAMP 的本地日期和时间。在流处理模式下,每条数据返回的本地日期和时间不同。在批处理模式下,所有数据返回的本地日期和时间相同
currentDate()	CURRENT_DATE	返回类型为 DATE 的本地日期。在流处理模式下,每条数据返回的本地日期不同。在批处理模式下,所有数据返回的本地日期相同
N/A(不支持)	MONTH(date)	返回 date 的月
N/A(不支持)	QUARTER(date)	返回 date 在当前年份的第几个季度
N/A(不支持)	WEEK(date)	返回 date 在当前年份的第几个周
N/A(不支持)	HOUR(timestamp)	返回 timestamp 的小时
N/A(不支持)	MINUTE(timestamp)	返回 timestamp 的分钟
N/A(不支持)	SECOND(timestamp)	返回 timestamp 的秒钟
N/A(不支持)	DAYOFYEAR(date)	返回 date 在当前年份中的第几天
N/A(不支持)	DAYOFWEEK(date)	返回 date 在一周中的第几天
N/A(不支持)	DAYOFMONTH(date)	获取 date 在当前月的第几天

接下来通过示例代码的方式演示如何使用日期函数,具体代码如下。

```
//通过 Table API 使用日期函数,将字段 order_time 的数据解析为 TIMESTAMP 类型
Table newTable =
        orderTable.select(
            $("order_time").toTimestamp().as("new_order_time"));
//通过 SQL 使用日期函数,获取类型为 DATE 的本地日期,并且获取本地日期在当前年的第几天
tableEnvironment.executeSql("SELECT CURRENT_DATE AS order_time," +
    "DAYOFYEAR(CURRENT_DATE) AS days FROM order_table");
```

2. 聚合函数

聚合函数用于对数据进行聚合操作,如求和、求平均值、求最大值等。常见聚合函数在 Table API 和 SQL 中的使用方式如表 8-6 所示。

表 8-6　常见聚合函数在 Table API 和 SQL 中的使用方式

Table API 中的使用方式	SQL 中的使用方式	描　述
field.count()	COUNT(field)	返回字段 field 的行数。如果统计表的行数,可以将 field 替换为字符 *
field.avg()	AVG(〔 ALL ∣ DISTINCT 〕field)	返回字段 field 中数据的平均值。DISTINCT 表示对字段 field 的数据进行去重处理之后计算平均值。ALL 表示字段 field 的数据不进行去重处理
field.sum()	SUM(〔 ALL ∣ DISTINCT 〕 field)	返回字段 field 中数据的累加值。DISTINCT 表示对字段 field 的数据进行去重处理之后计算累加值。ALL 表示字段 field 的数据不进行去重处理
field.max()	MAX(〔 ALL ∣ DISTINCT 〕field)	返回字段 field 中数据的最大值。DISTINCT 表示对字段 field 的数据进行去重处理之后计算最大值。ALL 表示字段 field 的数据不进行去重处理
field.min()	MIN(〔 ALL ∣ DISTINCT 〕field)	返回字段 field 中数据的最小值。DISTINCT 表示对字段 field 的数据进行去重处理之后计算最小值。ALL 表示字段 field 的数据不进行去重处理

需要注意的是,使用聚合函数的字段必须是数字类型。

```
//通过 Table API 使用聚合函数,计算字段 order_price 中数据的累加值
Table newTable =
        orderTable.select(
                $("order_price").sum().as("sum_order_price"));
//通过 SQL 使用聚合函数,计算字段 order_price 中数据的平均值
tableEnvironment.executeSql("SELECT AVG(order_price) AS avg_order_price" +
        " FROM order_table");
```

8.1.2　自定义函数

在 Table 程序中,根据处理数据逻辑的不同,用户可以自定义 3 种类型的函数,分别是标量函数、表函数(Table Function)和聚合函数,这 3 种类型函数的介绍以及实现方式如下。

1. 标量函数

标量函数可以接收任意数量的标量值(包括 0)作为输入,并产出一个标量值作为输出。标量值通常指的是一个具体的值,它可以是任何数据类型,如整数、浮点数、字符串等。

用户在实现自定义标量函数时,需要自定义一个类来继承抽象类 ScalarFunction,并且实现名为 eval() 的求值方法,该方法决定了标量函数的行为。需要说明的是,抽象类 ScalarFunction 并没有定义 eval() 方法,因此无法直接通过重写来实现 eval() 方法。

关于自定义标量函数的程序结构如下。

```
public class UserCalssName extends ScalarFunction {
    //实现 eval()方法
    public resultdata_datatype eval([datatype parameter,datatype parameter, ...]){
        return resultdata;
    }
}
```

上述程序结构中，resultdata_datatype 用于定义标量函数产出标量值的数据类型。parameter 用于定义参数名，每个参数代表一个标量值。datatype 用于定义标量函数接收标量值的数据类型。resultdata 用于指定标量函数产出的标量值。

接下来通过一段示例代码演示如何自定义标量函数。这里自定义的标量函数接收两个字符串类型的标量值，将这两个标量值拼接后的结果作为产出的标量值，具体代码如下。

```
1  public class MyScalarFunction extends ScalarFunction {
2      public String eval(String str1,String str2){
3          if(str1 == null || str2 == null) {
4              return null;
5          }
6          return str1 + str2;
7      }
8  }
```

上述代码中，第 3～5 行代码用于判断接收的标量值是否为 NULL。如果其中一个标量值为 NULL，则标量函数产出的标量值为 NULL。

【注意】　eval()方法必须是公有的（public）。

2. 表函数

表函数可以接收任意数量的标量值（包括 0）作为输入，并产出任意数量的行作为输出，每行可以包含一个或多个字段。例如，将一个字符串拆分成多个单词，每个单词可以输出到一行的多个字段中，也可以输出到一个字段的多行中。

用户在实现自定义表函数时，需要自定义一个类来继承抽象类 TableFunction，并且实现名为 eval()的求值方法，该方法决定了表函数的行为。与自定义标量函数不同的是，这里实现的 eval()方法没有返回值，取而代之的是通过 collect()方法定义每行数据的内容。需要说明的是，抽象类 TableFunction 同样没有定义 eval()方法，因此无法直接通过重写来实现 eval()方法。

关于自定义表函数的程序结构如下。

```
@FunctionHint(output = @DataTypeHint("
                       ROW<
                       field field_datatype[,
                       field field_datatype,
                       ...]>"))
public class UserCalssName extends TableFunction<Row> {
    //实现 eval()方法
    public void eval([datatype parameter,datatype parameter, ...]){
        collect(Row.of(data[,data, ...]));
    }
}
```

上述程序结构中，field 用于定义表函数产出行中字段的名称。field_datatype 用于定义表函数产出行中字段对应的数据类型。datatype 用于定义表函数接收标量值的数据类型。parameter 用于定义参数名，每个参数代表一个标量值。data 用于定义数据的内容。

需要注意的是，数据的数量需要与字段的数量保持一致，并且数据的数据类型也需要与字段的数据类型相匹配。

接下来通过一段示例代码演示如何自定义表函数。这里自定义的表函数接收一个字符串类型的标量值，并将该标量值及其长度分别输出到字段 word 和 length 中，具体代码如下。

```
1  @FunctionHint(output = @DataTypeHint("ROW<word STRING,length INT>"))
2  public class MyTableFunction extends TableFunction<Row> {
3      public void eval(String str){
4          collect(Row.of(str,str.length()));
5      }
6  }
```

上述代码中，第 1 行代码定义产出的行中包含字段 word 和 length，它们的数据类型分别是 STRING 和 INT。

【注意】　eval()方法必须是公有的（public）。

3. 聚合函数

聚合函数可以接收一行或多行数据作为输入，并产出一个标量值作为输出。用户在实现自定义聚合函数时，需要自定义一个类来继承抽象类 AggregateFunction，并实现 createAccumulator()、accumulator() 和 getValue() 方法，其中 createAccumulator() 和 getValue() 是抽象类 AggregateFunction 定义的方法，可以通过重写来实现，而 accumulator()方法并不是抽象类 AggregateFunction 定义的方法，需要手动实现。关于这 3 个方法的介绍如下。

（1）createAccumulator()方法用于创建累加器，累加器用于存储聚合运算的中间结果。在创建累加器时，可以为累加器定义一个初始值。

（2）accumulator()方法用于根据接收的数据更新累加器中存储的中间结果。需要说明的是，该方法在手动实现时必须是公有的（public）。

（3）getValue()方法用于根据累加器中的中间结果来输出聚合函数产出的标量值，即聚合运算的结果。

关于自定义聚合函数的程序结构如下。

```
public class UserClassName extends AggregateFunction<T, ACC> {
public ACC createAccumulator(){
    return new ACC();
    }
public T getValue(ACC acc){
    return result_data;
    }
public void accumulate(ACC acc,datatype parameter[,datatype parameter, ...]) {
    }
}
```

上述程序结构中，T 用于定义产出标量值的数据类型。ACC 用于指定累加器，从代码层面来说，累加器类似一个实体类，类中包含了记录中间结果的属性，并且需要为属性指定初始值。result_data 用于定义产出的标量值。datatype 用于定义输入聚合函数的每一行中，每个字段的数据类型。parameter 用于定义参数名，每个参数代表一个字段。

接下来通过一段示例代码演示如何自定义聚合函数。这里自定义的聚合函数接收的行包含一个字段，计算该字段内数据的平均值。在计算平均值时，需要将两个中间结果保存在累加器中。一个是数据的总和,另一个是数据的计数。通过将数据的总和除以数据的计数,可以得到平均值。因此,在自定义聚合函数之前,需要先定义一个累加器。这个累加器应包含两个属性,分别用于记录数据的总和和计数,具体代码如下。

```
public class MyAccumulator {
    public long sum = 0;
    public int count = 0;
}
```

上述代码定义了累加器 MyAccumulator,并且在累加器中定义了两个属性 sum 和 count,其中属性 sum 用于记录数据的总和,其初始值为 0。属性 count 用于记录数据的计数,其初始值为 0。

累加器定义完成后,便可以自定义聚合函数,具体代码如下。

```
1   public class MyAggregateFunction
2           extends AggregateFunction<Double, MyAccumulator> {
3       //更新累加器
4       public void accumulate(MyAccumulator acc, Long value){
5           acc.sum += value;
6           acc.count++;
7       }
8       //输出聚合运算的结果
9       @Override
10      public Double getValue(MyAccumulator acc) {
11          if(acc.count == 0){
12              return null;
13          }
14          else {
15              return ((double) acc.sum/acc.count);
16          }
17      }
18      //创建累加器
19      @Override
20      public MyAccumulator createAccumulator() {
21          return new MyAccumulator();
22      }
23  }
```

上述代码中,第 5、6 行代码用于更新累加器中属性 sum 和 count 所记录的数据总和和计数。第 15 行代码基于累加器中属性 sum 和 count 的数据进行相除运算,并将运算结果作为返回值进行输出。

【注意】 accumulator()方法必须是公有的(public)。

8.1.3　注册自定义函数

在 Table 程序中使用自定义函数之前,需要先注册自定义函数,注册的自定义函数可以分为目录函数(Catalog Functions)和临时函数(Temporary Functions),具体介绍如下。

1. 目录函数

目录函数会持久化到 Catalog 的数据库中,使用同一 Catalog 的多个 Table 程序都能共享使用该函数。不过,当目录函数不再被需要时,用户需要在指定 Catalog 的数据库中进行手动删除。在 Table 程序中,可以通过 Table API 和 SQL 两种方式注册目录函数,具体介绍如下。

(1) 通过 Table API 注册目录函数。Table 程序的执行环境提供了 createFunction()方法用于在当前使用的 Catalog 及其数据库中注册目录函数,其语法格式如下。

```
tableEnvironment.createFunction(function_name,function_class[,if_exists])
```

上述语法格式中,function_name 用于指定目录函数的名称;function_class 用于指定自定义函数时定义类的 Class 对象。if_exists 为可选参数,用于判断是否存在同名的目录函数。它可以取值为 true 或 false,其中 true 表示判断,此时如果存在同名的目录函数则不执行任何操作;false 表示不判断,此时如果存在同名的目录函数则会触发异常。

(2) 通过 SQL 注册目录函数,其 SQL 语句的语法格式如下。

```
CREATE FUNCTION [IF NOT EXISTS]
[catalog_name.][db_name.]function_name
AS identifier [LANGUAGE JAVA|SCALA|PYTHON]
```

上述语法格式中,CREATE FUNCTION 表示注册目录函数的固定语法结构。IF NOT EXISTS 为可选的子句,用于判断是否存在同名的目录函数。catalog_name 为可选,用于指定 Catalog 名称,表示在指定的 Catalog 注册目录函数。如果没有指定 Catalog,那么会在 Table 程序当前使用的 Catalog 注册目录函数。db_name 为可选,用于指定数据库名称,表示在指定的数据库注册目录函数。如果没有指定数据库,那么会在 Table 程序当前使用的数据库注册目录函数。

function_name 用于指定目录函数的名称。Identifier 用于指定自定义函数时定义的类名,该类名为全路径,如 cn.itcast.function.MyFunction。

LANGUAGE JAVA|SCALA|PYTHON 为可选的子句,用于指定 Table 程序运行时如何执行目录函数的语言标记,默认语言标记为 JAVA。

接下来通过一段示例代码演示如何通过 Table API 和 SQL 注册目录函数,具体代码如下。

```
1  tableEnvironment.createFunction("MyScalarFunction",MyScalarFunction.class,
   true);
2  tableEnvironment.executeSql("CREATE FUNCTION IF NOT EXISTS MyAggregateFunction" +
3          "AS 'cn.itcast.function.MyAggregateFunction'");
```

上述代码中,第 1 行代码通过执行环境的 createFunction()方法,将自定义函数时定义的 MyScalarFunction 类注册为目录函数 MyScalarFunction。第 2、3 行代码执行注册目录函数的 SQL 语句,该 SQL 语句将自定义函数时定义的 MyAggregateFunction 类注册为目录函数 MyAggregateFunction。

2. 临时函数

临时函数只在当前 Table 程序中有效,它不会持久化到 Catalog 的数据库中,并且在 Table 程序运行结束后会自动删除。临时函数可以进一步分为临时目录函数(Temporary Catalog Functions)和临时系统函数(Temporary System Functions)。临时目录函数可以注册到指定 Catalog 的数据库中,但不会持久化,而临时系统函数只能注册到当前 Table 程序中。在 Table 程序中,可以通过 Table API 和 SQL 两种方式注册临时函数,具体介绍如下。

（1）通过 Table API 注册临时函数。Table 程序的执行环境提供了 createTemporaryFunction（）和 createTemporarySystemFunction（）方法分别用于注册临时目录函数和临时系统函数，其中临时目录函数会注册到 Table 程序当前使用的 Catalog 及其数据库中，其语法格式如下。

```
#注册临时目录函数
tableEnvironment.createTemporaryFunction(function_name,function_class)
#注册临时系统函数
tableEnvironment.createTemporarySystemFunction(function_name,function_class)
```

（2）通过 SQL 注册临时函数，其 SQL 语句的语法格式如下。

```
#注册临时目录函数
CREATE TEMPORARY FUNCTION [IF NOT EXISTS]
[catalog_name.][db_name.]function_name
AS identifier [LANGUAGE JAVA|SCALA|PYTHON]
#注册临时系统函数
CREATE TEMPORARY SYSTEM FUNCTION [IF NOT EXISTS] function_name
AS identifier [LANGUAGE JAVA|SCALA|PYTHON]
```

上述语法结构中，CREATE TEMPORARY FUNCTION 表示注册临时目录函数的固定语法结构。CREATE TEMPORARY SYSTEM FUNCTION 表示注册临时系统函数的固定语法结构。

需要说明的是，同一 Table 程序中不能存在同名的临时目录函数，或者同名的临时系统函数。

接下来通过一段示例代码演示如何通过 Table API 和 SQL 注册临时函数，具体代码如下。

```
1  tableEnvironment.createTemporaryFunction(
2       "MyScalarFunction"
3       ,MyScalarFunction.class);
4  tableEnvironment.executeSql("CREATE TEMPORARY SYSTEM FUNCTION " +
5       "IF NOT EXISTS MyAggregateFunction " +
6       "AS 'cn.itcast.function.MyAggregateFunction'");
```

上述代码中，第 1～3 行代码通过执行环境的 createTemporaryFunction（）方法，将自定义函数时定义的 MyScalarFunction 类注册为临时目录函数 MyScalarFunction。第 4～6 行代码执行注册临时系统函数的 SQL 语句，该 SQL 语句将自定义函数时定义的 MyAggregateFunction 类注册为临时系统函数 MyAggregateFunction。

【注意】 在 Table 程序中，不同类型函数的解析顺序依次为临时系统函数、内置函数、临时目录函数、目录函数。即如果 Table 程序中同时存在同名的临时系统函数、内置函数、临时目录函数和目录函数，那么会优先使用临时系统函数。

8.1.4　使用自定义函数

在 Table 程序中，可以通过 Table API 和 SQL 两种方式使用已注册的自定义函数，具体介绍如下。

1. 通过 Table API 使用已注册的自定义函数

Table API 提供了 call（）方法来使用已注册的自定义函数对 Table 对象进行处理，其语法格式如下。

```
call(function_name,parameter,parameter,...)
```

上述语法格式中,function_name 用于指定自定义函数的名称。parameter 用于指定自定义函数的参数,参数的数量和类型与自定义函数中定义 eval()或 accumulate()方法的参数一致。

需要注意的是,自定义标量函数和聚合函数通常会在 select 算子中使用,而自定义表函数必须与 joinLateral 算子或 leftOuterJoinLateral 算子共同使用,因为自定义表函数产出的行需要与 Table 对象的原始行进行连接,其中 joinLateral 算子表示,如果自定义表函数没有产出行,那么 Table 对象的原始行不会出现在最终结果中。leftOuterJoinLateral 算子表示,如果自定义表函数没有产出行,那么 Table 对象的原始行会出现在最终结果中,并且与 null 进行连接。

例如,使用自定义表函数 MyTableFunction 的示例代码如下。

```
Table selectTable =
userTable.leftOuterJoinLateral( call("MyTableFunction", $("userName")));
```

上述示例代码中,$("userName")为自定义表函数的参数,即 Table 对象 userTable 的字段 userName。默认情况下,Table 对象 selectTable 包含 Table 对象 userTable 中的所有字段,以及自定义表函数产出行的所有字段。但用户也可以在 leftOuterJoinLateral 算子的基础上添加 select 算子选择哪些字段可以出现在 selectTable 中。

2. 通过 SQL 使用已注册的自定义函数

利用 SQL 使用已注册的自定义函数可以对表处理,其中自定义标量函数和聚合函数的使用方式与内置标量函数和聚合函数的使用方式相似。例如,使用自定义聚合函数 MyAggregateFunction 计算表 order_table 中字段 order_price 的平均值,其 SQL 语句如下。

```
SELECT MyAggregateFunction(order_price) AS avg_price FROM order_table
```

上述 SQL 语句中,order_price 可以看作自定义聚合函数 MyAggregateFunction 的参数。

不过利用 SQL 使用已注册的自定义表函数时,需要在查询语句的基础上添加 LATERAL TABLE 或 LEFT JOIN LATERAL TABLE 子句,并通过这两个子句来指定自定义表函数,其中 LATERAL TABLE 子句的含义与 joinLateral 算子一致;LEFT JOIN LATERAL TABLE 子句的含义与 leftOuterJoinLateral 算子一致。例如,使用自定义表函数 MyTableFunction 的 SQL 语句如下。

```
SELECT * FROM user_table LATERAL TABLE(MyTableFunction(userName))
```

上述 SQL 语句中,userName 为自定义表函数的参数,即表 user_table 的字段 userName。需要注意的是,如果自定义函数包含多个参数,那么每个参数通过逗号进行分隔,并且指定参数的数量和类型同样与自定义函数中定义的 eval()或 accumulate()方法的参数一致。

接下来通过一个案例来演示如何使用自定义函数。本案例使用自定义表函数将英文姓名拆分为 First name(名字)和 Last name(姓氏)两部分,并将这两部分分别输出到字段 first_name 和 last_name。为了后续知识讲解便利,这里分步骤讲解本案例的实现过程,具体操作步骤如下。

（1）创建 Java 项目。

在 IntelliJ IDEA 中基于 Maven 创建 Java 项目，指定项目使用的 JDK 为本地安装的 JDK 8，以及指定项目名称为 Flink_Chapter08。

（2）构建项目目录结构。

在 Java 项目的 java 目录创建包 cn.itcast.function 用于存放实现 Table 程序的类。

（3）添加依赖。

在 Java 项目的 pom.xml 文件中添加 Table API 的核心依赖、Table 程序的优化器依赖和 Table 程序的客户端依赖，这些依赖的具体内容可参考 7.4.2 节。

（4）自定义表函数。

创建一个名为 TableFunctionDemo 的类，该类用于实现自定义表函数，具体代码如文件 8-1 所示。

文件 8-1   TableFunctionDemo.java

```
1   //定义自定义表函数产出的行包含字段 first_name 和 last_name
2   @FunctionHint(output = @DataTypeHint ("ROW<first_name STRING,last_name STRING>"))
3   public class TableFunctionDemo extends TableFunction<Row> {
4       public void eval(String str){
5         if(str == null){
6             collect(Row.of(null,null));
7         }
8        else {
9         String[] name = str.split(" ");
10            String firstName = name[0];
11            String lastName = name[1];
12            collect(Row.of(firstName,lastName));
13        }
14     }
15 }
```

上述代码中，第 9～12 行代码首先将输入的标量值通过空格进行拆分形成数组 name。然后，分别将 name 的第一个元素和第二个元素作为 firstName 和 lastName。最后，将 firstName 和 lastName 作为输出行中第一个字段和第二个字段的数据。

（5）实现 Table 程序。

创建一个名为 UseFunctionDemo 的 Table 程序，该程序使用自定义表函数对 Table 对象进行处理，具体代码如文件 8-2 所示。

文件 8-2   UseFunctionDemo.java

```
1   public class UseFunctionDemo {
2       public static void main(String[] args) {
3           EnvironmentSettings settings = EnvironmentSettings
4               .newInstance()
5               .inStreamingMode()
6               .build();
7           //创建执行环境
8           TableEnvironment tableEnvironment =
9                   TableEnvironment.create(settings);
```

```
10          //创建 Table 对象 userTable
11          Table userTable = tableEnvironment.fromValues(DataTypes.ROW(
12                      DataTypes.FIELD("userId", DataTypes.INT()),
13                      DataTypes.FIELD("userName", DataTypes.STRING()),
14                      DataTypes.FIELD("userAge", DataTypes.INT())
15                  ), row(1, "James Carter", 23)
16                  , row(2, "Alice Green", 30)
17                  ,row(3, "Ethan Smith", 22));
18          //注册自定义表函数 NameFunction
19          tableEnvironment.createTemporarySystemFunction(
20                  "NameFunction",
21                  TableFunctionDemo.class
22          );
23          Table selectTable = userTable
24                  .joinLateral(call("NameFunction", $("userName")))
25                  .select( $("userName"),$("first_name"),$("last_name"));
26          selectTable.execute().print();
27      }
28  }
```

上述代码中,第 23～25 行代码通过 joinLateral 算子应用自定义表函数 NameFunction,对 Table 对象 userTable 的字段 userName 进行处理,生成新的 Table 对象 selectTable。

文件 8-2 的运行结果如图 8-1 所示。

```
Run:  UseFunctionDemo
+----+------------------------------+------------------------------+------------------------------+
| op |                     userName |                   first_name |                    last_name |
+----+------------------------------+------------------------------+------------------------------+
| +I |                 James Carter |                        James |                       Carter |
| +I |                  Alice Green |                        Alice |                        Green |
| +I |                  Ethan Smith |                        Ethan |                        Smith |
+----+------------------------------+------------------------------+------------------------------+
3 rows in set
```

图 8-1　文件 8-2 的运行结果

从图 8-1 可以看出,字段 userName 的每一行经过自定义表函数 NameFunction 处理后产出新的字段 first_name 和 last_name,这两个字段的数据是字段 userName 的数据通过空格拆分后的结果。

多学一招:查看和删除自定义函数

用户可以通过查看当前 Table 程序中已注册的所有自定义函数,并根据需求选择特定的自定义函数进行使用。除此之外,用户还可以根据实际需求,删除 Table 程序中已注册的自定义函数,具体介绍如下。

1. 查看自定义函数

在 Table 程序中,可以通过 Table API 和 SQL 两种方式查看已注册的所有自定义函数,具体介绍如下。

(1) 通过 Table API 查看已注册的所有自定义函数。Table 程序的执行环境提供了 listUserDefinedFunctions()方法用于查看当前 Table 程序中已注册的所有自定义函数,该方法的返回值是一个 String 类型的数组,该数组的每个元素代表一个自定义函数的名称,其程序结构如下。

```
String[] functions = tableEnvironment.listUserDefinedFunctions();
```

（2）通过 SQL 查看已注册的所有自定义函数，其 SQL 语句的语法格式如下。

```
SHOW USER FUNCTIONS
```

2. 删除自定义函数

在 Table 程序中，可以通过 Table API 和 SQL 两种方式删除已注册的自定义函数，具体介绍如下。

（1）通过 Table API 删除已注册的自定义函数。Table 程序的执行环境提供了 dropFunction()、dropTemporaryFunction()和 dropTemporarySystemFunction()方法用于删除不同类型的自定义函数，其中 dropFunction()方法用于删除目录函数；dropTemporaryFunction()方法用于删除临时目录函数；dropTemporarySystemFunction()方法用于删除临时系统函数。关于这 3个方法的语法格式如下。

```
tableEnvironment.dropFunction(function_name)
tableEnvironment.dropTemporaryFunction(function_name)
tableEnvironment.dropTemporarySystemFunction(function_name)
```

上述语法格式中，function_name 用于指定自定义函数的名称。

（2）通过 SQL 删除已注册的自定义函数，其 SQL 语句的语法格式如下。

```
DROP [TEMPORARY|TEMPORARY SYSTEM] FUNCTION
[IF EXISTS] [catalog_name.][db_name.]function_name
```

上述语法格式中，DROP FUNCTION 表示删除目录函数的固定语法结构。DROP TEMPORARY FUNCTION 表示删除临时目录函数的固定语法结构。DROP TEMPORARY SYSTEM FUNCTION 表示删除临时系统函数的固定语法结构。

需要说明的是，删除临时系统函数时无法指定 Catalog 和数据库名称。

8.2 DataStream 与 Table 对象的转换

在 Table 程序中，可以在 DataStream 对象和 Table 对象之间进行转换，这使得我们可以灵活地结合使用 DataStream API 和 Table API & SQL 来处理数据。这也提醒着我们，在学习和工作中，需要适时地进行角色转换，灵活地运用多种工具和方法，以提高效率。关于如何在 DataStream 对象和 Table 对象之间进行转换的介绍如下。

1. Table 对象转换为 DataStream 对象

Table 程序的执行环境提供了 toDataStream()方法用于将 Table 对象转换为 Row 类型的 DataStream 对象。在 Row 类型的 DataStream 对象中，每条数据都是一个 Row 对象，Row 对象以行的形式组织数据，每行可以包含多个字段。关于 Table 对象转换为 DataStream 对象的程序结构如下。

```
DataStream<Row> dataStream =
        tableEnvironment.toDataStream(table);
```

上述程序结构中，table 用于指定需要转换的 Table 对象。

2. DataStream 对象转换为 Table 对象

Table 程序的执行环境提供了 fromDataStream( )方法用于将 DataStream 对象转换为 Table 对象,其程序结构如下。

```
Table table =
        tableEnvironment.fromDataStream(dataStream);
```

上述程序结构中,dataStream 用于指定需要转换的 DataStream 对象。将 DataStream 对象转换为 Table 对象时,为了避免 DataStream 对象解析为表格的形式时出现异常,建议 DataStream 对象的类型为 Row 或者 POJO。

需要说明的是,如果 DataStream 对象的类型为 POJO,那么转换为 Table 对象时,POJO 的每个属性会作为 Table 对象的字段名称。如果 DataStream 对象的类型为 Row,那么 Table 对象的字段名称由 Flink 自动生成,字段名称的格式类似于 f0、f1、f2 等。也可以在转换 Row 类型的 DataStream 对象时,指定每个字段的名称,其程序结构如下。

```
Table table =
        tableEnvironment.fromDataStream(dataStream,$(field),$(field),...);
```

上述程序结构中,field 用于指定字段名称,字段的数量取决于 Row 类型的 DataStream 对象中每行字段的数量。

接下来通过一个案例来演示如何在 DataStream 对象和 Table 对象之间进行转换。创建一个名为 TableDataStreamConverter 的 Table 程序,具体代码如文件 8-3 所示。

文件 8-3　**TableDataStreamConverter.java**

```
1  public class TableDataStreamConverter {
2      public static void main(String[] args) throws Exception {
3          //创建 DataStream 程序执行环境
4          StreamExecutionEnvironment executionEnvironment =
5                  StreamExecutionEnvironment.getExecutionEnvironment();
6          //创建 Table 程序执行环境
7          StreamTableEnvironment tableEnvironment =
8                  StreamTableEnvironment.create(executionEnvironment);
9          //创建 Table 对象 orderTable
10         Table orderTable = tableEnvironment.fromValues(DataTypes.ROW(
11                     DataTypes.FIELD("order_id", DataTypes.INT()),
12                     DataTypes.FIELD("product_name", DataTypes.STRING()),
13                     DataTypes.FIELD("order_price", DataTypes.DOUBLE())
14                 ), row(1, "MI", 5000), row(2, "HUAWEI", 6000)
15                 ,row(3, "HUAWEI", 7000));
16         //创建 DataStream 对象 orderDataStream
17         DataStream<Row> orderDataStream =
18             executionEnvironment.fromElements(
19                 Row.of(4, "OPPO", 6600.0),
20                 Row.of(5, "MI", 3000.0),
21                 Row.of(6, "VIVO", 4500.0)
22             );
23         DataStream<Row> tableToDataStream =
24                 tableEnvironment.toDataStream(orderTable);
25         Table dataStreamToTable =
```

```
26              tableEnvironment.fromDataStream(
27                  orderDataStream,
28                  $("order_id"),
29                  $("product_name"),
30                  $("order_price")
31              );
32          //将 tableToDataStream 的数据输出到控制台
33          tableToDataStream.print();
34          //将 dataStreamToTable 的数据输出到控制台
35          dataStreamToTable.execute().print();
36          //添加 DataStream 程序的执行器
37          executionEnvironment.execute();
38      }
39  }
```

上述代码中,第 17～22 行代码通过 DataStream API 提供的预定义数据源算子 fromElements 创建 Row 类型的 DataStream 对象 orderDataStream,指定每行包含 3 个数据。第 23、24 行代码将 Table 对象 orderTable 转换为 Row 类型的 DataStream 对象 tabletoDataStream。第 25～31 行代码将 DataStream 对象 orderDataStream 转换为 Table 对象 dataStreamToTable,并且指定字段名称分别为 order_id、product_name 和 order_price。

文件 8-3 的运行结果如图 8-2 所示。

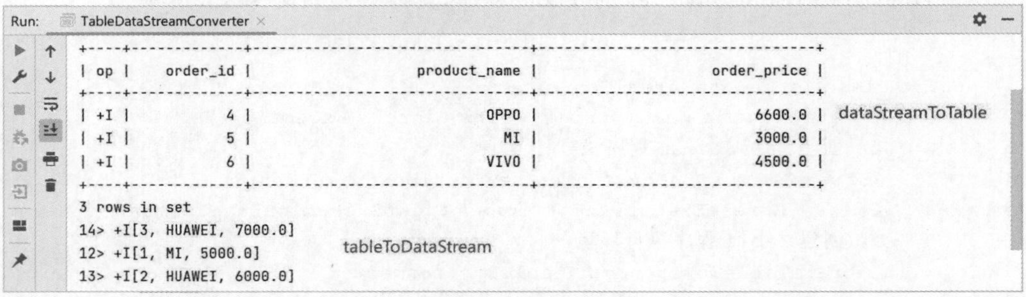

图 8-2　文件 8-3 的运行结果

从图 8-2 可以看出,dataStreamToTable 输出到控制台的数据与 DataStream 对象 orderDataStream 的数据一致。tableToDataStream 输出到控制台的数据与 Table 对象 orderTable 的数据内容一致。

多学一招:处理 Row 类型的 DataStream 对象

Row 对象提供了 getField()方法用于获取指定字段的数据。例如,使用转换算子 map 处理 Row 类型的 DataStream 对象,获取字段为 order_id 的数据,其示例代码如下。

```
1  DataStream<String> orderId =
2          tableToDataStream.map(new MapFunction<Row, String>() {
3      @Override
4      public String map(Row row) throws Exception {
5          return row.getField("order_id").toString();
6      }
7  });
```

8.3　时间属性

在 Table 程序中,可以在创建连接器表时单独提供一个字段用于定义时间属性,并且可以在基于时间的操作中使用。Table 程序支持的时间属性同样包括事件时间和处理时间。下面讲解如何在 Table 程序中使用不同类型的时间属性,具体内容如下。

1. 使用事件时间

通过 SQL 创建连接器表时,可以定义一个字段的数据类型为 TIMESTAMP,并且通过WATERMARK(水位线)来声明该字段的时间属性为事件时间,其语法格式如下。

```
CREATE TABLE IF NOT EXISTS table_name(
    ...
    time_field TIMESTAMP,
    WATERMARK FOR time_field AS time_field - INTERVAL nums HOUR|MINUTE|SECOND
)
WITH (
    ...
)
```

上述语法格式中,time_field 表示定义时间属性的字段。nums 用于指定字段 time_field 中数据的时间戳减去多长时间作为水位线的时间戳,可选时间单位为时、分和秒,对应的关键字分别为 HOUR、MINUTE 和 SECOND。

2. 使用处理时间

通过 SQL 创建连接器表时,可以定义一个通过内置函数 PROCTIME() 修饰的字段,声明该字段的时间属性为处理时间,其语法格式如下。

```
CREATE TABLE IF NOT EXISTS table_name(
    ...
    filed_name AS PROCTIME()
)
WITH (
    ...
)
```

filed_name 表示定义时间属性的字段。需要说明的是,声明时间属性为处理时间的字段无须用户手动指定字段的数据,其数据是根据 Table 程序读取到数据的时间自动生成的。

接下来通过一个案例来演示如何在 Table 程序中使用不同类型的时间属性。本案例创建的连接器表通过连接器连接 Kakfa 读取数据,具体操作步骤如下。

(1)在虚拟机 Flink01 启动 Kafka 内置 ZooKeeper 和 Kafka,具体操作可参考 3.4.4 节,这里不再赘述。

(2)在 Kafka 创建名为 tabletime 的主题。在虚拟机 Flink01 的/export/servers/kafka_2.12-3.3.0 目录执行如下命令。

```
$ bin/kafka-topics.sh --create --topic tabletime \
--bootstrap-server 192.168.121.144:9092
```

(3)启动 Kafka 生产者,该生产者向主题 tabletime 发布消息,在虚拟机 Flink01 的/export/servers/kafka_2.12-3.3.0 目录执行如下命令。

```
bin/kafka-console-producer.sh --topic tabletime \
--bootstrap-server 192.168.121.144:9092
```

（4）在 Java 项目的依赖管理文件 pom.xml 的＜dependencies＞标签中添加实现本案例需要的依赖，具体内容如下。

```
1  <dependency>
2      <groupId>org.apache.flink</groupId>
3      <artifactId>flink-connector-kafka</artifactId>
4      <version>1.16.0</version>
5  </dependency>
6  <dependency>
7      <groupId>org.apache.flink</groupId>
8      <artifactId>flink-csv</artifactId>
9      <version>1.16.0</version>
10 </dependency>
```

上述代码中，第 1～5 行代码用于添加 Kafka 连接器依赖。第 6～10 行代码用于添加表格式 CSV 的依赖。

（5）创建一个名为 TableTimeDemo 的 Table 程序，该程序用于实现本案例的需求，具体代码如文件 8-4 所示。

文件 8-4　TableTimeDemo.java

```
1  public class TableTimeDemo {
2      public static void main(String[] args) {
3          EnvironmentSettings settings = EnvironmentSettings
4                  .newInstance()
5                  .inStreamingMode()
6                  .build();
7          //创建执行环境
8          TableEnvironment tableEnvironment =
9                  TableEnvironment.create(settings);
10         tableEnvironment.executeSql(
11           "CREATE TABLE IF NOT EXISTS KafkaTable(" +
12                  "`order_id` INT," +
13                  "`product_name` STRING," +
14                  "`product_price` INT," +
15                  "`proc_time` AS PROCTIME()," +
16                  "`order_time` TIMESTAMP(3) METADATA FROM 'timestamp'," +
17                  "WATERMARK FOR order_time AS order_time - INTERVAL '10'
18                  SECOND" + ") " +
19                  "WITH (" +
20                  "'connector' = 'kafka'," +
21                  "'topic' = 'tabletime'," +
22                  "'properties.bootstrap.servers' = " +
23                  "'192.168.121.144:9092'," +
24                  "'properties.group.id' = 'tableGroup'," +
25                  "'scan.startup.mode' = 'latest-offset'," +
26                  "'format' = 'csv'" +
27                  ") "
```

```
28            );
29            tableEnvironment.executeSql("SELECT * FROM KafkaTable").print();
30        }
31 }
```

上述代码中,第 10～28 行代码用于执行创建连接器表 KafkaTable 的 SQL 语句。在创建连接器表 KafkaTable 时,声明字段 proc_time 的时间属性为处理时间,并且声明字段 order_time 的时间属性为事件时间,其中字段 proc_time 的类型为元信息字段,该字段的数据来自 Kafka 发布消息时产生的时间戳。

第 29 行代码执行查询连接器表 KafkaTable 的 SQL 语句,并且利用 print 算子将 SQL 语句的执行结果输出到控制台。

运行文件 8-4 之后,在 Kafka 生产者发布一条消息"1,MI,3000",此时查看文件 8-4 的运行结果,如图 8-3 所示。

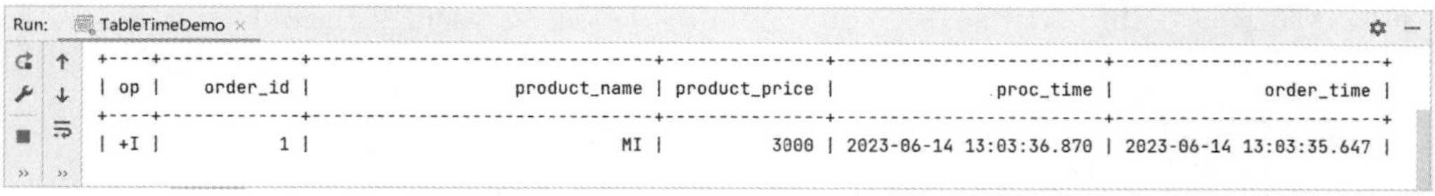

图 8-3　查看文件 8-4 的运行结果

在图 8-3 中,连接器表 KafkaTable 的字段 order_id、product_name 和 product_price 的数据为 Kafka 生产者发布的消息。字段 proc_time 的数据为 Table 程序读取到 Kafka 生产者发布消息的时间。字段 order_time 的数据为 Kafka 生产者发布消息的时间。

8.4　窗口操作

DataStream API 提供了窗口算子,用于在 DataStream 程序中实现窗口操作。类似地,Table API & SQL 也提供了相应的窗口操作的实现方式,使用用户可以在 Table 程序中进行窗口操作。

在 Table 程序中,窗口可以根据驱动类型分类为时间窗口和计数窗口,这与 DataStream 程序的分类方式相同。然而,如果从窗口的计算方式来分类,Table 程序的窗口可以分为 Group Window 和 Over Window,其中 Group Window 在 SQL 中称为 Windowing TVFs(Windowing Table-Valued Functions,窗口表值函数)。本节主要基于时间窗口,介绍如何在 Table 程序中使用不同类型的窗口计算方式实现窗口操作。

8.4.1　Group Window

Group Window 与 DataStream 程序中键控窗口的计算方式相似。在使用 Group Window 执行窗口计算之前,需要根据指定字段对表或 Table 对象的数据进行分组操作,每个窗口内不同分组的数据会进行单独计算。

在 Table 程序中,可以通过 Table API 和 SQL 两种方式使用 Group Window 执行窗口计算,具体介绍如下。

1. 通过 Table API 使用 Group Window

Table API 提供的 window 算子可以使用 Group Window 的窗口计算方式对 Table 对象

执行窗口操作,其程序结构如下。

```
Table newTable = table.window(GroupWindow.as("window_name"))
.groupBy($("window_name"),group_list)
.select(filed_list);
```

上述程序结构中,table 用于指定执行窗口操作的 Table 对象。GroupWindow 用于指定窗口分配器,窗口分配器用于指定 Table 对象中每行数据的分配规则。在 Table API 中,Group Window 支持滚动窗口、滑动窗口和会话窗口这 3 种类型的数据分配规则,它们分别对应不同类型的窗口分配器。window_name 用于定义生成的窗口字段,该字段记录了窗口的属性信息,通过该字段可以获取窗口的开始时间和结束时间。group_list 用于指定分组字段,分组字段可以是一个或多个。

filed_list 用于查询窗口中指定字段的数据。在进行窗口聚合运算时,指定的字段可以是分组字段、窗口字段或者结合聚合函数一同使用的字段。

下面介绍通过 Table API 使用 Group Window 时,定义不同类型的窗口分配器,具体内容如下。

(1) 定义滚动窗口类型的窗口分配器,其语法格式如下。

```
Tumble.over(lit(size).size_time).on($("time_field"))
```

上述语法格式中,size 用于指定窗口大小。size_time 用于指定窗口大小的时间,可选时间单位为时、分和秒,对应的实现方式分别是 hours()、minutes()或 seconds()。time_field 用于指定 Table 对象中声明为时间属性的字段。如果时间属性为事件时间,那么便根据事件时间来分配数据。如果时间属性为处理时间,那么便根据处理时间来分配数据。

(2) 定义滑动窗口类型的窗口分配器,其语法格式如下。

```
Slide.over(lit(size).size_time)
        .every(lit(slide).slide_time)
        .on($("time_field"))
```

上述语法格式中,size 用于指定窗口大小。size_time 用于指定窗口大小的时间。slide 用于指定滑动步长。slide_time 用于指定滑动步长的时间。time_field 用于指定 Table 对象中声明为时间属性的字段。

(3) 定义会话窗口类型的窗口分配器,其语法格式如下。

```
Session.withGap(lit(size).size_time).on($("time_field"))
```

上述语法格式中,size 使用指定会话间隙。size_time 用于指定会话间隙的时间。time_field 用于指定 Table 对象中声明为时间属性的字段。

接下来通过一段示例代码来演示如何使用 Group Window 的窗口计算方式对 Table 对象执行窗口操作,这里使用滚动窗口类型的窗口分配器,具体代码如下。

```
1  Table windowTable = kafkaTable
2          .window(
3              Tumble.over(lit(10).seconds()).on($("order_time")).as("w")
4          ).groupBy($("w"), $("product_name"))
5          .select(
6                  $("product_name"),
```

```
7                        $("order_price").sum(),
8                        $("w").start(),
9                        $("w").end()
10             );
```

上述代码中,指定滚动窗口的窗口大小为 10 秒。指定分组字段为 product_name。在查询窗口的字段时,使用聚合函数 sum() 对字段 order_price 的数据进行累加的聚合操作,另外,还使用窗口字段 w 来获取窗口起始时间($("w").start())和窗口结束时间($("w").end())。

2. 通过 SQL 使用 Group Window

通过 SQL 可以使用 Group Window 的窗口计算方式对表执行窗口操作,其 SQL 语句的语法格式如下。

```
SELECT filed_list
  FROM TABLE(GroupWindow)
  GROUP BY group_list,window_start,window_end
```

上述语法格式中,filed_list 用于查询窗口中指定字段的数据。需要注意的是,查询的字段如果不是分组字段,那么必须结合聚合函数一同使用。GroupWindow 用于指定窗口分配器。在 SQL 中,Group Window 支持滑动窗口、滚动窗口和累积窗口(Cumulate Windows)3 种类型的数据分配规则,它们分别对应不同类型的窗口分配器。group_list 用于指定分组字段,分组字段可以是一个或多个。window_start 和 window_end 是两个固定字段,它们记录了窗口的起始时间和结束时间。

下面介绍通过 SQL 使用 Group Window 时,定义不同类型的窗口分配器,具体内容如下。

(1) 定义滚动窗口类型的窗口分配器,其语法格式如下。

```
TUMBLE(TABLE table_name, DESCRIPTOR(time_field), INTERVAL 'size' size_time)
```

上述语法格式中,table_name 用于指定执行窗口操作的表。time_field 用于指定表中声明为时间属性的字段。size 用于指定窗口大小。size_time 用于指定窗口大小的时间,可选时间单位为时、分和秒,对应的实现方式分别是 HOUR、MINUTE 或 SECOND。

(2) 定义滑动窗口类型的窗口分配器,其语法格式如下。

```
HOP(TABLE table_name, DESCRIPTOR(time_field), INTERVAL 'slide' slide_time,
INTERVAL 'size' size_time)
```

上述语法格式中,size 用于指定窗口大小。size_time 用于指定窗口大小的时间。slide 用于指定滑动步长。slide_time 用于指定滑动步长的时间。time_field 用于指定表中声明为时间属性的字段。

(3) 累积窗口按照最大窗口大小和步长(Step)划分窗口,其主要特点在于窗口的起始时间固定,而结束时间随着时间的推移而逐渐增大,形成窗口的累积效果,逐渐增加的过程与设定的步长有关。然而,窗口的增长并不是无限制的,它受限于设定的最大窗口大小。当窗口大小达到最大窗口大小时,窗口的起始时间会根据当前时间重新选取,并继续随着时间的推移逐渐增大。这样的过程会不断循环,形成了窗口的累积效果。

例如,时间窗口按照最大窗口大小 30 分钟,步长为 10 分钟的累积窗口划分窗口的示意图如图 8-4 所示。

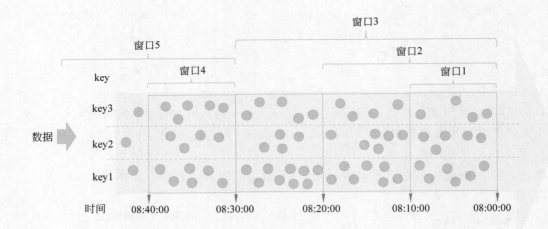

图 8-4　累积窗口

从图 8-4 可以看出，每个窗口以 10 分钟的步长逐步增长，当窗口大小达到最大窗口大小 30 分钟时，窗口的起始时间便根据当前时间重新选取。

定义累积窗口类型的窗口分配器，其语法格式如下。

```
CUMULATE(TABLE table_name, DESCRIPTOR(time_field), INTERVAL 'step' step_time,
INTERVAL 'size' size_time)
```

上述语法格式中，size 用于指定最大窗口大小。size_time 用于指定最大窗口大小的时间。step 用于指定步长。step 用于指定步长的时间。time_field 用于指定表中声明为时间属性的字段。

【注意】　滑动窗口、滚动窗口和会话窗口的相关概念，读者可以参考第 5 章的相关内容。另外，在 SQL 中滑动窗口又称为跳窗口（Hop Windows）。

接下来通过一个案例来演示如何在 Table 程序中使用 Group Window 的窗口计算方式对表执行窗口操作。本案例通过 DataStream API 实现自定义 Source 模拟实时生成商品交易数据，通过窗口操作实时统计商品交易数据，要求每经过 5 秒便统计过去 5 秒内每个商品所产生的交易额，具体操作步骤如下。

1. 创建 OrderPOJO

创建一个名为 OrderPOJO 的 POJO，用于装载随机生成的商品交易数据，该类包含属性 orderId（订单 ID）、productName（商品名称）、orderPrice（订单金额）和 orderTime（订单创建时间），具体代码如文件 8-5 所示。

文件 8-5　OrderPOJO.java

```
1    public class OrderPOJO {
2        private String orderId;
3        private String productName;
4        private int orderPrice;
5        private long orderTime;
6        //创建 OrderPOJO 类的全参构造方法
7        public OrderPOJO(
```

```
8                 String orderId,
9                 String productName,
10                int orderPrice,
11                long orderTime) {
12          this.orderId = orderId;
13          this.productName = productName;
14          this.orderPrice = orderPrice;
15          this.orderTime = orderTime;
16      }
17      //创建 OrderPOJO 类的无参构造方法
18      public OrderPOJO() {
19      }
20      //省略属性的 getter 和 setter 方法
21      ...
22  }
```

2. 创建自定义 Source

定义一个用于创建自定义 Source 的类 MySource，具体代码如文件 8-6 所示。

文件 8-6　MySource.java

```
1   public class MySource implements SourceFunction<OrderPOJO> {
2       private boolean flag = true;
3       Random random = new Random();
4       @Override
5       public void run(SourceContext sourceContext) throws Exception {
6           String[] productNames =
7               {"iPhone", "HUAWEI", "OPPO", "VIVO", "SAMSUNG", "MI", "NOKIA"};
8           int count = 0;
9           while (flag) {
10              String productName = productNames[random.nextInt(7)];
11              int orderPrice = random.nextInt(10000);
12              String orderId = "order"+String.valueOf(count++);
13              long orderTime = System.currentTimeMillis()
14                      - random.nextInt(5) * 1000;
15              sourceContext.collect(
16                      new OrderPOJO(
17                          orderId,
18                          productName,
19                          orderPrice,
20                          orderTime));
21              //每间隔 1 秒生成一条数据
22              TimeUnit.SECONDS.sleep(1);
23          }
24      }
25      @Override
26      public void cancel() {
27          flag = false;
28      }
29  }
```

上述代码中，第 5～24 行代码用于指定自定义 Source 生成数据的规则，其中第 10 行代码用于通过数组 productNames 随机生成商品交易数据中的商品名称；第 11 行代码随机生成商品交易数据中的订单金额；第 12 行代码用于生成商品交易数据中的订单 ID；第 13、14 行代码用于生成商品交易数据中的订单创建时间，这里为了模拟乱序数据，将每次生成的订单创建时间随机减去 0～4 秒。

3. 实现 Table 程序

创建一个名为 GroupWindowDemo 的 Table 程序，该程序用于实现本案例的需求，具体代码如文件 8-7 所示。

文件 8-7　GroupWindowDemo.java

```
1   public class GroupWindowDemo {
2       public static void main(String[] args) {
3           //创建 DataStream 程序执行环境
4           StreamExecutionEnvironment executionEnvironment =
5               StreamExecutionEnvironment.getExecutionEnvironment();
6           //创建 Table 程序执行环境
7           StreamTableEnvironment tableEnvironment =
8               StreamTableEnvironment.create(executionEnvironment);
9           DataStream<OrderPOJO> orderDataStream =
10              executionEnvironment.addSource(new MySource());
11          DataStream<OrderPOJO> watermarkDataStream =
12              orderDataStream.assignTimestampsAndWatermarks(
13              WatermarkStrategy.<OrderPOJO>forBoundedOutOfOrderness(
14                  Duration.ofSeconds(3))
15                  .withTimestampAssigner((
16                  (porderPOJO, timestamp)
17                          -> porderPOJO.getOrderTime()))));
18          Table orderTable = tableEnvironment.fromDataStream(
19              watermarkDataStream,
20              $("orderId"),
21              $("productName"),
22              $("orderPrice"),
23              $("orderTime").rowtime().as("ts"));
24          //基于 Table 对象 orderTable 创建虚拟表 order_Table
25          tableEnvironment.createTemporaryView("order_Table",orderTable);
26          tableEnvironment.executeSql("SELECT " +
27            "productName,SUM(orderPrice) AS total_price,window_start,window_end " +
28            "FROM TABLE(" +
29            "TUMBLE(" +
30            "TABLE order_Table, " +
31            "DESCRIPTOR(ts), " +
32            "INTERVAL '5' SECOND)) " +
33            "GROUP BY productName,window_start,window_end")
34          .print();
35      }
36  }
```

上述代码中，第 9、10 行代码从自定义 Source 读取实时生成的商品交易数据。第 11～17 行代码用于将商品交易数据中的订单创建时间减去 3 秒作为水位线的时间戳。第 18～23 行代码用于将 DataStream 对象 watermarkDataStream 转换为 Table 对象 orderTable，其中第 5 个参数通过 rowtime() 方法声明字段 orderTime 的时间属性为事件时间。

第 26～34 行代码用于执行使用 Group Window 的窗口计算方式对虚拟表 order_Table 执行窗口操作的 SQL 语句，并利用 print 算子将执行结果输出到控制台。该 SQL 语句定义了滚动窗口类型的窗口分配器，指定窗口大小为 5 秒。

文件 8-7 的运行结果如图 8-5 所示。

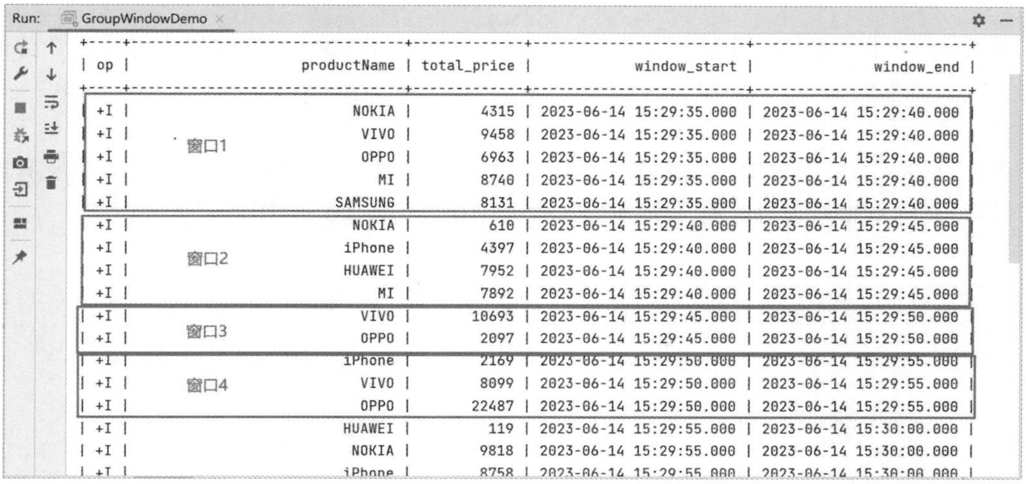

图 8-5　文件 8-7 的运行结果（1）

从图 8-5 可以看出，每个窗口包含过去 5 秒内每个商品的总交易额。例如，窗口 1 的起始时间和结束时间为 2023-06-14 15:29:35.000 和 2023-06-14 15:29:40.000，在此时间段内，名称为 VIVO 的商品共产生了 9458 的交易额。

8.4.2　Over Window

无界流输入 Over Window 的每条数据都会分配到指定分区，每个分区内的数据会根据声明的字段进行排序，并且每个分区内的数据会单独占用一个子任务执行计算，多个分区之间执行并行计算。不过，用户也可以将无界流输入 Over Window 的每条数据不进行分区，此时所有数据都会分配到一个分区中交由一个任务执行计算。

每当无界流中的数据输入指定分区时，该数据便会与其所在分区相邻范围内的数据创建一个新的窗口，并且新创建的窗口会立即执行窗口计算，其中相邻范围的单位可以是行或时间，并且相邻范围可以是无界或有界，因此 Over Window 支持的数据分配规则可以分为有界行、无界行、有界时间和无界时间 4 种类型。接下来分别对这 4 种类型的数据分配规则进行介绍。

1. 有界行

有界行表示每当无界流输入的数据被分配到指定分区时，该数据便会与其所在分区相邻的 n 行数据创建窗口，并执行窗口计算。有关有界行执行窗口计算的示意图如图 8-6 所示。

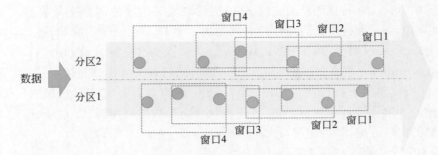

图 8-6　有界行执行窗口计算的示意图

　　从图 8-6 可以看出，每当无界流的数据被分配到指定分区时，该数据便会与其所在分区相邻的 2 行数据创建窗口，如果相邻的数据不到 2 行则不创建窗口。

　　2. 无界行

　　无界行表示每当无界流中的数据输入指定分区时，该数据便会与其所在分区的所有数据创建窗口，并执行窗口计算。有关无界行执行窗口计算的示意图如图 8-7 所示。

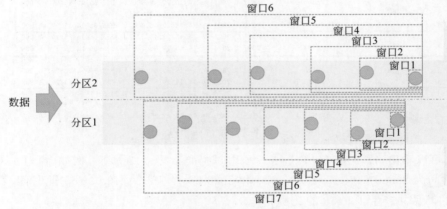

图 8-7　无界行执行窗口计算的示意图

　　从图 8-7 可以看出，分配到分区的每条数据都会与该分区内的所有数据创建窗口。

　　3. 有界时间

　　有界时间表示每当无界流输入的数据被分配到指定分区时，该数据便会与其所在分区相邻时间 n 的数据创建窗口，并执行窗口计算，时间 n 的单位可以是秒、分或小时等。若多条数据同时被分配到指定分区，那么这些数据会视为一个整体与其相邻时间 n 的数据创建一个窗口，而不是同时被分配到指定分区的每条数据，都会单独与其相邻时间 n 的数据创建一个窗口。有关有界时间执行窗口计算的示意图如图 8-8 所示。

　　从图 8-8 可以看出，每当无界流的数据被分配到指定分区时，该数据便会与其所在分区相邻 2 秒的数据创建窗口，若该数据相邻 2 秒没有其他数据，则会单独创建窗口。

　　4. 无界时间

　　无界时间和无界行概念相似，不同的是若多条数据同时被分配到指定分区，那么这些数据会视为一个整体与其所在分区的所有数据创建一个窗口，而不是同时被分配到指定分区的每条数据，都会单独与其所在分区的所有数据创建一个窗口。有关无界时间执行窗口计算的示

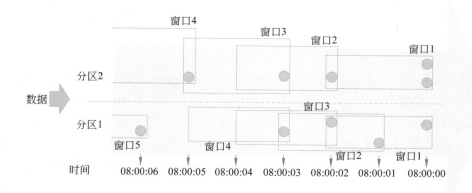

图 8-8　有界时间执行窗口计算的示意图

意图如图 8-9 所示。

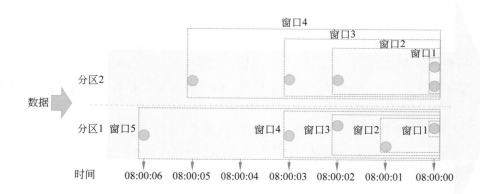

图 8-9　无界时间执行窗口计算的示意图

从图 8-9 可以看出,分配到分区的每条数据都会与其相邻的所有数据创建窗口。

在 Table 程序中,可以通过 Table API 和 SQL 两种方式使用 Over Window 执行窗口计算,具体介绍如下。

1. 通过 Table API 使用 Over Window

Table API 提供的 window 算子可以使用 Over Window 的窗口计算方式对 Table 对象执行窗口操作,其程序结构如下。

```
Table newTable = table.window(OverWindow.as("window_name"))
.select(filed_list);
```

上述程序结构中,OverWindow 用于指定窗口分配器,窗口分配器用于指定 Table 对象中每行数据的分配规则。在 Table API 中,Over Window 支持有界行、无界行、有界时间和无界时间 4 种类型的数据分配规则,它们分别对应不同类型的窗口分配器。window_name 用于定义生成的窗口字段,该字段用于对窗口内的数据进行聚合操作。filed_list 用于查询窗口中指定字段的数据。在进行窗口聚合运算时,指定的字段需要结合聚合函数和窗口字段一同使用。

下面介绍通过 Table API 使用 Over Window 时,定义不同类型的窗口分配器,具体内容如下。

(1)定义有界行类型的窗口分配器,其语法格式如下。

```
Over[.partitionBy($("partition_filed"))].orderBy($("order_filed")).preceding
(rowInterval(nums))
```

上述语法格式中,partition_filed 用于指定分区字段。如果无须将输入 Over Window 的每条数据进行分区,那么可以忽略窗口分配器中的 partitionBy()方法。order_filed 用于指定排序字段,在流处理模式下,排序字段必须是声明为时间属性的字段,且排序规则必须为升序。nums 用于指定相邻的行数。

(2)定义无界行类型的窗口分配器,其语法格式如下。

```
Over[.partitionBy($("partition_filed"))].orderBy($("order_filed")).preceding
(UNBOUNDED_ROW)
```

上述语法格式中,UNBOUNDED_ROW 为定义无界行类型窗口分配器的固定属性。

(3)定义有界时间类型的窗口分配器,其语法格式如下。

```
Over[.partitionBy($("partition_filed"))].orderBy($("order_filed")).preceding
(lit(timeNum).time)
```

上述语法格式中,timeNum 用于指定相邻时间。time 用于指定相邻时间的单位,包括时、分和秒,它们对应的实现方式分别是 hours()、minutes()或 seconds()。

(4)定义无界时间类型的窗口分配器,其语法格式如下。

```
Over[.partitionBy($("partition_filed"))].orderBy($("order_filed")).preceding
(UNBOUNDED_RANGE)
```

上述语法格式中,UNBOUNDED_RANGE 为定义无界时间类型窗口分配器的固定属性。

接下来通过一段示例代码来演示如何使用 Over Window 的窗口计算方式对 Table 对象执行窗口操作,这里使用有界时间类型的窗口分配器,具体代码如下。

```
1    Table overTable = orderTable.window(
2          Over.partitionBy($("productName")).
3                orderBy($("orderTime").desc()).
4                preceding(lit(10).seconds()).as("w"))
5        .select(
6            $("productName"),
7            $("orderPrice").sum().over("w")
8        );
```

上述代码中,指定相邻时间为 10 秒。指定分区字段为 productName。在查询窗口的字段时,使用聚合函数 sum()对字段 orderPrice 的数据进行累加的聚合操作。

2. 通过 SQL 使用 Over Window

通过 SQL 可以使用 Over Window 的窗口计算方式对表执行窗口操作,其 SQL 语句的语法格式如下。

```
SELECT filed_list
  OVER (
    [PARTITION BY partition_filed]
    ORDER BY order_filed
    OverWindow)
FROM table_name
```

上述语法格式中,filed_list 用于查询窗口中指定字段的数据。在进行窗口聚合运算时,指定的字段需要结合聚合函数一同使用。Over Window 用于指定窗口分配器。在 SQL 中,Over Window 支持有界行和有界时间两种类型的数据分配规则,它们分别对应不同类型的窗口分配器。partition_filed 用于指定分区字段。如果无须将输入 Over Window 的每条数据进行分区,那么可以忽略 PARTITION BY 子句。order_filed 用于指定排序字段,在流处理模式下,排序字段必须是声明为时间属性的字段,且排序规则必须为升序。

下面介绍通过 SQL 使用 Over Window 时,定义不同类型的窗口分配器,具体内容如下。

(1)定义有界时间类型的窗口分配器,其语法格式如下。

```
RANGE BETWEEN INTERVAL 'timeNum' time PRECEDING AND CURRENT ROW
```

上述语法格式中,timeNum 用于指定相邻时间。time 用于指定相邻时间的单位,包括时、分和秒,对应的实现方式分别是 HOUR、MINUTE 或 SECOND。

(2)定义有界行类型的窗口分配器,其语法格式如下。

```
ROWS BETWEEN nums PRECEDING AND CURRENT ROW
```

上述语法格式中,nums 用于指定相邻的行数。

接下来通过一个案例来演示如何在 Table 程序中使用 Over Window 的窗口计算方式对表执行窗口操作。本案例通过 DataStream API 实现自定义 Source 模拟实时生成商品交易数据,通过窗口操作实时统计商品交易数据。要求每条商品交易数据都与其相邻时间为 5 秒的数据进行窗口计算,统计每个商品的总销售额。

本案例基于文件 8-7 实现,将文件 8-7 中第 26～34 行代码修改为如下代码。

```
1  tableEnvironment.executeSql("SELECT " +
2      "productName," +
3      "ts," +
4      "orderPrice," +
5      "SUM(orderPrice)" +
6      "OVER (" +
7      "PARTITION BY productName " +
8      "ORDER BY ts " +
9      "RANGE BETWEEN INTERVAL '5' SECONDS " +
10     "PRECEDING AND CURRENT ROW" +
11     ") AS total_price FROM order_Table").print();
```

上述代码用于执行使用 Over Window 的窗口计算方式对虚拟表 order_Table 执行窗口操作的 SQL 语句,并利用 print 算子将执行结果输出到控制台。该 SQL 语句定义了有界时间类型的窗口分配器,指定相邻时间为 5 秒。

文件 8-7 的运行结果如图 8-10 所示。

从图 8-10 可以看出,订单创建时间的相邻时间在 5 秒内的相同商品,其订单交易金额会

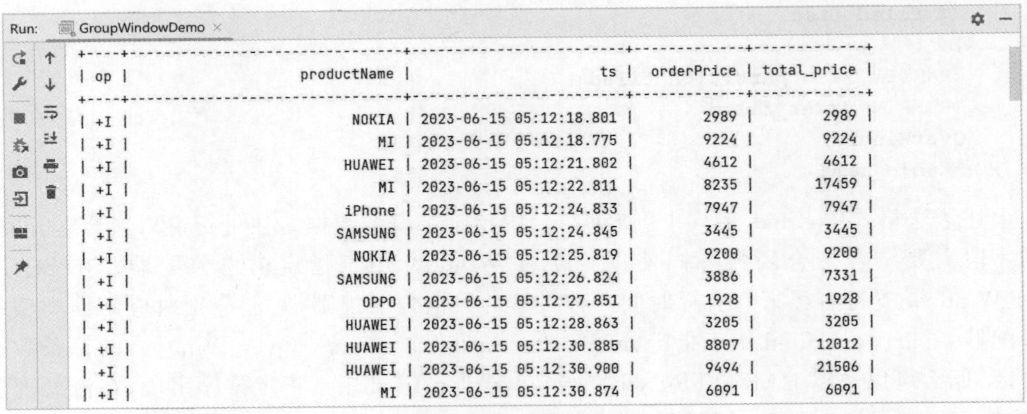

op	productName	ts	orderPrice	total_price
+I	NOKIA	2023-06-15 05:12:18.801	2989	2989
+I	MI	2023-06-15 05:12:18.775	9224	9224
+I	HUAWEI	2023-06-15 05:12:21.802	4612	4612
+I	MI	2023-06-15 05:12:22.811	8235	17459
+I	iPhone	2023-06-15 05:12:24.833	7947	7947
+I	SAMSUNG	2023-06-15 05:12:24.845	3445	3445
+I	NOKIA	2023-06-15 05:12:25.819	9200	9200
+I	SAMSUNG	2023-06-15 05:12:26.824	3886	7331
+I	OPPO	2023-06-15 05:12:27.851	1928	1928
+I	HUAWEI	2023-06-15 05:12:28.863	3205	3205
+I	HUAWEI	2023-06-15 05:12:30.885	8807	12012
+I	HUAWEI	2023-06-15 05:12:30.900	9494	21506
+I	MI	2023-06-15 05:12:30.874	6091	6091

图 8-10　文件 8-7 的运行结果

进行累加操作。例如，订单创建时间为 2023-06-15 05:12:30.900 的订单，其商品名称为 HUAWEI，订单交易金额为 9494，与其相邻时间在 5 秒内的相同商品包括两个，它们的订单创建时间为 2023-06-15 05:12:28.863 和 2023-06-15 05:12:30.885，并且订单交易金额为 8807 和 3205，因此当订单创建时间为 2023-06-15 05:12:30.900 的订单出现时，名称为 HUAWEI 的商品，其总交易额为 21506(9494＋8807＋3205)。

【注意】 通过 SQL 使用 Over Window 时，应用聚合函数的字段不能直接通过 AS 子句指定生成聚合运算结果的字段，而是在 OVER 子句之后指定。

8.5 本章小结

本章主要深入阐述了如何运用 Table API&SQL 来实现 Table 程序，帮助读者理解并掌握处理 Table 程序中数据的多种策略。首先，详尽地讲解了函数，包括内置函数、自定义函数、自定义函数的注册以及使用。其次，介绍了 DataStream 与 Table 对象的转换。最后，深入介绍了时间属性和窗口操作。通过本章的学习，希望读者能够更熟练地运用 Table API & SQL，从而提高在实际项目中的开发能力。

8.6 课后习题

一、填空题

1. Table API 提供的聚合函数分为________和聚合函数。

2. 在 Table API 中，value1.isGreater(value2)用于比较 value1 是否________ value2。

3. 在 Table API 中，numeric1. times(numeric2)返回 numeric1 ________ numeric2 的结果。

4. 在 Table 程序中自定义标量函数时，需要自定义一个类来继承抽象类________。

5. 在 Table 程序中，fromDataStream()方法用于将________对象转换为________对象。

二、判断题

1. 在 Table API 中，numeric1.minus(numeric2)表示返回 numeric1 加 numeric2 的结果。 (　　)

2. 在 Table API 中，rand()可以返回随机整数值。 (　　)

3. 在 Table 程序中自定义聚合函数时必须实现 eval()方法。　　　　　　　(　　)

4. 在 Table 程序中,临时系统函数会覆盖同名的内置函数。　　　　　　　(　　)

5. 自定义表函数必须与 joinLateral 算子共同使用。　　　　　　　　　　(　　)

三、选择题

1. 下列选项中,关于 value1.between(value2,value3)描述正确的是(　　)。

　　A. 比较 value1 是否大于 value2 且小于 value3

　　B. 比较 value1 是否大于或等于 value2 且小于或等于 value3

　　C. 比较 value1 是否小于 value2 且大于 value3

　　D. 比较 value1 是否小于或等于 value2 且大于或等于 value3

2. 下列方法中,用于自定义聚合函数的是(　　)。(多选)

　　A. createAccumulator()　　　　　　　　B. eval()

　　C. accumulator()　　　　　　　　　　　D. getValue()

3. 下列选项中,关于 Table 程序中不同类型函数的解析顺序描述正确的是(　　)。

　　A. 内置函数、临时系统函数、临时目录函数、目录函数

　　B. 临时系统函数、内置函数、临时目录函数、目录函数

　　C. 目录函数、内置函数、临时目录函数、临时系统函数

　　D. 目录函数、内置函数、临时系统函数、临时目录函数

4. 下列方法中,用于使用自定义函数对 Table 对象进行处理的是(　　)。

　　A. use()　　　　　　　　　　　　　　　B. useFuncrion()

　　C. callFunction()　　　　　　　　　　　D. call()

5. 下列数据分配规则中,属于 SQL 中 Group Window 支持的是(　　)。(多选)

　　A. 会话窗口　　　　　B. 滑动窗口　　　　　C. 累积窗口　　　　　D. 滚动窗口

四、简答题

1. 简述累积窗口划分窗口的方式。

2. 简述有界时间和无界时间分配数据的规则。

第 9 章

Flink CEP

学习目标

- 了解 Flink CEP 的基本概念，能够说出 Flink CEP 的作用和应用场景。
- 熟悉 Flink CEP 的模式，能够描述个体模式和组合模式。
- 掌握模式的定义，能够在 DataStream 程序中灵活定义不同类型的模式。
- 掌握使用模式检测数据流，能够独立完成使用模式检测数据流中复杂事件的 DataStream 程序。
- 熟悉超时事件处理，能够处理复杂事件中的超时事件。
- 了解延迟事件处理，能够说出 Flink CEP 处理延迟事件的方式。

通过 Flink 提供的 DataStream API 和 Table API&SQL 可以满足企业中对于事件进行处理的大部分业务需求。然而，在实际的大数据分析场景中，存在一类特殊需求，即检测以特定顺序先后发生的一组事件并进行处理。例如，在电商网站中，需要检测用户是否发生了"下单支付"的组合事件，该组合事件由"下单"和"支付"两个事件构成，并且还涉及时间限制。

这类由多个事件组合而成的复杂事件需要使用更高级的处理方法，而直接使用 DataStream API 或 Table API&SQL 实现将变得困难。这时候，可以借助 Flink 的底层处理函数（Process Function）来实现复杂事件的处理。然而，处理复杂事件时，可能需要设置大量的状态和定时器，并在代码中定义各种条件分支进行判断，这增加了开发的复杂度。为了简化这一过程，Flink 提供了专门用于复杂事件处理的库——CEP（Complex Event Processing）。本章介绍 Flink CEP 的概念及其使用。

9.1　Flink CEP 基本概述

Flink CEP 是 Flink 实现的一个用于复杂事件处理的库（Library），它可以根据用户定义的匹配规则检测数据流中的复杂事件，然后对满足匹配规则的复杂事件进行处理，并输出处理结果。Flink CEP 检测复杂事件的流程如图 9-1 所示。

在图 9-1 中，数据流中的不同形状代表着不同事件，定义的匹配规则为检测数据流中正方形和三角形相邻，并且正方形在前三角形在后的复杂事件。将匹配规则应用到数据流上，就可以检测到 4 个复杂事件，这 4 个复杂事件会构成一个新的数据流，该数据流中的数据由复杂事件所构成。

经过前面的学习，读者对 Flink CEP 有了初步的了解，那么在大数据分析领域中，Flink CEP 通常应用于哪些场景呢？实际上 Flink CEP 主要应用于实时计算的场景，它可以从复杂

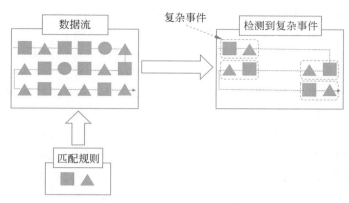

图 9-1　Flink CEP 检测复杂事件的流程

的数据流中找出那些看似不相关的事件,并将它们组合成有意义的复杂事件,然后实时地进行分析并输出分析结果。接下来介绍 Flink CEP 的一些常见应用场景,具体内容如下。

1. 风险控制

通过预定义的匹配规则实时检测用户的异常行为。当用户的行为符合匹配规则时,系统判定其出现异常行为。例如,在网约车平台上,如果乘客乘车超过 5 分钟车辆位置没有变更,系统会发送通知信息给乘客确认,或由人工进一步判定是否存在异常,从而有效地控制乘客和平台的风险。

2. 实时营销

通过预定义的匹配规则实时跟踪用户的行为轨迹。当用户的行为轨迹符合匹配规则时,系统实时向用户发送相应策略的推广。例如,在电商网站上,如果用户先浏览了计算机显示器,然后又浏览了计算机主机,系统可以根据匹配规则为用户推广计算机鼠标的广告,实现精确营销。

3. 运维监控

通过预定义的匹配规则实时监控服务器的指标,如 CPU、网络 IO 等。当服务器的指标符合匹配规则时,系统实时产生相应的警告,通知企业的运维人员及时管理,以避免不必要的损失。

虽然许多大数据处理框架,如 Spark、Beam 等,提供了复杂事件处理的解决方案,但它们并没有专门的库来实现复杂事件处理,因此实现起来较为复杂。而 Flink 提供了专门用于复杂事件处理的库 CEP,使复杂事件处理变得简单且高效,可以说是目前复杂事件处理的最佳解决方案。

9.2　模式

通过前面的学习可以了解到,Flink CEP 是通过用户定义的匹配规则检测复杂事件的。在 Flink CEP 中,用户定义的匹配规则称为模式(Pattern)。模式内部主要包含个体模式(Individual Pattern)和组合模式(Combining Pattern)两部分内容,本节对这两部分内容进行详细讲解。

9.2.1　个体模式

复杂事件由多个单独的事件组合而成。在 Flink CEP 中,为了识别数据流中的复杂事件,需要为每个单独事件设定匹配规则,这些规则被称为个体模式。例如,在检测数据流中的"下单支付"复杂事件时,需要定义两个个体模式,一个用于检测下单事件,另一个用于检测支付事件。只有当同一用户对特定商品下单并在规定时间内支付时,这两个事件才会被组合成一个复杂事件。

个体模式可以被划分为两类,即单例模式(Singleton Pattern)和循环模式(Looping Pattern)。单例模式仅用于检测数据流中的单个事件,而循环模式可以检测并组合数据流中连续出现的具有相同特征的多个事件。默认情况下,循环模式的连续性(Contiguity)规则为宽松连续性,即在连续出现的具有相同特征的多个事件之间可以存在其他事件。关于连续性规则的详细内容将在9.2.2节进行介绍,这里读者只需了解即可。下面通过图9-2来展示单例模式和循环模式检测数据流的效果。

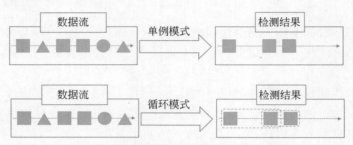

图 9-2　单例模式和循环模式检测数据流的效果

在图9-2中,单例模式检测数据流中形状为正方形的事件,循环模式检测数据流中连续出现两次且形状为正方形的事件。

通过上述内容的学习,可以了解到如何使用个体模式来检测数据流中的事件。但是,如何确保检测到的事件就是我们想要获取的事件呢?例如,在图9-2所示的数据流中,存在3种形状的事件。要确保检测到的事件是正方形形状的事件,这时就需要为个体模式定义条件(Conditions)。

条件可以被看作数据流中事件的选取规则,它构成了个体模式事件检测的核心。Flink CEP会根据用户定义的条件筛选数据流中的事件,以决定是否选取当前事件。Flink CEP中的条件分为简单条件(Simple Conditions)、迭代条件(Iterative Conditions)、组合条件(Combining Conditions)和终止条件(Stop Conditions),具体介绍如下。

1. 简单条件

简单条件基于数据流中的当前事件进行判断。如果当前事件满足设定的选取规则,就会被选取。

2. 迭代条件

迭代条件基于数据流中的当前事件和历史事件进行判断。如果这些事件满足设定的选取规则,当前事件就会被选取。

3. 组合条件

组合条件将多个简单条件或迭代条件组合成一个新的条件。如果当前事件满足这个新设定的条件,就会被选取。

4. 终止条件

终止条件主要应用于循环模式的个体模式。当连续出现同样特征的多个事件时,如果遇到某个特定的事件,那么检测将会终止,如图 9-3 所示。

图 9-3　终止条件

在图 9-3 中,循环模式用于检测数据流中连续出现两次正方形形状的事件。如果遇到形状为圆形的事件,检测将会终止,如图 9-3 所示。这样,第 2 个和第 3 个正方形形状的事件将不会被检测为连续出现两次的事件。

设置终止条件,可以有效地避免资源的浪费。由于循环模式默认具有宽松连续性,为了确认连续出现具有相同特征的事件,Flink CEP 会将已检测的事件缓存在内存中,以便后续出现相同特征的事件时进行判断。然而,如果没有设置适当的终止条件,缓存的事件可能会无限增长,导致资源的浪费。

在工作和学习中,每一份资源都显得至关重要,不论是物质的还是非物质的,如时间、精力和知识等。我们不应视资源为理所当然,而应尊重它们的价值。面对任何可能导致资源浪费的情况,我们有责任及时发现并采取措施阻止。因此,我们不仅要有敏锐的发现问题的能力,更要有解决问题的策略性思维。这需要通过优化使用策略,以确保资源的合理和高效利用,从而最大化每一份资源的价值。

9.2.2　组合模式

将预先定义好的个体模式,按照设定的连续性规则有序连接,可以构成完整的模式序列(Pattern Sequence),这个过程被称为组合模式。Flink CEP 通过组合模式能够在数据流中识别复杂事件。Flink CEP 支持 3 种连续性规则,即严格连续性(Strict Contiguity)、宽松连续性(Relaxed Contiguity)和非确定性放松连续性(Non-Deterministic Relaxed Contiguity),具体介绍如下。

1. 严格连续性

严格连续性是组合模式的默认连续性规则,它要求组合模式中不同个体模式检测到的事件必须按照严格的顺序一个接一个地出现,其中不能有其他任何事件插入,如图 9-4 所示。

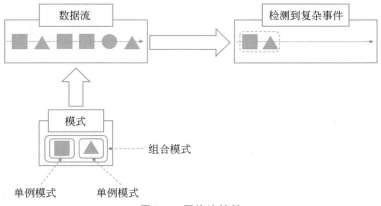

图 9-4　严格连续性

在图 9-4 中,组合模式由两个单例模式类型的个体模式构成,用于检测数据流中形状为正方形和三角形的事件。将这两个个体模式按照先出现形状为正方形的单例模式,然后出现形状为三角形的单例模式的顺序进行连接,从而形成模式序列。最终 Flink CEP 在数据流中检测到了一个复杂事件。

2. 宽松连续性

宽松连续性要求组合模式中不同个体模式检测到的事件顺序出现,但每个事件之间可以有其他事件插入。相比于严格连续性,宽松连续性可以检测到数据流中更多的复杂事件,如图 9-5 所示。

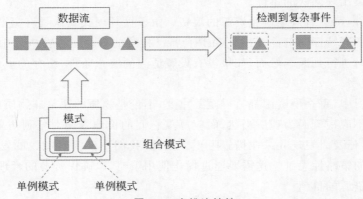

图 9-5　宽松连续性

从图 9-5 可以看出,Flink CEP 在数据流中检测到了两个复杂事件。尽管第二个复杂事件中,形状为正方形和三角形的事件之间存在形状为圆形的事件,但这依然被识别为一个复杂事件。

3. 非确定性放松连续性

非确定性放松连续性要求组合模式中不同个体模式检测到的事件顺序出现,并允许每个事件之间有其他事件插入,还可以重复使用已经检测过的事件。相对于宽松连续性,非确定性放松连续性能检测到数据流中更多的复杂事件,如图 9-6 所示。

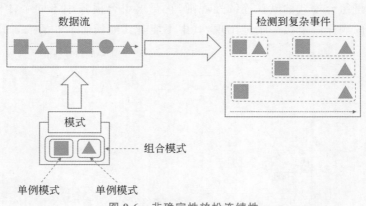

图 9-6　非确定性放松连续性

从图 9-6 可以看出,Flink CEP 在数据流中检测到了 4 个复杂事件。值得注意的是,第一个形状为正方形的事件被重复检测为两个复杂事件,而第六个形状为三角形的事件被重复检测为 3 个复杂事件。

多学一招：循环模式内的连续性规则

循环模式内的连续性规则默认为宽松连续性。除此之外,循环模式还支持严格连续性和非确定性放松连续性这两种连续性规则。严格连续性要求连续出现同样特征的多个事件之间不能存在其他事件。而非确定性放松连续性则允许连续出现同样特征的多个事件之间存在其他事件,并且可以重复使用已检测过的事件。循环模式内严格连续性和非确定性放松连续性检测数据流的效果如图 9-7 所示。

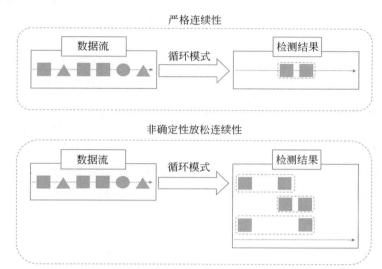

图 9-7　循环模式内严格连续性和非确定性放松连续性检测数据流的效果

在图 9-7 中,循环模式检测数据流中连续出现两次形状为正方形的事件。当使用严格连续性规则时,循环模式只检测到了一个连续出现两次且形状为正方形的事件组合。然而,当使用非确定性放松连续性规则时,循环模式检测到了 3 个连续出现两次且形状为正方形的事件组合。

9.3　模式的定义

在 Flink 的 CEP 库中,可以使用模式 API(Pattern API)来定义模式。模式 API 提供了 Pattern 类,通过该类的一些方法可以定义模式,本节介绍如何使用模式 API 来定义模式。

9.3.1　定义个体模式

Pattern 类提供了多种方法来定义个体模式。不同的方法定义的个体模式在组合模式中代表着不同的含义。接下来通过表 9-1 介绍定义个体模式常用的方法。

表 9-1　定义个体模式常用的方法

方　　法	含　　义
begin()	begin()方法定义的个体模式必须作为模式序列的开头,即组合模式内的第一个个体模式,每个组合模式内只允许包含一个用 begin()方法定义的个体模式

续表

方　法	含　义
next()	next()方法定义的个体模式与其他个体模式连接时,连续性规则为严格连续性
followedBy()	followedBy()方法定义的个体模式与其他个体模式连接时,连续性规则为宽松连续性
followedByAny()	followedByAny()方法定义的个体模式与其他个体模式连接时,连续性规则为非确定性放松连续性

默认情况下,通过表 9-1 定义的个体模式类型为单例模式。如果想要定义循环模式类型的个体模式,可以在定义个体模式的方法后面追加量词(Quantifiers)。

接下来分别介绍如何定义单例模式和循环模式类型的个体模式。

1. 定义单例模式类型的个体模式

这里以 next()方法为例,介绍定义单例模式的程序结构,具体如下。

```
Pattern<eventType,conditionsType> pattern
                         = Pattern.<eventType>next("patternName");
```

上述程序结构中,eventType 用于定义数据流中事件的数据类型。

conditionsType 用于定义对数据流进行筛选时事件的数据类型,也可以称为事件子类型。通常情况下,事件子类型与事件的数据类型相同,当然也可以指定为通配符"?"自行判断事件子类型的数据类型。

pattern 用于定义生成 Pattern 对象的名称。通过该对象可以定义个体模式的条件,以及连接其他个体模式。需要注意的是,如果通过 Pattern 对象定义个体模式的条件,那么 conditionsType 不能指定为通配符"?"。

patternName 用于定义个体模式的名称,该名称将标记数据流中被个体模式检测到的事件。如果个体模式的类型为循环模式,那么 patternName 会标记数据流中具有相同特征的多个事件。

使用 begin()、followedBy()和 followedByAny()方法定义单例模式的程序结构与 next()方法一致,这里不再赘述。

2. 定义循环模式类型的个体模式

定义循环模式类型的个体模式时,需要在定义个体模式的方法后面追加量词,量词的作用是定义连续出现相同特征事件的检测次数。模式 API 提供了 5 种方法来定义量词,具体介绍如下。

1) oneOrMore()

oneOrMore()方法用于检测数据流中连续出现 1~N 次相同特征的事件,使用该方法的语法格式如下。

```
function.oneOrMore()
```

上述语法格式中,function 表示定义个体模式的方法。接下来通过图 9-8 来展示 oneOrMore()方法检测数据流的效果。

在图 9-8 中,循环模式检测数据流中连续出现 1~N 次形状为正方形的事件,检测结果中出现了 6 次正方形事件的组合。

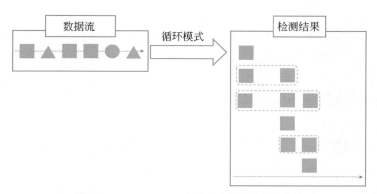

图 9-8　oneOrMore( )方法检测数据流的效果

2）times( )

times( )方法用于检测数据流中连续出现固定次数或指定次数范围的相同特征的事件,使用该方法的语法格式如下。

```
#固定次数
function.times(time)
#指定次数范围
function.times(fromtime,totime)
```

上述语法格式中,time 用于指定固定次数。fromtime 和 totime 分别用于指定次数范围的起始范围和结束范围。例如,次数范围为 2～5,那么数据流中连续出现 2、3、4 或 5 次相同特征的事件都会被检测。接下来通过图 9-9 来展示 time( )方法检测数据流的效果。

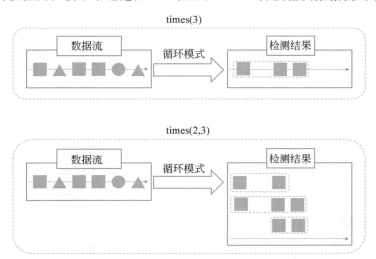

图 9-9　times( )方法检测数据流的效果

在图 9-9 中,循环模式分别检测数据流中连续出现 3 次和 2～3 次形状为正方形的事件。times(3)的检测结果出现了 1 次形状为正方形的事件组合,而 times(2,3)的检测结果出现了 3 次形状为正方形的事件组合。

3）timesOrMore()

timesOrMore() 方法用于检测数据流中连续出现 fromtime～N 次相同特征的事件，其中 fromtime 为用户定义的值，表示起始范围。例如，定义 fromtime 的值为 2，则检测数据流中连续出现 2～N 次同样特征的事件，使用该方法的语法格式如下。

```
function.timesOrMore(fromtime)
```

上述语法格式中，fromtime 为定义的起始范围。接下来通过图 9-10 来展示 timesOrMore() 方法检测数据流的效果。

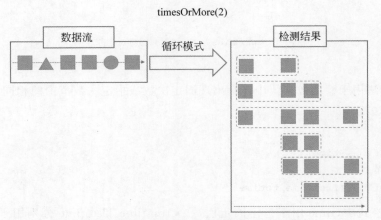

图 9-10　timesOrMore() 方法检测数据流的效果

在图 9-10 中，循环模式检测数据流中连续出现 2～N 次形状为正方形的事件，检测结果出现了 6 次形状为正方形的事件组合。

4）greedy()

greedy() 方法基于 oneOrMore()、times() 或 timesOrMore() 方法使用，该方法会尽可能多地去检测相同特征的事件连续出现的次数，使用该方法的语法格式如下。

```
quantifiersFunction.greedy()
```

上述语法格式中，quantifiersFunction 表示 oneOrMore()、times() 或 timesOrMore() 方法。接下来通过图 9-11 来展示 greedy() 方法检测数据流的效果。

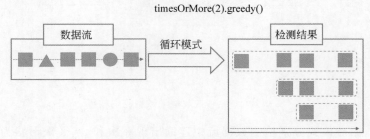

图 9-11　greedy() 方法检测数据流的效果

在图 9-11 中，循环模式检测数据流中连续出现 2～N 次形状为正方形的事件，并通过使用 greedy() 方法尽可能多地检测形状为正方形的事件连续出现的次数。通过对比图 9-10 和

图 9-11 的结果可以看出，在使用 greedy() 方法时，检测结果仅出现了 3 次形状为正方形的事件组合。这是因为在第一个形状为正方形的事件出现后，虽然连续出现了 2 次和 3 次形状为正方形的事件组合，但没有连续出现 4 次形状为正方形的事件组合多。

5）optional()

optional() 方法基于 oneOrMore()、times() 或 timesOrMore() 方法使用，表示当未检测到数据流中连续出现相同特征的事件时则进行忽略，使用该方法的语法格式如下。

```
quantifiersFunction.optional()
```

 多学一招：定义循环模式内的连续性规则

默认情况下，循环模式内的连续性规则为宽松连续性，如果想要定义循环模式内的连续性规则为严格连续性或非确定性放松连续性，则需要在定义量词的方法后面追加 consecutive() 或 allowCombinations() 方法。

9.3.2　定义个体模式的条件

在定义个体模式后，为了对数据流中的事件进行筛选，需要为个体模式定义条件。Pattern 类提供了 where()、or() 和 until() 方法来定义不同类型的条件，具体介绍如下。

1. where() 方法

where() 方法用于定义简单条件、迭代条件和组合条件，具体内容如下。

1）定义简单条件

使用 where() 方法定义简单条件时，需要在 where() 方法中传入一个 SimpleCondition 类的实例作为参数，并且重写 SimpleCondition 类的 filter() 方法来定义筛选数据流中事件的规则。有关使用 where() 方法定义简单条件的语法格式如下。

```
pattern.individualPattern.where(new SimpleCondition<EventType>(){
    @Override
    public boolean filter(EventType event) throws Exception {
        return judgeResult;
    }
});
```

上述语法格式中，pattern 表示 Pattern 对象。individualPattern 表示定义个体模式的方法，如果是循环模式类型的个体模式，那么 individualPattern 表示定义量词的方法或定义循环模式内连续性规则的方法。EventType 用于定义事件子类型，有关事件子类型的介绍可参考 9.3.1 节。event 表示事件对象，通过该对象可以获取事件的数据内容。judgeResult 用于定义对当前事件进行判断的逻辑，判断结果必须为布尔类型。若判断结果为 true，则选取当前事件，反之则不选取当前事件。

接下来通过一个示例来演示如何使用 where() 方法定义简单条件。假设数据流中事件的数据类型为实体类 Event，该实体类包含属性 username、age 和 gender，此时使用 where() 方法定义的简单条件筛选数据流中的事件，判断每个事件中属性 gender 的值，获取值为 man 的事件，具体代码如下。

```
1  Pattern<Event, Event> beginPattern =
2      Pattern.<Event>begin("start").oneOrMore()
3          .where(new SimpleCondition<Event>() {
4  @Override
5  public boolean filter(Event event) throws Exception {
6      return event.getGender().equals("man");
7  }
8  });
```

上述代码中，第 6 行代码定义对当前事件进行判断的逻辑值，获取当前事件中属性 gender 的值，并调用 equals() 方法判断该值是否为 man。

2）定义迭代条件

使用 where() 方法定义迭代条件时，需要在 where() 方法中传入一个 IterativeCondition 类的实例作为参数，并重写 IterativeCondition 类的 filter() 方法来定义筛选数据流中事件的规则。有关使用 where() 方法定义迭代条件的语法格式如下。

```
pattern.individualPattern.where(new IterativeCondition<EventType>(){
    @Override
    public boolean filter(EventType event,Context<EventType> context)
  throws Exception {
        return judgeResult;
    }
});
```

上述语法格式中，context 为个体模式的上下文对象，通过调用该对象的 getEventsForPattern() 方法，并传入个体模式的名称作为参数，就可以获取这个个体模式已获取的所有事件，即历史事件。

接下来通过一个示例来演示如何使用 where() 方法定义迭代条件。假设数据流中事件的数据类型为实体类 Event，该实体类包含属性 username、age 和 gender，此时使用 where() 方法定义迭代条件筛选数据流中的事件，首先判断每个事件中属性 username 的值是否为 zhangsan，如果判断结果为 true，那么再判断个体模式 start 的事件数量是否小于或等于 5，如果判断结果为 true，那么便获取当前事件，具体代码如下。

```
1  Pattern<Event, Event>middlePattern = beginPattern
2      .next("middle")
3      .where(new IterativeCondition<Event>() {
4          @Override
5          public boolean filter(Event event, Context<Event> context)
6                  throws Exception {
7              if(!event.getUsername().equals("zhangsan")){
8                  return false;
9              }
10             Iterable<Event>olderEvents =
11                 context.getEventsForPattern("start");
12             int count = 0;
13             for(Event olderEvent : olderEvents) {
14                 count += 1;
```

```
15                  }
16              return count <= 5;
17          }
18      });
```

上述代码中，第 7～9 行代码判断事件中属性 username 的值是否为 zhangsan。第 10、11 行代码获取个体模式 start 的所有事件。第 12～15 行代码定义一个计数器 count，并且通过遍历统计个体模式 start 中所有事件的数量。第 16 行代码通过判断计数器 count 的值是否小于或等于 5，确认是否获取当前事件。

3）定义组合条件

使用 where()方法定义组合条件时，使用逻辑运算符 AND（逻辑与）将两个条件连接起来。从代码层面上来说，就是在 where()方法后面再次追加 where()方法，使得这两个 where()方法定义的条件进行连接。

接下来通过一个示例来演示如何使用 where()方法定义组合条件。假设数据流中事件的数据类型为实体类 Event，该实体类包含属性 username、age 和 gender，此时使用 where()方法定义组合条件筛选数据流中的事件，首先判断每个事件中属性 username 的值是否为 zhangsan，如果判断结果为 true，那么再判断每个事件中属性 gender 的值是否为 man，如果判断结果为 true，那么便获取当前事件，具体代码如下。

```
1   Pattern<Event, Event> beginPattern =
2       Pattern.<Event>begin("start")
3           .where(new SimpleCondition<Event>() {
4               @Override
5               public boolean filter(Event event) throws Exception {
6                   return event.getUsername().equals("zhangsan");
7               }
8           })
9           .where(new SimpleCondition<Event>() {
10              @Override
11              public boolean filter(Event event) throws Exception {
12                  return event.getGender().equals("man");
13              }
14          });
```

上述代码中，第 3～8 行代码定义简单条件判断当前事件中属性 username 的值是否为 zhangsan；第 9～14 行代码定义简单条件判断当前事件中属性 gender 的值是否为 man。

2. or()方法

or()方法主要作用是基于 where()方法定义组合条件，表示将两个条件通过逻辑运算符 OR（逻辑或）相连形成新的条件。从代码层面来说，就是在 where()方法后面追加 or()方法，使 where()和 or()方法定义的条件进行连接。

or()方法可以传入一个 SimpleCondition 类的实例作为参数，将其定义为简单条件，也可以传入一个 IterativeCondition 类的实例作为参数，将其定义为迭代条件。

接下来，通过一个示例来演示如何使用 or()方法定义组合条件。假设数据流中事件的数据类型为实体类 Event，该实体类包含属性 username、age 和 gender，此时使用 or()方法定义组合条件筛选数据流中的事件，判断每个事件中属性 username 的值是否为 zhangsan 或 lisi，如果判断结果为 true,那么便获取当前事件,具体代码如下。

```
1  Pattern<Event, Event> beginPattern = Pattern.<Event>begin("start")
2     .where(new SimpleCondition<Event>() {
3        @Override
4        public boolean filter(Event event) throws Exception {
5           return event.getUsername().equals("zhangsan");
6        }
7     })
8     .or(new SimpleCondition<Event>() {
9        @Override
10       public boolean filter(Event event) throws Exception {
11          return event.getUsername().equals("lisi");
12       }
13    });
```

上述代码中,第 2~7 行代码定义简单条件判断当前事件中属性 username 的值是否为 zhangsan;第 8~13 行代码定义简单条件判断当前事件中属性 username 的值是否为 lisi。

3. until()方法

until()方法为循环模式类型的个体模式定义终止条件,通常应用于 timesOrMore()和 oneOrMore()方法定义的循环模式。until()方法可以传入一个 SimpleCondition 类的实例作为参数,将其定义简单条件,也可以传入一个 IterativeCondition 类的实例作为参数,将其定义迭代条件。

接下来通过一个示例来演示 until()方法定义终止条件。假设数据流中事件的数据类型为实体类 Event,该实体类包含属性 username、age 和 gender,此时使用 until()方法定义循环模式的终止条件来筛选数据流中的事件。首先判断当前事件中属性 username 的值是否为 zhangsan,如果判断结果为 true,则继续循环判断数据流中的事件,当事件中属性 username 的值为 lisi 时终止循环,具体代码如下。

```
1  Pattern<Event, Event> beginPattern = Pattern.<Event>begin("start")
2     .oneOrMore()
3     .where(new SimpleCondition<Event>() {
4        @Override
5        public boolean filter(Event event) throws Exception {
6           return event.getUsername().equals("zhangsan");
7        }
8     })
9     .until(new SimpleCondition<Event>() {
10       @Override
11       public boolean filter(Event event) throws Exception {
12          return event.getUsername().equals("lisi");
13       }
14    });
```

上述代码中,第 3~8 行代码用于判断当前事件中属性 username 的值是否为 zhangsan。第 9~14 行代码用于判断当前事件中属性 username 的值是否为 lisi。

多学一招：限定事件子类型

Pattern 类提供了 subtype() 方法用于限定事件子类型，可以在定义个体模式方法的后边追加 subtype() 方法，并传递一个数据类型的类作为参数即可。当个体模式限定事件子类型之后，数据流中数据类型与限定事件子类型一致的事件，才会被个体模式定义的条件进行判断，这样可以有针对性地检测数据流的事件，避免不必要的资源浪费，若只想检测数据类型为实体类 Event 的事件，则代码如下。

```
subtype(Event.calss)
```

9.3.3　定义组合模式

组合模式的定义是将已定义的个体模式按照复杂事件的检测规则连接起来。每个组合模式必须有一个使用 begin() 方法定义的个体模式作为起点，并且每个组合模式中只能包含一个使用 begin() 方法定义的个体模式。

例如，要定义的组合模式检测数据流中类型为 a＋b...c 的复杂事件，其中，a＋表示 a 可以重复出现多次，即第一个个体模式是循环模式。b...c 表示在 b 和 c 之间可以出现其他事件，即第二个和第三个个体模式之间使用宽松连续性规则进行连接，其检测效果如图 9-12 所示。

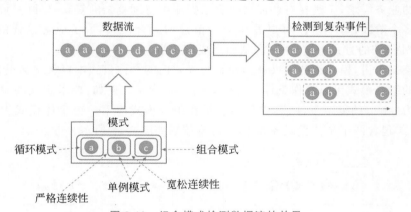

图 9-12　组合模式检测数据流的效果

接下来通过示例代码来演示如何定义图 9-12 中检测数据流的组合模式，具体代码如下。

```
1  Pattern<Event, Event> combiningPattern =
2   Pattern.<Event>begin("start")
3    .oneOrMore()
4    .where(new SimpleCondition<Event>() {
5        @Override
6        public boolean filter(Event event) throws Exception {
7            return event.getUsername().equals("a");
8        }
9    })
10       .next("middle").where(new SimpleCondition<Event>() {
11       @Override
12       public boolean filter(Event event) throws Exception {
13           return event.getUsername().equals("b");
```

```
14            }
15        })
16        .followedBy("end").where(new SimpleCondition<Event>() {
17        @Override
18        public boolean filter(Event event) throws Exception {
19            return event.getUsername().equals("c");
20        }
21    });
```

上述代码中,第 2~9 行代码通过 begin()方法定义组合模式开头的个体模式 start,并且通过 oneOrMore()方法定义该个体模式的类型为循环模式。第 10~15 行代码通过 next()方法定义组合模式的第二个个体模式 middle,表示第一个和第二个个体模式之间是通过严格连续性的连续性规则进行连接。第 16~21 行代码通过 followedBy()方法定义组合模式的第三个个体模式 end,表示第二个和第三个个体模式之间是通过宽松连续性的连续性规则进行连接。

9.3.4　模式组

通常情况下,在 Flink 应用程序中定义的组合模式,可以解决企业对于大部分检测数据流中复杂事件的业务需求,不过在有些需要检测数据流中特别复杂的复杂事件时,可能会将组合模式划分为多个阶段,每个阶段可以看作一个单独的组合模式,为了应对这样的需求,Flink CEP 允许以"嵌套"的方式来定义模式,从而形成模式组。

从代码层面来讲,模式组的定义就是在组合模式内的个体模式中再次定义组合模式,每个个体模式内的组合模式可以看作整体组合模式的一个阶段。例如,要求定义的模式组检测数据流中类型为(ab)c 的复杂事件,其中(ab)表示在组合模式内第一个个体模式中定义组合模式,该组合模式包含两个个体模式 a 和 b,其检测效果如图 9-13 所示。

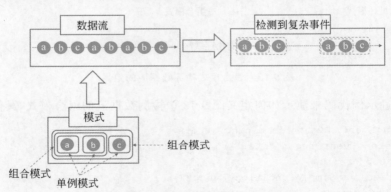

图 9-13　模式组检测数据流的效果

通过示例代码来演示如何定义图 9-13 中检测数据流的模式组,具体代码如下。

```
1   Pattern<Event, Event> combiningPattern =
2   Pattern.begin(Pattern.<Event>begin("start_start")
3       .where(new SimpleCondition<Event>() {
4       @Override
5       public boolean filter(Event event) throws Exception {
```

```
6                return event.getUsername().equals("a");
7        }
8    }).next("start_end").where(new SimpleCondition<Event>() {
9        @Override
10       public boolean filter(Event event) throws Exception {
11           return event.getUsername().equals("b");
12       }
13   }))
14   .next("end").where(new SimpleCondition<Event>() {
15       @Override
16       public boolean filter(Event event) throws Exception {
17           return event.getUsername().equals("c");
18       }
19   });
```

上述代码中,第 2～13 行代码通过 begin()方法定义组合模式开头的个体模式,并且在个体模式内定义了一个新的组合模式,该组合模式包含两个个体模式 start_start 和 start_end,这两个个体模式之间是通过严格连续性的连续性规则进行连接。第 14～19 行代码通过 next()方法定义外部组合模式的第二个个体模式 end,表示外部组合模式的第二个个体模式是通过严格连续性的连续性规则进行连接。

9.3.5　匹配后跳过策略

在 Flink CEP 中,对于类型为循环模式的个体模式,存在非确定性放松连续性的连续性规则,这会导致同一个事件被重复利用并分配到不同的复杂事件检测结果中,从而导致结果冗余和规模增大。为了精确控制事件匹配后跳过哪些情况,可以使用匹配后跳过策略(After Match Skip Strategy)。

Flink CEP 提供了 5 种匹配后跳过策略,分别是不跳过(NO_SKIP)、跳至下一个(SKIP_TO_NEXT)、跳过所有子匹配(SKIP_PAST_LAST_EVENT)、跳至第一个(SKIP_TO_FIRST)和跳至最后一个(SKIP_TO_LAST)。接下来举例说明不同匹配后跳过策略的含义。

例如,要求检测数据流中复杂事件,其中复杂事件的第一个事件为事件 a,事件 a 可以重复出现一次或多次。复杂事件的第二个事件为事件 b,事件 a 与事件 b 之间为严格连续性的连续性规则。因此,定义的组合模式包含两个个体模式,第一个个体模式的类型为通过 oneOrMore()方法定义的循环模式,第二个个体模式的类型为单例模式。为了体现不同匹配后跳过策略的效果,可以通过 allowCombinations()方法将循环模式内的连续性规则指定为非确定性放松连续性,其代码如下。

```
1    Pattern<Event, Event> combiningPattern =
2        Pattern.<Event>begin("start")
3            .where(new SimpleCondition<Event>() {
4                @Override
5                public boolean filter(Event event) throws Exception {
6                    return event.getUsername().equals("a");
7                }
8            })
```

```
9              .allowCombinations()
10             .oneOrMore()
11             .next("end").where(new SimpleCondition<Event>() {
12                 @Override
13                 public boolean filter(Event event) throws Exception {
14                     return event.getUsername().equals("b");
15                 }
16             });
```

假设,现在数据流中输入事件的顺序为"a a a b",为了区分不同的事件 a,将输入的事件记作"a1 a2 a3 b"。当没有在循环模式内应用匹配后跳过策略时,上述代码定义的组合模式会检测到 6 个复杂事件,分别是(a1 a2 a3 b)(a1 a2 b)(a1 b)(a2 a3 b)(a2 b)(a3 b),可以看出事件 a1 和 a2 作为复杂事件的开头重复出现在不同复杂事件的检测结果中,如事件 a1 分别在复杂事件(a1 a2 a3 b)(a1 a2 b)(a1 b)重复出现了 3 次。

下面介绍不同匹配后跳过策略对上述示例中检测结果的影响,具体内容如下。

1. 不跳过

不跳过是循环模式默认使用的匹配后跳过策略,该策略表示每次匹配一个事件后不跳过任何事件,继续从当前事件匹配。

2. 跳至下一个

跳至下一个与在循环模式追加 greedy()方法的效果相同,即尽可能多地去检测同样特征的事件连续出现的次数。例如,以 a1 开头连续出现事件 a 次数最多的复杂事件为(a1 a2 a3 b),此后以 a1 开头的其他复杂事件便不会再被检测,同理 a2 也是如此。最终的检测结果为(a1 a2 a3 b)(a2 a3 b)(a3 b)。在循环模式中定义跳至下一个的匹配后跳过策略时,需要将上述示例代码的第 2 行代码修改为如下内容。

```
Pattern.<Event>begin("start", AfterMatchSkipStrategy.skipToNext())
```

3. 跳过所有子匹配

当循环模式应用跳过所有子匹配的匹配后跳过策略时,最终的检测结果为(a1 a2 a3 b),此时检测到以 a1 开头的复杂事件(a1 a2 a3 b)之后,将跳过所有以 a1、a2、a3 开头的其他复杂事件。在循环模式中定义跳过所有子匹配的匹配后跳过策略时,需要将上述示例代码的第 2 行代码修改为如下内容。

```
Pattern.<Event>begin("start", AfterMatchSkipStrategy.skipPastLastEvent())
```

4. 跳至第一个

循环模式应用跳至第一个的匹配后跳过策略时需要指定一个参数,该参数为个体模式的名称,表示跳至对应个体模式第一个检测的事件。如这里指定参数为 start,表示使用名称为 start 的个体模式,此时最终的检测结果为(a1 a2 a3 b)(a1 a2 b)(a1 b)。可以看出此时检测到以 a1 开头的复杂事件(a1 a2 a3 b)之后,跳到以最开始一个 a(也就是 a1)为开始的复杂事件,相当于只留下 a1 开始的检测结果。在循环模式中定义跳至第一个的匹配后跳过策略时,需要将上述示例代码的第 2 行代码修改为如下内容。

```
Pattern.<Event>begin("start", AfterMatchSkipStrategy.skipToFirst("start"))
```

5. 跳至最后一个

循环模式应用跳至最后一个的匹配后跳过策略时,需要指定一个参数,该参数为个体模式的名称,表示跳至对应个体模式最后一个检测的事件。如这里指定跳至最后一个的参数为 start,表示使用名称为 start 的个体模式,此时上述示例最终的检测结果为(a1 a2 a3 b)(a3 b)。可以看出此时检测到以 a1 开头的复杂事件(a1 a2 a3 b)之后,跳过检测到所有以 a1 和 a2 开头的复杂事件,直接跳到检测以最后一个 a(也就是 a3)为开始的复杂事件。在循环模式中定义跳至最后一个的匹配后跳过策略时,需要将上述示例代码的第 2 行代码修改为如下内容。

```
Pattern.<Event>begin("start", AfterMatchSkipStrategy.skipToLast("start"))
```

9.4　使用模式检测数据流

成功定义模式之后,还需要将定义的模式应用到数据流中才可以检测复杂事件,在模式 API 中提供了 CEP 类,该类提供了一个 pattern()方法,可以将数据流和定义的模式作为参数传入,从而实现将定义的模式应用到数据流中,其程序结构如下。

```
PatternStream<dataType> patternName = CEP.pattern(dataStream,pattern);
```

上述程序结构中,dataType 表示检测结果的数据类型,通常指定为数据流中事件的数据类型。patternName 用于定义 PatternStream 对象的名称,该对象中存储了检测结果,后续可以通过该对象处理检测结果。dataStream 用于指定 DataStream 对象。pattern 用于指定定义的模式对象。

将模式应用到数据流之后便可以检测出特定的复杂事件,对于检测到的复杂事件通常会进行进一步处理,PatternStream 类提供了多种方法用于对复杂事件进行转换操作,并最终将 PatternStream 对象转换为数据流,即 DataStream 对象。这个转换的过程与窗口的处理类似,即将模式应用到数据流上得到 PatternStream 对象,就像在数据流上应用窗口操作得到 WindowedStream 对象一样。而之后的转换操作,就像定义具体处理操作的窗口函数,对收集到的数据进行分析计算,得到结果进行输出。

需要注意的是,为了区分数据流中事件产生的先后顺序,使模式可以准确检测数据流中的复杂事件,应用模式的数据流需要使用水位线来获取事件的事件时间,从而根据事件时间来判断事件产生的先后顺序。

PatternStream 的转换操作分为选择(Select)操作和处理(Process)操作,具体介绍如下。

1. 选择操作

选择操作可以看作处理操作向上封装的结果,可以使用户更加便捷地处理复杂事件,不过相对于更加底层的处理操作来说,用户使用选择操作来处理复杂事件的功能是有限的。模式 API 提供了两种方法使用选择操作,分别是 select()方法和 flatSelect()方法,这两个方法的区别类似于 DataStream API 中 map 算子和 flatMap 算子。接下来分别介绍 select()方法和 flatSelect()方法的使用。

1) select()方法

select()方法可以将数据流中检测到的复杂事件提取出来,并转换为想要的形式进行输出,每个复杂事件对应转换结果的一个事件。在 Flink 应用程序中使用 select()方法处理复杂事件时,需要通过 PatternStream 对象调用 select()方法,并且在该方法内传入 PatternSelectFunction

类的实例作为参数指定转换规则,具体程序结构如下。

```
DataStream<outEventType> selectDataStream =
    pattern.select(new PatternSelectFunction<EventType,outEventType>() {
        @Override
        public EventType select(Map<patternNameType,List<EventType>>map)
throws Exception {
            return result;
        }
    });
```

上述程序结构中,outEventType 用于定义转换结果中每个事件的数据类型。EventType 用于定义复杂事件中每个事件的数据类型。patternNameType 用于定义复杂事件中每个事件名称的数据类型,每个事件的名称与定义个体模式时指定的名称一致,通常事件名称的数据类型为 String。map 表示复杂事件,map 中的每个元素表示复杂事件中的每个事件,由于复杂事件中的每个事件可以由多个事件组成,所以 map 的类型为 List 集合。result 用于定义每个复杂事件的转换结果。

2) flatSelect()方法

flatSelect()方法可以将数据流中检测到的复杂事件提取出来,并转换为想要形式进行输出,每个复杂事件可以对应转换结果的多个事件。在 Flink 应用程序中使用 flatSelect()方法处理复杂事件时,需要通过 PatternStream 对象调用 flatSelect()方法,并且在该方法内传入 PatternFlatSelectFunction 类的实例作为参数指定转换规则,具体程序结构如下。

```
DataStream<outEventType> selectDataStream =
pattern.flatselect(new PatternFlatSelectFunction<EventType,outEventType>() {
        @Override
        public void select(Map<patternNameType,List<EventType>>map,
Collector<outEventType> collector)
throws Exception {
            collector.collect(result);
        }
    });
```

上述程序结构中,collector 表示收集器(Collector)对象,通过调用该对象的 collect()方法就可以循环输出每个复杂事件的处理结果。

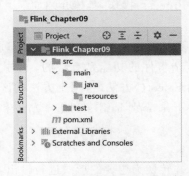

图 9-14　Flink_Chapter09 项目创建完成后的效果

接下来通过两个案例来介绍 select()方法和 flatSelect()方法如何处理复杂事件。

(1)【案例 1】 对网站中用户登录的数据流进行检测,当某个用户连续 3 次登录失败时,则认定该用户为异常用户,将该用户的登录信息打印在控制台,具体操作步骤如下。

首先,在 IntelliJ IDEA 创建一个 Maven 项目,指定项目名称为 Flink_Chapter09,并且在项目中创建一个包 cn.itcast. demo,Flink_Chapter09 项目创建完成后的效果如图 9-14 所示。

本章后续创建的类都基于项目 Flink_Chapter09 的包

cn.itcast.demo。

然后,在项目 Flink_Chapter09 的依赖管理文件 pom.xml 中添加相关依赖,具体代码如下。

```
1  <dependency>
2      <groupId>org.apache.flink</groupId>
3      <artifactId>flink-streaming-java</artifactId>
4      <version>1.16.0</version>
5  </dependency>
6  <dependency>
7      <groupId>org.apache.flink</groupId>
8      <artifactId>flink-clients</artifactId>
9      <version>1.16.0</version>
10 </dependency>
11 <dependency>
12     <groupId>org.apache.flink</groupId>
13     <artifactId>flink-cep</artifactId>
14     <version>1.16.0</version>
15 </dependency>
```

上述代码中,第 1～5 行代码添加的依赖表示使用 Java 语言编写 DataStream 程序,添加该依赖的目的是因为 Flink CEP 是基于 DataStream 程序实现复杂事件的检测。第 6～10 行代码添加的依赖表示 Flink 客户端,添加该依赖的目的是用于在集成开发工具中运行 DataStream 程序。第 11～15 行代码添加的依赖表示使用 Flink 提供的 CEP 库。

其次,创建一个类名为 UserLoginEvent 的 POJO,UserLoginEvent 类用于装载用户登录数据,该类包含属性 userName(用户名)、ipAddr(IP 地址)、eventType(事件类型)和timeStamp(时间戳),具体代码如文件 9-1 所示。

文件 9-1　UserLoginEvent.java

```
1  public class UserLoginEvent {
2      private String userName;
3      private String ipAddr;
4      private String eventType;
5      private long timeStamp;
6      //创建 UserLoginEvent 类的无参构造方法
7      public UserLoginEvent() {
8      }
9      //创建 UserLoginEvent 类的全参构造方法
10     public UserLoginEvent(
11             String userName,
12             String ipAddr,
13             String eventType,
14             long timeStamp) {
15         this.userName = userName;
16         this.ipAddr = ipAddr;
17         this.eventType = eventType;
18         this.timeStamp = timeStamp;
19     }
```

```
20      //省略属性的 getter 和 setter 方法
21      ...
22  }
```

上述代码中,第 4 行代码定义的属性 eventType 主要用于标注用户是否登录成功,如果登录成功那么该属性的值为 success;如果登录失败那么该属性的值为 fail。

最后,创建一个类 SelectDemo,该类用于实现本案例的 DataStream 程序,通过定义模式检测数据流中用户连续登录失败的复杂事件,具体代码如文件 9-2 所示。

文件 9-2   SelectDemo.java

```
1  public class SelectDemo {
2      public static void main(String[] args) throws Exception {
3          StreamExecutionEnvironment executionEnvironment =
4              StreamExecutionEnvironment.getExecutionEnvironment()
5              .setParallelism(1);
6          DataStream<UserLoginEvent> loginEventDataStream =
7              executionEnvironment.fromElements(
8          new UserLoginEvent("user001", "99.248.249.222", "fail", 1671432237L),
9          new UserLoginEvent("user001", "99.248.249.222", "fail", 1671432238L),
10         new UserLoginEvent("user002", "114.220.46.189", "fail", 1671432239L),
11         new UserLoginEvent("user001", "99.248.249.222", "fail", 1671432240L),
12         new UserLoginEvent("user002", "114.220.46.189", "success", 1671432241L),
13         new UserLoginEvent("user002", "114.220.46.189", "fail", 1671432242L),
14         new UserLoginEvent("user002", "114.220.46.189", "fail", 1671432243L)
15             )
16         .assignTimestampsAndWatermarks(
17  WatermarkStrategy.<UserLoginEvent>forBoundedOutOfOrderness(Duration.ZERO)
18         .withTimestampAssigner(TimestampAssignerSupplier.of(
19             new SerializableTimestampAssigner<UserLoginEvent>() {
20             @Override
21             public long extractTimestamp(UserLoginEvent event, long time) {
22                 return event.getTimeStamp();
23             }
24         })));
25      Pattern<UserLoginEvent, UserLoginEvent> loginPattern =
26          Pattern.<UserLoginEvent>begin("start")
27              .where(new SimpleCondition<UserLoginEvent>() {
28                  @Override
29                  public boolean filter(UserLoginEvent event)
30                  throws Exception {
31                      return event.getEventType().equals("fail");
32                  }
33              })
34              .next("middle")
35              .where(new SimpleCondition<UserLoginEvent>() {
36                  @Override
37                  public boolean filter(UserLoginEvent event)
38                  throws Exception {
39                      return event.getEventType().equals("fail");
```

```
40                          }
41                      })
42                      .next("end")
43                      .where(new SimpleCondition<UserLoginEvent>() {
44                          @Override
45                          public boolean filter(UserLoginEvent event)
46                      throws Exception {
47                              return event.getEventType().equals("fail");
48                          }
49                      });
50          PatternStream<UserLoginEvent>exceptionStream =
51              CEP.pattern(loginEventDataStream.keyBy(
52                  event ->event.getUserName()), loginPattern);
53          DataStream<String>selectDataStream = exceptionStream.select(
54              new PatternSelectFunction<UserLoginEvent, String>() {
55              @Override
56              public String select(Map<String, List<UserLoginEvent>> map)
57          throws Exception {
58                  UserLoginEvent start = map.get("start").get(0);
59                  UserLoginEvent middle = map.get("middle").get(0);
60                  UserLoginEvent end = map.get("end").get(0);
61                  return "用户<" + start.getUserName() + ">连续 3 次登录失败\n"
62                      +"登录时间为: "
63                      + start.getTimeStamp() + "\t"
64                      + middle.getTimeStamp() + "\t"
65                      + end.getTimeStamp();
66              }
67          });
68          selectDataStream.print();
69          executionEnvironment.execute("exceptionLogin");
70      }
71 }
```

上述代码中,第 6～15 行代码通过 fromElements 算子从对象序列读取数据,对象序列中的对象为 UserLoginEvent 类的实例。第 16～24 行代码通过水位线获取每条数据的事件时间,即获取时间戳属性的值,其中第 17 行代码用于指定数据的事件时间减去 0 秒作为水位线的时间戳,这是因为通过 fromElements 算子从对象序列读取的数据都是有序的,不存在乱序的问题。

第 25～49 行代码用于定义组合模式,该组合模式包含个体模式 start、middle 和 end,这 3 个个体模式通过严格连续性的连续性规则进行连接,其类型都是单例模式,并且条件为判断当前事件中事件类型属性的值是否为 fail。

第 50～52 行代码用于将模式应用到数据流 loginEventDataStream,这里为了检测不同用户连续登录失败 3 次的情况,需要使用 keyBy 算子根据事件的用户名属性对数据流进行分区。

第 53～67 行代码用于通过 select() 方法提取数据流中检测到的复杂事件,并通过个体模式的名称分别获取复杂事件中的每个事件,由于 3 个个体模式的类型都是单例模式,所以 List 集合中只存在一个事件,直接使用 get(0) 方法获取该事件即可。如果个体模式的类型是循环模式,那么 List 集合中可能存在多个事件,此时便需要遍历 List 集合,其中第 61～65 行代码用于将提取到的复杂事件转换为想要的形式进行输出。

文件 9-2 的运行结果如图 9-15 所示。

图 9-15　文件 9-2 的运行结果

从图 9-15 可以看出,Flink CEP 检测出用户登录的数据流中,用户 user001 在网站中进行用户登录时,连续 3 次登录失败,并且这 3 次登录的时间点为 1671432237、1671432238 和 1671432240。

(2)【案例 2】　对物联网设备的数据流进行检测,若设备的温度连续 3 次大于或等于 30 摄氏度,并且这 3 次温度的总和大于 100 摄氏度,则认定物联网设备出现异常,将物联网设备出现异常时检测到的 3 次温度及其产生的时间打印在控制台。

创建一个类 SelectFlatDemo,该类用于实现本案例的 DataStream 程序,通过定义模式检测数据流中物联网设备的温度连续 3 次大于或等于 30 摄氏度,并且这 3 次温度的总和大于 100 摄氏度的复杂事件,具体代码如文件 9-3 所示。

文件 9-3　SelectFlatDemo.java

```java
1  public class SelectFlatDemo {
2      public static void main(String[] args) throws Exception {
3          StreamExecutionEnvironment executionEnvironment =
4              StreamExecutionEnvironment
5              .getExecutionEnvironment()
6              .setParallelism(1);
7          DataStream<Tuple2<Integer, Long>> temperatureDataStream =
8              executionEnvironment.fromElements(
9                  new Tuple2<>(50, 1671432237L),
10                 new Tuple2<>(30, 1671432238L),
11                 new Tuple2<>(35, 1671432239L),
12                 new Tuple2<>(20, 1671432240L),
13                 new Tuple2<>(31, 1671432241L),
14                 new Tuple2<>(33, 1671432242L),
15                 new Tuple2<>(32, 1671432243L),
16                 new Tuple2<>(18, 1671432244L)
17             )
18             .assignTimestampsAndWatermarks(
19         WatermarkStrategy.<Tuple2<Integer,Long>>forBoundedOutOfOrderness(
20                 Duration.ZERO
21             ).withTimestampAssigner(
22         new SerializableTimestampAssigner<Tuple2<Integer, Long>>() {
23                 @Override
24                 public long extractTimestamp(
25                     Tuple2<Integer, Long> event,
26                     long time) {
```

```
27                          return event.f1;
28                      }
29                  }));
30      Pattern<Tuple2<Integer, Long>, Tuple2<Integer, Long>>
31          temperaturePattern = Pattern.<Tuple2<Integer, Long>>begin("start")
32              .where(new SimpleCondition<Tuple2<Integer, Long>>() {
33                  @Override
34                  public boolean filter(Tuple2<Integer, Long> event)
35                      throws Exception {
36                      return event.f0 >= 30;
37                  }
38              }).times(2).consecutive()
39              .next("end")
40              .where(new IterativeCondition<Tuple2<Integer, Long>>() {
41                  @Override
42                  public boolean filter(
43                          Tuple2<Integer, Long> event,
44                          Context<Tuple2<Integer, Long>> context)
45                          throws Exception {
46                      if(event.f0 >= 30) {
47                          List<Integer>oldEventList = new ArrayList<>();
48                          Iterator<Tuple2<Integer, Long>> start =
49                              context.getEventsForPattern("start")
50                                  .iterator();
51                          while (start.hasNext()){
52                              oldEventList.add(start.next().f0);
53                          }
54                          Integer sum = event.f0 +
55                              oldEventList
56                                  .stream()
57                                  .reduce((a, b) -> a + b)
58                                  .get();
59                          return sum > 100;
60                      }
61                      return false;
62                  }
63              });
64      PatternStream<Tuple2<Integer, Long>>exceptionStream =
65          CEP.pattern(temperatureDataStream, temperaturePattern);
66      DataStream<Tuple2<Integer, Long>>selectFlatDataStream =
67              exceptionStream.flatSelect(
68              new PatternFlatSelectFunction<
69                      Tuple2<Integer, Long>, Tuple2<Integer, Long>>() {
70                  @Override
71                  public void flatSelect(
72                          Map<String, List<Tuple2<Integer, Long>>> map,
73                          Collector<Tuple2<Integer, Long>> collector)
74              throws Exception {
75                      for(Map.Entry<String,
76                          List<Tuple2<Integer, Long>>> entry
```

```
77                                  : map.entrySet()) {
78                              List<Tuple2<Integer, Long>> value =
79                                                  entry.getValue();
80                              for (Tuple2<Integer, Long> event : value) {
81                                  collector.collect(event);
82                              }
83                          }
84                      }
85                  });
86          selectFlatDataStream.print();
87          executionEnvironment.execute();
88      }
89 }
```

上述代码中，第 7～17 行代码通过 fromElements 算子从对象序列读取数据，对象序列中的对象为 Tuple2 类的实例。

第 30～63 行代码用于定义组合模式，该组合模式包含循环模式 start 和个体模式 end，它们通过严格连续性的连续性规则进行连接，其中第 31～38 行代码指定循环模式 start 的基本条件为判断每个事件第一个元素的值是否大于或等于 30，并且通过 times() 方法指定检测连续出现 2 次第一个元素的值大于或等于 30 的事件，以及通过 consecutive() 方法指定循环模式内连续性规则为严格连续性。第 39～63 行代码指定个体模式 end 的迭代条件。迭代条件的内容包括，首先通过遍历的方式获取循环模式 start 已检测到的所有事件，并将每个事件的第一个元素添加到集合 oldEventList。然后将个体模式 end 检测到事件的第一个元素与集合 oldEventList 内的元素进行累加。最后判断累加的结果是否大于 100。

第 64、65 行代码用于将模式 temperaturePattern 应用到数据流 temperatureDataStream。

第 66～85 行代码用于通过 selectFlat() 方法提取数据流中检测到的复杂事件，并通过遍历 Map 集合的方式获取复杂事件中的每个事件进行输出。

文件 9-3 的运行结果如图 9-16 所示。

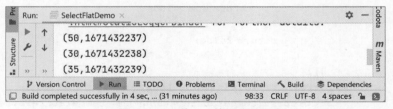

图 9-16   文件 9-3 的运行结果

从图 9-16 可以看出，Flink CEP 检测出物联网设备温度的数据流中，时间点在 1671432237、1671432238 和 1671432239 时，检测到物联网设备的温度都大于 30 摄氏度，并且这 3 个时间点温度的总和大于 100。

2. 处理操作

处理操作是 Flink 1.8 版本之后引入对复杂事件进行处理的转换操作，它在选择操作的基础上为用户提供了一个上下文对象，用户可以通过该对象将复杂事件中的事件输出到 Side Outputs（旁路输出）的标签。模式 API 提供了 process() 方法使用处理操作，在 DataStream 应用程序中使用 process() 方法处理复杂事件时，需要通过 PatternStream 对象调用 process()

方法,并且在该方法内传入 PatternProcessFunction 类的实例作为参数指定转换规则,具体程序结构如下。

```
DataStream<outEventType> processDataStream =
    pattern.process(new PatternProcessFunction<EventType,outEventType>() {
        @Override
        public void processMatch(
            Map<patternNameType, List<EventType>> map,
            Context context,
            Collector<outEventType> collector) throws Exception {
                collector.collect(result);
        }
    });
```

上述程序结构中各参数的作用与选择操作的 select( )方法和 flatSelect( )方法一致,这里不再赘述,其中 context 为处理操作的上下文对象,调用该对象的 output( )方法,并传入 Side Outputs 的标签作为参数,就可以将复杂事件中的指定事件输出到 Side Outputs 的标签。

接下来通过一个案例来演示如何使用 process( )方法处理复杂事件。本案例的需求是,对物联网设备的数据流进行检测,若设备的温度连续 2 次大于或等于 30 摄氏度,则输出提示信息,提示信息包含这 2 次温度及其产生的时间。若设备的温度连续 3 次大于或等于 30 摄氏度,则输出警告信息,警告信息包含这 3 次温度及其产生的时间,具体代码如文件 9-4 所示。

文件 9-4　ProcessDemo.java

```
1  public class ProcessDemo {
2    public static void main(String[] args) throws Exception {
3        StreamExecutionEnvironment executionEnvironment =
4            StreamExecutionEnvironment
5                    .getExecutionEnvironment()
6                    .setParallelism(1);
7      DataStream<Tuple2<Integer, Long>> temperatureDataStream =
8        executionEnvironment.fromElements(
9            new Tuple2<>(50, 1671432237L),
10            new Tuple2<>(30, 1671432238L),
11            new Tuple2<>(29, 1671432239L),
12            new Tuple2<>(20, 1671432240L),
13            new Tuple2<>(31, 1671432241L),
14            new Tuple2<>(33, 1671432242L),
15            new Tuple2<>(32, 1671432243L),
16            new Tuple2<>(18, 1671432244L)
17        )
18        .assignTimestampsAndWatermarks(
19      WatermarkStrategy.<Tuple2<Integer,Long>>forBoundedOutOfOrderness(
20                Duration.ZERO
21        ).withTimestampAssigner(
22        new SerializableTimestampAssigner<Tuple2<Integer, Long>>() {
23                @Override
24                public long extractTimestamp(
25                        Tuple2<Integer, Long> event,
26                        long time) {
```

```
27                              return event.f1;
28                          }
29                      }));
30      Pattern<Tuple2<Integer, Long>, Tuple2<Integer, Long>>
31    temperaturePattern = Pattern.<Tuple2<Integer,Long>>begin("start")
32          .where(new SimpleCondition<Tuple2<Integer, Long>>() {
33              @Override
34              public boolean filter(Tuple2<Integer, Long> event)
35                  throws Exception {
36                  return event.f0 >= 30;
37              }
38          }).times(2).consecutive()
39          .next("end")
40          .where(new SimpleCondition<Tuple2<Integer, Long>>() {
41              @Override
42              public boolean filter(Tuple2<Integer, Long> event)
43                  throws Exception {
44                  return event.f0 >= 30;
45              }
46          }).optional();
47      OutputTag<String> outputTag = new OutputTag<String>("warn") {};
48      PatternStream<Tuple2<Integer, Long> exceptionStream =
49          CEP.pattern(temperatureDataStream, temperaturePattern);
50      SingleOutputStreamOperator<String> processDataStream =
51          exceptionStream.process(
52              new PatternProcessFunction<
53                      Tuple2<Integer, Long>,
54                      String>() {
55          @Override
56          public void processMatch(
57              Map<String, List<Tuple2<Integer, Long>>> map,
58              Context context,
59              Collector<String> collector) throws Exception {
60          int size = map.size();
61          if(size == 2) {
62              StringBuffer stringBuffer = new StringBuffer();
63              stringBuffer.append("连续检测到 3 次温度超过 30 摄氏度 \t");
64              for (Map.Entry<String,
65                      List<Tuple2<Integer, Long>>> entry
66                      : map.entrySet()) {
67              List<Tuple2<Integer, Long>> value = entry.getValue();
68                  for(Tuple2<Integer, Long> event : value) {
69                      stringBuffer.append(event.toString());
70                  }
71              }
72              context.output(outputTag,stringBuffer.toString());
73          } else if(map.size() == 1) {
74              for(Map.Entry<String,
75                      List<Tuple2<Integer, Long>>> entry
76                      : map.entrySet()) {
```

```
77                          StringBuffer stringBuffer = new StringBuffer();
78                          stringBuffer.append("连续检测到 2 次温度超过 30 摄氏度\t");
79                          List<Tuple2<Integer, Long>> value = entry.getValue();
80                          for(Tuple2<Integer, Long> event : value) {
81                              stringBuffer.append(event.toString());
82                          }
83                          collector.collect(stringBuffer.toString());
84                      }
85                  }
86              }
87          });
88          processDataStream.print("提示");
89          processDataStream.getSideOutput(outputTag).print("警告");
90          executionEnvironment.execute();
91      }
92  }
```

上述代码中,第 7～17 行代码通过 fromElements 算子从对象序列读取数据,对象序列中的对象为 Tuple2 类的实例。

第 30～46 行代码用于定义组合模式,该组合模式包含循环模式 start 和个体模式 end,它们通过严格连续性的连续性规则进行连接,其中第 31～38 行代码指定循环模式 start 的基本条件为判断每个事件中第一个元素的值是否大于或等于 30,并且通过 times()方法指定检测连续出现 2 次第一个元素的值大于或等于 30 的事件,以及通过 consecutive()方法指定循环模式内连续性规则为严格连续性。第 39～46 行代码指定个体模式 end 的迭代条件。迭代条件的内容包括判断每个事件第一个元素的值是否大于或等于 30,并且通过 optional()方法忽略个体模式 end 是否检测到事件,也就是说,连续出现 2 次或 3 次第一个元素的值大于或等于 30 的事件都会被检测为复杂事件。

第 47 行代码用于创建 Side Outputs 的标签,其中参数 warn 用于指定标签的名称。

第 48～49 行代码用于将模式 temperaturePattern 应用到数据流 temperatureDataStream。

第 50～87 行代码用于通过 process()方法提取数据流中检测到的复杂事件,如果 Map 集合内元素的数量等于 2,那么表示循环模式 start 和个体模式 end 都检测到事件,说明复杂事件包含 3 个第一个元素的值大于或等于 30 的事件,此时调用 context 对象的 output()方法将这 3 个事件作为警告信息输出到 Side Outputs 的标签。如果 Map 集合内元素的数量等于 1,那么表示只有循环模式 start 检测到事件,说明复杂事件包含两个第一个元素的值大于或等于 30 的事件,此时调用 collector 对象的 collect()方法将这两个事件作为提示信息输出。

文件 9-4 的运行结果如图 9-17 所示。

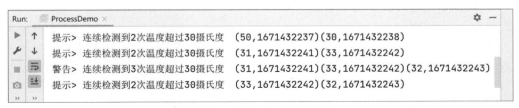

图 9-17　文件 9-4 的运行结果

从图 9-17 可以看出,Flink CEP 在检测物联网设备温度的数据流时,输出了 3 次提示信息和 1 次警告信息。

9.5　处理超时事件

通过 Flink CEP 检测数据流中的复杂事件时,可以为定义的模式指定一个时间限制,该时间限制可以理解为组合模式的模式序列中第一个事件到最后一个事件之间的最大时间间隔,只有在这期间成功检测的复杂事件才是有效的,超出这期间检测的复杂事件则认为是失败的,不过这种失败跟没有检测到复杂事件不同,它其实是一种部分检测成功的情况,因为模式序列的第一个事件被成功检测到,只不过没有在规定时间内检测到模式序列的最后一个事件,像这种超时的事件,往往不应该直接丢弃,而是作为提示或警告进行输出,这就是对超时事件的处理。

例如,用户在浏览电商网站时,对某个商品进行了提交订单的操作,但是在规定时间内没有对提交的订单进行付款的操作,那么为了避免该商品被提交的订单长期占用,通常情况下,对于这种超时未支付的订单,电商网站会自动取消该订单。

模式 API 提供了 within()方法为定义的模式指定时间限制,可以在组合模式的最后一个个体模式追加 within()方法,并传入时间单位作为参数来指定时间限制。within()方法支持的时间单位如表 9-2 所示。

表 9-2　within()方法支持的时间单位

时间单位	语法格式
毫秒	Time.milliseconds(times)
秒	Time.seconds(times)
分	Time.minutes(times)
时	Time.hours(times)
天	Time.days(times)

在表 9-2 中,times 用于指定具体的时间,如指定时间限制的时间单位为 2 秒,则 within()方法输入的参数为 Time.seconds(2)。

模式 API 提供了一个专门用于捕获由于超时事件导致检测到复杂事件中部分事件的接口 TimedOutPartialMatchHandler,该接口提供了一个 processTimedOutMatch()方法,该方法包含两个参数,其中第一个参数是一个用于存放已检测到部分事件的 Map 集合,第二个参数是 PatternProcessFunction 类的上下文对象 Context,用于将已检测到的部分事件输出到 Side Outputs 的标签,因此通过 TimedOutPartialMatchHandler 接口处理超时事件时,需要结合处理操作一同使用。

通过代码实现超时事件的处理时,用户需要定义一个实现 TimedOutPartialMatchHandler 接口和继承 PatternProcessFunction 类的自定义类,并且在 process()方法中实例化自定义类,有关实现超时事件处理的程序结构如下。

```
public class MyCustomizationClass
        extends PatternProcessFunction<EventType,outEventType>
```

```
             implements TimedOutPartialMatchHandler<EventType> {
      @Override
      public void processMatch(
             Map<patternNameType, List<EventType>> map,
             Context context,
             Collector<outEventType> collector) throws Exception {
      }
      @Override
      public void processTimedOutMatch(
             Map<patternNameType, List<EventType>> map,
             Context context) throws Exception {
      }
}
```

上述程序结构中各参数作用的介绍读者可参考 9.4 节对于 process()方法的介绍,这里不再赘述,其中 MyCustomizationClass 表示用户自定义类的名称。

下面通过一个案例来演示如何为定义的模式指定时间限制,并且处理超时事件。本案例的需求是,对电商网站中订单的数据流进行检测,当用户对某个商品进行了提交订单的操作之后,如果在 10 秒之内未对提交的订单进行付款操作,那么认定该订单为超时未支付的订单,具体操作步骤如下。

首先,创建一个类 MyPatternTimeout,该类用于实现本案例处理超时事件的逻辑,具体代码如文件 9-5 所示。

文件 9-5　MyPatternTimeout.java

```
1   public class MyPatternTimeout
2       extends PatternProcessFunction<Tuple3<String, String, Long>,String>
3       implements TimedOutPartialMatchHandler<Tuple3<String, String, Long>> {
4       public static OutputTag<String>outputTag =
5              new OutputTag<String>("timeout") {};
6       @Override
7       public void processMatch(
8              Map<String, List<Tuple3<String, String, Long>>> map,
9              Context context,
10             Collector<String> collector) throws Exception {
11          Tuple3<String, String, Long> start = map.get("start").get(0);
12          collector.collect("订单<"+start.f0+">支付成功");
13      }
14      @Override
15      public void processTimedOutMatch(
16             Map<String, List<Tuple3<String, String, Long>>> map,
17             Context context) throws Exception {
18          Tuple3<String, String, Long> start = map.get("start").get(0);
19          context.output(outputTag,"订单<"+start.f0+">超时未支付");
20      }
21  }
```

上述代码中,第 4、5 行代码创建名为 timeout 的 Side Outputs 标签,用于输出由于超时事件导致检测到复杂事件内的部分事件。第 6～13 行代码用于对正常的复杂事件进行处理,输出支付成功的订单。第 14～20 行代码用于处理由于超时事件导致检测到复杂事件内的部分事件，将超时未支付的订单输出到名为 timeout 的 Side Outputs 标签。

然后，创建一个类 TimeOutDemo，该类用于实现本案例的 DataStream 程序，通过定义模式检测数据流中订单提交并支付的复杂事件，并且处理超时未支付的订单，具体代码如文件 9-6 所示。

文件 9-6   TimeOutDemo.java

```java
public class TimeOutDemo {
    public static void main(String[] args) throws Exception {
        StreamExecutionEnvironment executionEnvironment =
                StreamExecutionEnvironment
                        .getExecutionEnvironment()
                        .setParallelism(1);
        DataStream<Tuple3<String, String, Long>>orderDataStream =
            executionEnvironment.fromElements(
                new Tuple3<>("order001", "submit", 1671432238L),
                new Tuple3<>("order002", "submit", 1671432240L),
                new Tuple3<>("order002", "pay", 1671432243L),
                new Tuple3<>("order003", "submit", 1671432245L),
                new Tuple3<>("order003", "pay", 1671432255L)
            )
            .assignTimestampsAndWatermarks(
WatermarkStrategy.<Tuple3<String, String, Long>>forBoundedOutOfOrderness(
                    Duration.ZERO
                ).withTimestampAssigner(
              new SerializableTimestampAssigner<Tuple3<String, String, Long>>() {
                    @Override
                    public long extractTimestamp(
                            Tuple3<String, String, Long> event,
                            long time) {
                        return event.f2;
                    }
                }));
        Pattern<Tuple3<String, String, Long>,
            Tuple3<String, String, Long>>orderPattern
            = Pattern.<Tuple3<String, String, Long>>begin("start")
            .where(new SimpleCondition<Tuple3<String, String, Long>>() {
                @Override
                public boolean filter(Tuple3<String, String, Long> event)
                        throws Exception {
                    return event.f1.equals("submit");
                }
            })
            .followedBy("end")
            .where(new SimpleCondition<Tuple3<String, String, Long>>() {
                @Override
                public boolean filter(Tuple3<String, String, Long> event)
                        throws Exception {
                    return event.f1.equals("pay");
```

```
43                    }
44                }).within(Time.seconds(10L));
45        PatternStream<Tuple3<String, String, Long>>patternStream =
46        CEP.pattern(orderDataStream.keyBy(event -> event.f0), orderPattern);
47        SingleOutputStreamOperator<String> process =
48            patternStream.process(new MyPatternTimeout());
49        process.print();
50        process.getSideOutput(MyPatternTimeout.outputTag).print();
51        executionEnvironment.execute();
52    }
53 }
```

上述代码中，第 47、48 行代码通过在 process()方法中实例化自定义的类 MyPatternTimeout 实现对复杂事件和超时事件的处理。第 50 行代码通过调用 MyPatternTimeout 类中创建的 Side Outputs 标签，将超时事件的处理结果打印到控制台。

最后，文件 9-6 的运行结果如图 9-18 所示。

图 9-18　文件 9-6 的运行结果

从图 9-18 可以看出，Flink CEP 检测出电商网站中订单的数据流中，订单 order001 为超时未支付，其他两个订单 order002 和 order003 均支付成功。

📖 **多学一招：其他处理超时事件的方法**

除了通过用户自定义类实现 TimedOutPartialMatchHandler 接口和继承 PatternProcessFunction 类来处理超时事件之外，模式 API 还提供了基于 select()和 flatSelect()方法实现便捷处理超时事件的方式。其中使用 select()方法处理超时事件时，需要在方法内传入 Side Outputs 的标签、PatternTimeoutFunction 类的实例和 PatternSelectFunction 类的实例这 3 个参数，其语法格式如下。

```
pattern.select(
        outputTag,
        new PatternTimeoutFunction<EventType, outEventType>() {
    @Override
    public outEventType timeout(
            Map<patternNameType, List<EventType>> map,
            long time) throws Exception {
        return result;
    }
}, new PatternSelectFunction<EventType, outEventType>() {
    @Override
    public outEventType select(
            Map<patternNameType,
            List<EventType>> map) throws Exception {
```

```
        return result;
    }
});
```

上述语法格式中,outputTag 表示用户创建的 Side Outputs 标签,该标签用于输出超时事件的处理结果。timeout()方法用于定义处理超时事件的处理逻辑,并通过返回值将处理结果输出到 Side Outputs 的标签。select()方法用于定义正常复杂事件的处理逻辑,并通过返回值输出处理结果。关于语法格式中其他参数的介绍,读者可参考 9.4 节的 select()方法,这里不再赘述。

使用 flatSelect()方法处理超时事件时,同样需要在方法内传入 3 个参数,它们分别是 Side Outputs 的标签、PatternFlatTimeoutFunction 类的实例和 PatternFlatSelectFunction 类的实例,其语法格式如下。

```
pattern.flatSelect(
    outputTag,
    new PatternFlatTimeoutFunction<EventType, outEventType>() {
    @Override
    public void timeout(
        Map<patternNameType, List<EventType>> map,
        long time,
        Collector<outEventType> collector) throws Exception {
    }
}, new PatternFlatSelectFunction<EventType, outEventType>() {
    @Override
    public void flatSelect(
        Map<patternNameType, List<EventType>> map,
        Collector<outEventType> collector) throws Exception {
    }
});
```

上述语法格式中,outputTag 表示用户创建的 Side Outputs 标签,该标签用于输出超时事件的处理结果。timeout()方法用于定义处理超时事件的处理逻辑,并通过调用 collector 对象的 collect()方法将处理结果输出到 Side Outputs 的标签。select()方法用于定义正常复杂事件的处理逻辑,并通过调用 collector 对象的 collect()方法输出处理结果。关于语法格式中其他参数的介绍,读者可参考 9.4 节的 flatSelect()方法,这里不再赘述。

9.6　处理延迟事件

Flink CEP 检测的复杂事件是由一组先后发生的事件所组成的,因此事件实际发生的先后顺序,对于准确检测数据流中的复杂事件非常重要,通过前面的学习,可以了解到 Flink CEP 可以通过对事件的事件时间进行排序,从而判断事件实际发生的先后顺序。但是,在实际状态中,由于网络传输延迟或分布式系统影响等原因,往往会出现数据乱序的现象。

在 Flink CEP 中可以沿用设置水位线的方式来处理延迟到达的事件,当一个事件到来时,并不会被 Flink CEP 立即检测,而是先放入一个缓冲区,缓冲区内的事件会按照事件时间由小到大进行排序,当设置水位线的时间戳到达时,就会将缓冲区内所有事件时间小于水位线时间戳的事件全部取出来进行检测,这样就保证了乱序数据也能够被 Flink CEP 准确地检测为复杂事件。

不过设置的水位线并不能保证所有乱序数据全都放入缓冲区内在被 Flink CEP 进行检测,总会有一些延迟比较严重的事件,以至于该类型的事件到达时水位线早已超过了它的时间戳,这种情况下对于延迟比较严重的事件,自然会被丢弃不会再被 Flink CEP 所检测。不过实际应用场景中,并不想丢弃数据流中的任何一个事件,这时便可以借鉴窗口操作处理延迟比较严重的事件,将这一类事件输出到 Side Outputs 的标签另行处理。

模式 API 提供了 sideOutputLateData()方法用于将延迟比较严重的事件输出到 Side Outputs 的标签,可以在 PatternStream 对象调用 select()、flatSelect()或 process()方法处理复杂事件之前,调用 sideOutputLateData()方法,并传入一个 Side Outputs 的标签作为参数即可,其语法格式如下。

```
pattern.sideOutputLateData(outPutTag)
        .select(...)/flatSelect(...)/process(...)
```

上述语法格式中,outPutTag 为用户创建的 Side Outputs 标签,该标签的数据类型必须与数据流中事件的数据类型保持一致。

9.7　应用案例——直播平台检测刷屏用户

直播平台的实时评论功能可以使观看直播的用户更好地与直播人员进行互动,不仅可以增加直播内容的趣味性,而且还可以使直播人员及时地了解用户的需求,为用户带来更好的体验,不过某些用户会在直播间内恶意刷屏,这种恶意行为,不仅造成其他用户发表的评论无法被直播人员看到,而且还使得直播人员无法准确地了解用户的需求,为此直播平台都存在恶意刷屏的检测机制。

这也提醒着我们,在进行网络交流时,应该维护"尊重他人,公正互动"的原则。避免因为个人行为,如恶意刷屏,而对他人的交流机会造成不公平的影响,要重视并尊重他人的阅读和参与空间。这样的行为不仅展示了个人素养,也是对他人的关爱,让整个网络环境更加和谐、有序。

9.8　本章小结

本章主要介绍如何在 DataStream 程序中使用 Flink CEP 检测数据流中的复杂事件,并对检测到的复杂事件进行处理。首先,介绍了 Flink CEP 的基本概念,以及个体模式和组合模式的含义;接着,介绍了模式的定义,包括定义个体模式、定义个体模式的条件、定义组合模式等。然后,介绍了使用模式检测数据流,以及处理超时事件和延迟事件;最后,通过一个案例——直播平台检测刷屏用户讲解 Flink CEP 在实际应用场景中的使用。通过本章的学习,希望读者可以灵活运行 Flink CEP 处理数据流中的复杂事件,从而实现日常工作中的不同需求。

9.9　课后习题

一、填空题

1. Flink CEP 是 Flink 实现的一个用于_____的库。

2. 在 Flink CEP 中,用户定义的匹配规则称为_____。

3. 组合模式默认的连续性规则是_____。

4. 定义循环模式类型的个体模式,需要在定义个体模式的方法后面追加_____。

5. 模式 API 提供了_____方法为定义的模式指定时间限制。

二、判断题

1. 在个体模式中,单例模式仅检测数据流中的单个事件。　　　　　　　　　　(　　)

2. 在个体模式中,循环模式可以检测具有不同特征的多个事件。　　　　　　　(　　)

3. followedBy()方法定义个体模式的连续性规则为宽松连续性。　　　　　　　(　　)

4. 非确定性放松连续性可以重复使用已检测过的事件。　　　　　　　　　　(　　)

5. 组合模式必须有一个 begin()方法定义的个体模式作为开头。　　　　　　　(　　)

三、选择题

1. 下列条件中,基于历史事件进行判断的是(　　　)。
   A. 简单条件　　　　　B. 迭代条件　　　　　C. 循环条件　　　　　D. 终止条件

2. 下列连续性规则中,属于循环模式默认的是(　　　)。
   A. 严格连续性　　　　　　　　　　B. 宽松连续性
   C. 非确定性放松连续性　　　　　　D. 无

3. 下列方法中,定义个体模式的连续性规则为严格连续性的是(　　　)。
   A. begin()　　　　B. next()　　　　C. followedBy()　　　D. join()

4. 下列方法中,用于为个体模式定义条件的是(　　　)。(多选)
   A. until()　　　　B. where()　　　　C. and()　　　　D. or()

5. 下列选项中,属于 Flink CEP 支持的匹配后跳过策略的是(　　　)。(多选)
   A. SKIP_TO_START　　　　　　　B. NO_SKIP
   C. SKIP_TO_END　　　　　　　　D. SKIP_TO_NEXT

四、简答题

1. 简述严格连续性、宽松连续性和非确定性放松连续性的区别。

2. 简述模式 API 中不同方法定义量词的区别。